Python

数据分析与
大数据处理

从入门到精通

朱春旭◎编著

北京大学出版社
PEKING UNIVERSITY PRESS

内 容 提 要

本书主要讲解数据分析与大数据处理所需的技术、基础设施、核心概念、实施流程。从编程语言准备、数据采集与清洗、数据分析与可视化，到大型数据的分布式存储与分布式计算，贯穿了整个大数据项目开发流程。本书轻理论、重实践，目的是让读者快速上手。

第1篇首先介绍了Python的基本语法、面向对象开发、模块化设计等，掌握Python的编程方式。然后介绍了多线程、多进程及其相互间的通信，让读者对分布式程序有个基本的认识。

第2篇介绍了网络数据采集、数据清洗、数据存储等技术。

第3篇介绍了Python常用的数据分析工具，扩展了更多的数据清洗、插值方法，为最终的数据可视化奠定基础。

第4篇是大数据分析的重点。首先介绍了Hadoop的框架原理、调度原理，MapReduce原理与编程模型、环境搭建，接着介绍了Spark框架原理、环境搭建方式，以及如何与Hive等第三方工具进行交互，还介绍了最新的结构化流式处理技术。

第5篇通过三个项目实例，综合介绍了如何分析网页、如何搭建分布式爬虫、如何应对常见的反爬虫、如何设计数据模型、如何设计架构模型、如何在实践中综合运用前四篇涉及的技术。

本书既适合非计算机专业的编程"小白"，也适合刚毕业或即将毕业走向工作岗位的广大毕业生，以及已经有编程经验，但想转行做大数据分析的专业人士。同时，还可以作为广大职业院校、电脑培训班的教学参考用书。

图书在版编目(CIP)数据

Python数据分析与大数据处理从入门到精通 / 朱春旭编著. — 北京：北京大学出版社，2019.11
ISBN 978-7-301-30765-6

Ⅰ.①P… Ⅱ.①朱… Ⅲ.①软件工具–程序设计Ⅳ.①TP311.561

中国版本图书馆CIP数据核字(2019)第204927号

书　　　　名	Python数据分析与大数据处理从入门到精通 Python SHUJU FENXI YU DASHUJU CHULI CONG RUMEN DAO JINGTONG
著作责任者	朱春旭　编著
责 任 编 辑	吴晓月　孙　宜
标 准 书 号	ISBN 978-7-301-30765-6
出 版 发 行	北京大学出版社
地　　　　址	北京市海淀区成府路205 号　100871
网　　　　址	http://www.pup.cn　　　新浪微博: @ 北京大学出版社
电 子 邮 箱	编辑部 pup7@pup.cn　总编室 zpup@pup.cn
电　　　　话	邮购部 010–62752015　发行部 010–62750672　编辑部 010–62570390
印 刷 者	大厂回族自治县彩虹印刷有限公司
经 销 者	新华书店
	787毫米×1092毫米　16开本　29印张　718千字
	2019年11月第1版　2024年7月第5次印刷
印　　　　数	12001–14000册
定　　　　价	89.00元

前言
Preface

为什么要写这本书？

我的一个学生来自津巴布韦，从他的家乡来中国需要乘坐18个小时的飞机，高昂的票价让人头疼。大家都知道，一般机票越是提前预订就越便宜，于是他提前一个月订了。然而，他后来发现这并不是最便宜的机票，因为有些机票在飞机起飞前几天会突然降价。

于是我的学生和他的团队决定建立一个系统，获取每架飞机起飞前一个月的票价信息，形成一个大型的数据库，利用Spark和一些算法来预测什么时候会出现最低票价，以此来帮助更多的乘客节省出行费用。

现在这个系统已经表现出了它的强大潜力，即便目前只有62%的预测准确率，也能为每次乘机节省20%左右的成本。

数据量越大，预测的准确率就会越高，整个社会的无效成本也会降低，这就是大数据的力量。

现在已经进入了大数据时代，在往数据智能时代大步迈进。在任何行业、任何场景中，都能看到大数据和人工智能的影子。比如在2017年，百度无人驾驶车上路；2018年，建设银行推出了无人银行，同年年底，支付宝的刷脸支付已经在北京全面落地。

这些蕴藏无限价值的高端技术，很多都已经开源免费，但是学习门槛之高，将大量的技术人员拒之门外。本书的目标就是降低这个门槛，让读者能用最低的成本快速进入大数据领域。

这本书的特点是什么？

本书力求简单、实用，坚持以实例为主、理论为辅的路线。全书分五个篇章，从基础语言到大数据平台搭建和架构设计，以及最后的结论分析，覆盖了大数据项目开发阶段的整个生命周期。本书的特点如下。

（1）没有高深的理论，每一章都是以实例为主，读者参考源码，修改实例，切换数据源，就能得到自己想要的结果。目的就是让读者看得懂、学得会、做得出。

（2）因为专注，所以专业。Numpy、Pandas、Matplotlib、Hadoop、Spark这些组件功能非常丰富，然而本书专注于基于Python做大数据项目分析，重点描述在生产环境中实际用到的这部分技术。相比大而全的书，本书能让读者尽快上手，然后投身项目开发。

（3）书中的问答与实训板块让读者在学完本章知识后能够尽快得到巩固，举一反三，学以致用。

这本书的主要内容有什么？

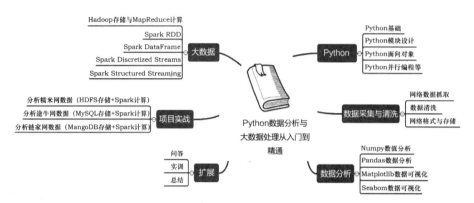

通过这本书能学到什么？

（1）大数据分析概念。了解大数据的特征、大数据项目开发流程、大数据分析目标如何确立。

（2）1种编程语言和14种工具。掌握Python编程语言，能搭建大数据分析平台、利用爬虫获取原始数据、通过编程实现大数据分析，再搭配14种工具，构建完整的大数据分析项目。

（3）数据采集。能够分析业务需求、明确采集目标、设计数据模型、搭建分布式爬虫、应对反爬虫、解析原始数据、制订存储方案。

（4）数据清洗。用正确的步骤和方法处理错误、默认数据，进行数据检查；对数据进行计算、转换、分类等加工处理。

（5）数据分析与可视化。了解简单的统计原理，能对数据进行常规探索及基本可视化。

（6）大数据分析。理解分布式存储原理、分布式计算原理及分布式资源调度原理，掌握HDFS存储数据技术及Spark大数据分析技术。

（7）掌握架构设计与实施。能设计不同场景下的项目架构，并做好不同业务下的数据建模。

（8）项目开发。熟练使用Python语言，综合运用各类组件，独立完成项目开发。

这本书的组件版本和阅读时的注意事项

1. 核心组件版本（出稿时最新版本）

Python：Anaconda3 Python 3.7版本

CentOS：7.5

Hadoop：3.1.1

Spark：2.4.0

Hive：3.1.1

MangoDB：4.0.6

Redis：Windows版本

其中，Hadoop、Spark、Hive安装过程相对复杂，版本不匹配容易出错。建议读者使用与本书一致的版本，待对大数据平台精通之后，再选择其他版本。

2. 注意事项

在问答题与实训板块，建议读者根据题目回顾小节内容，进行思考后动手写出答案，以强化学习效果。

除了书，您还能得到什么？

（1）赠送：案例源码。提供书中相关案例的源代码，方便读者学习参考。

（2）赠送：Python常见面试题精选（50道），旨在帮助读者在工作面试时提升过关率。习题见附录，具体答案参见下方的资源下载。

（3）赠送：《微信高手技巧随身查》《QQ高手技巧随身查》《手机办公10招就够》三本电子书，教会读者移动办公诀窍。

（4）赠送："5分钟学会番茄工作法"视频教程。教会读者在职场中高效地工作，轻松应对职场那些事儿，真正让读者"不加班，只加薪"！

（5）赠送："10招精通超级时间整理术"视频教程，教会读者如何整理时间、有效利用时间。无论是职场还是生活，都要学会整理时间，因为时间是人类最宝贵的财富，只有合理整理时间，充分利用时间，才能让人生价值最大化。

温馨提示：以上资源，请用微信扫一扫下方任意二维码关注公众号，输入代码pY0119Ht，获取下载地址及密码。

本书由凤凰高新教育策划，朱春旭老师编著。在本书的编写过程中，我们竭尽所能地为您呈现最好、最全的实用内容，但仍难免有疏漏和不妥之处，敬请广大读者不吝指正。

读者信箱：2751801073@qq.com

目录
Contents

第 3 篇　数据分析与可视化

第 4 篇　大数据存储与快速分析篇

第 5 篇　项目实战篇

第 **1** 篇

Python程序设计

　　Python 是一种解释性、面向对象和跨平台的高级编程语言。经过多年的发展，其功能越来越丰富，运行越来越稳定，性能越来越好。同时，活跃的技术社区开发了各种各样的高级工具，如 django、flask、jieba、nltk 等，为 Python 的广泛应用提供了强大的支持。

　　本篇先介绍 Python 的发展历程和发展前景，建立起读者对 Python 的基本认知；然后介绍 Python 的基本语法、逻辑控制、模块化设计、面向对象设计，让读者掌握用 Python 编程的技能；最后在高级主题部分，介绍生成器、迭代器、多线程、多进程、协程，以此来优化 Python 代码和提高程序性能。

第1章
Python入门

本章导读

　　本章主要介绍Python的历史背景与发展现状、应用场景、环境搭建、常用开发工具、软件包的安装与卸载、编码规范。学习Python需要先打好基础，对它有一个初步的了解，才能进一步往上攀登。

知识要点

通过对本章内容的学习，读者能掌握以下内容。

- Python的历史与发展状况
- Python的应用范围
- Python的开发环境搭建
- Python的软件包管理
- Python的基本编码结构

1.1　Python概述

Python 是一种计算机编程语言，已经有 20 多年的历史，目前广泛应用于科学计算、游戏编程、Web 应用开发、爬虫开发、黑客工具开发、计算机与网络安全、人工智能等领域。了解 Python 的发展历程及其生态环境，可以建立起对 Python 的基本认知。

1.1.1　Python的发展历程

Python 的创始人是 Guido van Rossum。1991 年，第一个用 C 语言开发的 Python 编译器诞生。1996 年，Python 发行了第一个公开版本 1.4。由于其简单、易用、可以移植等特点，Python 得到了飞速发展。在编写本书时，最新主要版本已经是 3.7 版本。

Python 版本发布进程如下。

1996 年至 2000 年，发布的 Python 版本是 1.4-1.6。

2000 年至 2008 年，发布的 Python 版本是 2.0-2.7。

2008 年至 2018 年，发布的 Python 版本是 3.0-3.7。

请注意，2008 年后，Python 开始同时维护 2.X 和 3.X 两个版本。这是因为当时很多系统都不能正常升级到 3.0 版本，于是后来开发了 2.7 版本作为过渡。

Python 从诞生起就具有类、函数、异常处理、表、字典等核心数据类型，同时支持用"模块"来扩展功能。在 Python 的发展进程中，开发者不断加入 lambda、map、filter 和 reduce 等高阶函数，极大地丰富了 Python 的 API。同时引入了垃圾回收器等高级功能，简化了程序员对内存的手动管理流程。

当前的版本中，Python 已经具备了以下重要的语言特性。

（1）有多种基本数据类型可供选择：数字（浮点数、复数和无限长整数）、字符串（ASCII 和 Unicode）、列表和字典。

（2）支持使用类和多继承的面向对象编程。

（3）代码可以分为模块和包。

（4）支持引发和捕获异常，从而实现更清晰的错误处理。

（5）数据类型是强类型和动态类型。混合不兼容的类型（如尝试添加字符串和数字）会导致异常，从而能够更快地捕获错误。

（6）包含高级编程功能，如生成器和列表推导。

（7）其自动内存管理功能使用户不必在代码中手动分配和释放内存。

1.1.2　Python生态的应用

在成熟、简洁、稳定、易用、可移植的 Python 基础上，围绕 Python 的生态也建立起来了。下面简要介绍 Python 在生态方面的几种应用。

1. 在Web方面的应用

（1）Django：Django 是最著名的一个框架，采用 MVC 架构，可以用它来构建大而全的后台管理系统。只需建好 Python 类与数据库表之间的映射关系，就能自动生成对数据库的管理功能。

（2）Flask：一个用 Python 编写的轻量级 Web 应用框架，没有太多复杂的功能，上手快。

（3）Web2py：免费的开源全栈框架，用于快速开发高效、可扩展、安全且可移植的数据库驱动的基于 Web 的应用程序。

2. 在爬虫方面的应用

（1）Requests：一个易于使用的 HTTP 请求库，主要用来发送 HTTP 请求，如 get/post/put/delete 等。Beautifulsoup 是一个网页解析工具，两者搭配使用，可以最低的成本完成爬虫开发和数据提取。

（2）Scrapy：一个快速的、高层次的 Web 抓取框架，可利用简洁的 xpath 语法从页面中提取结构化数据。Scrapy 用途广泛，可用于自动化测试、检测、数据挖掘等。

（3）Selenium：一个用于 Web 测试的工具。Selenium 测试直接运行在浏览器中，模拟用户操作页面。主要测试页面的兼容性和功能性，并支持自动录制和自动生成测试脚本。

3. 在科学计算方面的应用

（1）NumPy：可用来存储和处理大型矩阵，比 Python 自身的嵌套列表（nested list structure)结构要高效得多，多用于数值计算场景。

（2）Pandas：一个基于 NumPy 的工具，该工具主要解决数据分析任务。Pandas 本身引入了大量计算库和一些标准的数学模型，并提供了高效地操作大型数据集所需的工具。Pandas 被广泛用于金融、神经科学、统计学、广告学、网络缝隙等领域。

（3）Matplotlib：一个 Python 的 2D 绘图库，它以各种硬拷贝格式和跨平台的交互式环境生成高质量图形。通过 Matplotlib，开发者仅需要几行代码，便可以生成直方图、功率谱、条形图、错误图、散点图等。

4. 在人工智能方面的应用

在 AI 领域，Python 几乎处于绝对领导地位，Pipenv、PyTorch、Caffe2、Dash、Sklearn 等都是Github 上非常流行的机器学习库。还有大名鼎鼎的深度学习框架 Tensorflow，其接近一半的功能通过 Python 开发，并提供了 Python 下的 4 种不同版本。

1.1.3　Python的前景

2018 年 4 月，教育部印发的《高等学校人工智能创新行动计划》要求，到 2030 年，高校要成为建设世界主要人工智能创新中心的核心力量和引领新一代人工智能发展的人才高地，为我国跻身创新型国家前列提供科技支撑和人才保障。

从 2018 年起，浙江省将 Python 语言加入高考科目；山东省在六年级课本中加入了 Python 内容；

在亚马逊，甚至可以买到幼儿的 Python 编程书⋯⋯

在工业界，Python 也正在以难以想象的速度被越来越多的开发者所接受。

2018 年 9 月，TIOBE 全球编程语言排行榜，Python 位列第 3，如图 1-1 所示。

2018 年，TIOBE IEEE 顶级编程语言排行榜，Python 位列第 1，如图 1-2 所示。

Sep 2018	Sep 2017	Change	Programming Language	Ratings	Change
1	1		Java	17.436%	+4.75%
2	2		C	15.447%	+8.06%
3	5	^	Python	7.653%	+4.67%
4	3	v	C++	7.394%	+1.83%
5	8	^	Visual Basic .NET	5.308%	+3.33%
6	4	v	C#	3.295%	-1.48%
7	6	v	PHP	2.775%	+0.57%
8	7	v	JavaScript	2.131%	+0.11%
9	-	＊	SQL	2.062%	+2.06%
10	18	＊	Objective-C	1.509%	+0.00%

Language Rank	Types	Spectrum Ranking	Spectrum Ranking
1. Python		100.0	100.0
2. C++		98.4	99.7
3. C		98.2	99.4
4. Java		97.5	97.3
5. C#		89.8	88.7
6. PHP		85.4	88.7
7. R		83.3	86.0
8. JavaScript		82.8	81.9
9. Go		76.7	76.8
10. Assembly		74.5	76.0

图 1-1　TIOBE 全球编程语言排行榜　　　图 1-2　TIOBE IEEE 顶级编程语言排行榜

可见，Python 作为离人工智能最近的语言，正在变得越来越普遍。

1.2　搭建Python开发环境

Python 最初被设计为编写 Shell 脚本程序的语言，Python 解释器也是运行在 Linux 上的。随着 Python 的发展，在 Windows 平台上也可以使用了。目前，Windows 上的最新版本是 3.7.1。本节将介绍 Windows 上 Python 常用的两种安装方式：独立安装与 Anaconda 安装。

所需组件如下。

- Python：python-3.7.1-amd64.exe
- Anaconda：Anaconda3-5.3.1-Windows-x86_64.exe

1.2.1　独立安装

从官网下载 python-3.7.1-amd64.exe 程序。名称含义：3.7.1 是解释器的版本号，amd64 是指 64 位程序。

步骤 01：从官网下载安装程序后双击，打开选择安装方式界面，如图 1-3 所示。这里选中【Install launcher for all users (recommended)】复选框，然后选择【Customize installation】选项，自定义安装。

步骤 02：如图 1-4 所示，可以自定义需要安装哪些功能（选中需要的功能前的复选框），这里保持默认设置。单击【Next】按钮，进行下一步操作。

图 1-3　选择安装界面

图 1-4　选择要安装的功能界面

步骤 03：如图 1-5 所示，继续保持默认设置。单击【Browse】按钮选择安装路径，然后单击【Install】按钮开始安装。

如图 1-6 所示，显示安装进度条，等待安装完成。

图 1-5　高级选项界面

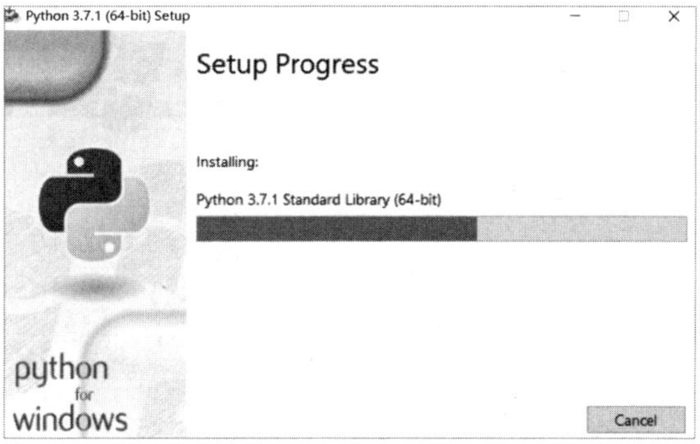

图 1-6　正在安装界面

步骤 04：如图 1-7 所示，安装完成。单击【Close】按钮关闭当前窗口。

图 1-7　安装完成界面

步骤 05：配置环境变量。右击【此电脑】图标，选择【属性】选项，如图 1-8 所示。

步骤 06：在系统属性界面选择【高级系统设置】选项，如图 1-9 所示。

图 1-8　选择【属性】选项

图 1-9　电脑系统属性

步骤 07：弹出【系统属性】对话框，切换到【高级】选项卡，然后单击【环境变量】按钮，如图 1-10 所示。

步骤 08：在【环境变量】对话框中，选择【系统变量】中的【Path】选项，然后单击【编辑】按钮，如图 1-11 所示。

图 1-10　【系统属性】对话框中的【高级】选项卡

图 1-11　【环境变量】对话框

步骤 09：单击【新建】按钮，将 Python 安装路径添加至环境变量列表，如图 1-12 所示。

步骤 10：完成后单击【确定】按钮，系统自动关闭当前对话框。前面步骤弹出的对话框全都需要单击【确定】按钮，以使修改生效。

步骤 11：验证环境变量设置。按【Win+R】组合键打开【运行】对话框，输入【cmd】，然后按【Enter】键，如图 1-13 所示。

步骤 12：如图 1-14 所示，在命令行窗口输入【python】命令。

图 1-12　编辑环境变量

图 1-13　运行窗口

图 1-14　命令行窗口

一般情况下，屏幕中会输出 Python 版本号、发布时间等信息。如图 1-15 所示。

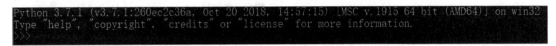

图 1-15　Python 安装信息

至此，Python 解释器的独立安装全部完成。

1.2.2　安装Anaconda

从官网下载 Anaconda3-5.3.1-Windows-x86_64.exe 程序。

步骤 01：双击程序名，打开欢迎界面，如图 1-16 所示，然后单击【Next >】按钮。

步骤 02：弹出安装协议确认界面，如图 1-17 所示，单击【I Agree】按钮。

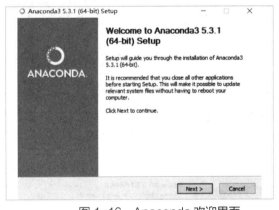

图 1-16　Anaconda 欢迎界面

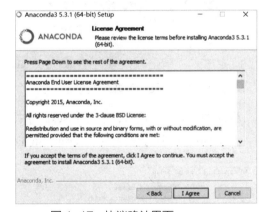

图 1-17　协议确认界面

步骤 03：在安装类型选择界面，保持默认选项即可，然后单击【Next >】按钮，如图 1-18 所示。

步骤 04：在安装路径设置界面，单击【Browse】按钮，选择一个路径，然后单击【Next >】按钮，如图 1-19 所示。

步骤 05：在高级选项界面选中第一个复选框，表示将 Anaconda 自动设置到环境变量中，选中第二个复选框表示将 Anaconda 设置为默认的 Python 执行环境。在此保持默认选项即可，然后单击【Install】按钮，如图 1-20 所示。

步骤 06：等待 Anaconda 安装完成，如图 1-21 所示。

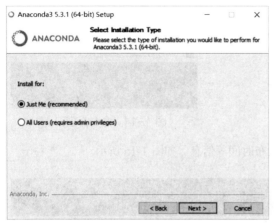

图 1-18　安装类型选择界面

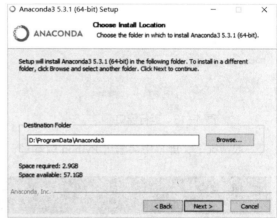

图 1-19　安装路径设置界面

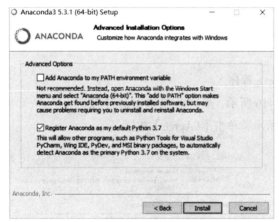

图 1-20　高级选项界面

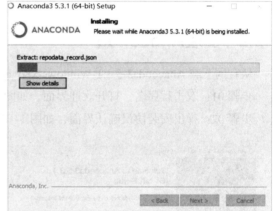

图 1-21　Anaconda 安装界面

步骤 07：安装完成后，单击【Next >】按钮，如图 1-22 所示。

步骤 08：询问是否需要安装 Visual Studio Code，这里单击【Skip】按钮，如图 1-23 所示。

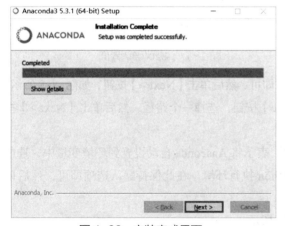

图 1-22　安装完成界面

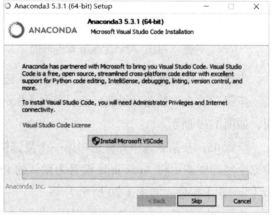

图 1-23　安装 Visual Studio Code 界面

步骤 09：图 1-24 所示为最终的安装完成确认界面。这里保持默认设置，单击【Finish】按钮，关闭当前窗口。

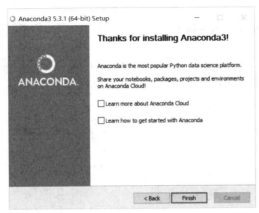

图 1-24　Anaconda 最终安装完成界面

温馨提示

Anaconda 是一个开源的 Python 发行版本，包含 Python 解释器，同时还包含 180 多个科学包和依赖项。在本书的后续章节需要使用 Python 的科学计算库，因此建议读者采用 Anaconda 安装。需要注意的是，Python 和 Anaconda 的安装路径中尽量不要有空格和特殊字符，更不能有中文，否则可能会导致意外错误。

本章采用 Windows 10 操作系统，如果读者设置环境变量后没有生效，建议重启计算机。其他 Windows 版本也参考本提示进行操作。

1.3　Python开发工具介绍

Python 有多种开发环境。采用 Python 独立安装后，在开始菜单会看到名为【IDLE】的命令行工具，一般用于快速测试简单代码。而采用 Anaconda 安装后，在【开始】菜单会看到一个名为【Jupyter Notebook】的工具，这是一个 Web 形式的交互式编程工具，其好处在于能即时输出运算结果。

PyCharm 是一个综合集成开发工具，提供代码智能感知、项目管理等众多功能，因此本书采用 PyCharm 作为开发环境。

所需组件如下。

- PyCharm：pycharm-professional-2018.3.exe

接下来从官网下载并进行安装。

步骤 01：双击程序名称，打开欢迎界面，如图 1-25 所示，单击【Next >】按钮。

步骤 02：在安装路径设置界面单击【Browse】按钮，选择安装位置，如图 1-26 所示。

步骤 03：在安装选项界面选中【64-bit launcher】和【.py】两个复选框，如图 1-27 所示，然后单击【Next >】按钮。

步骤 04：如图 1-28 所示，设置在【开始】菜单中的名称，这里保持默认，单击【Install】按钮。

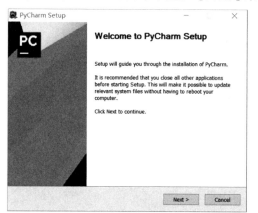

图 1-25　欢迎界面

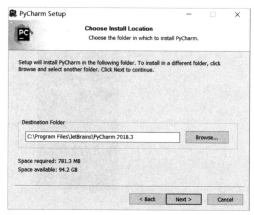

图 1-26　安装路径设置界面

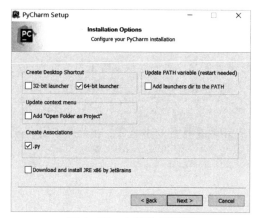

图 1-27　安装选项界面

图 1-28　选择开始菜单文件夹

步骤 05：等待安装完成，如图 1-29 所示。

步骤 06：单击【Finish】按钮，完成安装，如图 1-30 所示。

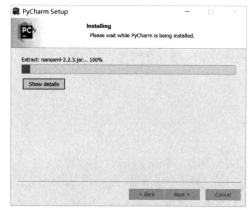

图 1-29　安装等待界面

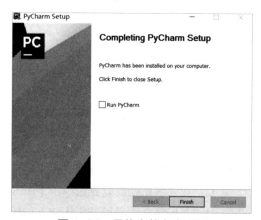

图 1-30　最终安装完成界面

1.4　Python软件包的管理

安装 Python 时会自动安装 pip 工具，pip 是一个 Python 软件包管理工具。安装 Anaconda 后会包含 pip.exe 和 conda.exe 程序。conda.exe 和 pip.exe 功能类似，但软件安装源不同。它们都提供了软件包的搜索、安装、卸载、更新、查看已安装列表功能。一般情况下，Python 软件包的安装操作都是在 cmd 环境下进行的。

1.4.1　搜索软件

以 pip 工具为例，来在线搜索软件。搜索的语法格式如下：

```
pip search 软件名称
```

这里以搜索 xml 工具为例，打开 cmd，输入以下命令：

```
pip search xml
```

如图 1-31 所示，搜索结果中展示了软件名称中包含 xml 关键字的软件列表。

图 1-31　pip 搜索结果列表

1.4.2　安装软件

使用 install 命令安装软件，其语法格式如下：

```
pip install 软件名称
```

这里以安装 django-xml 工具为例，在 cmd 窗口中输入以下命令：

```
pip install django-xml
```

install 后面接要安装的软件的全称，如图 1-32 所示。

图 1-32　安装软件

1.4.3 卸载软件

使用 uninstall 命令卸载软件，其语法格式如下：

```
pip uninstall 软件名称
```

这里以卸载 django-xml 工具为例，在 cmd 窗口中输入以下命令：

```
pip uninstall django-xml
```

在命令执行过程中会提示是否确定卸载。这里输入【y】，完成卸载，如图 1-33 所示。

```
C:\Users\zhuchengxi>pip uninstall django-xml
Uninstalling django-xml-1.4.1:
  Would remove:
    d:\programdata\anaconda3\lib\site-packages\django_xml-1.4.1.dist-info\*
    d:\programdata\anaconda3\lib\site-packages\djxml\*
Proceed (y/n)? y
  Successfully uninstalled django-xml-1.4.1
```

图 1-33　卸载软件

1.4.4 更新软件

使用 --upgrade 参数更新已安装的软件，其语法格式如下：

```
pip install --upgrade 软件名称
```

其中，软件名称是可选的。若在输入命令时未指定软件名称，系统则会将已安装的软件全部更新一次。

这里以更新 numpy 工具为例，在 cmd 窗口中输入以下命令：

```
pip install --upgrade numpy
```

执行结果如图 1-34 所示。

```
C:\Users\zhuchengxi>pip install --upgrade numpy
Requirement already up-to-date: numpy in d:\programdata\anaconda3\lib\site-packages (1.15.4+mkl)
```

图 1-34　更新软件

1.4.5 显示已安装软件包

使用 list 命令，会在窗口中列出已安装的所有软件及对应的版本号，具体用法如下：

```
pip list
```

执行结果如图 1-35 所示。

图 1-35　已安装软件列表

温馨提示

除了使用 pip 和 Anaconda 安装 Python 包外，还可以使用 easy_install。功能类似，在此就不再赘述。若 Python 包是源代码，没有编译成二进制文件，一般情况下在源码包 setup.py 文件目录下，直接使用 python setup.py install 进行安装即可。

1.5　实训：编写"Hello World"

每一门编程语言的第一个程序都是输出"Hello World"，这是全世界程序员的一个浪漫约定。接下来就看看如何使用 PyCharm 集成开发环境编写第一个 Python 程序并输出"Hello World"。

1. 实现思路

在开始菜单找到 PyCharm，使用 PyCharm 创建一个项目，然后在项目中创建一个 Python 文件。在文件中编程，调用 print 方法即可输出内容。

2. 编程实现

步骤 01：打开 PyCharm，单击【+Create New Project】按钮，如图 1-36 所示。

步骤 02：在新建项目界面的左侧选择【Pure Python】选项，在右侧的【Location】框中输入项目存放路径和名称，单击【Create】按钮，如图 1-37 所示。

图 1-36　PyCharm 开始界面

步骤 03：在 PyCharm 主界面右击项目名称，选择【New】选项，可以看到【Python File】菜单项，选择【Python File】选项，如图 1-38 所示。

图 1-37　新建项目界面

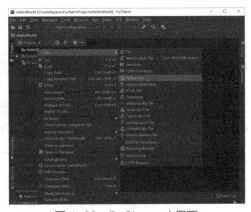

图 1-38　PyCharm 主界面

步骤 04：在新建 Python 文件对话框中输入文件名称，单击【OK】按钮，如图 1-39 所示。

图 1-39　新建 Python 文件

步骤 05：在源码文件中输入图 1-40 所示的内容。这里并不需要指定【s】变量的类型，直接将字符串赋给【s】即可。

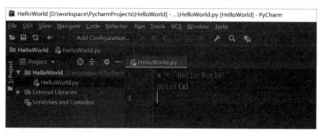

图 1-40　输入代码

步骤 06：执行源码文件，打开 cmd 输入以下指令。

```
python D:\workspace \PycharmProjects\HelloWorld\HelloWorld.py
```

如图 1-41 所示，直接使用 Python 解释器执行源码文件，即可得到结果。

图 1-41　执行源码文件

本章小结

　　本章介绍了 Python 的发展历程和应用范围，主要介绍了 Python 环境的搭建和开发工具的基本使用方法，同时也介绍了 Python 库的管理工具和源码的执行方式。为了提高学习和开发效率，建议读者先了解 Anaconda 和熟练使用 PyCharm。

第2章
Python基础

 本章导读

本章主要介绍Python变量的创建与使用、标识符与关键字、代码组织方式、输入输出方式、基本运算符和对应的优先级。由于Python语法和代码组织结构与C、C++等静态语言差别较大，因此掌握本章内容，有助于后续学习的开展。

 知识要点

通过对本章内容的学习，读者能掌握以下内容。

- 如何定义变量
- Python语言特性
- Python内存管理
- Python垃圾回收机制
- Python代码执行原理
- Python代码组织规范
- 如何编写人机交互程序

2.1 变量

学习一门编程语言，首先应知道什么是变量，如何创建变量与使用变量，还需要了解变量的内存分配和程序的运行过程。下面就为读者详细介绍变量的有关知识。

2.1.1 什么是变量

变量一词来源于数学，是编程语言中能表示某个数值或者计算结果的抽象概念。变量是对数据内存地址的引用，开发者可以将一段数据赋值给一个变量以方便记忆和使用，以及数据重用。

2.1.2 变量与类型

Python 是一门动态的语言，与 C、C++ 等静态编程语言不同，在创建变量时不需要指定变量类型。如图 2-1 所示，在第 2 行创建整型变量 a，同时赋值为数值 5；在第 4 行创建字符串类型变量 name，同时赋值为字符串"ivy"。

```
2  a=5
3  b=10.0
4  name="ivy"
5  c=a+1
6  d=a+b
7  hello_name="hello"+name
```

图 2-1　创建变量

Python 中有以下几种标准数据类型。

（1）整型。

（2）长整型。

（3）浮点型。

（4）复数型。

（5）布尔型。

（6）字符串类型。

（7）元组。

（8）列表。

（9）字典。

温馨提示

Python 还提供了除标准类型外的其他数据类型，也可以自定义类型，相关内容将在后续章节中详细介绍。

2.1.3　变量赋值

Python 是一门纯面向对象的语言，所有的变量在 Python 中都是对象。对象是通过引用传递的，赋值操作并不是直接将一个值赋给变量。在赋值时，不管这个对象是新创建的还是已经存在的，都是将该对象的引用赋给变量。

上页的图 2-1 中演示了基本的赋值方式。其中第一个是整数类型赋值，第二个是浮点数类型赋值，第三个是字符串类型赋值，后面三个都是使用表达式赋值。

除了直接使用"="赋值外，Python 还支持多种不同的赋值方式。

1．增量赋值

Python 也支持增量赋值，如图 2-2 所示。

```
1 a=10
2 a=a+1
3 a+=1
```

图 2-2　增量赋值

赋值通过使用赋值运算符，将数学运算过程包含其中。除了 +=，还有其他几种运算符，如表 2-1 所示。

表 2-1　增量赋值运算符

序号	运算符	描述	使用方式	同等效果
1	-=	减法运算赋值	a -= b	a = a - b
2	*=	乘法运算赋值	a *= b	a = a * b
3	/=	除法运算赋值	a /= b	a = a / b
4	%=	取模运算赋值	a %= b	a = a % b
5	**=	幂运算赋值	a **= b	a = a ** b

> **温馨提示**
> 增量赋值是指运算符和等号合并在一起的赋值方式。
> 还需注意的是，Python 不支持自增 1 和自减 1 运算符，--n 与 ++n 都将得到 n。

2．链式赋值

链式赋值是指在一条语句上同时对多个变量进行赋值，如图 2-3 所示。

```
1 a=b=1+2
2 print(a,b)
```

图 2-3　链式赋值

3．多元赋值

为多个变量同时赋值的方法称为多元赋值。采用这种方式赋值时，要求等号两边的对象都是元组类型。如图 2-4 所示，get_tuple 方法返回了 3 个数值，并将其赋值给变量 d，输出的变量 d 类型为："< class ' tuple ' >"。变量 d 的 3 个值依次按顺序赋值给变量 a，b，c。

```
1  def get_tuple():
2      return 1,2,3
3
4  d=get_tuple()
5  print(type(d))
6  a,b,c=d
```

图 2-4　多元赋值

直接给多个变量赋值：

```
a,b,c=1,2,3
```

这种写法是允许的，但是为了程序有更高的可读性，仍然建议将等号两边的内容用小括号括起来，表示这是元组。

```
(a,b,c)=(1,2,3)
```

2.1.4　动态类型

在 Python 中，对象的类型和内存是在运行时确定的，在编程时无须提前指定，这种形式称为动态类型。在程序执行时，Python 解释器会根据运算符右侧的数据类型来确定对象的类型，同时将其赋值给左侧变量。

2.1.5　内存管理

计算机执行命令需要 CPU，程序的运行需要内存。在给变量分配内存的时候，其实是在向计算机申请资源，程序用完之后需要释放资源。Python 不像 C、C++ 那样需要手动申请和释放内存，而是由 Python 解释器自动进行内存管理。这样有一个潜在的好处，就是当代码规模非常庞大的时候，有可能会忘记释放内存，最终导致内存耗尽，而 Python 一般情况下可以避免此问题。

Python 解释器采用引用计数这种方式来跟踪内存中的对象状态。Python 记录着所有在使用的对象有多少引用，每个对象被引用了多少次，这称为引用计数。当对象被创建时，就设置一个引用计数，不再使用时，就将其计数归零，然后在合适的时候通过垃圾回收器回收。

如图 2-5 所示，创建一个对象，并赋值给变量，该对象的计数就设置为 1。当同一个对象被赋值给其他变量，或者当作参数传递进了某个方法时，该对象的引用又会自动加 1。图中 "Hello World" 对象被两个变量同时引用。

图 2-5　对象引用

对应的代码如图 2-6 所示，第 1 行创建了一个字符串对象 "Hello World"，并将其引用赋值给 a。注意这里是将对象的引用给了 a，并不是将 "Hello World" 值本身给了 a。因此该对象的引用计数设置为 1。第 3 行创建了一个变量 b，该变量通过 a 也指向了 "Hello World"，此时并没有为 b 创建新的对象，而是将对象的引用计数又加了 1。这种传递赋值的方式只是使计数增加的方式之一，把变量传递给方法也会导致计数增加。

```
1 a="Hello World"
2 print("a的内存地址是：",id(a))
3 b=a
4 print("a的内存地址是：",id(b))
```

图 2-6　一个对象被两个变量引用

id ( ) 函数可以查看一个变量所引用的对象的地址。为了确定 a 和 b 是否为同一个对象，在第 2 行和第 4 行分别输出变量内存地址。从图 2-7 中可以看出，a 和 b 指向了同一个地址，它们代表同一个对象。

```
a的内存地址是：  1460226881200
b的内存地址是：  1460226881200
```

图 2-7　变量的内存地址

对象使用完毕，引用被销毁时，对应的引用计数就会减少。最常见的情况就是处在函数内的局部变量，当函数执行完毕，所有局部变量都会被销毁，对象的引用计数也会对应减少。如图 2-8 所示，a 作为函数 f 的局部变量，当 f 执行结束后，对象 "Hello World" 的引用计数也会归零，等待垃圾回收器在合适的时候将其回收。

```
1 def f():
2     a="Hello World"
3     print(a)
```

图 2-8　局部变量

当一个变量引用了一个新的变量，原来对象的引用计数也会减少。如图 2-9 所示，在第 5 行，变量 a 引用了 "Hello Python"，原来对象 "Hello World" 的计数就会减少 1 个。

```
1 a = "Hello World"
2 print("a的内存地址是：", id(a))
3 b = a
4 print("b的内存地址是：", id(b))
5 a = "Hello Python"
6 print("a的内存地址是：", id(a))
```

图 2-9　变量引用新对象

执行结果如图 2-10 所示，可以看到，重新引用后的 a 地址和初始地址已经不一样了。

```
a的内存地址是：  1780969305776
b的内存地址是：  1780969305776
a的内存地址是：  1780971713840
```

图 2-10　变量地址变化

温馨提示

内存的分配是由系统决定的，因此同一个程序在不同时刻运行，其中的变量地址不一定相同。

在 2.2.3 节的表 2-2 中有一个"del"关键字，其作用是删除变量。删除对应变量后，其对对象的引用也会随之被消除。如图 2-11 所示，在第 7 行删除变量 a，那么 a 对"Hello World"的引用关系就会被消除。由于变量 a 不存在了，第 8 行再次使用该变量则会报错。

```
1  a = "Hello World"
2  print("a的内存地址是：", id(a))
3  b = a
4  print("b的内存地址是：", id(b))
5  a = "Hello Python"
6  print("a的内存地址是：", id(a))
7  del a
8  print("a的内存地址是：", id(a))
```

图 2-11　删除变量

如图 2-12 所示，提示变量 a 未定义。

一个容器中的对象被移除，该对象的引用也会减少。如图 2-13 所示，创建一个列表，里面包含 4 个对象，移除其中一个，那么该对象将不能再被访问。

图 2-12　使用删除的变量

```
1  a = ["Hello", "World", "Python", "BigData"]
2  print(a[0])
3  a.remove("Hello")
4  print(a[0])
5
```

图 2-13　移除一个对象

执行结果如图 2-14 所示，在第 2 行引用第 0 个元素，显示"Hello"，移除之后再次访问第 0 个元素是"World"。

图 2-14　移除对象

2.1.6　垃圾回收

不再被引用的内存会被垃圾回收器（Garbage Collection，GC）自动回收。垃圾回收器是一块独立的代码，专门用来寻找和销毁引用计数为 0 的对象，同时也会检查引用计数大于 0 但也应该被销毁的对象。在某些情况下，光靠引用计数来管理内存是不够的，如循环引用。如图 2-15 所示，只有 a 和 b 相互引用，执行完 del 操作后，a、b 不能再被访问到，对 GC 来说，两个非活动的列表（Python 中将用 [] 表示的数据称为列表）对象就应该被回收。但是 ["Hello"] 和 ["World"] 对象的引用计数并没有归零，会一直驻留在内存中，造成内存溢出。

```
1  a = []
2  b = []
3  a.extend(b)
4  b.extend(a)
5  del a
6  del b
```

图 2-15　循环引用

为了解决循环引用的问题，Python 又引入了"标记—清除"和"分代回收"两种机制来辅助内存管理。

"标记—清除"分为两个阶段，第一阶段 GC 将所有活动对象打上标记，第二阶段将没有标记的非活动对象进行回收。对象是否处于活动状态，GC 如何判断呢？

如图 2-16 所示，箭头指向的方向表示可达。节点 A 作为根对象（根对象一般是全局变量及寄存器上的变量），从 A 出发能到达点 B、C、D、E、F，在第一阶段这些点都被标记为活动对象。而没有箭头指向 G，则表示 G 不可达，标记为非活动对象。第二阶段 GC 扫描内存表的时候，就会将 G 回收。"标记—清除"一般用来处理容器对象，如列表、元组、字典等。

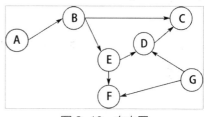

图 2-16　有向图

"标记—清除"也存在一定的问题，就是每次给对象做标记时都会将整个内存表扫描一遍，即便本次与上次对象状态变化不大，这就带来了额外的性能消耗。

"分代回收"是一种用空间换时间的回收方式。Python 将对象分为 3 个"代"，和"3 代人"中的"代"是一个意思。3 个代分别为：0 代、1 代、2 代，每个代对应一个集合。新创建的对象就放入 0 代，当 0 代的集合存不下新对象的时候，就触发一次 GC，能回收对象就回收，不能回收的就将其移动到第 1 代。当第 1 代的空间也存不下新移入的对象时，就再触发一次回收，这次回收不了的对象就移动到第 2 代。第 2 代是程序运行过程中存活时间最长的对象，甚至会等到程序退出空间才会被释放。

2.1.7　Python代码执行过程

在执行 Python 代码的过程中，Python 解释器会将源码文件编译成 .pyc 文件。.pyc 文件是字节码文件，存放的是 PyCodeObject 对象信息。在程序运行期间，Python 解释器会加载 .pyc 文件，并创建好 PyCodeObject 对象，该对象会驻留在内存中。PyCodeObject 对象包含了源码中的常量以及生成的字节码指令，Python 解释器会执行其中的指令，使开发者编写的程序得以执行。

.pyc 文件是一个中间文件，在源码没有被修改的情况下再次执行同一指令，Python 解释器将不会重新生成 .pyc 文件，从而提高执行效率。

下面创建两个 .py 文件来观察脚本执行过程。

新建 test1.py 和 test2.py 两个文件，然后在 test1.py 中导入 test2.py 创建的变量，如图 2-17 所示。

图 2-17　引用其他模块变量

在命令行窗口中，切换到 test1.py 所在目录，然后执行命令：

```
python -m test1.py
```

可以看到当前目录下生成了一个新目录：__pycache__。打开该目录，可以看到两个 .pyc 文件，如图 2-18 所示。

图 2-18　Python 编译文件

2.2　标识符

标识符是编程语言中允许作为对象名字的字符串。一段代码中的标识符有两部分：一部分是系统自带的标识符，称为关键字；另一部分是开发者自定义的标识符。需要注意的是，若像使用变量一样直接使用关键字，程序会报错。Python 还有一部分"内建"的标识符集合，尽管不属于关键字范畴，但是也不推荐当作普通标识符使用。下面就来了解一下标识符的使用方法。

2.2.1　有效的标识符

Python 标识符编写规则和 C、C++、Java 类似，要求如下。

（1）首字符必须是字母或者下划线。

（2）非首字符可以是字母、数字或下划线，可任意组合。

Python 标识符不能以数字开头，且除了下划线外的符号都不能使用。在字符串的其他位置也不能使用特殊符号。例如，a%b 是不允许的。

2.2.2　特殊标识符

使用下划线作为前缀和后缀的变量对 Python 来说具有特殊含义，这里解释如下。

（1）_a：不能用"import *"方式导入。

（2）__a：类中的私有成员。

（3）__a__：系统定义的名字。

在实际开发中，建议开发者尽量不要定义下划线风格的变量。一般情况下，使用 _a 和 __a 都被视为私有的；__a__ 风格变量在系统中有特殊含义，如 __init__ 被视为构造函数。

2.2.3　关键字

几乎每种编程语言都有关键字，关键字是系统保留的标识符，每个关键字都有特定的含义，自定义的变量名不能与关键字重复。如图 2-19 所示，可以获取系统关键字列表。

```
1  import keyword
2
3  print(keyword.kwlist)
```

图 2-19　获取关键字

各关键字及其含义如表 2-2 所示。

表 2-2　关键字列表

关键字	描述	关键字	描述
False	布尔值	def	用于定义函数
None	空值	del	删除变量
True	布尔值	if	判断语句
and	与条件	else	判断语句
or	或条件	elif	相当于 else...if 的缩写
as	转换对象名称	try	用于捕获异常
assert	断言	raise	用于触发异常
async	协程语法糖	except	用于捕获异常
await	协程语法糖	finally	捕获异常后执行语句
break	退出循环	for	循环一个对象
continue	跳过本次循环	while	布尔条件下的循环
with	对资源进行访问	from	导入变量，可能覆盖同名变量
in	判断一个对象是否存在于另一个对象中	import	导入变量
is	判断两个对象是否相同	global	标识该变量为全局变量
lambda	创建匿名函数	nonlocal	引用非全局变量
not	布尔值取反	yield	创建生成器
return	用于返回对象	pass	函数体占位符

2.2.4　内建模块

内建模块是指 Python 解释器自带的功能模块。这些功能模块包含了大量的对象集合，其中有些是用来影响解释器执行的，比如 sys 模块，可以用来设置解释器的搜索路径；有些是为了方便开发者使用的，比如 datetime 模块，方便开发者获取系统时间。这些内建模块不属于关键字范畴，但也应该当作系统保留字不作他用，只有在某些特殊场景下才需要重写它们。

2.3　代码组织

变量、常量、函数、类等都是构成软件系统的基本要素，本节的目标就是掌握如何在程序中将这些对象良好地组织在一起。

2.3.1　缩进

其他编程语言，比如 C、C++、Java、C# 等，都是使用成对的花括号来表达语句块，而 Python 使用的是代码缩进的方式。如图 2-20 所示，第 1 行使用"def"关键字定义了一个名为"func"的函数，后面的"( )"是函数的参数列表，参数列表后面是一个冒号，第 2、3 行表示的是这个函数的函数体，前面输入 4 个空格或按一下【Tab】键。函数的代码组织方式是，从冒号后的一行，以 4 个空格为准，依次对齐的语句属于当前函数这个层级的代码块。

```
1  def func():
2      a=5
3      print(a)
```

图 2-20　定义函数

为什么是这个层级呢？因为在 Python 中，所有的事物都被称为对象，函数也不例外，因此一个函数内部可以嵌套另一个函数。如图 2-21 所示，第 6、7 两行就属于"func2"这个函数块，整个"func2"属于"func"这个函数块，同理，第 9 行也属于"func"这个函数块。

```
1  def func():
2      a=5
3      print(a)
4
5      def func2():
6          b=5
7          print(b)
8
9      return func2
```

图 2-21　函数嵌套

> **温馨提示**
>
> 一般情况下，按【Tab】键表示 4 个空格，不同的开发环境配置不同，因此建议读者使用 4 个空格作为缩进。

2.3.2　代码注释

在 Python 中使用 "#" 表示注释，如图 2-22 所示。Python 注释语句从 "#" 符号开始，开发者可以在代码中的任何地方编写注释，解释器会自动忽略 "#" 之后的内容。

```
1  def func():
2      #a=5
3      #print(a)
4
5      #def func2():
6      #    b=5
7      #    print(b)
8
9      return func2
```

图 2-22　注释

2.3.3　多行语句

在 Python 中，可以在同一行定义多个变量，中间用 ";" 隔开，如图 2-23 所示。但在实际编程中并不推荐这样使用，每一行只定义一个变量并移除分号更符合规范。

```
1  a=5;b=6;c="Make an iterator that computes the function using arguments from.Make an iterator
2  print(c)
```

图 2-23　定义多个变量

当一个变量内容过长时，比如图 2-23 中的变量 "c" 已经超出当前屏幕显示范围，就应该将该其写成多行语句，每行用 "\" 结尾，表示该段内容还没结束，如图 2-24 所示。

```
1  a = 5
2  b = 6
3  c = "Make an iterator that computes the function using arguments from." \
4      "Make an iterator that computes the function using arguments from."
5  print(c)
```

图 2-24　变量过长时的写法

除此之外，还有以下两种情况支持换行。

1. 写在集合对象中

如图 2-25 所示，分别在元组（( )）、列表（[ ]）、字典（{}）中创建字符串对象，不使用 "\" 符号就可以直接换行。

```
1  a = ("Make an iterator that computes the "
2       "function using arguments from.")
3  b = ["Make an iterator that computes the "
4       "function using arguments from."]
5  c = {"Make an iterator that computes the "
6       "function using arguments from."}
```

图 2-25　集合中的变量

2. 多行字符串

在成对的三个单引号或三个双引号之间也可以直接换行，如图 2-26 所示，这种变量称为多行字符串。一般在给类、函数添加描述，或者表示一个很长的字符文本时使用。

```
1  a="""Make an iterator that computes the function using arguments from.
2      Make an iterator that computes the function using arguments from.
3      Make an iterator that computes the function using arguments from.
4  """
```

图 2-26　多行字符串

2.4　输入与输出

一个交互式的程序，需要支持用户输入和输出。输入是指程序能接收用户输入的内容，输出是指程序运行之后能保存或显示相应的结果。

2.4.1　输入

Python 使用 input( ) 方法接收用户的输入，如图 2-27 所示，参数列表中可以指定输入内容。

执行程序后，可以在底部控制台中输入内容，输入完毕后按【Enter】键完成本次交互，程序正常退出。若是用户想输入多次，调用多次 input 方法即可。

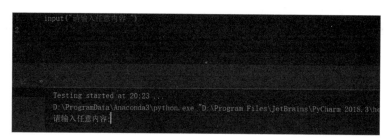

图 2-27　输入

2.4.2　输出

Python 程序有多种输出形式，如输出到文本、数据库等。在之前的示例中，调用 print 是将内容输出到控制台上。如图 2-28 所示，图中底部是 print 的输出内容。使用 print 方法输出会默认自动换行，阻止自动换行的方法是将参数"end"设置为空。

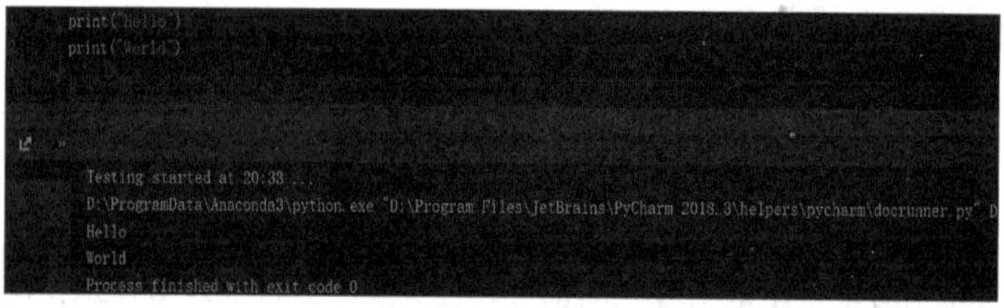

图 2-28　输出换行

print 方法也支持格式化输出，如图 2-29 所示，在一段文本中使用“%s”符号作为占位符，将“%”后面的 (a,b) 按顺序填入指定位置，最终输出“Hello World，Hello Python”。

```
a = "World"
b = "Python"
print("Hello %s,Hello %s" % (a, b))

Testing started at 20:41 ...
D:\ProgramData\Anaconda3\python.exe "D:\Program Files\JetBrains\PyCharm 2018.3\helpers\pycharm\d
Hello World,Hello Python
```

图 2-29 格式化输出

> **温馨提示**
>
> Python 支持多种格式化输出，比如“%s”表示格式化输出一个字符串，“%d”表示输出整数，“%f”表示输出浮点数等。

2.4.3 一个完整的示例程序

接下来是一个完整的交互式程序示例，接收用户输入并将对应内容输出。图 2-30 所示，当用户输入“exit”时，if 语句会对输入的内容进行判断，当满足 content == " exit "条件时，退出 while 循环，程序执行完毕。

```
while True:
    content = input("请输入内容: ")
    print("您输入的内容是: %s" % (content))
    if content == "exit":
        print("程序执行完毕！")
        break
```

图 2-30 接收用户输入并将内容输出

在 cmd 或 powershell 窗口中执行 python 程序，输入内容，执行结果如图 2-31 所示。

```
Windows PowerShell
PS D:\workspace\PycharmProjects\TestSpark\tmp> python .\test1.py
请输入内容: hello world
您输入的内容是: hello world
请输入内容: hello python
您输入的内容是: hello python
请输入内容: hello world
您输入的内容是: hello world
请输入内容: exit
您输入的内容是: exit
程序执行完毕!
```

图 2-31 在交互式程序中输入输出

2.5 运算符与优先级

与 C、C++ 等众多语言一样，Python 中的运算符也以数学中基本运算符的方式工作。常用的运算符有 + － * / // % **。其中单斜杠表示除法；双斜杠表示除法，返回商的整数部分，向下取整；** 表示求次方。

如图 2-32 所示，Python 程序运算的优先级也和数学运算一样。从左往右依次运行，遇到小括号优先运行。

```
1  a=1+2*3-10/(2*5)
2  print(a)
```

图 2-32　运算优先级

执行结果如图 2-33 所示，可以看到结果是 6.0，是一个浮点型数据，这是因为 Python 的除法会自动将整型转为浮点型，整型与浮点型运算也是浮点型。

```
D:\ProgramData\Anaconda3\python.exe
6.0
Process finished with exit code 0
```

图 2-33　运算结果

2.6 新手问答

问题1：Python中使用什么方式组织代码块？

Python 使用【Tab】键或 4 个空格组织代码块。Python 是一门比较松散的语言，在语法上只要同一级别的代码保持 4 个空格对齐，就表示在同一个代码块内。

问题2：Python文件如何支持中文？

Python 最初只能处理 8 位的 ASCII 值，后来的 Python 1.6 版本开始支持 unicode。unicode 是使程序能支持多种语言的编码工具。unicode 一般使用 16 位来存储字符，正好支持双字节的中文，但是一个文本中若是英文居多，中文偏少，则浪费存储空间。于是出现了 utf-8，utf-8 存英文就用一个字节，存中文就用两个字节，但是这种变长的编码方式在内存中使用的时候就不方便了。因此将数据存到文件就使用 utf-8 编码节省空间，将数据放到内存就使用 unicode 方便内存管理。所以使 .py 文件在各类操作系统（平台）上都支持中文的方式就是在文件开头设置编码格式为 utf-8，如图 2-34 所示。

```
1  # -*- coding: UTF-8 -*-
2  a=1+2*3-10/(2*5)
3  print(a)
```

图 2-34　设置文件编码格式

2.7　实训：设计一个简易计算器

计算器是日常办公的一个常用工具。本节来设计一个加法计算器，支持用户输入数据并输出计算结果。

1. 实现思路

编写一个 while 循环，一次循环中接收两个输入，调用内建模块中的 int( ) 方法，将对应输入转为整数，然后将两次数据相加并显示到屏幕上。

2. 编程实现

完整程序如图 2-35 所示，第 2 行代码是一个"死循环"，表示程序不会自动退出，除非手动终止。第 3、4 行表示接收用户输入的内容，并将内容转换为 int 类型数据，第 5 行输出计算结果，第 5 行执行完毕后开始下一次循环。至此，一个简易的加法计算器程序编写完成。

```
1  # -*- coding: UTF-8 -*-
2  while True:
3      a = int(input("请输入第一个数字："))
4      b = int(input("请输入第二个数字："))
5      print("两次输入求和为：", a + b)
```

图 2-35　简易加法计算器

如图 2-36 所示，在控制台中输入数值，程序自动计算并显示计算结果。

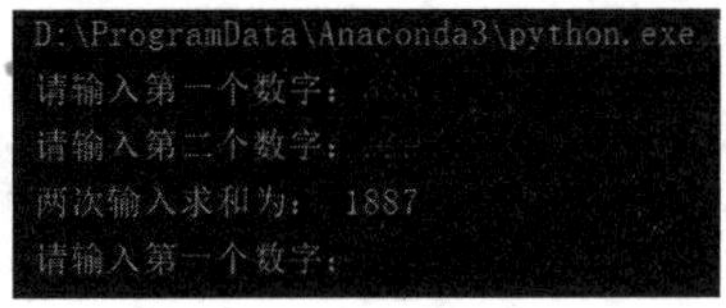

图 2-36　计算器

本章小结

本章主要介绍了以下内容：Python 如何创建变量以及什么是动态类型；Python 程序的内存管理方式，尤其需要注意的是循环引用问题；Python 程序的执行原理，这对开发者在解决实际问题时会有所帮助；Python 代码的组织方式；如何编写交互式的 Python 程序。本章的内容还需要读者在实际应用过程中不断思考，加深理解。

第3章
数据类型与流程控制

本章导读

　　本章主要介绍Python的数字、字符串、字典、列表、元组等数据类型，以及相关的算术运算、内建函数、对象比较、数据切片等常用操作。掌握本章内容，就打开了Python的大门，可以编写简单的脚本程序了。

知识要点

通过对本章内容的学习，读者能掌握以下内容。

- ● 整型、浮点型、布尔型、复数型等数字类型及其运算方式
- ● 字符串类型以及相关操作
- ● 列表、字典、元组以及相关操作
- ● 流程控制语句

3.1　数字类型

Python 具备多种数字类型，如整型、布尔型、浮点型和复数型。数字类型是不可变类型，对数字对象的修改会生成新的对象。下面来具体了解常用的数字类型。

3.1.1　数字对象的创建、修改与删除

创建数字类型的对象跟定义普通变量一样简单。图 3-1 中显示了各对象的数据类型，如整型、浮点型、布尔型、复数型。

```
1  # -*- coding: UTF-8 -*-
2
3  val_int = 5555555555555555555555
4  print(type(val_int))
5  val_float = 5.55555555555
6  print(type(val_float))
7  val_bool = True
8  print(type(val_bool))
9  val_complex = 5.5 + 6.6J
10 print(type(val_complex))
```

图 3-1　创建数字类型的对象

执行结果如图 3-2 所示。

使用赋值运算符（=和 +=）修改数值对象。如图 3-3 所示，其中第 3 行、第 5 行使用等号，直接将数字对象赋值给了变量"val_int"；第 7 行则是在原来对象指向的数值上加上了"77777"，将原来指向的值变更为新值。

```
<class 'int'>
<class 'float'>
<class 'bool'>
<class 'complex'>
```

图 3-2　数字的类型

```
3  val_int = 5555555555555555555555
4  print(id(val_int))
5  val_int = 66666
6  print(id(val_int))
7  val_int += 77777
8  print(id(val_int))
```

图 3-3　修改对象

如图 3-4 所示，显示修改后变量的内存地址。可以看到，Python 并没有修改原始对象的数值，而是创建了新的对象。

在 Python 中，若是需要删除一个变量的引用，需要使用 delete 语句。删除之后就不能再通过变量名引用，除非再次给它赋值，否则会触发异常，如图 3-5 所示。

```
D:\ProgramData\Anaconda3\python.exe
1963112606256
1962860789936
1963109827696
```

图 3-4　打印对象地址

```
val_int = 5555555555555555555555
del val_int
try:
    print(val_int)
except Exception as e:
    print("访问已删除对象，触发异常：", e)

print("给val_int变量重新赋值：")
val_int = 66666
print("正常显示val_int：", val_int)
```

图 3-5　访问已删除的变量

执行结果如图 3-6 所示。

```
访问已删除对象，触发异常： name 'val_int' is not defined
给val_int变量重新赋值：
正常显示val_int： 66666
```

图 3-6　打印异常

3.1.2　整型

整型数字类型分为布尔型和整数型两类。

1. 布尔型

在 Python 中，布尔类型也是整型，该类型只有两个取值：True 和 False，分别对应整数 1 和 0。实际上，值为 0 的数字或长度为 0 的列表、字符串、元组等的取值都是 False。同时 Python 也提供了内建的函数，将其他数字类型转为布尔类型。如图 3-7 所示。

```
val_int = 5555555555555555555555
print("将整型转为布尔型：", bool(val_int))
print("将整型(0)转为布尔型：", bool(0))
strs = "Hello,world"
print("将字符串转为布尔型：", bool(strs))
tmp_list = []
print("将空列表转为布尔型：", bool(tmp_list))
tmp_list = [1, 2, 3]
print("将列表转为布尔型：", bool(tmp_list))
val = True if 5 > 6 else False
print("将True或False转为布尔型：", bool(val))
```

图 3-7　转换到布尔型

执行结果如图 3-8 所示。

```
将整型转为布尔型： True
将整型(0)转为布尔型： False
将字符串转为布尔型： True
将空列表转为布尔型： False
将列表转为布尔型： True
将True或False转为布尔型： False
```

图 3-8　打印转换结果

2. 整数型

在 Python 3 之后，整型和长整型统一使用“int”表示，以下是标准整数的示例：

```
118 -999 0101 0x10 -0x10 099
```

其中以“0”开头的数字是八进制，“0x”开头的是十六进制。

同样地，Python 也提供了内建函数，用于将其他"兼容"数据转为整型，如图 3-9 所示。

```
3  print("将浮点型转为整型：", int(5.5555))
4  print("将字符串类型转为整型：", int("6"))
5  print("将布尔型转为整型：", int(True))
6  print("将布尔型转为整型：", int(False))
```

图 3-9　转为整型

执行结果如图 3-10 所示。

图 3-10　打印转换结果

> **温馨提示**
>
> "兼容"类型是指可以从一种类型转为另一种类型，在转换过程中可能面临精度丢失的问题，但是程序不会出错。例如，浮点型和整型就是相互兼容的类型，都是使用数字表示；若是字符串内全是数字，也能和浮点型、整型互转。

3.1.3　浮点型

在其他语言中，浮点数有单精度和双精度的区别，在 Python 中统一使用 float 表示 64 位浮点数。其中 52 个 byte 表示底，11 个 byte 表示指数，剩下一个表示正负数。

浮点数中包含一个小数点，若是用科学计数法表示，在浮点数中还包含字母 e 或 E。以下是标准浮点数的示例：

```
5.555 -6.666 2e3 5.2e4 -10. 5.2E-10
```

Python 也提供了相应的内建函数，用于将其他类型转为浮点型，如图 3-11 所示。

```
1  # -*- coding: UTF-8 -*-
2
3  print("将整型转为浮点型：", float(5))
4  print("将字符串类型转为浮点型：", float("6.6666"))
```

图 3-11　转浮点型

执行结果如图 3-12 所示。

图 3-12　打印转换结果

3.1.4　复数型

复数由一个实数和一个虚数构成，一个复数是一对有序的浮点数，表示如下：

```
x+yj
```

其中 x 是实数部分，y 是虚数部分。Python 中的复数有以下几个特点。

（1）虚数不能独立存在。

（2）虚数部分需要有后缀 j 或 J。

（3）实数和虚数部分都是浮点数。

以下是标准复数的示例。

$$50.5+5j \quad 40.0+2.5J \quad 23-8.1j \quad -38+16J \quad -.666+0J$$

复数也有其内建函数和属性。如图 3-13 所示，real 是指复数的实数，imag 是虚数。共轭复数是指实数部分相同，虚数部分相反的复数。

```
3  a = 50.5 + 5j
4  print("实数部分: ", a.real)
5  print("虚数部分: ", a.imag)
6  b = a.conjugate()
7  print("a的共轭复数: ", b)
```

图 3-13 复数

执行结果如图 3-14 所示。

```
实数部分: 50.5
虚数部分: 5.0
a的共轭复数: (50.5-5j)
```

图 3-14 打印数据

3.1.5 运算符

在第 2 章已经介绍了常用运算符，这些运算符都可以应用于数值类型。此外还有位运算符，仅能应用于整型数据。各运算符用法如图 3-15 所示。

```
3   a = 5.6 + 7
4   print("浮点数与整数相加: ", a)
5   a = 5.6 - 7
6   print("浮点数与整数相减: ", a)
7   a = 5.6 * 10
8   print("浮点数与整数相乘: ", a)
9   a = 5.6 / 3
10  print("浮点数与整数相除: ", a)
11  a = 7 > 5.6
12  print("逻辑运算: ", a)
13  a = 8 % 3
14  print("取模运算: ", a)
15  a = 10 // 11
16  print("除法向下取整: ", a)
17  a = 4 ** 3
18  print("4的3次方: ", a)
19  a = 4 << 2
20  print("4向左移2位: ", a)
21  a = 4 >> 2
22  print("4向右移2位: ", a)
23  i = 5 & 3
24  print("5和3按位与运算: ", a)
25  j = 5 ^ 2
26  print("5和2按位异或运算: ", a)
27  a = 9 | 4
28  print("9和4按位或运算: ", a)
29  a = ~9
30  print("按位取反: ", a)
```

图 3-15 基本运算

执行结果如图 3-16 所示。

```
浮点数与整数相加： 12.6
浮点数与整数相减： -1.4000000000000004
浮点数与整数相乘： 56.0
浮点数与整数相除： 1.8666666666666665
逻辑运算： True
取模运算： 2
除法向下取整： 0
4的3次方： 64
4向左移2位： 16
4向右移2位： 1
5和3按位与运算： 1
5和2按位异或运算： 1
9和4按位或运算： 13
按位取反： -10
```

图 3-16　打印数据

3.2 字符串类型

在 Python 中，使用成对的单引号或双引号，包含数字或字符，可以构成字符串。在 C、C++ 等语言中，使用单引号来表示字符，Python 中没有字符类型，使用单引号和双引号的效果是相同的。

3.2.1 字符串对象的创建、修改和删除

字符串是不可变类型，对字符串的修改会生成新的字符串对象。图 3-17 演示了如何创建、修改和删除字符串。

```
a = "Hello"
print("原始字符串对象a: ", id(a))
a = a + " World"
print("修改后的对象a: ", id(a))
try:
    del a
    print(id(a))
except Exception as e:
    print("访问删除后的对象，触发异常: ", e)

a = "Hello World"
print("这里相当于重新创建了对象a: ", id(a))
```

图 3-17　创建、修改和删除字符串

执行结果如图 3-18 所示。

```
原始字符串对象a： 2167732187464
修改后的对象a： 2167734641904
访问删除后的对象，触发异常： name 'a' is not defined
这里相当于重新创建了对象a： 2167732250800
```

图 3-18　打印异常

3.2.2 格式化

Python 使用 "%" 对字符进行格式化。表 3-1 显示了 Python 格式化字符串的转换逻辑。

表 3-1 格式化转换逻辑

格式化符号	转换逻辑	格式化符号	转换逻辑
%c	转换成字符及 ASCII 码	%o	转换成无符号八进制数
%s	优先使用 str 函数进行转换	%x 或 %X	转换成无符号十六进制数
%d 或 %i	转换成有符号十进制数	%e 或 %E	转换成科学计数法
%f 或 %F	转换成浮点数	%g 或 %G	%f（F）和 %e（E）的简写
%u	转换成无符号十进制数	%%	直接输出 %

在格式化时，还可以使用辅助指令，控制最终字符的显示风格，如表 3-2 所示。

表 3-2 辅助指令

符号	作用	符号	作用
−	左对齐	0	在显示的数字前面填充 '0' 而不是默认的空格
+	在正数前面显示加号	<sp>	在正数前面显示空格
%	'%%' 输出一个单一的 '%'	(var)	映射变量 (字典参数)
*	定义宽度和小数点精度	m.n.	m 是显示的最小总长度，n 是小数点后的位数
#	在八进制数前面显示零 ('0')，在十六进制数前面显示 '0x' 或者 '0X'	—	—

具体格式化方法如图 3-19 所示。

```
3  a = "Hello World"
4  print("格式化多个字符: ", "%s" % a)
5
6  a = "H"
7  print("%c只能格式化单个字符: ", "%c" % a)
8
9  a = 8
10 print("格式化整数: ", "%d%%" % a)
11
12 a = 8.888888
13 print("格式化浮点数，保留2位小数: ", "%.2f" % a)
14
15 a = 8.888888
16 print("格式化成整数: ", "%+u" % a)
17
18 a = 8.888888
19 print("转换成科学计数法: ", "%e" % a)
20
21 a = 8.888888
22 b = 9.999999
23 print("第一个数: %s, 第二个数: %s" % (a, b))
```

图 3-19 格式化输出

执行结果如图 3-20 所示。

```
格式化多个字符: Hello World
%c只能格式化单个字符: H
格式化整数: 8%
格式化浮点数, 保留2位小数: 8.89
格式化成整数: +9
转换成科学计数法: 8.888888e+00
第一个数: 8.888888, 第二个数: 9.999999
```

图 3-20　打印数据

3.2.3　字符串模板

相对于使用 "%"，使用字符串模板更为简单，如图 3-21 所示。

```
1  # -*- coding: UTF-8 -*-
2  from string import Template
3
4  c = Template("${a},${b}")
5  d = c.substitute(a="Hello", b="World")
6  print("使用模板产生的字符: ", d)
```

图 3-21　字符串模板

使用字符串模板的好处在于，模板中的 "${ 变量名 }" 相当于占位符，当变量非常多的时候，指定同名关键字参数可以有效避免出错。执行结果如图 3-22 所示。

图 3-22　打印数据

3.2.4　转义字符

一个斜杠和一个字符组合起来表示一个特殊字符，通常情况下是不可打印的字符。在非原始字符串中，这些字符一般是用来转义的，常用的转义字符如表 3-3 所示。

表 3-3　转义字符

符号	转换逻辑	符号	转换逻辑
\a	响铃字符	\r	回车
\b	退格	\	续行符
\n	换行	\\	反斜杠符号 (\)
\t	横向制表符	\'	单引号
\v	纵向制表符	\"	双引号

3.3　集合类型

Python 中提供了多种集合类型：列表、元组、字典和集合，这些集合类型也称为数据容器。在非严格意义下，字符串也可以理解成集合类型，在后面的示例中将证实这一点。

3.3.1　列表

列表是一种数据集合类型，使用中括号表示。在一个列表中可以存放多个元素，这些元素的类型可以相同，也可以不同。在数据结构上，类似 C 语言的数组，可以使用下标索引访问每一个元素。

1. 创建列表

在 Python 中，可以通过 [ ]、切片以及对其他对象进行转换来创建列表，具体操作如图 3-23 所示。

```
3  tmp_list = [1, 2, 3.5 + 1j, 0x22, "Hello", "World"]
4  print("tmp_list类型是：", type(tmp_list))
5  print("tmp_list元素是：", tmp_list)
6
7  tmp_list1 = tmp_list[1:5]
8  print("tmp_list1类型是：", type(tmp_list1))
9  print("tmp_list1元素是：", tmp_list1)
10
11 tmp_list2 = list(range(5))
12 print("tmp_list2类型是：", type(tmp_list2))
13 print("tmp_list2元素是：", tmp_list2)
```

图 3-23　创建列表

执行结果如图 3-24 所示，可以看到列表的类型是"list"，分别通过"[ ]""[1:5]"切片和使用 list 关键字转换三种方式来创建列表。

```
tmp_list类型是： <class 'list'>
tmp_list元素是： [1, 2, (3.5+1j), 34, 'Hello', 'World']
tmp_list1类型是： <class 'list'>
tmp_list1元素是： [2, (3.5+1j), 34, 'Hello']
tmp_list2类型是： <class 'list'>
tmp_list2元素是： [0, 1, 2, 3, 4]
```

图 3-24　打印数据

2. 修改和删除元素

要访问列表中的元素，可以通过对象名称加下标的形式。如图 3-25 所示，要获取第 2 个元素，则使用 tmp_list[2]。与其他编程语言类似，列表的下标范围是 [0, 列表元素个数 -1]。由于列表是可变类型，因此修改和删除列表元素也不会重新创建新的对象。

```
3  tmp_list = [1, 2, 3.5 + 1j, 0x22, "Hello", "World"]
4
5  print("获取指定元素：", tmp_list[2])
6  print("元素修改前：", id(tmp_list))
7  tmp_list[2] = 88
8  print("元素修改后：", id(tmp_list))
9  print("修改元素后的列表：", tmp_list)
10 del tmp_list[2]
11 print("删除元素后的列表：", tmp_list)
```

图 3-25　修改列表

执行结果如图 3-26 所示。

```
获取指定元素： (3.5+1j)
元素修改前： 1958463431176
元素修改后： 1958463431176
修改元素后的列表： [1, 2, 88, 34, 'Hello', 'World']
删除元素后的列表： [1, 2, 34, 'Hello', 'World']
```

图 3-26　打印数据

3. 列表迭代

在 Python 中，一个对象包含了 __iter__ 和 __getitem__ 方法，则成为可迭代对象，并可以通过"示例名 [索引]"的形式进行访问，同时还可以使用 for 循环进行遍历，如图 3-27 所示。

```
1  # -*- coding: UTF-8 -*-
2
3  tmp_list = [1, 2, 3.5 + 1j, 0x22, "Hello", "World"]
4  for item in tmp_list:
5      print("当前元素是： ", item)
```

图 3-27　遍历列表

执行结果如图 3-28 所示。

4. 列表切片

切片是 Python 中访问集合数据的高级用法，通过切片可以取得列表中指定范围的数据，即使只有一个。具体用法如图 3-29 所示。

图 3-28　打印数据

```
3   tmp_list = [1, 2, 3.5 + 1j, 0x22, "Hello", "World"]
4   print("取出2-4范围数据： ", tmp_list[2:5])
5   print("取出前3个数据： ", tmp_list[:3])
6   print("取出第3个之后的数据： ", tmp_list[3:])
7   print("在第1到第6范围内，每隔2个取一次： ", tmp_list[1:6:2])
8   print("在整个列表范围内，每隔2个取一次： ", tmp_list[::2])
9   print("取第0个到倒数第2个： ", tmp_list[:-2])
10  print("将列表反向输出： ", tmp_list[::-1])
11  print("在第5到第1个范围内，每隔两个取一次，反向取： ", tmp_list[5:1:-2])
```

图 3-29　列表切片

执行结果如图 3-30 所示。

5. 列表推导

列表推导也是 Python 中的高级用法，其原理和 for 类似，但是写法上更简洁，并且有返回值，如图 3-31 所示。

图 3-30　打印数据

```
3   tmp_list = [1, 2, 3, 4, 5, 6]
4   tmp_list1 = [item for item in tmp_list if item % 2 == 0]
5   print("使用推导式： ", tmp_list1)
6
7   tmp_list2 = []
8   for item in tmp_list:
9       if item % 2 == 0:
10          tmp_list2.append(item)
11
12  print("使用for循环： ", tmp_list2)
13
14
15  def get_odd(item):
16      if item % 2 == 0:
17          return item
18      else:
19          return 0
20
21
22  tmp_list3 = [get_odd(item) for item in tmp_list]
23  print("推导式调用外部方法： ", tmp_list3)
```

图 3-31　推导式

执行结果如图 3-32 所示。

图 3-32　打印数据

41

3.3.2　元组

元组用小括号表示，属于不可变类型，但是可以像列表那样进行切片。

1. 创建元组

如图 3-33 所示，通过小括号创建元组。作为数据容器，元组中的元素的类型不必统一，可以通过下标访问元素和进行切片。

```
2  tuple1 = ("hello", "world", "python", "spark", "hadoop")
3  print("获取指定位置的元素: ", tuple1[0])
4
5  tuple2 = (-10, -20, 5.888, 888, 20000)
6  print("元组正向切片: ", tuple2[1:])
7
8  tuple3 = ("hello", [1, 2], -20, 888, 5.888)
9  print("元组反向切片: ", tuple3[:-1])
10
11 tuple4 = ([1, 2], [3, 4], [5, 6, 7, 8], [9, 10, 11, 12, 13, 14])
12 print("获取列表中的元素: ", tuple4[2][:-1])
```

图 3-33　创建元组与元组切片

执行结果如图 3-34 所示。

```
获取指定位置的元素: hello
元组正向切片: (-20, 5.888, 888, 20000)
元组反向切片: ('hello', [1, 2], -20, 888)
获取列表中的元素: [5, 6, 7]
```

图 3-34　打印数据

除了使用小括号外，将两个元组相加，也能创建新的元组。注意，这里的相加只是加法的重载，与字符串相加类似，即将两个对象的内容连接在一起并创建一个新对象，如图 3-35 所示。

```
2  tuple1 = ("hello", "world", "python", "spark", "hadoop")
3  tuple2 = ([1, 2], [3, 4], [5, 6, 7, 8], [9, 10, 11, 12, 13, 14])
4  tuple3 = tuple1 + tuple2
5  print(tuple3)
```

图 3-35　拼接元组

执行结果如图 3-36 所示。

图 3-36　打印数据

2. 修改元素

元组是不可变数据类型，直接修改元组元素程序会报错。若保持元组的大小不变，并且要修改的元素是可变数据类型，如列表，就能正常修改了，如图 3-37 所示。

```
2  tuple1 = ("hello", "world", "python", "spark", "hadoop")
3  try:
4      tuple1[0] = "hello world"
5  except Exception as e:
6      print("修改元组数据触发异常: ", e)
7
8  tuple4 = ([1, 2], [3, 4], [5, 6, 7, 8], [9, 10, 11, 12, 13, 14])
9  tuple4[1][0] = ("hello", "world")
10 print("修改元组中的列表: ", tuple4)
```

图 3-37　修改元组

执行结果如图 3-38 所示。

```
修改元组数据触发异常：'tuple' object does not support item assignment
修改元组中的列表：([1, 2], [('hello', 'world'), 4], [5, 6, 7, 8], [9, 10, 11, 12, 13, 14])
```
图 3-38　打印数据

3. 单元素元组

如图 3-39 所示，对于创建单个元素的列表，直接在中括号中放置元素即可。但是对于元组，则需要放置一个逗号，如第 9 和 15 行。

```
 2  tmp_str = "123"
 3  tmp_list = [tmp_str]
 4  print("单元素列表：", type(tmp_list))
 5
 6  tmp_tuple = (tmp_str)
 7  print("单元素元组：", type(tmp_tuple))
 8
 9  tmp_tuple = (tmp_str,)
10  print("单元素元组：", type(tmp_tuple))
11
12  tmp_tuple = (tmp_list)
13  print("单元素元组：", type(tmp_tuple))
14
15  tmp_tuple = (tmp_list,)
16  print("单元素元组：", type(tmp_tuple))
```
图 3-39　单元素元组

对于未放置逗号的单元素元组，其数据类型默认是当前元素的类型，如图 3-40 所示。

3.3.3　字典

字典是一种映射类型的数据，使用大括号表示，是指哈希值（一个随机字母和数字组成的字符串）和指向的对象——对应的关系。作为数据容器，字

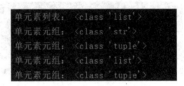
```
单元素列表：<class 'list'>
单元素元组：<class 'str'>
单元素元组：<class 'tuple'>
单元素元组：<class 'list'>
单元素元组：<class 'tuple'>
```
图 3-40　打印数据

典可以存放任意类型的数据，甚至可以包含另一个字典。字典是可变数据类型，因此可以对其进行添加、修改和删除。字典中的哈希值称为"键"，键可以是任意不可变数据类型，键所对应的对象称为"值"，字典是"键 - 值"对类型的容器。

1. 创建字典

Python 中有多种创建字典的方式。如图 3-41 所示，直接使用"{}"默认创建一个空字典；更规范的做法如第 5 行所示，通过键值对创建字典；还可以通过 dict 关键字和 fromkeys 内建方法创建字典，如第 7 行和第 9 行。

```
 2  dic = {}
 3  print("字典的类型：", type(dic))
 4  print("字典的内容：", dic)
 5  dic = {"key1": "hello", "key2": "world"}
 6  print("创建字典时设置初始值：", dic)
 7  dic = dict((["key3", "hello"], ["key4", "world"]))
 8  print("使用dict关键字创建字典：", dic)
 9  dic = {}.fromkeys(("key1", "key2"), ("hello", "world"))
10  print("使用fromkeys内建函数创建字典：", dic)
```
图 3-41　创建字典

执行结果如图 3-42 所示。

```
字典的类型：<class 'dict'>
字典的内容：{}
创建字典时设置初始值：{'key1': 'hello', 'key2': 'world'}
使用dict关键字创建字典：{'key3': 'hello', 'key4': 'world'}
使用fromkeys内建函数创建字典：{'key1': ('hello', 'world'), 'key2': ('hello', 'world')}
```

图 3-42　打印数据

2. 修改和删除元素

修改字典的内容，需要先找到对应元素。同列表一样，字典也可以通过下标进行访问，只是下标值是"键"。通过键找到对应的数据后，使用"del"关键字进行删除，如图 3-43 所示。

```
 3  dic = {"key1": "hello", "key2": "world"}
 4  print("获取key1的值: ", dic["key1"])
 5  dic["key1"] = "hello python"
 6  print("修改key1的内容: ", dic)
 7  dic["key2"] = list(range(0, 5))
 8  print("修改key2的内容: ", dic)
 9  dic["key3"] = {"key4": "spark"}
10  print("添加一个新键key3: ", dic)
11  del dic["key2"]
12  print("删除key2后的内容: ", dic)
```

图 3-43　修改字典

执行结果如图 3-44 所示。

```
获取key1的值: hello
修改key1的内容: {'key1': 'hello python', 'key2': 'world'}
修改修改key2的内容: {'key1': 'hello python', 'key2': [0, 1, 2, 3, 4]}
添加一个新键key3: {'key1': 'hello python', 'key2': [0, 1, 2, 3, 4], 'key3': {'key4': 'spark'}}
删除key2后的内容: {'key1': 'hello python', 'key3': {'key4': 'spark'}}
```

图 3-44　打印数据

3. 常用内建方法

字典是映射关系的数据容器，有一些独有的内建方法。如图 3-45 所示，其中第 4 行在字典对象上调用 keys 方法以列表的形式返回所有的键；第 5 行调用 values 方法，同样以列表形式返回所有的值；第 10 行调用 get 方法获取指定键的值；第 13 行调用 update 方法修改键的值；第 16 行调用 pop 方法移除该数据项并返回对应键；第 20 行调用 clear 方法清空字典。

```
 3  dic = {"key1": "hello", "key2": "world"}
 4  print("所有的key: ", dic.keys())
 5  print("所有的值: ", dic.values())
 6
 7  for item in dic.items():
 8      print("当前项: ", item)
 9
10  cur_item = dic.get("key1")
11  print("key1的值: ", cur_item)
12
13  dic.update({"key1": "python"})
14  print("使用update修改字典: ", dic)
15
16  cur_val = dic.pop("key1")
17  print("pop返回当前键对应值并从字典中移除数据: ", cur_val)
18  print("调用pop方法后的字典: ", dic)
19
20  dic.clear()
21  print("清空字典所有内容: ", dic)
```

图 3-45　常用内建方法

执行结果如图 3-46 所示。

```
所有的key： dict_keys(['key1', 'key2'])
所有的值： dict_values(['hello', 'world'])
当前项： ('key1', 'hello')
当前项： ('key2', 'world')
key1的值： hello
使用update修改字典： {'key1': 'python', 'key2': 'world'}
pop返回当前键对应值并从字典中移除数据： python
调用pop方法后的字典： {'key2': 'world'}
清空字典所有内容： {}
```

图 3-46　打印数据

> **温馨提示**
>
> set 类型的集合不能包含重复数据，且是无序的，和字典只有一个区别，就是没有存储各元素对应的值。

3.4　流程控制语句

流程控制语句用来实现对程序的选择、循环、跳转、返回等逻辑控制，是一门编程语言中最重要的部分之一。相对于 C 等其他语言，Python 的流程控制比较简单，主要有两大类：循环和条件。下面分别了解这两类流程控制语句。

3.4.1　循环

实现循环有两个关键词：for 和 while。

1．for

如图 3-47 所示，for 循环用来遍历集合，实现对每一个元素的访问。

```
3  data_list = ["hello", [1, 2, 3, 4, 5, 6, 7, 8], ("abc",), 123, 5.888]
4  print("遍历列表与嵌套: ")
5  for i in data_list:
6      print("data_listd的直接元素: ", i)
7      if isinstance(i, list):
8          print("遍历内部列表: ", end="\t")
9          for j in i:
10             print(j, end="\t")
11
12         print("")
13
14 print("")
15 data_dic = {"key1": "hello", "key2": "world"}
16 print("遍历字典: ")
17 for key, val in data_dic.items():
18     print("key:", key, "value:", val)
```

图 3-47　for 循环

执行结果如图 3-48 所示。

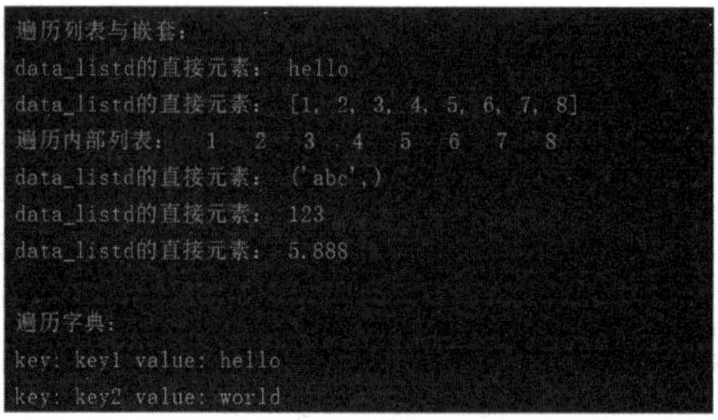

图 3-48　打印数据

2．while

while 循环中，代码块的程序会被一直执行，直到循环条件为 0 或 False。这里需要注意，若是循环条件一直为 True，程序则无法跳出循环，称为"死循环"。如图 3-49 所示，while 关键词后面紧跟循环条件，第一个 while 会在 i 等于 4 时终止循环，第二个 while 则会一直打印数据，直到程序关闭。

```
3  data_list = ["hello", [1, 2, 3, 4, 5, 6, 7, 8], ("abc",), 123, 5.888]
4  i = 0
5  print("第1个while循环: ")
6  while i < 4:
7      print("当前元素是: ",data_list[i])
8      i = i + 1
9
10 j = 0
11 print("第2个while循环: ")
12 while j < 4:
13     print(data_list[i])
14     print("此处无法跳出循环! ")
```

图 3-49　while 循环

执行结果如图 3-50 所示。

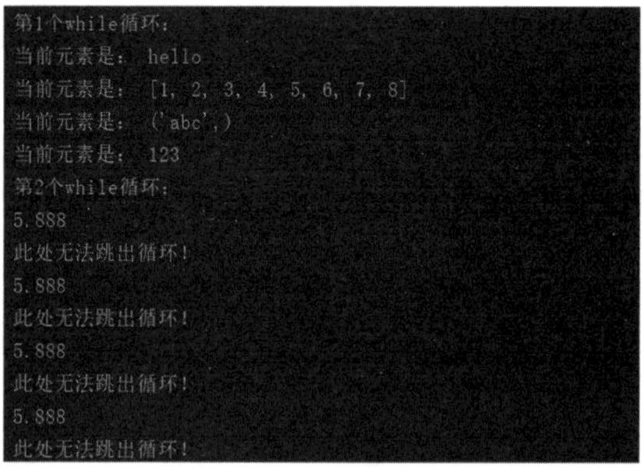

图 3-50　打印数据

3.4.2　条件

与大多数语言一样，Python 也使用 if...else... 来实现条件流程的控制。不同的是，Python 具有

elif 关键字，可以简化条件语句的编写。具体用法如图 3-51 所示。

```
data_list = [1, 2, 3, 4, 5, 6, 7, 8, 9, 10, 11, 12]
i = 0

total = len(data_list)
while i < total:
    if data_list[i] == 10:
        print("退出while循环")
        break
    elif data_list[i] == 8:
        print("执行elif语句")
    else:
        print("执行else语句，输出当前元素：", data_list[i])

    i = i + 1
```

图 3-51　条件语句

执行结果如图 3-52 所示。

```
执行else语句，输出当前元素： 1
执行else语句，输出当前元素： 2
执行else语句，输出当前元素： 3
执行else语句，输出当前元素： 4
执行else语句，输出当前元素： 5
执行else语句，输出当前元素： 6
执行else语句，输出当前元素： 7
执行elif语句
执行else语句，输出当前元素： 9
退出while循环
```

图 3-52　打印数据

温馨提示

当 if 语句需要同时满足多个条件时，使用 and 连接，否则使用 or 连接。

3.5 新手问答

问题1：除了使用小括号外，如何创建元组？

答：将所有的对象使用逗号进行连接，不包含其他符号的元素都会被构建成元组，如图 3-53 所示。

```
a = 1, 2, 3
print("对象a的类型：", type(a))


def test():
    return 4, 5, 6


b = test()
print("函数test返回的类型：", type(b))
```

图 3-53　创建元组

执行结果如图 3-54 所示。

图 3-54　显示对象类型

问题2：简述列表与元组的区别。

答：在形式上，列表使用"[ ]"表示，元组使用"( )"表示；列表是可变数据类型，元组是不可变数据类型；列表可以复制，元组不能；在内存分配方面，列表比元组大，在数据量较大的情况下，推荐优先使用元组。列表与元组的对比如图 3-55 所示。

```
 3  a = 1, 2, 3
 4  copy_a = tuple(a)
 5  print("元组a: ", id(a))
 6  print("元组a副本: ", id(copy_a))
 7
 8  b = [1, 2, 3]
 9  copy_b = list(b)
10  print("列表b: ", id(b))
11  print("列表b副本: ", id(copy_b))
12
13  c = range(100000)
14  list_c = list(c)
15  print("列表内存块大小: ", list_c.__sizeof__())
16  tuple_c = tuple(c)
17  print("元组内存块大小: ", tuple_c.__sizeof__())
```

图 3-55　列表与元组对比

执行结果如图 3-56 所示。

```
元组a:  1631032521640
元组a副本:  1631032521640
列表b:  1631028929032
列表b副本:  1631030290568
列表内存块大小:  900088
元组内存块大小:  800024
```

图 3-56　打印数据

问题3：continue、break和pass关键字的区别是什么？

答：在用法上，continue 和 break 用在循环中，pass 可用在任意代码块中。continue 表示跳过本次循环，break 表示退出循环，pass 表示空实现，出于语法上的考虑，pass 一般用作占位符。这三者的用法如图 3-57 所示。

```
 3  for i in range(1000):
 4      if i == 98:
 5          pass
 6      elif i == 99:
 7          continue
 8      elif i == 101:
 9          break
10
11      print("当前元素是: ", i)
```

图 3-57　循环控制

执行结果如图 3-58 所示，在 i 等于 98 的时候，使用 pass 占位；i 等于 99 就跳过本次输出；i 等于 101 就退出循环，不再输出。

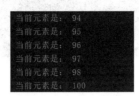

图 3-58　打印数据

3.6　实训：设计算法，输出乘法表

乘法表是 0~9 的数字两两相乘的积构成的列表。设计一个算法，在屏幕上打印乘法表。

1. 实现思路

乘法表的形状是 9 行 9 列的三角形。使用 range 函数生成乘数与被乘数分别为 1~9 的数字，然后分别在行列方向上进行循环。

range 函数用于创建一个整数列表，一般配合 for 循环使用。range 有三个参数：start、stop 与 step。创建列表的规则如下。

range（5）：创建一个 [0，1，2，3，4] 列表，只有一个参数时生成数据的范围是 [0，5)。

range（1，5）：创建一个 [1，2，3，4] 列表，生成数据的范围是 [0，5）。

range（1，5，2）：创建一个 [1,3] 列表，生成数据的范围是 [1，5），每隔两个元素取一个数字。

2. 编程实现

range 方法接受整型参数，当只有一个参数时，如 10，该方法生成数字的范围是 [0-9]。若是有两个参数，如图 3-59 中的第 3 行，则生成数字的范围是 [1-9]；然后在第 4 行开始遍历所有行数据，第 5 行动态生成一列数据；第 6 行将两数相乘的结果放在同一行上。

```
3  rows = range(1, 10)
4  for row in rows:
5      for column in range(1, row + 1):
6          print("%d * %d = %d \t" % (column, row, column * row), end="")
7
8      print("")
```

图 3-59　编写乘法表

执行结果如图 3-60 所示。

```
1 * 1 = 1
1 * 2 = 2   2 * 2 = 4
1 * 3 = 3   2 * 3 = 6   3 * 3 = 9
1 * 4 = 4   2 * 4 = 8   3 * 4 = 12  4 * 4 = 16
1 * 5 = 5   2 * 5 = 10  3 * 5 = 15  4 * 5 = 20  5 * 5 = 25
1 * 6 = 6   2 * 6 = 12  3 * 6 = 18  4 * 6 = 24  5 * 6 = 30  6 * 6 = 36
1 * 7 = 7   2 * 7 = 14  3 * 7 = 21  4 * 7 = 28  5 * 7 = 35  6 * 7 = 42  7 * 7 = 49
1 * 8 = 8   2 * 8 = 16  3 * 8 = 24  4 * 8 = 32  5 * 8 = 40  6 * 8 = 48  7 * 8 = 56  8 * 8 = 64
1 * 9 = 9   2 * 9 = 18  3 * 9 = 27  4 * 9 = 36  5 * 9 = 45  6 * 9 = 54  7 * 9 = 63  8 * 9 = 72  9 * 9 = 81
```

图 3-60　打印数据

本章小结

本章主要介绍了数字类型对象的创建与修改、字符串对象的创建修改、字符串格式化输出、字符串模板和转义字符，然后介绍了常见的集合类型：列表、元组和字典。基本类型和集合类型是整个 Python 语言类型系统的基础，需要读者多加关注。最后介绍了流程控制语句：循环和条件语句。学完本章的知识，读者就可以尝试编写简单的脚本程序了。

第4章
函数、模块、包

本章导读

  Python是一门脚本语言，在组织代码的时候可以直接创建对象、书写循环和条件语句。但这样做的后果是代码没有清晰的结构，从而导致维护困难，因此在编程时需要使用模块等工具来规范代码。

  本章主要介绍函数、模块和包，掌握这三个工具，就基本具备了软件架构设计的能力，可以有效地组织代码结构。

知识要点

通过对本章内容的学习，读者能掌握以下内容。

- ◆ 自定义函数及多种形式的参数
- ◆ 变量作用域
- ◆ 高阶函数的使用方法
- ◆ lambda表达式的使用方法
- ◆ AOP设计思想和装饰器
- ◆ 闭包的含义与应用
- ◆ 模块与模块的相互调用
- ◆ 包的组成和引用

4.1 自定义函数

在之前的章节中多次使用的 print、range 等方法都是 Python 的内建函数，这些函数的功能都是预先设计好的。但在实际生产过程中，使用最多的还是自定义函数。

4.1.1 创建函数

一个完整的函数由函数名、参数列表、返回值构成。创建函数有以下规则。

（1）一个函数若是没有名称，则称为匿名函数。

（2）Python 中使用 def 关键字定义命名函数。

（3）函数可以没有参数，也可以有多个不同类型的参数。

（4）函数可以有多个返回值，也可以不指定返回值，此时默认的返回值为"None"对象。

（5）在其他语言中有函数签名和函数定义的区别。在 Python 中，这两个概念进行了统一，即一个没有具体业务逻辑的函数，也就是空函数，在代码块中用"pass"代替。

如图 4-1 所示，创建自定义函数与简单调用。

```python
 4  def test():
 5      """
 6      这个是一个没有方法体的函数，使用pass占位符代替代码块
 7      :return:
 8      """
 9      pass
10
11  def add(item):
12      """
13      该函数有参数item,并使用return返回函数处理结果
14      :param item:
15      :return:
16      """
17      return 5 + item
18
19  def show(item):
20      """
21      该函数有方法体，但是没有指定返回值，返回None
22      :param item:
23      :return:
24      """
25      5 + item
26
27  test()
28  print("调用add方法的返回值： ", add(5))
29  print("调用show方法的返回值： ", show(5))
```

图 4-1　自定义函数

执行结果如图 4-2 所示。由于 test 方法使用"pass"作为代码块，因此不会产生任何运算；add 方法使用 return 返回了函数计算结果，因此输出 10；show 方法没有使用 return 则返回"None"。

调用add方法的返回值： 10
调用show方法的返回值： None

图 4-2　打印数据

4.1.2 调用函数

与大多数编程语言一样，给函数名加一对小括号并正常传递参数即可完成函数调用。需要注意

的是，函数调用需要在函数声明之后，否则会触发异常，如图 4-3 所示。

```
 3  def add(item):
 4      print("在add中调用sub: ", sub(item))
 5      return 5 + item
 6
 7  try:
 8      sub(5)
 9  except Exception as e:
10      print("在函数声明前调用，触发异常: ", e)
11
12  def sub(item):
13      return 10 - item
14
15  print("调用add方法: ", add(5))
```

图 4-3　调用函数

执行结果如图 4-4 所示。add 函数在第 3 行定义，sub 函数在第 12 行定义，但是 add 在第 15 行调用，此刻在执行 add 调用时 sub 已经创建完成。

```
在函数申明前调用，触发异常: name 'sub' is not defined
在add中调用sub: 5
调用add方法: 10
```

图 4-4　打印数据

4.1.3　函数解包

函数解包分两部分，一是参数解包，二是返回值解包。解包的含义是将组合在一起的数据进行拆分。如图 4-5 所示，show 方法有两个位置参数，正常调用就需要传递两个参数，若是需要将多个数据组合传入，比如封装成列表（第 12 行）或元组（第 14 行），就需要在参数列表中加入"*"，如第 13 和第 15 行；若是封装成字典（第 16 行），则需要在参数列表中加入"**"，如第 17 行。

对于参数解包，要求传入数据的个数或字典的键的个数和函数参数个数一致；对于返回值解包，等号左边的对象个数需要和函数返回值个数一致，如第 19 行。

```
 3  def show(item1, item2):
 4      print("item1是: %s, item2是: %s" % (item1, item2))
 5
 6
 7  def get(item1, item2):
 8      return item1 + 5, item2 + 6
 9
10
11  print("参数解包: ")
12  p1 = [7, 8]
13  show(*p1)
14  p2 = (9, 10)
15  show(*p2)
16  p3 = {"item1": 10, "item2": 11}
17  show(**p3)
18  print("返回值解包: ")
19  a, b = get(**p3)
20  print("a是: %s, b是: %s" % (a, b))
```

图 4-5　参数与返回值解包

执行结果如图 4-6 所示。

图 4-6　打印数据

4.1.4　递归函数

递归函数就是在一个函数内部调用自身的函数，本质上是一个循环，循环结束的点就是递归出口。如图 4-7 中的第 4 行，当输入参数 item 等于 1 时，就退出当前函数。

```
3  def add(item):
4      if item == 1:
5          return 1
6      return item + add(item - 1)
7
8
9  result = add(999)
10 print(result)
```

图 4-7　递归函数

执行结果如图 4-8 所示，出现异常，提示程序超过最大递归深度。要解决该问题，首先需要理解函数的调用方式。在计算机中，函数名、参数、值类型等都是存放在栈上的。每当进行一次函数调用，就会在栈上加一层，函数返回就减一层，由于栈的大小是有限的，因此递归次数过多就会导致堆栈溢出。

```
[Previous line repeated 994 more times]
  File "D:/workspace/PycharmProjects/BigData/DataAnalysis/python_base.py", line 4, in add
    if item == 1:
RecursionError: maximum recursion depth exceeded in comparison
```

图 4-8　超过最大递归深度

Python 3 中，默认的栈大小是 998，通过调用 sys.setrecursionlimit 调整栈大小可以解决上述问题。如图 4-9 所示，第 3 行将栈大小设置为 2000，只要递归次数不超过 2000，程序就能正常运行。

```
2  import sys
3  sys.setrecursionlimit(2000)
4  def add(item):
5      if item == 1:
6          return 1
7      return item + add(item - 1)
8
9
10 result = add(999)
11 print(result)
```

图 4-9　调整栈大小

执行结果如图 4-10 所示，正确显示计算结果。

实际上，将图 4-9 中第 10 行的 "999" 改为 "2001"，仍然会触发堆栈溢出的异常。

图 4-10　打印数据

彻底解决堆栈溢出的方法是使用 "尾递归 + 生成器"。尾递归是指在返回时，仅调用自身，不包含其他运算式，比如加减乘除等，同时使用 "yield" 关键字返回生成器对象。如图 4-11 所示，在第 6 行定义的 add_recursive 函数体内使用 yield 返回时（此时该函数变成了生成器），返回的是这个函数本身，而不是一个具体的值编译器。此时就可以对尾递归进行优化，不论递归调用多少次，都使用一个函数栈，这样即可避免堆栈溢出。

```
 3  import types
 4
 5
 6  def add_recursive(cur_item, cur_compute_result=1):
 7      if cur_item == 1:
 8          yield cur_compute_result
 9
10      yield add_recursive(cur_item - 1, cur_item + cur_compute_result)
11
12
13  def add_recursive_wapper(generator, item):
14      gen = generator(item)
15      while isinstance(gen, types.GeneratorType):
16          gen = gen.__next__()
17
18      return gen
19
20
21  print(add_recursive_wapper(add_recursive, 10000))
```

图 4-11　尾递归 + 生成器

执行结果如图 4-12 所示。

图 4-12　打印数据

温馨提示
关于生成器的详细内容，将在高级主题部分详细介绍。

4.2　函数参数

Python 函数参数具有非常高的灵活性，其定义的方法可以接受各种形式的参数，也可以简化函数调用方的代码。

4.2.1　位置参数

如图 4-13 所示，func1 具有 1 个位置参数，func2 具有两个位置参数。在对函数进行调用的时候，有几个位置参数就需要传递几个参数，否则会触发异常。并且传入参数与函数参数列表是一一对应的，如第 15 行，a 等于 10，b 等于 20。

```
 3  def func1(a):
 4      print("输出位置参数a的值: ", a)
 5      return a
 6
 7
 8  def func2(a, b):
 9      print("输出位置参数a:%a,b:%s" % (a, b))
10      return a + b
11
12
13  print("函数调用func1(10):", func1(10))
14  print("")
15  print("函数调用func2(10,20):", func2(10, 20))
```

图 4-13　位置参数

执行结果如图 4-14 所示。

图 4-14　打印数据

4.2.2　可选参数

函数定义时，参数右边有等号的就是默认值，这个参数就是带有默认值的参数。可选参数是指带有默认值的参数，在对该函数进行调用的时候，可以不传递该参数。如图 4-15 所示，第 8 行，调用时不传递默认参数，函数将使用默认值；若是传递了，如第 10 行，则函数将使用传入的值。可选参数常用于修改一个现有的函数，避免该函数在其他调用的地方出错。

```
3  def func2(a, b=5):
4      print("输出位置参数a:%a,可选参数b:%s" % (a, b))
5      return a + b
6
7
8  print("调用时传递1个参数func2(1):", func2(1))
9  print("")
10 print("调用时传递2个参数func2(1,2):", func2(1, 2))
```

图 4-15　默认参数

执行结果如图 4-16 所示。

可选参数在定义的时候需要写在位置参数的后面，否则会报错。另外，在设计多个可选参数的时候，建议将经常变化的参数写在前面，长期不变的写在后面。

图 4-16　打印数据

在调用有多个可选参数的函数时，参数的对应关系优先级根据传递的位置来确定。但如果调用函数时指定的参数名与定义函数时指定的参数名一致，则调用时可以不用管参数的传递位置。若是没有传递的参数，则该参数仍然使用默认值。传递可选参数的方法如图 4-17 所示。

```
3  def func2(a, b=5, c=6, d=7):
4      print("输出位置参数a:%a,可选参数b:%s,可选参数c:%s,可选参数d:%s" % (a, b, c, d))
5      return a + b + c + d
6
7
8  print("参数按顺序赋值:", func2(1, 2, 3, 4))
9  print("")
10 print("参数按指定名称赋值:", func2(1, d=2, b=4))
```

图 4-17　传递可选参数

执行结果如图 4-18 所示。

为参数提供默认值，可以提高调用方代码的灵活性，但也有可能出现 bug，如图 4-19 所示。

```
3  def func(a=[]):
4      a.append("hello")
5      print("a是一个列表", a)
6
7
8  func()
9  func()
10 func()
```

图 4-19　调用可选参数

执行结果如图 4-20 所示，调用方认为每次都只应该输出一个"hello"，然而实际上输出的个数会随着调用次数的增加而增加。原因是在创建函数时，a 对象就已经被创建好，等于一个空列表。在调用过程中修改了 a 对象，那么 a 的默认值就变了，因此每次调用，a 对象都会使用上次调用改变后的值。

解决办法是将默认参数修改为不可变对象，如图 4-21 所示。

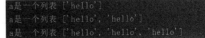

图 4-20　打印数据

```
3  def func(a=None):
4      if a is None:
5          a = []
6      a.append("hello")
7      print("a是一个列表", a)
8
9
10 func()
11 func()
12 func()
```

图 4-21　修改默认参数类型

执行结果如图 4-22 所示。

图 4-22　打印数据

4.2.3　可变参数与关键字参数

可变参数是指在传递参数时，可以传递任意个数的参数；关键字参数是指可以传递任意个包含名字的参数。如图 4-23 所示，函数 func1 定义的可变参数适用于传递列表、元组，使用单个 "*" 进行标记；函数 func2 适用于传递字典，字典中的键名称即为参数名称，使用 "**"，这与参数解包的逻辑是一样的。

```
3  def func1(*args):
4      count = 0
5      for i in args:
6          count = count + i
7      return count
8
9
10 def func2(**kwargs):
11     tmp_list = []
12     for k, v in kwargs.items():
13         tmp_list.append("key:%s    value:%s" % (k, v))
14     return tmp_list
15
16
17 data = [1, 2, 3, 4, 5, 6, 7, 8, 9, 10]
18 print("传递可变参数: ", func1(*data))
19 data = (1, 3, 5, 7, 9)
20 print("传递可变参数: ", func1(*data))
21 dic = {"key1": 1, "key2": 2, "key3": 3, "key4": 4}
22 print("传递关键字参数: ", func2(**dic))
```

图 4-23　可变参数

执行结果如图 4-24 所示。

图 4-24　打印数据

以上是对已有列表、元组、字典对象进行传递，还可以不使用星号直接传递，如图 4-25 所示。

```
print("传递可变参数：", func1(1, 2, 3, 4, 5, 6, 7, 8, 9, 10))
print("传递可变参数：", func1(1, 3, 5, 7, 9))
print("传递关键字参数：", func2(key1=1, key2=2, key3=3, key4=4))
```

图 4-25 直接传递可变参数与关键字参数

如图 4-26 所示，第 4 行，参数列表中有一个“*”，之后的参数就是关键字参数，其名称是“c”和“d”，调用方式如第 12 行所示。当“*”后面紧接名称时，如第 8 行，不必再单独写一个“*”。

```
4  def func1(a, b=5, *, c, d):
5      print("输出位置参数a:%a,可选参数b:%s,\n命名关键字参数c:%s,命名关键字参数d:%s" % (a, b, c, d))
6
7
8  def func2(a, b=5, *args, c, d):
9      print("输出位置参数a:%a,可选参数b:%s,\n命名关键字参数c:%s,命名关键字参数d:%s" % (a, b, c, d))
10
11
12 func1(10, c=11, d=12)
13 print("")
14 func2(10, c=11, d=12)
```

图 4-26 命名关键字参数

执行结果如图 4-27 所示。

```
输出位置参数a:10,可选参数b:5,
命名关键字参数c:11,命名关键字参数d:12

输出位置参数a:10,可选参数b:5,
命名关键字参数c:11,命名关键字参数d:12
```

图 4-27 打印数据

4.3 函数式编程

函数式编程是一种程序设计范式，或者说是方法论，核心思想是将函数作为程序的基本单元，具体表现是将函数作为参数，也可以作为返回值。

4.3.1 高阶函数

在 Python 中，函数名是一个变量，一个变量可以指向一个函数。若一个函数能接受另一个函数类型的变量做参数，则该函数称为高阶函数。以下是 Python 中常用的几个高阶函数。

1. map

map 方法接收两个参数，一个是待执行的方法，另一个是可迭代的对象。

```
map(func, *iterables)
```

map 的作用是对对象（iterables）中的每一项都执行一遍设定的方法（func）。注意，调用 map 时返回的是 map 类的实例，此时 func 方法并没有被执行。然后根据需要返回的类型，在 map 实例中调用 list、tuple、set、dict 等方法触发回调函数（func），以得到最终结果，如图 4-28 所示。

```
3  def func(item):
4      return item + 1
5
6  data1 = [1, 2, 3, 4, 5, 6, 7, 8, 9, 10]
7
8  data2 = map(func, data1)
9  print("输出map返回值类型: ",type(data2))
10 print("将map对象转为元组: ",tuple(data2))
```

图 4-28　调用 map 方法

执行结果如图 4-29 所示。

```
输出map返回值类型: <class 'map'>
将map对象转为元组: (2, 3, 4, 5, 6, 7, 8, 9, 10, 11)
```

图 4-29　打印数据

2. reduce

reduce 方法有三个参数：

```
reduce(function, sequence, initial=None)
```

一个是待执行的方法，一个是序列，最后一个是初始值。该方法的作用是，在没有初始值的情况下，首次执行会从序列中取出两个值，传入 function 得到一个结果，然后从序列中按顺序取出下一个值，和该结果一起传入 function，直到把序列中的所有元素取完。若是设置了初始值，首次执行则从序列中取出一个元素，并和初始值一起传入 function，同样将得到的结果和序列中的下一个值继续传入 function，直到序列中的元素被取完，如图 4-30 所示。

```
2  from functools import reduce
3
4  def func(item1, item2):
5      return item1 + item2
6
7  data1 = [1, 2, 3, 4, 5, 6, 7, 8, 9, 10]
8
9  data2 = reduce(func, data1)
10 print("序列求和: ", data2)
11 data2 = reduce(func, data1, 10000)
12 print("序列求和: ", data2)
```

图 4-30　调用 reduce 方法

执行结果如图 4-31 所示。

```
序列求和: 55
序列求和: 10055
```

图 4-31　打印数据

3. filter

filter 方法有两个参数，一个是待执行的方法，另一个是可迭代的对象：

```
filter(function or None, iterable)
```

该方法的作用是从 iterable 中逐个取出元素，然后传入 function 进行计算，返回计算结果为 True 的元素，如图 4-32 所示。

```
3  def func(item):
4      if item % 2 == 0:
5          return True
6
7  data1 = [1, 2, 3, 4, 5, 6, 7, 8, 9, 10]
8
9  data2 = filter(func, data1)
10 print("输出filter返回值类型: ", type(data2))
11 print("将filter对象转为列表: ", list(data2))
```

图 4-32　调用 filter 方法

执行结果如图 4-33 所示。

图 4-33　打印数据

4. sorted

sorted 方法可以对序列进行排序。如图 4-34 所示，默认是升序，使用 reverse 参数调整排序方向；使用参数 key，可以将序列中的元素按 key 参数指定的方法执行，如第 6 行，对每个元素调用 abs 方法（求绝对值），然后进行排序。

```
2 data1 = [6, 4, 10, 3, 9, 2, 8, 5, 7, 1]
3 print("对列表排序,默认升序: ", sorted(data1))
4 print("对列表降序排列: ", sorted(data1, reverse=True))
5 data2 = [-10, -1, 0, 30, 28, 15]
6 print("使用key参数将每个元素按绝对值排序: ", sorted(data2, key=abs))
```

图 4-34　排序

执行结果如图 4-35 所示。

```
对列表排序,默认升序: [1, 2, 3, 4, 5, 6, 7, 8, 9, 10]
对列表降序排列: [10, 9, 8, 7, 6, 5, 4, 3, 2, 1]
使用key参数对每个元素按绝对值排序: [0, -1, -10, 15, 28, 30]
```

图 4-35　打印数据

5. 匿名函数与lambda表达式

Python 可以不用 def 关键字创建函数，使用 lambda 即可创建匿名函数。语法格式如下：

```
lambda param1,…,paramN:expression
```

匿名函数也是函数，与普通函数一样，参数也是可选的，如图 4-36 所示，使用 lambda 创建一个函数对象。

```
3 func1 = lambda x, y: x + y
4 print("lambda对象类型: ", type(func1))
5 result = func1(1, 2)
6 print("匿名函数func1执行结果: ", result)
7
8 def func2(x, y):
9     return x + y
10
11 result = func2(1, 2)
12 print("函数func2执行结果: ", result)
```

图 4-36　创建 lambda 对象

执行结果如图 4-37 所示。

可以看出，用 lambda 创建函数是使用 def 创建函数的简单写法。实际上也确实如此，

图 4-37　打印数据

lambda 表达式并不方便书写复杂的代码块。因为 lambda 原则上只支持单行代码，虽然可以套用元组列表间接实现多行代码，但不推荐使用，因为会影响代码阅读。

> **温馨提示**
>
> 与标准的函数一样，匿名函数同样支持可选参数、可变参数等语法。

至此，就可以使用 lambda 表达式优化 map、sorted 等方法了，如图 4-38 所示。

```
data1 = [1, 2, 3, 4, 5, 6, 7, 8, 9, 10]
data2 = map(lambda item: item + 1, data1)
print("将map对象转为元组: ", tuple(data2))
print()
data1 = [("a", -1), ("b", 16), ("c", 12), ("d", 18), ("e", -5)]
print("使用key参数对元组元素排序: ", sorted(data1, key=lambda x: x[1]))
print()
data2 = [{"key": -1}, {"key": 16}, {"key": 12}, {"key": 18}, {"key": -5}]
print("使用key参数对字典元素排序: ", sorted(data2, key=lambda x: x["key"]))
```

图 4-38　在高阶函数中使用 lambda 表达式

执行结果如图 4-39 所示。

```
将map对象转为元组: (2, 3, 4, 5, 6, 7, 8, 9, 10, 11)

使用key参数对元组元素排序: [('e', -5), ('a', -1), ('c', 12), ('b', 16), ('d', 18)]

使用key参数对字典元素排序: [{'key': -5}, {'key': -1}, {'key': 12}, {'key': 16}, {'key': 18}]
```

图 4-39　打印数据

4.3.2　装饰器

如图 4-40 所示，在 loop 方法中创建变量 time1 和 time2，用来计算循环耗时。这种业务常用于性能测试。若是需要测试的方法特别多，那么就需要将图 4-40 中的第 8、11 和 12 行代码分别复制到不同的方法中，这样就会造成代码冗余，不好维护。

```
2  import datetime
3  import time
4
5  count=5
6
7  def loop():
8      time1 = datetime.datetime.now()
9      for i in range(count):
10         time.sleep(1)
11     time2 = datetime.datetime.now()
12     print("循环耗时: ",(time2-time1).seconds)
```

图 4-40　给函数添加耗时检测

针对这类非业务的功能性需求，可以在设计模式中使用“装饰器模式”来改善代码。

装饰器模式的核心思想是，在一个现有的方法上扩展功能而不修改原有的代码。如果直接采用设计模式的方法来扩展函数功能，代码会稍显烦琐。基于这种思路，在 Python 中，在被扩展的方法中加上“@ 装饰器名称”语法，即可完成扩展。如图 4-41 所示，log 方法是一个高阶函数，在该函数中继续创建 decorate 函数，用来封装被装饰的 decorated 方法，并在 log 函数代码块中返回。

```
def log(func):
    def decorate(*args, **kw):
        print("被装饰的函数名称:", func.__name__)
        time1 = datetime.datetime.now()
        func(*args, **kw)
        time2 = datetime.datetime.now()
        print("循环耗时: ", (time2 - time1).seconds)

    return decorate

@log
def decorated():
    print("decorated函数被装饰后,函数名为: ",decorated.__name__)
    for i in range(count):
        time.sleep(1)

decorated()
```

图 4-41　装饰器

执行结果如图 4-42 所示，可以看到，log 方法中的变量 func 指向了 decorated 方法，decorated 被装饰后又指向了 decorate 方法。在调用 decorated 方法的时候，实际上是调用了 decorate，因此可以顺利完成性能检测。

```
被装饰的函数名称: decorated
decorated函数被装饰后,函数名为: decorate
循环耗时: 5
```

图 4-42　打印数据

4.3.3　偏函数

偏函数是函数式编程思想和可选参数功能融合在一起的函数。大多数时候，如果既希望利用原有代码的功能，又不能修改原有代码，更不希望编写新的代码，就需要用到偏函数。使用 functools.partial 方法创建偏函数的过程如图 4-43 所示。本质上只是使用 partial 方法将 fun 方法的参数固定住，动态地将 fun 方法的参数变为可选参数。

```
from functools import partial

def fun(a, b, c, d, e):
    return a + b + c + d + e

partial_fun = partial(fun, b=2, c=3, d=4, e=5)
result = partial_fun(10)
print("调用偏函数: ", result)
```

图 4-43　偏函数

执行结果如图 4-44 所示。

```
D:\ProgramData\Anaconda3\python.exe
调用偏函数:  24
```

图 4-44　打印数据

4.3.4　变量作用域

变量的作用域是一个相对的概念。定义在函数内部的变量称为局部变量，在该函数外的，对这个函数来说就是全局变量。若是需要将变量对所有函数可见，则需要加“global”关键字进行修饰。如图 4-45 所示，global 将 var1, var2, var3 都变成了全局变量，因此在 fun 方法外还能正常访问，但访问变量 var4 则程序报错。

```
def fun():
    global var1, var2, var3
    var1 = 100
    var2 = 200
    var3 = 300
    var4 = 400
    print("fun中的局部变量var1: %s, var2: %s, var3: %s, var4: %s: " % (var1, var2, var3, var4))

fun()
print("全局变量var1: %s, var2: %s, var3: %s: " % (var1, var2, var3))
print("输出变量var4: %s" % (var4))
```

图 4-45　global 设定全局变量

执行结果如图 4-46 所示。

```
Traceback (most recent call last):
fun中的局部变量var1: 100, var2: 200, var3: 300, var4: 400:
全局变量var1: 100, var2: 200, var3: 300:
  File "D:/workspace/PycharmProjects/BigData/DataAnalysis/python_base.py", line 16, in <module>
    print("输出变量var4: %s" % (var4))
NameError: name 'var4' is not defined
```

图 4-46　打印数据

温馨提示

在 Python 中使用 globals( ) 方法，可以获取当前程序内部所有的全局变量。

4.3.5 闭包

在支持函数式编程的语言中，都会有闭包这个概念。简单来说，闭包就是在返回的内部函数中引用了外部函数的变量。装饰器就是一个典型的示例，内部函数 decorate 中引用了 log 函数的参数 func，并在 log 中返回了 decorate 对象。这个问题值得研究，因为根据变量作用域的规则，func 参数是一个局部变量，在 log 方法执行完毕后内存空间应该被释放，不能再访问。然而在 log 中返回 decorate 对象时，decorate 方法就锁定了 func 变量，导致 log 执行完毕，func 参数的内存空间仍然存在，导致装饰器能正常执行。图 4-47 所示为一个计数器的例子。

```
3  def fun1():
4      local_val = [0]
5
6      def fun2():
7          local_val[0] += 1
8          return local_val[0]
9
10     return fun2
11
12
13 count = fun1()
14 for i in range(10):
15     print("第%s次调用计数器，记录值为：%s" % (i, count()))
```

图 4-47 计数器

执行结果如图 4-48 所示。

图 4-48 打印数据

4.4 模块与包

模块是对程序在逻辑上的划分。当一个项目特别大时，需要将实现了各种业务的代码分散到不同的模块中进行管理和重用。一般情况下，一个 py 文件可以被看作一个模块，因此文件名就是模块名。

4.4.1 导入模块

创建好模块后就需要导入，Python 提供了两种导入方式。

1. import

如图 4-49 所示，在模块 test2 中使用 import 导入模块 test1，之后就可以按"模块名 . 方法名"的形式调用模块 test1 中的方法。比如在模块 test2.py 中，通过"test1.show"来调用"show"方法，并在控制台输出数据。

```
 test1.py ×
1    def show(item):
2        print("这是test1模块，显示调用此方法的参数：",item)
3
```

```
 test2.py ×
1    import test1
2
3    test1.show("test2模块传递的参数")
```

图 4-49　导入模块

执行结果如图 4-50 所示。

这是test1模块，显示调用此方法的参数：　test2模块传递的参数

图 4-50　打印数据

2. from import

使用"from 模块名 import 方法名或属性名"的形式，可以指定要导入的内容。若需要导入该模块的全部内容，在 import 后面加"*"即可，如图 4-51 所示。

```
 test1.py
1    def show(item):
2        print("这是test1模块，显示调用此方法的参数：", item)
3
4
5    def add(x, y):
6        return x + y
7
```
add()

```
 test2.py
1    from DataAnalysis.test1 import show, add
2    from DataAnalysis.test1 import *
3
4    show("test2模块传递的参数")
5    print("调用test1的add方法", add(5, 6))
```

图 4-51　导入方法

执行结果如图 4-52 所示。

这是test1模块，显示调用此方法的参数：　test2模块传递的参数
调用test1的add方法 11

图 4-52　打印数据

3. 模块的查找方式

在导入模块的时候，不是随意放置多个模块就能正确导入的。Python 解释器遵循以下优先级搜索模块位置。

（1）首先查看当前目录是否存在该模块。

（2）若是当前目录没有，则按操作系统配置的环境变量，在 PATH 指定的路径下进行查找。

（3）若是环境变量 PATH 路径下也没有，就到 Python 安装目录下查找。

若用以上方法都找不到相应模块，则触发异常。

4.4.2 包

包是一个目录，该目录下必须存放一个 __init__.py 文件，目的是告知 Python 解释器该目录是一个包。在首次导入该包的时候，会执行里面的代码，起到初始化该包的作用。一般情况下会将该文件内容置空。包主要用来管理模块，一个包也可以包含多个子包，如图 4-53 所示。

图 4-53　嵌套的包

要引用不同包内的模块，可以使用"from 包名 [. 子包名（包含子包的话）]. 模块名 import 方法名或属性名或 *"的形式，这里不再赘述。

4.5 新手问答

问题1：同一模块中的函数是否可以重载？

答：不可以。重载的条件是，函数名相同，函数的参数类型或者个数不同。在 Python 的同一模块中，后创建的函数会覆盖之前创建的同名函数。若需要实现重载的效果，则需要将命名参数和默认参数配合使用。

问题2：装饰器如何传递参数？

答：有两种方式可以在装饰器中传递参数。一种是 def log(func) 本身就是一个装饰器，其参数是被装饰的函数，在 log 的外面一层继续定义一个函数 log_comment，通过 log_comment 函数给装饰器传递参数，如图 4-54 所示。

```
2  import datetime
3  import time
4
5  count = 5
6
7  def log_comment(content):
8      def log(func):
9          def decorate(*args, **kw):
10             print("被装饰的函数名称:%s,当前业务是：%s" % (func.__name__,content))
11             time1 = datetime.datetime.now()
12             func(*args, **kw)
13             time2 = datetime.datetime.now()
14             print("循环耗时：", (time2 - time1).seconds)
15
16         return decorate
17
18     return log
19
20 @log_comment("测试循环耗时")
21 def decorated():
22     print("decorated函数被装饰后,函数名为：", decorated.__name__)
23     for i in range(count):
24         time.sleep(1)
25
26 decorated()
```

图 4-54　在装饰器上继续封装

另一种是使用 functools.wraps 内建方法，该方法专门用于创建装饰器，具体用法如图 4-55 所示。

```
2  import datetime
3  import time
4  import functools
5
6  count = 5
7
8  def log(func, content):
9      @functools.wraps(func)
10     def decorate(*args, **kw):
11         print("被装饰的函数名称:%s,content参数是：%s" % (func.__name__, content))
12         time1 = datetime.datetime.now()
13         func(*args, **kw)
14         time2 = datetime.datetime.now()
15         print("循环耗时：", (time2 - time1).seconds)
16
17     return decorate
18
19 def decorated():
20     print("decorated函数被装饰后,函数名为：", decorated.__name__)
21     for i in range(count):
22         time.sleep(1)
23
24 log(decorated, "这是装饰器参数")()
```

图 4-55　使用 functools.wraps 修饰装饰器

问题3：如何重新载入模块？

答：Python 使用 reload (模块名) 方式重新载入模块。

```
from importlib import reload
reload(模块名)
```

4.6 实训：设计算法，对列表进行排序

排序就是将一段文本、一系列数据按大小或其他规则进行重新排列。排序是生产环境中应用非常广泛的一种算法。常用的排序算法有插入排序、冒泡排序、归并排序等。这里使用冒泡排序将以下数据从小到大排列。

1. 实现思路

如图 4-56 所示，原始数据上面是各数据对应的索引。首先从列表中取出前两个索引下的数据，若是索引 1 对应的数据大于索引 0 对应的数据，则本次不排序，继续取索引 1 和索引 2 对应的数据；若是索引 2 对应的数据小于索引 1 对应的数据，则将两个数据交换位置。因列表中有 10 个数据，因此第一趟排序会比较 9 次。一共会进行 10 趟比较，使每两个数都有机会比较一次，但是随着比较趟数的递增，交换位置的次数也会相应减少。

接下来进行第 2 趟排序。此趟排序是基于图 4-56 中第 1 趟的第 9 次排序结果进行的。在这一趟比较中，第 1 次、第 2 次比较都不会发生数据位置交换，因为前一个索引对应的数据小于后一个索引对应的数据。在第 3 次比较中，数字 9 大于数字 2，这里开始进行交换，后续以此类推，如图 4-57 所示。

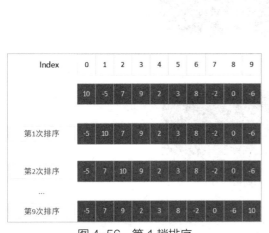

图 4-56　第 1 趟排序

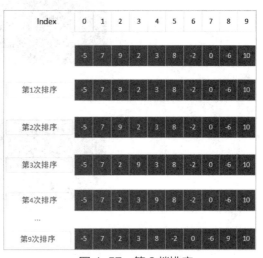

图 4-57　第 2 趟排序

2. 编程实现

步骤 01：创建一个列表，存放原始数据。

步骤 02：创建一个排序方法，在里面计算出列表长度，并创建一个列表副本、一个记录排序趟数的索引。

步骤 03：第 9 行用来控制排序的趟数；第 11、12 行用来控制在这一趟中，前后两个数据都比较一次；第 13 行用来将两个元素交换位置。具体如图 4-58 所示。

```
4  def bubble_sort():
5      tmp_data = data
6      length = len(data)
7      last_index = length - 1
8      index1 = 0
9      while index1 < length:
10         index2 = 1
11         while index2 <= last_index:
12             if tmp_data[index2] < tmp_data[index2 - 1]:
13                 data[index2], data[index2 - 1] = data[index2 - 1], data[index2]
14                 print(data)
15             index2 += 1
16
17         index1 += 1
18         print("第" + str(index1) + "趟排序完成")
19
20
21 if __name__ == '__main__':
22     data = [10, -5, 7, 9, 2, 3, 8, -2, 0, -6]
23     print("原始数据: ", data)
24     bubble_sort()
25     print("排序后的数据: ", data)
```

图 4-58　冒泡排序

排序过程如图 4-59 和图 4-60 所示。

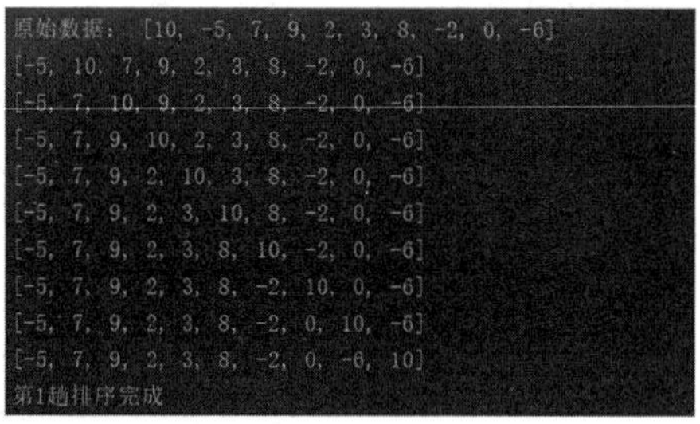

图 4-59　打印数据（1）

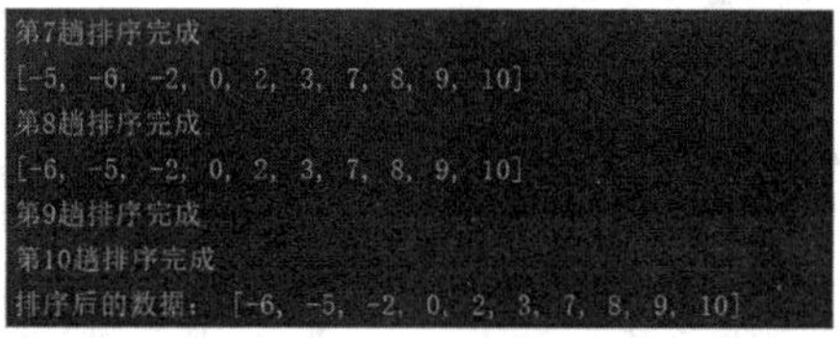

图 4-60　打印数据（2）

本章小结

本章主要介绍了如何自定义函数、函数的调用方式、函数解包、递归与尾递归，还介绍了样式多变的位置参数、可选参数等。然后着重介绍了函数式编程，如 Python 中的 map、reduce 等高阶函数的用法，以及装饰器的创建与使用方式。还通过讨论变量作用域介绍了闭包。最后介绍了模块的导入方式，以及如何利用包来组织代码架构。

第5章

面向对象的程序设计

本章导读

　　面向对象(Object Oriented，OO)是一种软件设计方法论。目前面向对象的设计思想已经扩展到了数据库、架构设计、人机交互等诸多方面。本章主要介绍面向对象的核心思想和自定义类、属性、方法、继承、多态等基础技术，还会介绍可调用对象、自定义集合等高级技术。

知识要点

通过对本章内容的学习，读者能掌握以下内容。

- 面向对象的设计思路
- 类和抽象类的创建方法
- 属性、只读属性的创建方法
- 对象的方法设计技术
- 类的继承
- 如何创建可调用对象
- 如何创建自定义集合

5.1 面向对象

截至目前，本书的示例都是面向过程的。面向过程的方法是：根据业务按顺序依次编写代码，遇到需要重用的代码，则封装成函数或方法。面向过程设计是将事物发展过程用程序表示出来，强调的是过程化思想；而面向对象不同，它是对事物进行进一步抽象，强调的是模块化思想。

5.1.1 面向对象思想

面向对象的基本思想是，任何事物都是对象，这些对象都是该类别的一个实例，每个对象都是一个确定的类型，并拥有该类型的所有特征和行为。对于更复杂的对象，可以由多个对象嵌套而成，也可以从不同类别继承而来。

面向对象有三大特征：封装、继承、多态。

（1）封装是对事物的抽象，表现形式上是将事物定义成类（Python 中的关键词是 class）。类包含了该事物的特征和行为。注意，类是对一类事物的封装，是一个宽泛的概念。

（2）继承是对封装的扩展。当新的类别具备现有类别的特征和行为，并且还有更多属于自身的特点时，那么一般认为新类别是现有类别的一种子类别，现有类成为父类别，在程序设计上使用继承来体现父子关系。

（3）多态是指子类别虽与父类别有相同行为，但是表现形式不同。

面向对象的程序设计流程大致如下。

（1）确定一个事物的类别，分析类别的特征和行为，封装成类。

（2）如果业务中有多个事物，就需要分析事物之间的共性，来确定继承关系。

（3）若是不同事物之间存在依赖，还需要设计类之间的通信方式。

> **温馨提示**
>
> 在 Python 中，类和对象并没有太明确的界限。所有的类、方法都被当作对象。

5.1.2 类和对象

类是对一类事物的抽象描述。如图 5-1 所示，家禽是一个大类，下面的鸡、鸭、鹅属于家禽中的小类。

如图 5-2 所示，汽车这个大分类之下有大众、丰田、路虎、奥迪等小类。

图 5-1　家禽

图 5-2　汽车

　　对象是指某一个类下面的具体事物，也称为实例。注意这里的区别，实例是"具体"的，代表指定的那一个事物；类是"抽象"的，是对事物类别的描述。如图 5-3 所示，养殖户给每只小鸡设计了编号，小鸡 1~100；小鸭子也有编号，小鸭 1~20。那么小鸡 Num1 就是鸡这个类别下的一个实例，也称为一个对象；小鸭 Num1 就是鸭这个类别下的一个实例。

　　同理，如图 5-4 所示，对于汽车下面的类型，"京 AF00000"是指定的一辆具体的车，该车是大众牌，因此该车是大众车的一个实例；"粤 BC88888"也是一辆具体的车，是一辆路虎，因此该车是路虎车的一个实例。

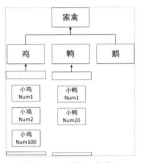
图 5-3　类和实例

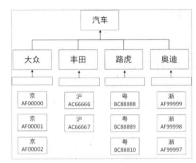
图 5-4　类和实例

　　理解类和对象的概念后就可以设计类了。仍然以小鸡的示例为例。图 5-5 中小鸡有编号"Num*"，还有颜色，如白色、黄色、黑色，这些都是小鸡的特征，称为对象的属性；小鸡还能跑，也能吃，这些称为小鸡的行为。将属性和行为抽象出来，封装成类的过程，就是面向对象设计的过程，如图 5-5 所示。

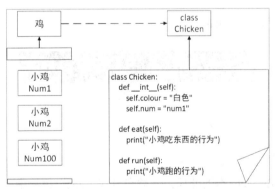
图 5-5　面向对象设计的过程

5.2　自定义类

　　Python 安装完毕后释放了大量的文件，列表（list）、元组（tuple）等都是 builtins.py 模块中定义的类。除此之外，开发者还可以使用 class 关键字创建类。类有两种类型，一种是普通的可以实例化的类；另一种是抽象类，在包含抽象方法时，不能实例化。

5.2.1 创建类语法

与创建自定义函数类似，创建类也使用关键词加类名、参数列表的形式。

```
class 类名 ([ 基类列表 ]):
    属性名称
    方法名称
```

5.2.2 创建可实例化类

如图 5-6 所示，使用 class 创建普通的类。

```
1  class Chicken:
2      colour = "白色"
3      num = "num1"
```

图 5-6　创建类

创建该类型的实例，只需使用类名加括号，如图 5-7 所示。

```
5  chicken = Chicken()
6  print("对象地址： ", id(chicken))
7  print("对象类型： ", type(chicken))
```

图 5-7　创建实例

输出对象的内存地址和类型，如图 5-8 所示。

```
对象地址： 1992578782096
对象类型： <class '__main__.Chicken'>
```

图 5-8　打印数据

5.2.3 创建抽象类

创建抽象类需要从 ABCMeta 类处继承，该类定义在 "abc" 模块中，该模块包含创建抽象类的修饰符以及元类型。普通的抽象类可以实例化，如图 5-9 所示。

```
2   from abc import ABCMeta
3
4   class Poultry(metaclass=ABCMeta):
5       colour = "白色"
6       num = "num1"
7
8   poultry = Poultry()
9   print("对象地址： ", id(poultry))
10  print("对象类型： ", type(poultry))
```

图 5-9　创建抽象类

执行结果如图 5-10 所示。

若该抽象类包含了抽象方法，则不能实例化，如图 5-11 所示。

图 5-10 打印数据

```
2  from abc import ABCMeta, abstractmethod
3
4  class Poultry(metaclass=ABCMeta):
5      colour = "白色"
6      num = "num1"
7
8      @abstractmethod
9      def eat(self):
10         pass
11
12     @abstractmethod
13     def run(self):
14         pass
15
16 poultry = Poultry()
17 print("对象地址: ", id(poultry))
18 print("对象类型: ", type(poultry))
```

图 5-11 使用抽象类创建对象

执行结果如图 5-12 所示。

```
Traceback (most recent call last):
  File "D:\workspace/PycharmProjects/BigData/package1/test2.py", line 18, in <module>
    poultry = Poultry()
TypeError: Can't instantiate abstract class Poultry with abstract methods eat, run
```

图 5-12 触发异常

5.3 属性

属性是事物特征的抽象描述，比如一个西瓜，它的颜色、重量、形状、口感都是它的属性。属性是类的成员，不能独立存在。Python 类的属性形式多样，有类属性、实例属性、动态属性等。

5.3.1 类属性

类属性是既可以使用实例名访问，又可以使用类名访问的属性，如图 5-13 所示。

```
3  class Chicken:
4      colour = "白色"
5      num = "num1"
6
7  chicken = Chicken()
8  print("通过类名访问属性 colour: ", Chicken.colour)
9  print("通过类名访问属性 num: ", Chicken.num)
10 print()
11 print("通过实例访问属性 colour: ", chicken.colour)
12 print("通过实例访问属性 num: ", chicken.num)
```

图 5-13 访问类属性

执行结果如图 5-14 所示。

```
通过类名访问属性 colour: 白色
通过类名访问属性 num: num1

通过实例访问属性 colour: 白色
通过实例访问属性 num: num1
```

图 5-14 打印数据

所有实例的类属性都指向同一个地址，修改类后会同步影响该类型的所有实例。如图 5-15 所示，创建实例 chicken1 和 chicken2，分别输出两个实例 colour 和 num 的内存地址。然后修改类属性的值，查看 chicken1 和 chicken2 对应属性的变化。

```
class Chicken:
    colour = "白色"
    num = "num1"

chicken1 = Chicken()
chicken2 = Chicken()
print("chicken1 colour 地址: ", id(chicken1.colour))
print("chicken1 num 地址: ", id(chicken1.num))
print()
print("chicken2 colour 地址: ", id(chicken2.colour))
print("chicken2 num 地址: ", id(chicken2.num))
print()
Chicken.colour = "黄色"
Chicken.num = "Num2"
print("实例 chicken1 访问修改后的属性 colour: ", chicken1.colour)
print("实例 chicken1 访问修改后的属性 num: ", chicken1.num)
print()
print("实例 chicken2 访问修改后的属性 colour: ", chicken2.colour)
print("实例 chicken2 访问修改后的属性 num: ", chicken2.num)
```

图 5-15 修改类属性

执行结果如图 5-16 所示，可以看到关于类属性，不同实例共享了同一个对象地址，因此对其进行修改后，会影响所有实例。

```
chicken1 colour 地址: 2591807683464
chicken1 num 地址: 2591809950472

chicken2 colour 地址: 2591807683464
chicken2 num 地址: 2591809950472

实例 chicken1 访问修改后的属性 colour: 黄色
实例 chicken1 访问修改后的属性 num: Num2

实例 chicken2 访问修改后的属性 colour: 黄色
实例 chicken2 访问修改后的属性 num: Num2
```

图 5-16 打印数据

5.3.2 实例属性

只能通过实例名访问的属性称为实例属性。如图 5-17 所示，在类中定义“魔术”方法 __init__，该方法会在一个实例的创建过程中被调用，并且仅被调用一次，类似于 C++ 中的构造方法；该方法的第一个参数 self 关键字是类实例方法的固定写法，表示当前创建的这个实例，类似于 C++ 中的 this。在该方法中，给当前这个实例创建属性：weight 和 price。若是通过类名进行访问，则触发异常，如图 5-17 所示。

```
4  class Chicken:
5      colour = "白色"
6      num = "num1"
7
8      def __init__(self, weight, price):
9          self.weight = weight
10         self.price = price
11
12
13 chicken1 = Chicken("2.5kg", "￥80")
14 chicken2 = Chicken("3kg", "￥100")
15 try:
16     print(Chicken.price)
17 except Exception as e:
18     print("通过类名访问实例属性，触发异常：", e)
```

图 5-17 通过类名访问实例属性

执行结果如图 5-18 所示。

通过类名访问实例属性，触发异常： type object 'Chicken' has no attribute 'price'

图 5-18 触发异常

特别强调，在 self（即实例）上创建的属性仅属于该实例，不会影响其他实例。如图 5-19 所示，第 23~26 行分别对实例 chicken1 和 chicken2 的 weight 和 price 属性进行了修改，然后输出修改结果。

```
13 chicken1 = Chicken("2.5kg", "￥80")
14 chicken2 = Chicken("3kg", "￥100")
15
16 print("chicken1 weight 地址：", id(chicken1.weight))
17 print("chicken1 price 地址：", id(chicken1.price))
18 print()
19 print("chicken2 colour 地址：", id(chicken2.weight))
20 print("chicken2 price 地址：", id(chicken2.price))
21 print()
22
23 chicken1.weight = "3.5kg"
24 chicken1.price = "￥120"
25 chicken2.weight = "2.0kg"
26 chicken2.price = "￥60"
27
28 print("实例 chicken1 访问修改后的属性 weight：", chicken1.weight)
29 print("实例 chicken1 访问修改后的属性 price：", chicken1.price)
30 print()
31 print("实例 chicken2 访问修改后的属性 weight：", chicken2.weight)
32 print("实例 chicken2 访问修改后的属性 price：", chicken2.price)
```

图 5-19 修改实例属性

执行结果如图 5-20 所示。可以看到，修改实例 chicken2 并不会影响 chicken1 的输出，两个实例各自维持自己的数据。

```
chicken1 weight 地址：2427686038640
chicken1 price 地址：2427685647528

chicken2 colour 地址：2427686038808
chicken2 price 地址：2427685647352

实例 chicken1 访问修改后的属性 weight：3.5kg
实例 chicken1 访问修改后的属性 price：￥120

实例 chicken2 访问修改后的属性 weight：2.0kg
实例 chicken2 访问修改后的属性 price：￥60
```

图 5-20 打印数据

> **温馨提示**
>
> Python 类自带了大量的"__ 方法名 __"风格名称的函数和对象，一般称为"魔术"方法和"特殊"对象。这些具有特殊意义的函数和对象功能强大，可以完成很多有意思的事情。

5.3.3 动态属性

动态属性是 Python 语言的一大特色，直接通过"类名 . 属性名"或"实例名 . 属性名"即可创建相应的动态属性。如图 5-21 所示，分别在类上和实例上添加属性。

```
class Chicken:
    colour = "白色"
    num = "num1"

Chicken.price = "¥150"
print("访问类上的动态属性：", Chicken.price)
chicken1 = Chicken()
print("类上的动态属性会传递给实例：", chicken1.price)
chicken2 = Chicken()
print("chicken1 和 chicken2 共享类上的动态属性 ：", chicken1.price == chicken2.price)
print()
chicken1.weight = "5kg"
chicken2.weight = "5kg"
print("chicken1 和 chicken2 实例上的动态属性是相互独立的：", chicken1.price != chicken2.weight)
```

图 5-21　动态属性

执行结果如图 5-22 所示。

```
访问类上的动态属性：  ¥150
类上的动态属性会传递给实例：  ¥150
chicken1 和 chicken2 共享类上的动态属性 ：  True

chicken1 和 chicken2 实例上的动态属性是相互独立的：  True
```

图 5-22　打印数据

> **温馨提示**
>
> 在编程过程中需要谨记，实例属性只能由实例访问；类属性则是类和实例都可以访问，包括对应的动态属性也是类和实例都可以访问的。

5.3.4 特性

特性是一个函数，表现形式就是一个简单的属性。访问使用特性修饰或创建的属性时，会自动调用相应的代码，使调用方对属性的访问更自然。Python 使用 @property 和 property 类来创建特性。

1. 扩展属性功能

对一个实例，给其属性赋值如下：

```
chicken = Chicken()
chicken.weight = "30.0kg"
```

很显然，一只"小鸡"正常情况下不可能有 30kg 重。因此，在给属性赋值的时候，需要做数据或类型检查。如图 5-23 所示，定义 set_weight 方法，对输入参数做类型和范围检查。

```python
class Chicken:
    def __init__(self):
        self.weight = None

    def get_weight(self):
        return self.weight

    def set_weight(self, val):
        if not isinstance(val, float):
            raise ValueError("请传递一个整数或浮点数！")
        if 0.1 > val or val > 12:
            raise ValueError("请确保参数范围在0.1到12之间！")

        self.weight = val
```

图 5-23　封装 get 和 set 方法

如图 5-24 所示，输入非法值和正常值进行测试。

```python
chicken = Chicken()
try:
    chicken.set_weight("abc")
except Exception as e:
    print("传递字符串，触发异常：", e)

try:
    chicken.set_weight(20)
except Exception as e:
    print("传递数据超出范围，触发异常：", e)

chicken.set_weight(8.5)
print("获取正常的weight：", chicken.get_weight())
```

图 5-24　测试程序

执行结果如图 5-25 所示。

```
传递字符串，触发异常：　请传递一个整数或浮点数！
传递数据超出范围，触发异常：　请传递一个整数或浮点数！
获取正常的weight：　8.5
```

图 5-25　输出测试结果

2. @property装饰器

实际上，使用 get_xxx 和 set_xxx 方法封装业务后，调用过程仍显烦琐，是否有一种方式可以在访问普通属性时，自动调用相关代码呢？ Python 提供了 @property 装饰器来解决此问题。如图 5-26 所示，第 8、12 行定义了两个同名方法。第 8 行的方法上加了 @property 装饰器修饰，表示该方法使用 getter 特性，用于获取属性值；第 12 行方法上加了 @weight.setter，表示该方法使用 setter 特性，用于给属性赋值。“@weight” 中的 “weight” 指向的是第 8 行的方法。

```python
3  class Chicken:
4      def __init__(self):
5          self._weight = None
6  
7      @property
8      def weight(self):
9          return self._weight
10 
11     @weight.setter
12     def weight(self, val):
13         if not isinstance(val, float):
14             raise ValueError("请传递一个整数或浮点数！")
15         if 0.1 > val or val > 12:
16             raise ValueError("请确保参数范围在0.1到12之间！")
17 
18         self._weight = val
```

图 5-26　使用 @property 装饰器封装属性

资源提取码：46546

然后，按访问实例属性那样设置和输出 weight 值，如图 5-27 所示。

```
20  chicken = Chicken()
21  chicken.weight = 80.5
22  print("获取正常的weight: ", chicken.weight)
```

图 5-27　访问属性

执行时会自动调用第 12 行方法，最终结果如图 5-28 所示。

```
Traceback (most recent call last):
  File "D:\workspace\PycharmProjects\BigData\package1\test2.py", line 23, in <module>
    chicken.weight = 80.5
  File "D:\workspace\PycharmProjects\BigData\package1\test12.py", line 17, in weight
    raise ValueError("请确保参数范围在0.1到12之间！")
ValueError: 请确保参数范围在0.1到12之间！
```

图 5-28　报告异常

3. property类

property 是一个类，定义在 builtins.py 模块中。通过该类构造函数（__init__）可以封装类中的方法，并返回一个对象作为类的属性，使用过程比 @property 更为简洁，如图 5-29 所示。

```
4   class Chicken:
5       def __init__(self):
6           self.weight = "3.0kg"
7
8       def get_weight(self):
9           return self.weight
10
11      def set_weight(self, val):
12          self.weight = val
13
14      def del_weight(self):
15          del self.weight
16
17      p_weight = property(get_weight, set_weight, del_weight)
```

图 5-29　使用 property 封装方法成属性

在获取属性值、设置属性值和删除实例上的属性 weight 时，会自动调用 get_weight、set_weight 和 del_weight 方法，如图 5-30 所示。

```
20  chicken = Chicken()
21  print("获取weight值: ", chicken.p_weight)
22  chicken.p_weight = "5.0kg"
23  print("设置weight值: ", chicken.p_weight)
24  del chicken.weight
25  try:
26      print("获取删除weight属性后的值: ", chicken.weight)
27  except Exception as e:
28      print("访问删除后的weight属性，触发异常: ", e)
```

图 5-30　访问 p_weight 属性

执行结果如图 5-31 所示。

```
获取weight值: 3.0kg
设置weight值: 5.0kg
访问删除后的weight属性，触发异常: 'Chicken' object has no attribute 'weight'
```

图 5-31　打印数据

温馨提示

在使用 property 类封装属性时，需要注意参数的传递顺序。其构造函数的第一个参数用于获取属性值，第二个参数是设置属性值，第三个参数是删除属性。若参数顺序传递不当，会导致后续程序报错。

与 @property 配套使用的除了 setter 外，还有 deleter，使用方式与 setter 一致，在删除属性时自动调用。

5.4　方法

对于方法和函数，人们经常容易混淆。这两者单独来看，表达形式都是一样的。一般来说，面向过程写的代码块称为函数，通过面向对象的设计，将函数写到类中，这个函数就称为这个类的方法。

5.4.1　实例方法

实例方法，顾名思义，就是需要通过实例名称访问的方法。如图 5-32 所示，每个实例方法的第一个参数是指向当前实例的对象，一般将参数名设置为 self。方法具有与普通函数的位置参数、可选参数、函数解包等一样的使用方式。

```
3  class Chicken:
4
5      def __init__(self, num):
6          self._num = num
7
8      def fly(self):
9          print("小鸡 {0} 飞起来".format(self._num))
10
11     def run(self):
12         print("小鸡 {0} 跑起来".format(self._num))
13
14 chicken1 = Chicken("Num1")
15 chicken1.fly()
16 chicken1.run()
17 print()
18 chicken2 = Chicken("Num2")
19 chicken2.fly()
20 chicken2.run()
```

图 5-32　实例方法

执行结果如图 5-33 所示，可以看到，实例方法中的 self 仍然指向当前实例。

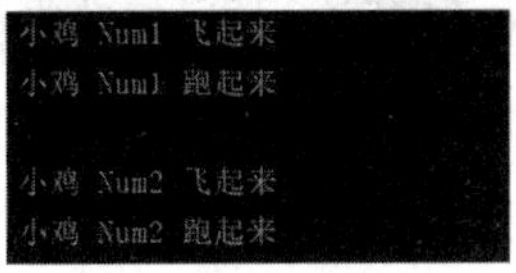

```
小鸡 Num1 飞起来
小鸡 Num1 跑起来

小鸡 Num2 飞起来
小鸡 Num2 跑起来
```

图 5-33　打印数据

5.4.2　静态方法

使用 @staticmethod 修饰的方法称为静态方法，如图 5-34 所示。与实例方法不同，静态方法没有必需的参数，因此静态方法不能访问实例属性，只能使用类名访问类属性，如第 12 行。

```
4  class Chicken:
5      weight = 0.5
6
7      def __init__(self, num):
8          self._num = num
9
10     @staticmethod
11     def get_weight():
12         print("小鸡重量 {0} kg:".format(Chicken.weight))
13
14     @staticmethod
15     def run(num):
16         print("小鸡 {0} 跑起来:".format(num))
```

图 5-34　定义静态方法

如图 5-35 所示，在使用上，静态方法可以直接使用"类名 . 方法名"访问，比如第 18 行；也可以使用"实例名 . 方法名"访问，比如第 22、23、26 行。。

```
18  Chicken.get_weight()
19  Chicken.run("Num1")
20  print()
21  chicken1 = Chicken("Num2")
22  chicken1.get_weight()
23  chicken1.run("Num2")
24  print()
25  chicken2 = Chicken("Num3")
26  chicken2.get_weight()
27  chicken2.run("Num3")
28  print()
29  print("类的run方法: ",id(Chicken.run))
30  print("实例 chicken1 run方法: ",id(chicken1.run))
31  print("实例 chicken2 run方法: ",id(chicken2.run))
```

图 5-35　调用静态方法

执行结果如图 5-36 所示，类和不同实例的静态方法都指向了同一个地址，是全局共享的。

图 5-36　打印数据

5.4.3　类方法

使用 @classmethod 修饰的方法称为类方法，如图 5-37 所示。类方法至少需要一个参数，参数列表中的第一个参数是指当前这个类，参数名一般设置为 cls。

```
class Chicken:
    colour = "黄色"
    count = 0

    def __init__(self, colour):
        Chicken.count = Chicken.count + 1

    @classmethod
    def get_colour(cls):
        print("cls: ", cls)
        print("访问类属性, count值为: {0}".format(cls.count))
```

图 5-37　定义类方法

在使用上，可以分别使用类名和实例名进行访问，如图 5-38 所示。

```
Chicken.get_colour()
print()
chicken1 = Chicken("Num2")
chicken1.get_colour()
print()
chicken2 = Chicken("Num3")
chicken2.get_colour()
print()
print("类的get_colour方法: ",id(Chicken.get_colour))
print("实例 chicken1 get_colour方法: ",id(chicken1.get_colour))
print("实例 chicken2 get_colour方法: ",id(chicken2.get_colour))
```

图 5-38　调用类方法

执行结果如图 5-39 所示，从输出的地址上看，类方法与静态方法性质类似，类和不同实例都使用了同一个方法对象。

```
cls: <class '__main__.Chicken'>
访问类属性, count值为: 0

cls: <class '__main__.Chicken'>
访问类属性, count值为: 1

cls: <class '__main__.Chicken'>
访问类属性, count值为: 2

类的get_colour方法: 2523994931016
实例 chicken1 get_colour方法: 2523994931016
实例 chicken2 get_colour方法: 2523994931016
```

图 5-39　打印数据

5.4.4　抽象方法

使用 @abstractmethod 修饰的方法称为抽象方法，如图 5-40 所示。每个抽象方法的第一个参数都是指向当前实例的对象，一般将参数名设置为 self。

```
class Chicken:
    def __init__(self, name):
        self._name = name

    @abstractmethod
    def fly(self):
        print("小鸡 {0} 飞起来了".format(self._name))
```

图 5-40　定义抽象方法

对于可实例化的类，抽象方法的调用方式与实例方法是一致的。

```
13  chicken1 = Chicken("Num1")
14  chicken1.fly()
15
16  chicken2 = Chicken("Num2")
17  chicken2.fly()
```

图 5-41　调用抽象方法

对于抽象类来说，若仍使用该方式调用抽象方法，程序将报错。可将 Chicken 修改为抽象类，如图 5-42 所示。

```
3   class Chicken(metaclass=ABCMeta):
4       def __init__(self, name):
5           self._name = name
6
7       @abstractmethod
8       def fly(self):
9           print("小鸡 {0} 飞起来了".format(self._name))
10
11
12  chicken1 = Chicken("Num1")
13  chicken1.fly()
```

图 5-42　抽象类中包含抽象方法

执行结果如图 5-43 所示，表示不能实例化包含抽象类的抽象方法。

```
Traceback (most recent call last):
  File "D:\workspace\pycharmProjects\BigData\package1\test2.py", line 12, in <module>
    chicken1 = Chicken("Num1")
TypeError: Can't instantiate abstract class Chicken with abstract methods fly
```

图 5-43　调用异常

要解决此问题，就需要使用类的继承机制。这部分内容将在 5.5.1 小节进行介绍。

5.4.5　动态方法

动态方法就是给一个类动态地添加一个方法，其实现原理与动态属性一致。如图 5-44 所示，给类动态地添加一个属性，并将一个已有的方法赋值给该属性，即可完成方法的添加。这实质上利用了方法也是一个对象的原理。

```
4   class Chicken:
5       weight = 0.5
6
7       def __init__(self, num):
8           self._num = num
9
10      @staticmethod
11      def get_weight():
12          print("小鸡重量 {0} kg:".format(Chicken.weight))
13
14
15  def run(num):
16      print("小鸡 {0} 跑起来:".format(num))
17
18
19  Chicken.run = run
20  Chicken.run("Num1")
```

图 5-44　动态添加方法

执行结果如图 5-45 所示。

图 5-45　打印数据

5.4.6　适用场景

根据实例方法、静态方法、类方法、抽象方法和动态方法的运行原理，可以总结出各方法大致的适用场景。

（1）实例方法：当设计的方法在各个实例之间是相互独立的，操作的属性也是实例属性时，推荐使用实例方法。

（2）静态方法：当设计的方法与实例、类本身都无关，属于非业务要求的功能性操作时，比如设计一个登录功能，需要为每次登录都记录日志，那么这个日志方法就可以设计为静态方法。

（3）类方法：当设计的方法在不同实例之间需要共享信息时，那么这个信息对象就可以作为类属性。在调用类方法时，第一个参数就会包含类本身的信息，由此实现信息共享。

（4）抽象方法：如果一系列的类都包含了相同的业务逻辑，然后将这些逻辑编写进了父类，但实际上又不能保证其中的某些类不会在未来某个时候出现逻辑变更，那么为了保持调用方接口稳定，在不变更方法调用方式的前提下可以使用新功能，此时推荐使用抽象方法。

（5）动态方法：如果设计的方法需要附加到一个类上临时使用，从面向对象的角度来看，其并不属于类的一部分，这时就可以使用动态方法。在实际生产环境中并不推荐使用。

5.5　类的继承

继承是一个实体与另一个实体之间的传承关系。比如儿子继承了父亲的家产，就是一种继承的关系。在 Python 中，类与类之间是可以继承的。

5.5.1　继承

一个现有的类继承了另一个类，那么这个类就具备了被继承类的所有方法和属性。通过继承，可以实现一个类的功能扩展。对于有相同功能或相似功能的类，相互之间使用继承，能减少大量的代码，使程序更容易维护。

然而继承并不是没有缺陷的，比如一个类有 fun1、fun2、fun3 共三个方法，另一个类只需其中两个方法，这时候使用继承会导致子类膨胀，包含无用的方法。在程序设计过程中，类与类之间具有 "is a" 的关系时，推荐使用继承，比如鸡是家禽的一种、大众牌汽车是汽车的一种、渡轮是船的一种、香蕉是水果的一种。

1. 单一继承

单一继承的语法如下：

```
class 类名（基类）：
    属性名称
    方法名称
```

默认情况下，一个类都是从基类"object"继承下来的，此时小括号中可以不必指出"object"。Python 中所有类的公共基类也是"object"。

```
class Chicken(object):
    def __init__(self, name):
        self._name = name
```

若是需要从非"object"继承，则需要指明类名称，如图 5-46 所示。

```
 3  class Poultry:
 4      def __init__(self, colour):
 5          self._colour = colour
 6
 7      def fly(self):
 8          print("这是父类：poultry的方法")
 9
10  class Chicken(Poultry):
11      pass
12
13  chicken = Chicken("黄色")
14  print("访问_colour属性：", chicken._colour)
15  chicken.fly()
```

图 5-46　单一继承

Chicken 继承了 Poultry 之后，就具备了相应的方法和属性，执行结果如图 5-47 所示。

图 5-47　打印数据

2. 多重继承

当一个类具有另外多个类的特征或方法时，就可以使用多重继承，如图 5-48 所示。子类 cock 同时从 Poultry 和 Chicken 继承。

```
 3  class Poultry:
 4      def __init__(self, colour):
 5          self._colour = colour
 6
 7      def fly(self):
 8          print("这是父类：poultry的方法")
 9
10  class Chicken:
11      def eat(self):
12          print("这是父类：Chicken的方法")
13
14  class Cock(Poultry, Chicken):
15      pass
16
17  cock = Cock("黄色")
18  print("访问_colour属性：", cock._colour)
19  cock.fly()
20  cock.eat()
```

图 5-48　多重继承

继承之后，子类 cock 就具有两个父类的功能，执行结果如图 5-49 所示。

访问_colour属性：黄色
这是父类：poultry的方法
这是父类：Chicken的方法

图 5-49　打印数据

5.5.2　多态

多态是面向对象的一个重要特性，是系统稳定的必备条件之一。

同一个电源适配器，既可以给华为手机充电，也可以给苹果手机充电，这是适配器的多态；一个打气筒，既可以给篮球打气，也可以给自行车打气，这是打气筒的多态。在程序设计中，子类继承了父类的方法签名，但是子类的业务逻辑又与父类不同，表现出来就是同一个方法签名具有不同的业务功能。

1. 功能覆盖

修改图 5-48 中的代码，如图 5-50 所示，在子类中定义父类同名方法。

```
16  class Cock(Poultry, Chicken):
17      def fly(self):
18          print("这是子类：Cock的fly方法")
19
20      def eat(self):
21          print("这是子类：Cock的eat方法")
```

图 5-50　覆盖基类方法

访问_colour属性：黄色
这是子类：Cock的fly方法
这是子类：Cock的eat方法

图 5-51　打印数据

执行结果如图 5-51 所示，可以看到，子类覆盖了父类的方法。

2. "鸭子"特性

所谓"鸭子"特性，是指一个类不必从另一个类继承，在同一个调用过程中，Python 解释器不会去检查传入参数的类型，传入的参数对象中只要包含了即将执行的方法，程序就能正常运行。如图 5-52 所示，在第 18 行，run 函数可以同时接收 Cock 和 Duck 类型的实例，Python 并不会做类型检查，只要这些实例都包含了此次调用的同名方法即可。

```
3   class Poultry:
4       def fly(self):
5           print("这是父类：poultry的方法")
6
7   class Chicken:
8       def eat(self):
9           print("这是父类：Chicken的方法")
10
11  class Cock(Poultry, Chicken):
12      pass
13
14  class Duck:
15      def fly(self):
16          print("这是类：duck的fly方法")
17
18  def run(poultry):
19      poultry.fly()
20
21  cock = Cock()
22  duck = Duck()
23  run(cock)
24  run(duck)
```

图 5-52　"鸭子"特性

执行结果如图 5-53 所示。

这是父类：poultry的方法
这是类：duck的fly方法

图 5-53　打印数据

5.6　可调用对象

函数是一个对象，又称为可调用对象，给函数名加一对小括号就可以完成函数的调用。用 lambda 表达式创建的是一个简单的匿名函数对象，该对象也是可调用对象。Python 提供了方法，用户可以通过自定义类创建一个可调用对象。

5.6.1　创建可调用对象

如图 5-54 所示，在类中定义 __call__ 魔术方法，由此类创建的对象就可以像函数那样进行调用了。

```
3  class WildGoose:
4      def __call__(self, direction):
5          print("大雁正往 {0} 方向飞".format(direction))
6
7
8  wild_goose = WildGoose()
9  wild_goose("东南")
```

图 5-54　可调用对象

执行结果如图 5-55 所示。

D:\ProgramData\Anaconda3\python.exe
大雁正往 东南 方向飞

图 5-55　打印数据

5.6.2　有状态的函数

一般情况下，一个函数每次调用都是独立的，并不知道上次的调用结果，这是无状态的。可以给可调用对象增加"记忆"功能，使其成为有状态的函数。修改 WildGoose 类，如图 5-56 所示。

```
3  class WildGoose:
4      def __init__(self):
5          self.direction = []
6
7      def __call__(self, direction):
8          self.direction.append(direction)
9          print("大雁正往 {0} 方向飞".format(direction))
10
11     def __str__(self):
12         return str.join("--->", self.direction)
```

图 5-56　有记忆功能的 WildGoose

设置 WildGoose 的飞行方向，如图 5-57 所示。

```
15  wild_goose = WildGoose()
16  wild_goose("上海")
17  wild_goose("杭州")
18  wild_goose("宜春")
19  wild_goose("南京")
20  wild_goose("广州")
21  print("大雁飞行轨迹: ", str(wild_goose))
```

图 5-57　调用对象

执行结果如图 5-58 所示。

图 5-58　打印数据

5.7　不可变对象

如果一个对象属性不能被修改或创建，则称为不可变对象。从之前的章节中了解到，元组是不可变对象。不可变对象常用于线程同步。使用 __slots__ 魔术方法可以创建不可变对象。

5.7.1　可变对象

如图 5-59 所示，wild_goose 是一个可变对象，可以动态地添加和删除属性。使用 __dict__ 属性可以查看当前实例的属性及属性值。

```
3   class WildGoose:
4
5       def __init__(self):
6           self.direction = []
7           self.colour = "白色"
8           self.weight = "12kg"
9
10      def __call__(self, direction):
11          self.direction.append(direction)
12          print("大雁正往 {0} 方向飞".format(direction))
13
14      def __str__(self):
15          return str.join("--->", self.direction)
16
17
18  wild_goose = WildGoose()
19  wild_goose.name = "鸿雁"
20  print("wild_goose对象的属性: ", wild_goose.__dict__)
21  del wild_goose.name
22  print("wild_goose对象的属性: ", wild_goose.__dict__)
```

图 5-59　可变对象

执行结果如图 5-60 所示。

```
wild_goose对象的属性: {'direction': [], 'colour': '白色', 'weight': '12kg', 'name': '鸿雁'}
wild_goose对象的属性: {'direction': [], 'colour': '白色', 'weight': '12kg'}
```

图 5-60　打印数据

5.7.2　不可变对象

在类中定义 __slots__ 对象，该对象就会自动替换掉 __dict__ 对象，转变成不可变对象。在 __slots__ 中设置了属性名后，就只能引用 __slots__ 中包含的属性名，否则就会触发异常，如图 5-61 所示。

```
3   class WildGoose:
4       __slots__ = ["direction", "colour", "weight"]
5
6       def __init__(self):
7           self.direction = []
8           self.colour = "白色"
9           self.weight = "12kg"
10
11      def __call__(self, direction):
12          self.direction.append(direction)
13          print("大雁正往 {0} 方向飞".format(direction))
14
15      def __str__(self):
16          return str.join("--->", self.direction)
17
18
19  wild_goose = WildGoose()
20  print("wild_goose对象的属性: ", wild_goose.__slots__)
21  wild_goose.name = "鸿雁"
```

图 5-61　不可变对象

执行结果如图 5-62 所示。

```
wild_goose对象的属性: ['direction', 'colour', 'weight']
Traceback (most recent call last):
  File "D:/workspace/PycharmProjects/BigData/DataAnalysis/test.py", line 21, in <module>
    wild_goose.name = "鸿雁"
AttributeError: 'WildGoose' object has no attribute 'name'
```

图 5-62　打印数据

5.8　新手问答

问题1：简述Python中的反射机制。

答：反射是指可以动态地创建对象，也可以动态地获取和设置对象信息，还可以动态地调用其中的方法。如图 5-63 所示，eval 函数可以将字符串参数解析为代码执行，因此，第 8 行实际上是动态创建了 WildGoose 的实例。然后在第 9 行调用 getattr 方法（该方法用于获取实例的属性），返回 wild_goose 实例中的 fly 函数对象，给函数对象加一对小括号即可完成调用。

```
3   class WildGoose:
4       def fly(self):
5           print("WildGoose中的方法")
6
7
8   wild_goose = eval("WildGoose()")
9   fly = getattr(wild_goose, "fly")
10  fly()
```

图 5-63　反射基础

执行结果如图 5-64 所示。

图 5-64　打印数据

问题2：如何快速将一个实例的数据赋值给另一个实例？

答：对于两个实例，可以使用反射机制，动态获取 A 属性的值，然后动态设置给 B 的对应属性，从而实现数据的快速复制。如图 5-65 所示，hasattr 函数用来检查 p2 实例是否有相关属性，getattr 函数用来从实例中获取对应属性值，setattr 函数用来给实例的对应属性赋值。

```
2   class Person:
3       def __init__(self, ID, name, age, height, weight, address):
4           self._ID = ID
5           self._name = name
6           self._age = age
7           self._height = height
8           self._weight = weight
9           self._address = address
10
11  p1 = Person("18888888", "Obama", 20, 150, 52, "Beijing Wangfujing")
12  print("p1的信息: \n", p1.__dict__)
13  print()
14  p2 = Person("19999999", "Trump", 40, 180, 83, "Washington")
15  print("p2的信息: \n", p2.__dict__)
16  print()
17  property_list = ["_ID", "_age", "_address"]
18  def set_property():
19      for i in property_list:
20          if hasattr(p2, i):
21              val = getattr(p1, i)
22              setattr(p2, i, val)
23
24      print("p2修改后的信息: ", p2.__dict__)
25
26  set_property()
```

图 5-65　快速复制

执行结果如图 5-66 所示。

图 5-66　打印数据

问题3：在多重继承中，不同基类有同名方法，那么子类将继承哪一种方法？

答：Java、C# 这类语言不支持多重继承，就是为了降低继承的复杂性，避免子类使用时产生混淆。但在 Python 中是支持多重继承的，子类是按基类列表的顺序来继承父类的，如图 5-67 所示。

```python
 4  class Poultry:
 5      def eat(self):
 6          print("这是父类：poultry的方法")
 7
 8  class Chicken:
 9      def eat(self):
10          print("这是父类：Chicken的方法")
11
12  class Cock(Poultry, Chicken):
13      def invoke_eat(self):
14          self.eat()
15
16  class Cock1(Chicken, Poultry):
17      def invoke_eat(self):
18          self.eat()
19
20  cock = Cock()
21  cock.eat()
22  cock1 = Cock1()
23  cock1.eat()
```

图 5-67　继承的顺序

执行结果如图 5-68 所示。

```
这是父类：poultry的方法
这是父类：Chicken的方法
```

图 5-68　打印数据

5.9　实训：设计算法，构造一棵二叉树

二叉树结构有着广泛的应用，比如在游戏中寻找路径、在推荐系统中做判断等。如下所示，这是一个简单的数据列表，要求设计一个算法，将列表中的数据按现有顺序，将后两个元素作为前一个元素的子节点。例如，Root 的子节点是 Node1，Node2；Node2 的子节点是 Node3，Node4；Node4 的子节点是 Node5，Node6；依次类推。

```
["Root", "Node1", "Node2", "Node3","Node4", "Node5", "Node6",
 "Node7","Node8", "Node9", "Node10"]
```

1. 实现思路

从图 5-69 中可以直观地看到，一棵树整体上具有两部分：节点和树骨架。因此，可以首先确定两个对象：

```
class TreeNode:
    pass
class Tree:
    pass
```

每个节点包含节点名称、左子节点和右子节点。因此，一个树节点有两个属性：

```
class TreeNode:
    def __init__(self,name):
        self._name= name
        self._left_node=None
        self._right_node = None
```

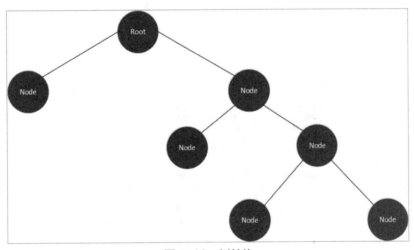

图 5-69　树结构

一棵树只有一个根节点，整体上由所有的节点构成。同时，树具备一个添加节点的功能，其 index 参数表示是第几个节点。因此 TreeNode 可设计为：

```
class Tree:
    root = None
    nodes = []
    def add_node(self, name,index):
        pass
```

接下来就需要考虑如何添加节点了。

首先判断根节点是不是为 None，如果是，就将当前子节点赋值到根节点对象上，并将其添加到树节点集合中。

```
    node = TreeNode(name)
    if Tree.root is None:
        Tree.root = node
        Tree.nodes.append(node)
```

如果根节点已存在，就将根节点取出，判断是否有左子节点，若没有，则将 _left_node 赋值为当前节点，并添加到树节点集合中。如果左子节点存在，则判断是否有右子节点，若没有，则将当前节点赋值到 _right_node 对象，同时添加到树节点集合中。

2. 编程实现

根据以上思路，完整代码如图 5-70 所示。

```python
class TreeNode:
    def __init__(self, name):
        self._name = name
        self._left_node = None
        self._right_node = None

class Tree:
    root = None
    nodes = []

    def add_node(self, name, index):
        node = TreeNode(name)

        if Tree.root is None:
            Tree.root = node
            Tree.nodes.append(node)
        else:
            if index % 2 == 1:
                tmp_node = Tree.nodes[index - 1]
            elif index % 2 == 0:
                tmp_node = Tree.nodes[index - 2]

            if tmp_node._left_node is None:
                tmp_node._left_node = node
                Tree.nodes.append(tmp_node._left_node)
            elif tmp_node._right_node is None:
                tmp_node._right_node = node
                Tree.nodes.append(tmp_node._right_node)

tree = Tree()
all_node = ["Root", "Node1", "Node2", "Node3",
            "Node4", "Node5", "Node6", "Node7",
            "Node8", "Node9", "Node10"]
total = len(all_node)
for i, val in enumerate(all_node):
    tree.add_node(val, i)
```

图 5-70　构造树

本章小结

本章主要介绍了面向对象的含义和设计原则，以及如何自定义实例类、抽象类；介绍了多种属性的定义方式及特性；介绍了实例方法、静态方法、抽象方法及各种方法的适用场景；还介绍了类的继承与多态；最后介绍了可调用对象和不可变对象。学好本章内容，有助于进一步掌握 Python 程序设计。

第6章

高级主题

本章导读

为了使程序性能更高、运行更稳定，Python做了大量工作。本章围绕提高系统性能和稳定性展开，主要介绍生成器、迭代器、多线程、多进程、异常处理和源码调试等知识。

知识要点

通过本章内容的学习，读者能掌握以下内容。

- ♦ 生成器应用场景及原理
- ♦ 迭代器应用场景及原理
- ♦ 多线程、多进程、协程、通信原理及开发技术
- ♦ 异常触发与捕获技术
- ♦ 源码调试的基本技术

6.1 生成器

使用列表推导的前提是将数据全部加载到内存。若是数据量特别大，有几十万个元素，那么内存占用率会特别高。但若是在整个数据集中只使用很少的部分，那么其他空间就浪费掉了。生成器使列表解析得到加强，可以在循环的时候动态生成下一个元素。

6.1.1 创建生成器

创建一个生成器最简单的办法，就是将列表推导式的中括号改为小括号。如图 6-1 所示，通过推导式获取的偶数集合是一次性生成的，使用生成器得到的结果是每次调用 next 或 __next__ 魔术方法临时生成的，这就是为什么生成器能应对大数据量的列表迭代的原因。

```
3  tmp_list = [1, 2, 3, 4, 5, 6, 7, 8, 9, 10]
4  data = [i for i in tmp_list if i % 2 == 0]
5  print("使用推导式获取偶数: ", data)
6
7  data = (i for i in tmp_list if i % 2 == 0)
8  print("[]变为()得到生成器: ", data)
9
10 print("获取生成器中第1个值: ", next(data))
11 print("获取生成器中第2个值: ", data.__next__())
```

图 6-1　创建生成器

执行结果如图 6-2 所示。

```
使用推导式获取偶数: [2, 4, 6, 8, 10]
[]变为()得到生成器: <generator object <genexpr> at 0x000001F9D23F1CF0>
获取生成器中第1个值: 2
获取生成器中第1个值: 4
```

图 6-2　打印数据

使用 next 的方式获取值，在生成了最后一个元素后，继续调用 next，会触发异常。图 6-3 所示为连续调用 6 次 next。

```
10 print("获取生成器中第1个值: ", next(data))
11 print("获取生成器中第2个值: ", data.__next__())
12 print("获取生成器中第1个值: ", next(data))
13 print("获取生成器中第1个值: ", next(data))
14 print("获取生成器中第1个值: ", next(data))
15 print("获取生成器中第1个值: ", next(data))
```

图 6-3　连续调用 next

执行结果如图 6-4 所示，将所有数据打印后会触发 StopIteration 异常。

```
Traceback (most recent call last):
[]变为()得到生成器: <generator object <genexpr> at 0x000001E0E0801CF0>
获取生成器中第1个值: 2
  File "D:/workspace/PycharmProjects/BigData/DataAnalysis/test1.py", line 14, in <module>
获取生成器中第2个值: 4
获取生成器中第1个值: 6
    print("获取生成器中第1个值: ", next(data))
获取生成器中第1个值: 8
StopIteration
获取生成器中第1个值: 10
```

图 6-4　打印数据

为了解决该问题，可以使用 for 循环，如图 6-5 所示。

```
2  tmp_list = [1, 2, 3, 4, 5, 6, 7, 8, 9, 10]
3
4  data = (i for i in tmp_list if i % 2 == 0)
5  for i in data:
6      print("当前元素是： ", i)
```

图 6-5　循环生成器

执行结果如图 6-6 所示。

图 6-6　打印数据

6.1.2　yield关键字

使用 yield 关键字可以创建生成器。如图 6-7 所示，调用 get_list 方法得到的是一个生成器实例。在 get_list 方法中，使用 yield 返回 i 值。

```
3   tmp_list = [1, 2, 3, 4, 5, 6, 7, 8, 9, 10]
4
5   def get_list():
6       for i in tmp_list:
7           if i % 2 == 0:
8               print("当前元素是： ", i)
9               yield i
10
11  gen = get_list()
12  for j in gen:
13      print("当前获取到的值： ", j)
14      print()
```

图 6-7　使用 yield 创建生成器

执行结果如图 6-8 所示。观察输出结果的顺序可以发现，每次执行到 yield，就会退出 get_list 方法，然后执行第 13 行代码；当本次循环结束时，又到达 yield 退出的位置，接着完成自身的循环。

```
当前元素是： 2
当前获取到的值： 2

当前元素是： 4
当前获取到的值： 4

当前元素是： 6
当前获取到的值： 6

当前元素是： 8
当前获取到的值： 8

当前元素是： 10
当前获取到的值： 10
```

图 6-8　打印数据

6.1.3　将值传到生成器

生成器可以将方法内部的值传出来，也可以从外部将值传递到生成器。如图 6-9 所示，send 与 next 方法都会触发生成器的执行，不同的是 send 方法可以传递参数到生成器。示例中的 "while True" 会使生成器一直运行，若要终止，需要调用 close 方法。

```
def get_list():
    count = 0
    while True:
        print("------本次循环开始，count初始值为：", count)
        outer = yield count
        print("<---生成器从外部接收到的数据：", outer)
        count += 1
        print("------本次循环结束，count值为：", count)
        print()


gen = get_list()
val = next(gen)
print("--->外部调用next从生成器获取到的值：", val)
print()
val = gen.send(20)
print("--->外部从生成器获取到的值：", val)
gen.close()
```

图 6-9　传递参数到生成器

执行结果如图 6-10 所示。

```
------本次循环开始，count初始值为： 0
--->外部调用next从生成器获取到的值： 0

<---生成器从外部接收到的数据： 20
------本次循环结束，count值为： 1

------本次循环开始，count初始值为： 1
--->外部从生成器获取到的值： 1
```

图 6-10　打印数据

6.2 迭代器

迭代器可以使对象像列表、字典那样进行迭代。列表使用索引计数来实现元素的逐个遍历，迭代器封装后的对象可以调用 next 方法来逐个遍历，同样支持 for 循环。

实际上，能应用 next 函数获取下一个值的对象都是迭代器，生成器其实也是迭代器的实例。在数据获取完毕后继续使用 next 函数，同样会触发 StopIteration 异常。创建迭代器的方法并不复杂，使用 iter 函数可以将列表、字典转为迭代器，如图 6-11 所示。

```
tmp_list = [1, 2, 3, 4, 5, 6, 7, 8, 9, 10]
itor_list=iter(tmp_list)
print("使用next获取元素：",next(itor_list))
print("使用__next__获取元素：",itor_list.__next__())
for i in itor_list:
    print("当前元素是：",i)
```

图 6-11　迭代器

执行结果如图 6-12 所示。

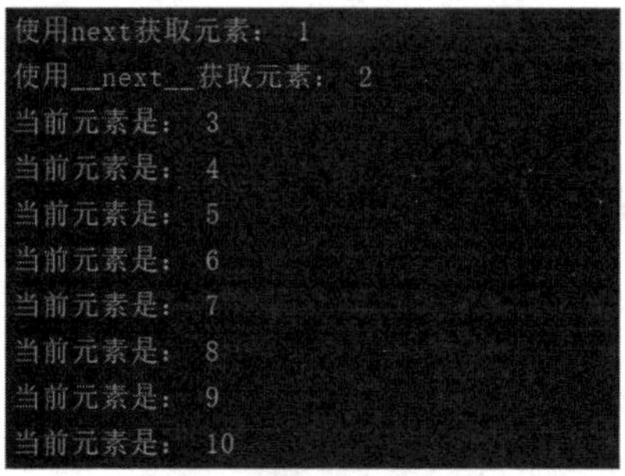

图 6-12　打印数据

温馨提示

iter 函数要求参数是可迭代对象，能使用 for 循环的都可以作为 iter 参数。

6.3　异步处理

同步处理也称为阻塞式处理，是指程序执行到某个位置，会一直等待该命令执行完毕，然后继续执行后续逻辑。异步处理是与同步处理相对的概念，是指一段程序由多个线程或进程同时执行，从而提高软件性能。下面就为大家介绍异步处理的几种方式。

6.3.1　多线程

线程是计算机调度的基本单位，一个进程至少拥有一个线程。线程是轻量级的，线程的启动、调度对操作系统来说所耗资源比较少，因此大多数软件都设计了多个线程来并行执行程序，从而提高运行速度。线程的调度不是人为控制的，而是由操作系统决定的，创建多线程只是为一个软件争取更多被调度到的机会。Python 提供了 threading 和 _thread 模块来实现多线程，由于 threading 提供了较多的接口，因此一般情况下使用 threading 即可。

1. 创建新线程

如图 6-13 所示，调用 threading.Thread 方法创建一个线程实例 thread。其中参数 target 指定了新线程需要执行的内容，name 指定了新线程的名称。注意，这里 target 传递的是一个函数名称，此时称 get_data_from_db 为新线程的“回调”函数。在 get_data_from_db 函数中，每循环一次，当前线程就“睡眠”1 秒，即 time.sleep（1）。新线程会在回调函数执行完毕后退出，在本示例中，新线程会在运行 5 秒后被销毁。

第 15 行 thread 调用 start 方法，表示启动新线程；第 16 行的 join 方法是一个阻塞式方法，调用 join，表示在当前位置等待新线程结束，之后主线程继续执行。

```
2  import time, threading
3
4  def get_data_from_db():
5      print("当前线程名称: {0}".format(threading.current_thread().name))
6      for i in range(5):
7          time.sleep(1)
8
9      print("{0} 线程执行完毕! ".format(threading.current_thread().name))
10
11
12 if __name__ == "__main__":
13     print("{0} 线程开始运行".format(threading.current_thread().name))
14     thread = threading.Thread(target=get_data_from_db, name="新线程")
15     thread.start()
16     thread.join()
17     print("{0} 线程执行完毕! ".format(threading.current_thread().name))
```

图 6-13　创建新线程

执行结果如图 6-14 所示。

```
MainThread 线程开始运行
当前线程名称: 新线程
新线程 线程执行完毕!
MainThread 线程执行完毕!
```

图 6-14　打印数据

温馨提示

代码中的 "__name__ == "_main__"" 表示，如果是直接执行当前模块，则判断为 True；如果该模块被导入其他模块中，则判断为 False。该语句主要用于对当前模块进行测试。

---

2. 线程同步

如图 6-15 所示，在第 13 行创建 10 个线程对象，每个线程负责执行各自的回调函数 update_score，该函数会修改全局变量 global_score。观察 update_score 的内容，对 global_score 进行一增一减，那么理论上 global_score 最终应该为 0。实际是否如此，继续分析代码。

```
3  import time, threading
4  global_score=100
5  def update_score(score):
6      for i in range(200000):
7          global global_score
8          global_score = global_score + score
9          global_score = global_score - score
10
11 threads = []
12 for i in range(10):
13     thread = threading.Thread(target=update_score, args=(i*10,))
14     threads.append(thread)
15
16 for i in threads:
17     i.start()
18
19 for i in threads:
20     i.join()
21
22 print("global_score值: ",global_score)
```

图 6-15　线程不同步

在第 17 行调用 start 将线程全部启动。这时，这 10 个线程会分别执行 update_score 方法。但并不是同时执行，每个线程执行前都需要获取全局解释锁（Global Interpreter Lock，GIL），因此这些线程是交替执行的。每个线程执行一定量的代码后会释放 GIL，以便让其他线程执行。所以在 update_score 方法中，当循环次数过多，比如循环了 100000 次时，这个方法就会由其他线程执行。这还不是根本原因，观察代码：

```
global_score = global_score + score
```

上面的代码在 CPU 上是分两步执行的。首先创建一个临时变量，用来存放 global_score + score 的值，然后将变量重新赋值给 global_score。同理，下面这行代码的执行逻辑也是如此。

```
global_score = global_score - score
```

这里的问题是，若是在执行 global_score + score 后，还没将结果重新赋值给 global_score，当前线程就切换了，那么就有可能造成 global_score 值错乱。

将代码中的循环次数 200000 改为 5，就几乎不会出现问题了。为什么循环次数越多，出现错误的可能性越大呢？因为现在的 CPU 执行速度非常快，线程还没来得及切换就已经完成了数据计算。

反复执行多次，观察输出，可以看到，global_score 有时等于 110，有时等于 60，如图 6-16 所示。

```
global_score值: 110
global_score值: 60
global_score值: 30
```

图 6-16　打印数据

多个线程共享一个进程的内存空间，多个线程同时修改一个全局变量，始终都能正确输出，这种情况称为线程安全。Python 使用"锁"机制来保证线程安全。修改图 6-15 示例中的 update_score 函数，添加 lock.acquire ( ) 与 lock.release ( ) 两行代码。如图 6-17 所示，在第 7 行创建锁对象，第 11 行获取锁，在对全局变量操作结束后释放锁，中间不会切换线程，这个过程是原子性的。

```
7  lock = threading.Lock()
8
9  def update_score(score):
10     for i in range(200000):
11         lock.acquire()
12         global global_score
13         global_score = global_score + score
14         global_score = global_score - score
15         lock.release()
```

图 6-17　锁

执行结果，输出始终是 100。

6.3.2　多进程

Windows 上的程序如果不运行，就是一个 exe 文件、dll 文件；运行起来就是进程，可以在任务管理器中看到。文件是静态的，进程是动态的。不同进程是独立运行的，拥有各自的内存空间、数据资源、文件资源等。一个进程可以创建另一个进程，称为当前进程的子进程。图 6-18 所示为 Windows 任务管理器中的进程列表。

名称	PID	状态
unsecapp.exe	6100	正在运行
TSVNCache.exe	11544	正在运行
TscHelp.exe	19580	正在运行
TeamViewer_Service.exe	4860	正在运行
Taskmgr.exe	18256	正在运行
taskhostw.exe	20796	正在运行
SystemSettings.exe	9380	已暂停

图 6-18 进程列表

1. 创建子进程

在 Linux 中调用 fork 方法即可创建子进程，在 Windows 中使用 multiprocessing.Process 即可创建子进程。如图 6-19 所示，进程对象仍然使用 start 方法启动，join 方式也是阻塞式的，这里表示主进程需要等待子进程执行完毕后才能继续执行。

```python
3  import time
4  from multiprocessing import Process
5  import os
6
7  def new_process(para):
8      time.sleep(10)
9      print("子进程ID: {0}".format(os.getpid()))
10     print("主进程传递来的参数: {0}".format(para))
11
12 if __name__ == "__main__":
13     print("父进程ID是: {0}".format(os.getpid()))
14     process = Process(target=new_process, args=("主进程参数",))
15     process.start()
16     process.join()
17     print("主进程执行完毕！")
```

图 6-19 创建子进程

执行结果如图 6-20 所示。

2. 进程池

当主进程需要同时管理多个进程的时候，可以使用进程池。如图 6-21 所示，在第 10 行创建

```
父进程ID是: 3184
子进程ID: 9888
主进程传递来的参数: 主进程参数
主进程执行完毕！
```

图 6-20 打印数据

一个进程池对象，在第 14 行调用 apply_async 方法自动创建进程。新创建的进程将由进程池进行管理。执行结果如图 6-22 所示。

```python
3  from multiprocessing import Pool
4  import time
5  def proc(num):
6      print("当前进程编号: {0} 开始执行".format(num))
7      time.sleep(5)
8      print("当前进程编号: {0} 执行结束".format(num))
9  if __name__ == "__main__":
10     pool = Pool(3)
11     print("创建5个进程")
12     for i in range(5):
13         process_num = "{0}".format(i)
14         pool.apply_async(proc, args=(process_num,))
15     pool.close()
16     pool.join()
17     print("主进程执行完毕！")
```

图 6-21 进程池

Pool 的作用主要是创建并启动进程，本例中创建了 5 个进程。Pool（3）表示进程池中同时运行的进程个数。因此在输出结果中可以看到，有 3 个进程几乎同时开始和同时结束，而 3 号、4 号进程是延迟开始的。另外，Pool 的 join 方法会等待所有进程执行完毕才会继续执行主进程，但在此之前需要调用 close，表示不能再有新的进程加入 Pool。

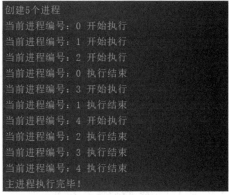

图 6-22　打印数据

3. 进程间通信

由于 Python 全局解释锁的原因，因此并不适合采用多线程。因为进程是独立运行的，所以相互间没有可共享的全局变量。那么如何实现进程之间共享数据呢，这就涉及进程间通信。

Python 多进程 multiprocessing 模块提供了进程间通信的工具：Queue。一个进程往 Queue 中放入数据，另一个进程从 Queue 中取出数据，由此实现通信，如图 6-23 所示。

```python
from multiprocessing import Process, Queue
import os, time

def set_data(q, tmp_list):
    for item in tmp_list:
        print("当前{0}进程将值 {1} 插入队列".format(os.getpid(), item))
        q.put(item)
        time.sleep(2)

def get_data(q, count):
    for i in range(count):
        value = q.get(True)
        print("当前{0}进程获取到值为: {1}".format(os.getpid(), value))

if __name__ == "__main__":
    que = Queue()
    data = [1, 2, 3, 4, 5, 6, 7, 8, 9, 10]
    length = len(data)
    process1 = Process(target=set_data, args=(que, data))
    process2 = Process(target=get_data, args=(que, length))
    process1.start()
    process2.start()
    process2.join()
    print("主进程执行完毕！")
```

图 6-23　进程通信

执行结果如图 6-24 所示。

6.3.3　协程

Python 中有一个概念：协程。回到 6.1.3 小节，图 6-9 中的示例演示了一种方法如何在不使用方法名加括号的形式下执行进入另一种方法，

```
当前11652进程将值 1 插入队列
当前2512进程获取到值为：1
当前11652进程将值 2 插入队列
当前2512进程获取到值为：2
当前11652进程将值 3 插入队列
当前2512进程获取到值为：3
当前11652进程将值 4 插入队列
当前2512进程获取到值为：4
```

图 6-24　打印数据

这种看起来类似异步处理的行为称为协程。协程并不是进程，也不是线程，对于主进程来说，gen 对象就是其协程。

Python 提供了 async 关键字创建的异步函数，就是协程。

如图 6-25 所示，异步函数的返回值并不是该函数执行的结果，而是一个协程对象。协程对象调用 send 方法才会触发异步函数的执行。类似于对生成器调用 next 或者 send 方法才会触发函数执行一样。生成器、协程在退出时都会触发异常，函数返回的值包含在异常对象中。

```python
import time

async def get_data_from_db(counter):
    data = []
    print("参数counter: ", counter)
    for i in range(counter):
        time.sleep(1)
        data.append(i)
    return data

coroutine_obj = get_data_from_db(5)
print("异步函数返回值: ",coroutine_obj)
try:
    coroutine_obj.send(None)
except Exception as e:
    print(e)
```

图 6-25 异步函数

执行结果如图 6-26 所示。

图 6-26 打印数据

在一个异步函数中，可以使用await关键字来阻塞自身，然后去调用另一个异步函数，如图6-27 所示。

```python
import time

async def get_data_from_db(counter):
    data = []
    print("参数counter: ", counter)
    for i in range(counter):
        time.sleep(1)
        data.append(i)
    return data

async def await_get_data(counter):
    result = await get_data_from_db(counter)
    return result

try:
    coroutine_obj = await_get_data(5)
    coroutine_obj.send(None)
except StopIteration as e:
    print(e.value)
```

图 6-27 await 调用异步函数

执行结果如图 6-28 所示。

图 6-28　打印数据

6.4　错误、调试

软件是开发者编写程序的结果，在编写过程中产生错误是在所难免的。错误有以下几种：需求理解上的偏差产生的业务逻辑错误；编程的语法错误；会导致软件在运行过程中突然退出的错误；等等。这就需要我们进行调试。

6.4.1　异常处理

代码在执行过程中出现了不可控制的行为，比如程序不能运行，称为程序异常。异常处理有两个步骤，一是触发异常，二是捕获异常。

1. 触发与捕获异常

如图 6-29 所示，Python 使用 raise 关键字触发异常。

```
3  def get_exception():
4      raise
5
6  get_exception()
```

图 6-29　触发异常

执行结果如图 6-30 所示，输出的异常信息会明确指定异常出现的位置，比如 File "...test.py"，line 5，指的是 test.py 文件的第 5 行出现异常，这些异常信息就是堆栈信息。

```
Traceback (most recent call last):
  File "D:/workspace/PycharmProjects/BigData/DataAnalysis/test1.py", line 5, in <module>
    get_exception()
  File "D:/workspace/PycharmProjects/BigData/DataAnalysis/test1.py", line 3, in get_exception
    raise
RuntimeError: No active exception to reraise
```

图 6-30　异常信息

实际上，在没有捕获到异常的情况下，异常会在代码的执行栈上逐级向上传导，直到被捕获，如图 6-31 所示。

```
3  def get_exception():
4      raise
5
6  def get_exception1():
7      get_exception()
8
9  def get_exception2():
10     get_exception1()
11
12 get_exception2()
```

图 6-31　异常逐级传导

执行结果如图 6-32 所示。

图 6-32　异常传导

Python 使用 try...except...finally 来捕获异常，如图 6-33 所示。

```
3  def get_exception():
4      raise
5
6  def get_exception1():
7      get_exception()
8
9  def get_exception2():
10     get_exception1()
11
12 try:
13     get_exception2()
14 except Exception as e:
15     print("异常信息: ", e)
16 finally:
17     print("异常捕获最后执行的代码!")
```

图 6-33　捕获异常

执行结果如图 6-34 所示，其中 finally 的功能是，不管异常是否被正常捕获，finally 都会被执行。

图 6-34　捕获异常后再输出错误信息

2. 内建的异常类型

代码的生命力其实非常脆弱，稍有不慎就会出现异常。比如执行代码：

```
int("a")
```

输出异常，如图 6-35 所示，显示 ValueError 类型异常。

图 6-35　输出异常

执行代码：

```
a = 2 / "2"
```

输出异常，如图 6-36 所示，显示 TypeError 类型异常。

图 6-36　输出异常

除此之外，还有 ZeroDivisionError（除数为 0 时触发的异常）等数量众多的内建异常类型。

3. 自定义异常

在捕获异常时，若是 except 关键词指定的异常类型，而不是实际触发的异常类型，那么就不能正常捕获，如图 6-37 所示。

```
3  try:
4      a = 2/0
5  except ValueError as e:
6      print("异常信息：",e)
7  finally:
8      print("END")
```

图 6-37　捕获指定类型的异常

执行结果如图 6-38 所示。

图 6-38　输出异常信息

实际触发的是除数为 0 的异常，捕获的关键词是值错误的异常，因此 try 无法正常工作。

在生产环境中，出现异常的情况非常多，Python 内建的异常无法满足所有场景，因此可以自定义异常。Python 所有的异常基类都是 Exception，自定义异常需要从此类继承，如图 6-39 所示。

```
3  class MyException(Exception):
4      def __init__(self, longitude, latitude):
5          self._longitude = longitude
6          self._latitude = latitude
7
8  def get_position(longitude=None, latitude=None):
9      if longitude is None or latitude is None:
10         raise MyException(longitude, latitude)
11
12  try:
13      get_position()
14  except MyException as e:
15      print("经度是: ", e._latitude, "纬度是: ", e._latitude)
16  finally:
17      print("END")
```

图 6-39　自定义异常

执行结果如图 6-40 所示。

图 6-40　自定义异常信息

> **温馨提示**
>
> 在开发过程中，若是不清楚异常类型，使用 except Exception 可以捕获任意情况下的异常。

4. 记录异常

Python 提供了 logging 模块来记录异常信息。相对于 print 方法，logging 模块提供了更丰富的 API 来输出不同级别的日志，比如 info 方法输出普通信息， warn 方法输出警告信息，critical 方法输出极重要的信息，error 方法输出错误信息，如图 6-41 所示。

```
 2  import logging
 3
 4  format = logging.Formatter('%(asctime)s - %(name)s - %(levelname)s -
 5  %(pathname)s -%(lineno)s:  %(message)s',
 6                             datefmt='%Y-%m-%d %H:%M:%S')
 7
 8  sh = logging.StreamHandler()
 9  sh.setFormatter(format)
10
11  logger = logging.getLogger('MyLog')
12  logger.setLevel(10)
13  logger.addHandler(sh)
14
15  logger.info('这个是普通的日志信息')
16  logger.warning('这是警告级别的信息')
17  logger.critical('这是极重要的信息')
18
19  try:
20      a = 2 / 0
21  except Exception as e:
22      logger.error("错误信息: " + str(e))
```

图 6-41　使用 logging 输出异常

执行结果如图 6-42 所示。

```
2019-04-23 21:04:08 - MyLog - INFO - E:/Workspace/tf/DataAnalysis/test2.py -19:  这个是普通的日志信息
2019-04-23 21:04:08 - MyLog - WARNING - E:/Workspace/tf/DataAnalysis/test2.py -20:  这是警告级别的信息
2019-04-23 21:04:08 - MyLog - CRITICAL - E:/Workspace/tf/DataAnalysis/test2.py -21:  这是极重要的信息
2019-04-23 21:04:08 - MyLog - ERROR - E:/Workspace/tf/DataAnalysis/test2.py -26:  错误信息: division by zero
```

图 6-42　打印异常信息

可以看到，调用 logging 后，不同的 API 输出了不同级别的信息。然而，将异常信息输出到控制台的做法在生产环境中并不实用，使用 logging 将异常信息保存到外部文件，更利于运维人员发现错误。如图 6-43 所示，首先封装日志处理类，在类中创建 logger 对象，然后配置 logger 的输出日志格式、输出级别（级别有警告、错误、调试、信息等）。在第 20 行，设置日志输出路径和指定本次输出的日志级别，来创建 log 对象，然后将错误信息输出。

```
2  import logging
3  from logging import handlers
4
5  class Logger(object):
6      def __init__(self, log_name, level):
7          self.logger = logging.getLogger(log_name)
8          format = logging.Formatter("""
9          %(asctime)s - %(pathname)s[line:%(lineno)d] - %(levelname)s: %(message)
10         """)
11         self.logger.setLevel(level)
12         tfh = handlers.TimedRotatingFileHandler(filename=log_name,
13                                                 when="D",
14                                                 backupCount=2,
15                                                 encoding="utf-8")
16         tfh.setFormatter(format)
17         self.logger.addHandler(tfh)
18
19 if __name__ == "__main__":
20     log = Logger("python_log.log", level=logging.ERROR)
21     try:
22         a = 1 / 0
23     except Exception as e:
24         log.logger.error("错误信息是: {0}".format(e))
```

图 6-43　配置日志组件

生成的日志文件会和脚本在同一个目录下，生成的内容如图 6-44 所示。

```
python_log.log - 记事本                                              —    □
文件(F)  编辑(E)  格式(O)  查看(V)  帮助(H)
2019-02-20 21:05:46,966 - D:/workspace/PycharmProjects/BigData/DataAnalysis/test1.py
[line:23] - ERROR: 错误信息是: division by zero
```

图 6-44　日志内容

6.4.2　调试源码

谁也不能保证自己的代码一定没有 bug，所以调试代码是一项必不可少的工作。尤其是在包含复杂算法的代码中，不经过调试，几乎无法找出问题所在。这里简单介绍几种常用的调试方法。

1. 断言

断言用来判断一个逻辑是否为 True。True 表示断言成功，程序继续执行，断言失败则触发异常，如图 6-45 所示。

```
3  def assert_test(param):
4      assert param == "hello"
5      return param + ",world"
6
7
8  result = assert_test("hello1")
9  print("结果是: ", result)
```

图 6-45　断言

执行结果如 6-46 所示。

```
Traceback (most recent call last):
  File "D:/workspace/PycharmProjects/BigData/DataAnalysis/test1.py", line 6, in <module>
    result = assert_test("hello1")
  File "D:/workspace/PycharmProjects/BigData/DataAnalysis/test1.py", line 2, in assert_test
    assert param == "hello"
AssertionError
```

图 6-46　输出断言异常

2. 调试代码

Python 自带一个源码调试器：pdb。使用方式如图 6-47 所示，在 cmd 中输入 "python -m pdb 文件全路径"，即可进入调试状态，输入各项命令，如图中 "Pdb" 后输入 "l"，即可进行调试。

```
> python -m pdb D:\workspace\PycharmProjects\BigData\DataAnalysis\test1.py
> d:\workspace\pycharmprojects\bigdata\dataanalysis\test1.py(1)<module>()
-> def assert_test(param):
(Pdb) l
  1  -> def assert_test(param):
  2         assert param == "hello"
  3         return param + ",world"
  4
  5
  6     result = assert_test("hello1")
  7     print("结果是：", result)
[EOF]
(Pdb) n
> d:\workspace\pycharmprojects\bigdata\dataanalysis\test1.py(6)<module>()
-> result = assert_test("hello1")
(Pdb)
```

图 6-47　pdb 调试

> **温馨提示**
>
> 实际生产过程中，一般都使用 IDE 开发 Python 程序，IDE 自带调试功能。pdb 调试多用在运维工作中。

6.5　新手问答

问题1：如何高效地获取文本文件中包含目标关键词的行？

答：要获取文本文件中含有目标关键词的行，传统的处理方式是调用 readlines 方法一次性读取文件的所有行，然后遍历数据逐行判断，如图 6-48 所示。

```
3  file = open("a_seafood.txt", encoding='UTF-8')
4
5  for line in file.readlines():
6      if "阿根廷红虾" in line or "海参" in line :
7          print(line)
```

图 6-48　获取文本中的所有行

但是这样处理大文件时特别耗费内存。由于文件对象本身就是一个迭代器，因此可以直接遍历文件对象，修改代码如下，遍历时就是逐行读取。

```
for line in file:
    print(line)
```

问题2：在做并行运算的时候，线程、进程、协程该如何选择？

答：在 Python 中，需要利用多核 CPU 做并行。由于全局解释锁 (GIL) 的缘故，首先排除使用线程。

使用进程可以利用多核 CPU 并行执行，但耗用资源相对线程较高。协程并没有做到真正的并行处理，只是模拟了一种类似线程的行为，仍然是在一个 CPU 上运行。因此要真正做到并行运算，推荐使用多进程。

6.6 实训：使用多进程技术统计数据并汇总

现有文本文件，内容如图 6-49 所示，要求获取文档中包含"Spark"单词的行数。

```
3  Spark is a fast and general cluster computing system for Big Data. It provides
4  high-level APIs in Scala, Java, Python, and R, and an optimized engine that
5  supports general computation graphs for data analysis. It also supports a
6  rich set of higher-level tools including Spark SQL for SQL and DataFrames,
7  MLlib for machine learning, GraphX for graph processing,
8  and Spark Streaming for stream processing.
9
10 <http://spark.apache.org/>
11
12
13 ## Online Documentation
14
15 You can find the latest Spark documentation, including a programming
16 guide, on the [project web page](http://spark.apache.org/documentation.html).
17 This README file only contains basic setup instructions.
18
19 ## Building Spark
20
21 Spark is built using [Apache Maven](http://maven.apache.org/).
22 To build Spark and its example programs, run:
```

图 6-49　文件部分内容截图

1. 实现思路

创建两个进程，一个进程负责读取文本内容，遍历文本行时，发现包含"Spark"单词的行就在队列中放入 1（该操作思路是 mapreduce 大数据处理框架的基本思想）。另一个进程实时从队列中获取数据，计算后实时显示目标行行数。

2. 编程实现

完整代码如图 6-50 所示，该段代码与图 6-23 中代码的不同之处在于，该段代码中的 process2

会一直运行，永不停止。当文本数据量较大的时候，process2 会实时显示 process1 的处理结果。

```
2  from multiprocessing import Process, Queue
3  import time
4
5  def set_data(q):
6      file = open("readme1.md", encoding='UTF-8')
7      for line in file:
8          if "spark" in line:
9              q.put(1)
10             time.sleep(1)
11
12 def get_data(q):
13     count = 0
14     while True:
15         value = q.get(True)
16         count += value
17         print("包含 Spark 的行: ", count)
18
19 if __name__ == "__main__":
20     que = Queue()
21     process1 = Process(target=set_data, args=(que,))
22     process2 = Process(target=get_data, args=(que,))
23     process1.start()
24     process2.start()
25     process1.join()
```

图 6-50　分析包含 "Spark" 单词的行

执行结果如图 6-51 所示，实时统计数据行数。

```
包含 Spark 的行: 1
包含 Spark 的行: 2
包含 Spark 的行: 3
包含 Spark 的行: 4
包含 Spark 的行: 5
包含 Spark 的行: 6
包含 Spark 的行: 7
包含 Spark 的行: 8
```

图 6-51　实时统计

本章小结

本章主要介绍了生成器、迭代器的创建与使用，在异步处理部分，介绍了多线程、线程同步、多进程、进程池、进程间通信等技术。其中，协程并非事实上的异步处理，只是模拟了多线程的效果，在"生产者—消费者"模式下使编程变得简单。最后介绍了异常处理及捕获、自定义异常类型、源码调试等技术。

第**2**篇

数据采集与数据清洗

一个成功的大数据分析项目，是建立在大量的、高质量的数据之上的。在开发过程中，大数据分析项目一般有以下几个阶段。

（1）数据获取：待分析的数据可能来自不同的数据源，比如系统提供的API（应用程序接口）、一份csv文件、一份txt文本，以及MySQL数据库等。同时，数据的格式也多种多样，比如Json、SequenceFile、Paquet和视音频等。数据获取就是从不同的数据源、数据格式中提取合适的数据。数据获取是数据分析的第一步。

（2）数据探索：将数据收集起来后，需要观察其是否有意义，比如价格不能是负数，日期不能是"123"（不满足日期要求的格式）。另外，还可能存在极端值的情况，比如一个门店要统计时间跨度为一年的流水，每天的营业额基本都在35000～62000元，但其中有一天的营业额是1580000元，这就是极端值。数据探索就是了解数据、熟悉数据的过程，通常将数据可视化是数据探索比较推荐的做法。

（3）数据清洗：在数据探索过程中，会根据业务去查看数据的分布情况，比如是否有空值，是否有无意义的值。当检查到包含这些值的时候，就需要根据规则将这些值进行修复。比如空值，是需要进行插值，还是将其删除？是删除这个值，还是删除包含该值的整条数据？对于超出范围的值，是移除该值，还是转化到合理的范围内？数据清洗，就是将数据进一步提纯，得到不会使计算结果有较大偏差的数据集。

（4）数据建模：根据业务规则，找准待分析的目标数据，并将其组合在一起。数据建模的过程其实就是数据规划的过程。

（5）数据存储：存储的形式多种多样，可以将数据转为Json结构并存为文本文件，也可以按模型存入数据库等。

（6）算法建模：设计算法执行过程，实现业务目标。这是数据分析最核心也最困难的一步。

（7）分析与部署：这是大数据开发的最后一步，对数据应用算法得到结果，评估算法的性能与正确性，得到满意的结果就可以进行上线部署。

本篇先介绍网络数据采集技术，一方面是对前面所学的Python知识的应用与巩固，另一方面是为做大数据分析积累原始数据，然后介绍如何利用Pandas等工具来进行数据清洗。

第7章
网络数据采集

本章导读

　　收集大量数据是一个艰难的过程。从API、日志系统、二进制文件、数据库等各类数据源采集数据，需要设计不同的算法，而且很多系统内的数据都是私有的，不容易被采集到。因此本章主要介绍网络数据采集，以方便读者在短时间内收集到大量数据。

知识要点

通过对本章内容的学习，读者能掌握以下内容。

- ● HTTP请求原理与语义
- ● XPath数据提取技术
- ● Scrapy项目架构
- ● Scrapy数据采集技术
- ● 数据存储技术
- ● 搭建分布式爬虫技术

7.1 HTTP请求概述

HTTP 是 Hyper Text Transfer Protocol（超文本传输协议）的缩写，是用来将数据（文本、图片、视音频等）从 Web 服务器传递到本地浏览器的一种协议。下面就来了解一下 HTTP 的请求过程和请求语义。

7.1.1 HTTP请求过程

在浏览器地址栏中输入一个网页地址，执行确认操作后，浏览器上会显示一个新的页面。这个过程表面上看是浏览器发送了一个 HTTP 请求到对应服务器上，服务器传回页面，然后浏览器将其显示。然而实际上计算机底层做了大量的繁复工作，只是操作系统和浏览器将这些操作隐藏了，对用户来说是不透明的，感知不到的。HTTP 请求过程涉及网络通信等大量知识，这里简要介绍如下。

客户端通过浏览器向服务器端发起 HTTP 请求，该请求会向下传递到网卡，服务器端收到请求后向上传递到应用层，应用层软件开始解析请求，并将对应数据传回客户端，客户端收到数据后交由浏览器进行显示。HTTP 属于应用层协议，底层使用可靠的 TCP 协议，如图 7-1 所示。

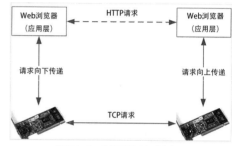

图 7-1　HTTP 请求过程

7.1.2 HTTP请求语义

HTTP 有 8 种请求语义（或称为方法），不同的语义拥有不同的功能，简要介绍如下。

（1）GET：从服务器获取数据。

（2）POST：从客户端把数据提交到服务器端。

（3）PUT：从客户端把数据提交到服务端，并替换原有数据。

（4）DELETE：请求服务器删除对应数据。

（5）HEAD：从服务器获取资源响应报头（不常用）。

（6）CONNECT：将服务器作为代理服务器，通过 CONNECT 请求，让代理服务器去请求目标页面（不常用）。

（7）OPTIONS：允许客户端查看服务器端性能（不常用）。

（8）TRACE：请求服务端回传收到的消息，用于测试（不常用）。

一般情况下，一个链接会指定 HTTP 的请求方式，就是指定语义。若是目标链接只支持 POST 语义，爬虫就不能发送 GET 方式的请求，否则请求会被服务器拒绝。

7.2 XPath网页解析

网页解析的过程，就是从网页中提取有用的信息的过程。一个网页由 HTML 标记、文本、图片、视音频等内容构成，不同的内容在网页上的表达方式不一样，因此才可以提取特定信息。

7.2.1　网页解析工具

从网页中提取内容一般使用两种方式：一是使用正则表达式做匹配；二是使用现成的解析工具。正则表达式功能强大，但对于复杂的网页并不友好。解析网页的工具有很多，例如，Java 中有 HTMLParser、Jsoup，C# 中有 MSHTML、HtmlAgilityPack，Python 中有 Lxml、BeautifulSoup，等等。

7.2.2　HTML页面概述

呈现在浏览器中的页面都是由 html 元素构成的，例如，在谷歌浏览器中打开百度，右击打开的页面，在弹出的菜单中选择【查看网页源代码】选项，可以看到百度主页的源码样式，如图 7-2 所示。

```
137  <html>
138  <head>
139
140      <meta http-equiv="content-type" content="text/html;charset=utf-8">
141      <meta http-equiv="X-UA-Compatible" content="IE=Edge">
142      <meta content="always" name="referrer">
143      <meta name="theme-color" content="#2932e1">
144      <link rel="shortcut icon" href="/favicon.ico" type="image/x-icon" />
145      <link rel="search" type="application/opensearchdescription+xml" href="/content-search.xml" title="百度搜索" />
146      <link rel="icon" sizes="any" mask href="//www.baidu.com/img/baidu_85beaf5496f291521eb75ba38eacbd87.svg">
147
148
149      <link rel="dns-prefetch" href="//s1.bdstatic.com"/>
150      <link rel="dns-prefetch" href="//t1.baidu.com"/>
151      <link rel="dns-prefetch" href="//t2.baidu.com"/>
152      <link rel="dns-prefetch" href="//t3.baidu.com"/>
153      <link rel="dns-prefetch" href="//t10.baidu.com"/>
154      <link rel="dns-prefetch" href="//t11.baidu.com"/>
155      <link rel="dns-prefetch" href="//t12.baidu.com"/>
156      <link rel="dns-prefetch" href="//b1.bdstatic.com"/>
157
158      <title>百度一下，你就知道</title>
159
160
161  <style id="css_index" index="index" type="text/css">html,body{height:100%}
162  html{overflow-y:auto}
163  body{font:12px arial;text-align:;background:#fff}
164  body,p,form,ul,li{margin:0;padding:0;list-style:none}
165  body,form,#fm{position:relative}
```

```
444  <div class="s_tab" id="s_tab">
445  <div class="s_tab_inner">
446      <b>网页</b>
447      <a href="//www.baidu.com/s?rtt=1&bsst=1&cl=2&tn=news&word=" wdfield="word" onmousedown="return c({'fm':'tab','tab':'news'})" sync="true">资讯</a>
448      <a href="http://tieba.baidu.com/f?kw=&fr=wwwt" onmousedown="return c({'fm':'tab','tab':'tieba'})">贴吧</a>
449      <a href="http://zhidao.baidu.com/q?ct=17&pn=0&tn=ikaslist&rn=10&word=&fr=wwwt" wdfield="word" onmousedown="return c({'fm':'tab','tab':'zhidao'})">知道</a>
450      <a href="http://music.taihe.com/search/?fr=ps&le=utf-8&key=" wdfield="key" onmousedown="return c({'fm':'tab','tab':'music'})">音乐</a>
451      <a href="http://image.baidu.com/search/index?tn=baiduimage&ps=1&ct=201326592&lm=-1&cl=2&nc=1&ie=utf-8&word=" wdfield="word" onmousedown="return c({'fm':'tab','tab':'pic'})">图片</a>
452      <a href="http://v.baidu.com/v?ct=301989888&rn=20&pn=0&db=0&s=25&ie=utf-8&word=" wdfield="word" onmousedown="return c({'fm':'tab','tab':'video'})">视频</a>
453      <a href="http://map.baidu.com/m?word=&fr=ps01000" wdfield="word" onmousedown="return c({'fm':'tab','tab':'map'})">地图</a>
454      <a href="http://wenku.baidu.com/search?word=&lm=0&od=0&ie=utf-8" wdfield="word" onmousedown="return c({'fm':'tab','tab':'wenku'})">文库</a>
455      <a href="//www.baidu.com/more/" onmousedown="return c({'fm':'tab','tab':'more'})">更多»</a>
456  </div>
457  </div>
```

图 7-2　百度主页源码

这些用 "< >" 包裹起来的称为 html 元素。从图中还可以看到，这些元素几乎都是成对出现的（"<a></a>"），比如：

```
<a href="http://map.baidu.com/m?word=&fr=ps01000" wdfield="word"
   onmousedown="return c({'fm':'tab','tab':'map'})"> 地图 </a>
```

即便不成对，也有对应的关闭指令（"/>"），比如：

```
<link rel="dns-prefetch" href="//t3.baidu.com"/>
```

写在 html 元素上的内容称为元素属性。比如下面这行代码称为元素 a 的 href 属性。而上面那行代码中，rel 称为元素 link 的属性。

```
href="http://map.baidu.com/m?word=&fr=ps01000"
```

html 元素是可以嵌套的，比如整个 HTML 文档最外层的根元素如下：

```
<html>
```

在页面最底部能看到对应的关闭标签。

整个页面从上往下看包含两部分："<head>"和"<body>"。<head> 部分主要用来引入 JS 脚本及 CSS 样式表、设置文档标题等，其中的内容不呈现给用户。<body> 是 HTML 文档的主体部分，在浏览器窗口中可以看到。从网页中提取数据，主要就是分析 HTML 文档的结构，将感兴趣的内容提取出来。

7.2.3　XPath语法

XPath 是一种用来确定 XML 文档中元素位置的一种语法，同样适用于在 HTML 文档中定位元素。在使用 XPath 之前需要导入 lxml 包：

```
from lxml import etree
```

由于本书采用的是基于 Anaconda 发行版本的 Python，因此不必额外安装 lxml 库。若是在导入时出现异常，则需要下载 lxml 库，使用如下命令单独安装：

```
pip install lxml-4.3.1-cp37-cp37m-win_amd64.whl
```

正常导入后，就可以定位元素，获取其中的内容了。

1. 通过路径定位元素并获取内容

如图 7-3 所示，其中 html 是一段简单的 html 字符串片段，调用 etree.HTML 方法，将其转换为 lxml.etree._Element 类型，然后就可以使用 XPath 语法定位元素了。其中，字符串"//div/ul/li"表示的是：先从根上查找"div"元素，再查找其中的"ul"元素，最后定位到"li"元素。

```
2  from lxml import etree
3
4  html = """
5  <div>
6      <ul>
7          <li><p>这是第1个li</p></li>
8          <li><p>这是第2个li</p></li>
9          <li><p>这是第3个li</p></li>
10     </ul>
11     这是div的内容
12 </div>
13 """
14 html_obj = etree.HTML(html)
15 li_list = html_obj.xpath("//div/ul/li")
16 for i in li_list:
17     print(i)
```

图 7-3　定位元素

执行结果如图 7-4 所示，输出的每一个 li 都是一个 Element 对象。

```
<Element li at 0x23ef279fc08>
<Element li at 0x23ef279fb88>
<Element li at 0x23ef279fcc8>
```

图 7-4 打印数据

若只需定位 html 片段中的第一个 li 元素，可修改 XPath 如下：

```
//div/ul/li[1]
```

注意，多个元素的索引，下标是从 1 开始的。确定了元素之后，就可以获取其中的内容了。这里获取第一个 li 下 p 元素的文本内容，修改代码如下：

```
p_content = html_obj.xpath("//div/ul/li[1]/p/text()")
print(" 获取到的内容: ", p_content)
```

执行结果如图 7-5 所示。

```
获取到的内容: ['这是第1个li']
```

图 7-5 打印数据

2. 通过属性定位元素并获取内容

如图 7-6 所示，给 html 元素添加 class 属性，可以通过该属性定位元素。字符串如下：

```
//div/ul/li/p[@class='test1']
```

表示筛选 li 元素中属性 class='test1' 的 p 元素。

```
2  from lxml import etree
3
4  html = """
5  <div>
6      <ul>
7          <li><p class="test1">这是第1个li</p></li>
8          <li  class="test4"><p class="test2">这是第2个li</p></li>
9          <li  class="test4"><p class="test3">这是第3个li</p></li>
10     </ul>
11     这是div的内容
12 </div>
13 """
14 html_obj = etree.HTML(html)
15 p_element = html_obj.xpath("//div/ul/li/p[@class='test1']")
16 print(p_element)
```

图 7-6 通过属性获取元素

执行结果如图 7-7 所示，输出第一个 p 元素信息。

```
[<Element p at 0x1b4210bbc48>]
```

图 7-7 打印数据

html 片段中包含两个 class="test4" 的 li，可以使用 "*" 全部取出，修改 XPath 路径如下：

```
//div/ul/*[@class='test4']
```

此时可得到两个 li。定位元素后，若是想取得属性值，则修改 XPath 路径为：

```
//div/ul/*[@class]
```

完整程序如图 7-8 所示。

```
2  from lxml import etree
3
4  html = """
5  <div>
6      <ul>
7          <li><p class="test1">这是第1个li</p></li>
8          <li  class="test4"><p class="test2">这是第2个li</p></li>
9          <li  class="test4"><p class="test3">这是第3个li</p></li>
10     </ul>
11     这是div的内容
12 </div>
13 """
14 html_obj = etree.HTML(html)
15 li_list = html_obj.xpath("//div/ul/*[@class='test4']")
16 for i in li_list:
17     print("获取到的元素: ", i)
18 li_list_attr = html_obj.xpath("//div/ul/*[@class]")
19 for i in li_list_attr:
20     print("class属性值: ", i.attrib["class"])
```

图 7-8　获取属性值

执行结果如图 7-9 所示。

```
获取到的元素:  <Element li at 0x1e238358d48>
获取到的元素:  <Element li at 0x1e238358e48>
class属性值:  test4
class属性值:  test4
```

图 7-9　打印数据

在这些 html 元素中，class 都是以"test"字符开头的，因此想一次性获取所有属性中包含"test"字符的 li 元素，可以使用 starts-with 方法。修改代码如下：

```
li_list = html_obj.xpath("//div/ul/li[starts-with
(@class,'test')]")
for i in li_list:
    print("获取到的元素: ", i)
```

执行结果如图 7-10 所示，获取到两个 li 元素。

```
获取到的元素:  <Element li at 0x24acd3f8e08>
获取到的元素:  <Element li at 0x24acd3f8d88>
```

图 7-10　打印数据

3. 提取当前层级和子层级的内容

如图 7-11 所示，在 XPath 中，使用 text( ) 可获取当前级别的内容，使用 string( ) 则可以获取当前级别与所有子级的内容。其中第 18 行的 "//div/text( )" 表达式只能获取与 div 同一层级的文本，包括换行符等空文本，第 24 行的 "string(//div)" 可以获取当前层级与嵌套的子元素的内容。

```
2  from lxml import etree
3
4  html = """
5  <div>
6      <ul>
7          <li><p class="test1">这是第1个li</p></li>
8          <li  class="test4"><p class="test2">这是第2个li</p></li>
9          <li  class="test4"><p class="test3">这是第3个li</p></li>
10     </ul>
11     这是div的内容
12 </div>
13 """
14 html_obj = etree.HTML(html)
15
16
17 print("获取当前层级：")
18 cur_content = html_obj.xpath("//div/text()")
19 for i in cur_content:
20     print("获取到的内容：", i)
21
22 print("----------------------------------")
23 print("获取当前与所有子级：")
24 all_content = html_obj.xpath("string(//div)")
25 print("获取到的元素：", all_content)
```

图 7-11　提取内容

执行结果如图 7-12 所示。注意，如果 html 元素间有换行符，也会被提取出。

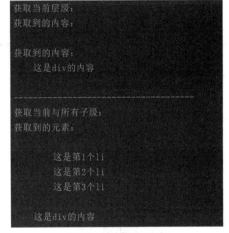

图 7-12　打印数据

7.3　Scrapy数据采集入门

网络爬虫也称网络蜘蛛，通过向站点发起 HTTP 请求来获取内容。Scrapy 是 Python 中最受欢迎、社区活跃度最高的爬虫框架，其丰富的功能可以为开发者节省大量的时间和精力。同时，使用 scrapy_redis 插件还可以迅速搭建分布式爬虫。

7.3.1　框架简介

Scrapy 是一个半成品的爬虫，需要用户基于 Scrapy 框架进行二次开发。Scrapy 包含队列、下载器、日志、异常管理等功能。在使用上，Scrapy 更多的是给框架配置参数，然后根据特定网站编写具体的爬取规则，其他的如并行下载，就由框架处理。

1. Scrapy架构

如图 7-13 所示，Scrapy 由多个组件构成，这里介绍如下。

（1）Scrapy Engine：Scrapy 引擎是 Scrapy 的核心组件，用来处理 Scrapy 整个框架的数据流。

（2）Scheduler：调度器，引擎会将请求交给调度器进行排队，由调度器决定下一个爬取的网络地址。

（3）Downloader：下载器，会自动下载网页，并将网页内容传递给 Spider。

（4）Spiders：开发 Scrapy 过程中最重要的部分。在这里用户可以提取网页中的数据，即实体，用"item"表示；也可以提取链接，让 Scrapy 继续爬取。

（5）Item Pipeline：项目管道，用于处理 Spider 抽取的实体，比如数据清洗、数据持久化等。

（6）Downloader Middlewares：下载器中间件，主要用于处理引擎和下载器之间的请求与响应。

（7）Spider Middlewares：爬虫中间件，主要用于处理 Spider 的响应和输出。

（8）Scheduler Middewares：调度中间件，主要用于处理引擎和调度器之间的请求与响应。

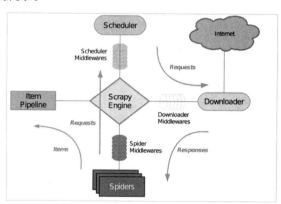

图 7-13　Scrapy 架构图

2. Scrapy数据流

当爬虫启动后，数据会按一定流程在各组件间传递，如图 7-14 所示。

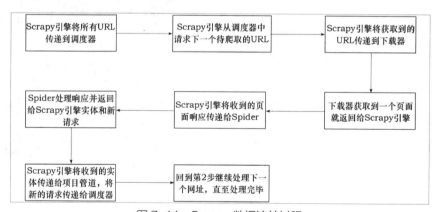

图 7-14　Scrapy 数据流转过程

7.3.2　框架安装

安装 Scrapy 并不复杂，使用如下命令即可完成安装。

```
pip install Scrapy
```

特别需要注意的是，Scrapy 在安装过程中会自动下载并安装多个库，如 Twisted、pyOpenSSL、parsel 等。如果安装失败，一般是由于下载不了某些组件。因此，在安装过程发现某一个组件安装出错，就单独下载该组件安装。

安装完成后使用如下命令验证安装：

```
scrapy version
```

显示版本号即为正常，如图 7-15 所示。

图 7-15　Scrapy 版本号

7.3.3　创建项目

在使用 Scrapy 之前，还需要创建一个爬虫项目。找一个空白目录，打开命令行或 Powershell，使用如下命令创建项目：

```
scrapy startproject myfirstscrapy
```

命令执行结果如图 7-16 所示。

```
New Scrapy project 'myfirstscrapy', using template directory 'd:\programdata\anaconda3\lib\site-packages\scrapy\template
s\project', created in:
    D:\workspace\PycharmProjects\scrapys\spyder\myfirstscrapy

You can start your first spider with:
    cd myfirstscrapy
    scrapy genspider example example.com
```

图 7-16　创建项目

使用 PyCharm 打开 myfirstscrapy 目录，可以看到 Scrapy 项目结构，如图 7-17 所示。

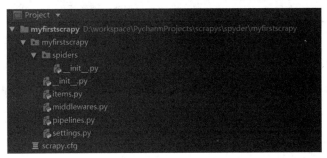

图 7-17　项目结构

（1）spiders：用来存放具体的爬虫代码。

（2）items.py：存放实体类的文件，实体类需要从 scrapy.Item 继承，用来表示爬虫提取到的数据。

（3）middlewares.py：用来处理 Scrapy 引擎和各组件之间的请求和响应。

（4）pipelines.py：用来处理爬虫传递过来的实体。

（5）settings.py：框架配置文件。

（6）scrapy.cfg：项目配置文件在部署时可能需要修改，其所在目录就是根目录。

7.3.4 创建爬虫

项目创建完毕后的命令行中有如下两行提示：

```
cd myfirstscrapy
scrapy genspider example example.com
```

该命令是用来创建爬虫的。在 Powershell 中执行创建爬虫的命令后，可以看到在 spiders 目录下创建了一个 example.py 文件，具体代码如图 7-18 所示。其中，第 3 行引入 Scrapy 框架；第 5 行创建的爬虫类需要从 scrapy.Spider 继承；第 6 行，name 表示该爬虫的名称；第 7 行，allowed_domains 表示允许爬取的网站域名列表，不在该列表内的网站则不会爬取；第 8 行表示爬虫从哪一个地址开始爬取；第 10 行的 parse 方法是用来解析爬取到的网页的，其参数 response 就是下载器下载网页后的响应，网页源码就包含在其中。

```
3   import scrapy
4
5   class ExampleSpider(scrapy.Spider):
6       name = 'example'
7       allowed_domains = ['example.com']
8       start_urls = ['http://example.com/']
9
10      def parse(self, response):
11          pass
```

图 7-18　示例爬虫

7.3.5 爬取网页

创建爬虫后，就需要根据业务目标指定要爬取的网页。这里修改项目名称为"TuNiu"，然后将目标网页修改为"途牛网马尔代夫出境游"旅游产品信息，修改后的代码如图 7-19 所示。

```
3   import scrapy
4
5   class TuNiuSpider(scrapy.Spider):
6       name = "tuniuspider"
7       allowed_domains = ["www.tuniu.com"]
8       url = """http://www.tuniu.com/package/210740698?source=bb&
9               ta_pst=%E5%88%86%E7%B1%BB%E9%A1%B5_
10              %E5%87%BA%E5%A2%83%E6%97%85%E6%B8%
11              B8-%E9%A9%AC%E5%B0%94%E4%BB%A3%E5%A4%AB_1&
12              ad_id=210740698"""
13      start_urls = [url]
14
15      def parse(self, response):
16          print(response)
```

图 7-19　爬取途牛旅游产品信息

7.3.6 提取数据

通过 parse 方法，参数 response.text 可以获取网页上的内容。

1. 创建实体

实体定义了提取的目标数据对象。例如，本示例希望获取页面上"促销价"和"已省金额"的相关数据，则实体类定义如下：

```
class TourismItem(scrapy.Item):
    promotion = scrapy.Field()
    resource_price_save = scrapy.Field()
```

2. 提取数据

步骤 01：提取数据前，建议先找到原始页面，观察目标数据所在 html 元素的层级结构，这比直接观察 response.text 中的 HTML 文档快得多。图 7-20 所示为马尔代夫出境游旅游产品信息。

步骤 02：使用谷歌浏览器打开页面后，右击页面，在弹出的快捷菜单上选择【检查】选项，可以查看 html 元素所在位置。如图 7-21 所示，元素 "<div class= "resource-section-content" >" 就是产品的价格信息。

图 7-20　产品信息

图 7-21　产品价格信息在 HTML 文档中的位置

步骤 03：接下来使用 XPath 语法，就很容易定位该 div，并获取其子元素 span 中的内容了。在 parse 方法中编写提取数据的代码，如图 7-22 所示。

```
14    def parse(self, response):
15        html = response.text
16        html_obj = etree.HTML(html)
17        item = TourismItem()
18        item["promotion"] = html_obj.xpath(
19            "//div[@class='resource-section-content']/
20            span[@class='price-quantity']/span[@class='price-number']/text()")[
21            0]
22        item["resource_price_save"] = \
23            html_obj.xpath("//span[@id='J_ResourcePromotionPriceTip']/
24            span[@class='resource-price-save']/text()")[0]
25        print(item)
```

图 7-22　提取数据

步骤 04：打开 cmd 或 Powershell，在项目根目录下执行如下命令：

```
scrapy crawl tuniuspider
```

执行结果如图 7-23 所示，显示爬取到的数据。

```
st=%E5%88%86%E7%B1%BB%E9%A1%B5_%E5%87%BA%E5%A2%83%E6%97%85%E6%B8%B8-%E9%A9%AC%E5
%98> (referer: None)
['promotion': '12265',   'resource_price_save': '已省32元']
```

图 7-23　打印数据

温馨提示

在分析网页的时候需要注意，用户看到的页面有可能跟爬虫爬取的页面不一致，这就是为什么页面上看到的促销价是"11919"，实际上爬取到的是"12265"。出现这种情况的原因是目标站点有反爬虫机制，这类问题没有一个通用的可行办法。开发者只能了解目标站点的转换算法，然后进行反反爬虫操作。

7.3.7　数据存储

在存储数据之前，需要在 settings.py 文件中启用实体管道，如图 7-24 所示。其中参数"tuniu.pipelines.TuNiuPipeline"表示处理实体的管道类的全路径，对应值 300 表示管道运行优先级，该数值范围是 0~1000，数值越小，优先级越高。这里可以同时配置多个管道。

```
2  ITEM_PIPELINES = {
3      'tuniu.pipelines.TuNiuPipeline': 300,
4  }
```

图 7-24　启用管道

如图 7-25 所示，修改 parse 代码，将实体传递到管道。

```
16      def parse(self, response):
17          html = response.text
18          html_obj = etree.HTML(html)
19          item = TourismItem()
20          item["promotion"] = html_obj.xpath("//div[@class='resource-section-content']/
21          span[@class='price-quantity']/span[@class='price-number']/text()")[
22              0]
23          item["resource_price_save"] =html_obj.xpath("//span[@id='J_ResourcePromotionPriceTip']
24          /span[@class='resource-price-save']/text()")[0]
25          return item
```

图 7-25　传递到管道

在管道中添加处理实体的逻辑。这里将实体保存为 txt 文件，如图 7-26 所示。

```
2  class TuNiuPipeline(object):
3      def process_item(self, item, spider):
4          with open("product.txt", "a") as file:
5              content = "产品金额: {0}  ,{1}"
6              .format(item["promotion"], item["resource_price_save"])
7              file.write(content)
```

图 7-26　保存到文件

使用如下命令执行爬虫：

```
scrapy crawl tuniuspider
```

在项目根目录下，会自动创建一个名为"product.txt"的新文件，文件内容如图 7-27 所示。

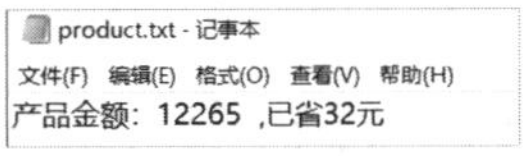

图 7-27　爬取到的数据

7.3.8　常用命令

Scrapy 使用交互式命令来创建项目、生成爬虫、启动爬虫，同时这些命令还提供了检查 XPath 语法、查看爬虫获取到的页面等功能。在生产环境中，还可以使用这些命令来做基本的调试。

1. 创建项目

创建项目语法如下：

```
scrapy startproject myfirstscrapy
```

其中，myfirstscrapy 是项目名称，该目录包含 scrapy.cfg 文件，是项目根目录。

2. 创建爬虫

创建完项目后，切换到 myfirstscrapy 目录，使用如下命令创建爬虫：

```
scrapy genspider example example.com
```

其中 example 表示爬虫名称，example.com 是待爬取的网站，对应爬虫类：

```
class ExampleSpider(scrapy.Spider):
    name = "example"
    allowed_domains = ["example.com"]
    start_urls = ["http://www.example.com/"]
```

3. 启动爬虫

使用如下命令启动爬虫：

```
scrapy crawl example
```

4. 检查XPath

打开 scrapy shell 窗口的语法。这个打开的 shell 窗口可以用来验证 xpath 语法是否正确和有效：

```
scrapy shell https://www.meijutt.com/
```

该命令会启动一个 shell，同时 Scrapy 会自动下载该网站首页。在 Shell 窗口中，Scrapy 会创建好几个常用对象，如图 7-28 所示。其中的 response 对象就是 parse 方法中的 response 参数。

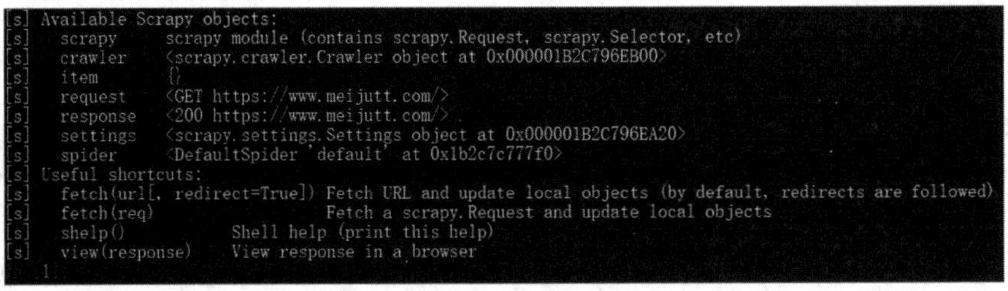

图 7-28　Scrapy shell

该 shell 工具常用于检查 XPath 语法，其命令如下：

```
response.xpath("//div[@class='l week-hot layout-box']/ul/li")
```

执行结果如图 7-29 所示。

图 7-29　检查 XPath 语法

5. 查看爬虫列表

使用如下命令，可以查看爬虫列表：

```
scrapy list
```

执行结果如图 7-30 所示，显示项目中的爬虫名称。

图 7-30　爬虫列表

6. 查看爬虫视图

scrapy view 命令可以调用浏览器打开目标站点。用户通过视图命令，查看 Scrapy 下载的网页和目标网页是否一致。

```
scrapy view "http://www.tuniu.com/package/210740698?source=bb&ta_p
st=%E5%88%86%E7%B1%BB%E9%A1%B5_%E5%87%BA%E5%A2%83%E6%97%85%E6%B8%B8-
%E9%A9%AC%E5%B0%94%E4%BB%A3%E5%A4%AB_1&ad_id=2107406
98"
```

> **温馨提示**
>
> 在 7.3.6 小节，实际爬取到的促销价是 "12265 "，此时可以通过 scrapy view 命令进行验证。

7.4　Scrapy应对反爬虫程序

如果一个站点发现或者怀疑请求网页的程序不是真人实际操作浏览器发起的，那么该站点就会认为这是一个爬虫程序。使用爬虫程序可以自动频繁地访问某个站点，对该站点来说，只会白白消耗流量。若是该站点包含高质量的原创内容，不良用户就可以很容易地使用爬虫牟利，因此现在越来越多的站点已经做了反爬虫处理。

7.4.1　反爬虫简介

反爬虫程序一般基于以下几点来判断当前请求是否由一个爬虫程序发起。

1．Headers

如图 7-31 所示，反爬虫程序一般会检查请求 Headers 信息的 User-Agent 是否为真实浏览器的。因此在爬虫中设置 User-Agent 的内容，可以绕过简单的反爬虫程序。

图 7-31　请求 Headers 信息

2．IP地址

若是同一个 IP 地址在反复请求一个站点，请求频率看起来不像是人为的，也会被认为是爬虫。因此调整爬取网页的时间间隔和 IP 地址，能应对大多数反爬虫程序。

3．身份信息

很多站点都需要登录才能进行下一步操作。因此针对具有复杂验证码的站点，以及具有复杂身份验证的验证，需要使用功能强大的算法并配合自动化测试工具等技术，才能完成爬取。

反爬虫的机制多种多样，其算法也会随着爬虫的调整而逐步升级。在反"反爬虫"的过程中，并没有一劳永逸的做法。

7.4.2　Scrapy应对反爬虫

Scrapy 提供了一些配置和扩展来应对反爬虫，这里介绍几种常用方式。

1．配置Headers

如图 7-32 所示，在项目的 settings.py 文件中找到 USER_AGENT 节点。USER_AGENT 节点的中文翻译为用户代理，可以通过修改用户代理的值，使请求看起来更像是浏览器发出的。这些值根据浏览器的不同而有所不同，具体可参见各浏览器的帮助文档。

```
17  # Crawl responsibly by identifying yourself (and your website) on the user-agent
18  # USER_AGENT = 'myfirstscrapy (+http://www.yourdomain.com)'
```

图 7-32 USER_AGENT 默认配置

默认情况下，该节点是被注释掉的。删除 USER_AGENT 前面的 "#"，取消注释，然后设置 USER_AGENT 的值，如图 7-33 所示。

```
17  # Crawl responsibly by identifying yourself (and your website) on the user-agent
18  USER_AGENT = 'Mozilla/5.0 (Windows NT 10.0; WOW64) ' \
19              'AppleWebKit/537.36 (KHTML, like Gecko) ' \
20              'Chrome/71.0.3578.98 Safari/537.36'
```

图 7-33 修改 USER_AGENT

这样当爬虫发起请求时，会在 Headers 中使用该配置，使请求看起来更像是浏览器发出的。至于 USER_AGENT 的值，可以在浏览器的网络面板中随意复制一个，如图 7-34 所示。

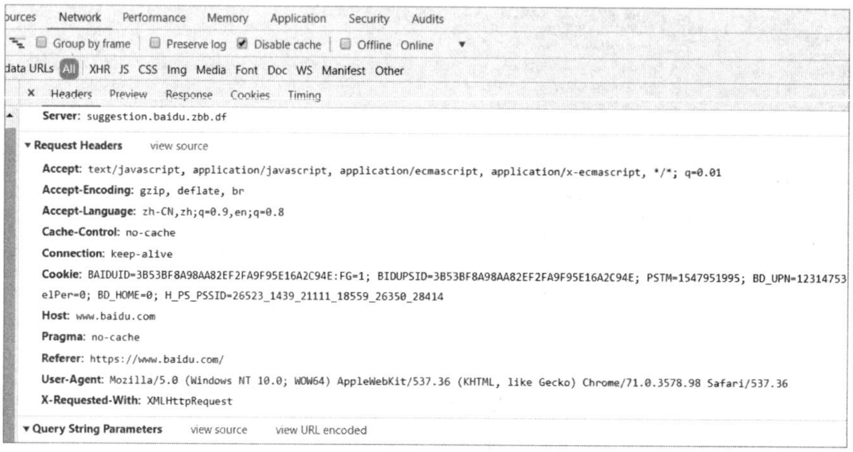

图 7-34 网络面板

除此之外，还可以修改 DEFAULT_REQUEST_HEADERS 节点：

```
DEFAULT_REQUEST_HEADERS = {
   'Accept': 'text/html,application/xhtml+xml,application/xml;q=0.9,*/*;q=0.8',
   'Accept-Language': 'en',
   'User-Agent':'Mozilla/5.0 (Windows NT 10.0; WOW64) AppleWebKit/537.36 '
               '(KHTML, like Gecko) Chrome/71.0.3578.98 Safari/537.36'
}
```

该节点的修改可以覆盖整个 Scrapy 的 HTTP 请求。

2. 禁用robots协议

robots 协议是网站和爬虫之间的协议，形式上是一个网站根目录下的文本文件。该文件告知爬虫能访问的站点范围，若没有该文件，则整个站点爬虫都可以访问。

使用 Scrapy 命令访问百度首页：

```
scrapy shell http://www.baidu.com/
```

执行结果如图 7-35 所示，由于百度设置了 robots.txt，则 Scrapy 爬虫不能访问。

图 7-35　拒绝访问

默认情况下，Scrapy 是遵守 robots 协议的，在 settings.py 中修改：

```
ROBOTSTXT_OBEY=False
```

这样就可以正常访问了。

3. 延迟下载

在 settings.py 中启用取消 DOWNLOAD_DELAY 注释，这样可以限制爬虫的下载速度，避免被当作爬虫。延迟爬虫下载时间的算法是：DOWNLOAD_DELAY 乘以一个范围在 0.5~1.5 的随机值。

4. 自动限速

若是不清楚下载速度具体要设置为多少，可以在 settings.py 中取消 AUTOTHROTTLE_ENA-BLED 注释，Scrapy 会自动调整下载速度。

5. 使用中间件

下载器中间件处于 Scrapy 引擎和 Scrapy 下载器之间，用来处理 Scrapy 发起的请求和下载的响应。因此，可以使用下载器中间件来修改 USER_AGENT 和请求的 IP，以迷惑反爬虫程序，具体操作如下。

（1）在 settings.py 中创建 USER_AGENT 列表。每个网络请求都有 USER_AGENT 字段，只不过这个字段在不同的浏览器中的值不一样。以下列举了部分从火狐浏览器收集的 USER_AGENT 值。

```
USER_AGENTS = [
    "Mozilla/5.0 (Windows NT 6.1; WOW64）AppleWebKit/537.36 (KHTML,
like Gecko）Chrome/39.0.2171.71 Safari/537.36",
    "Mozilla/5.0 (X11; Linux x86_64）AppleWebKit/537.11 (KHTML, like
Gecko）Chrome/23.0.1271.64 Safari/537.11",
    "Mozilla/5.0 (Windows; U; Windows NT 6.1; en-US）AppleWebKit/534.16
(KHTML, like Gecko）Chrome/10.0.648.133 Safari/534.16"]
```

（2）创建 User-Agent 中间件。在项目的 middlewares.py 文件内，创建类继承 UserAgentMid-dleware 并重写 process_request 方法。

129

```
import random
from scrapy.downloadermiddlewares.useragent import
UserAgentMiddleware
from myfirstscrapy.settings import USER_AGENTS
class CustomerDownloaderMiddleware(UserAgentMiddleware):
    def process_request(self, request, spider):
        user_agent = random.choice(USER_AGENTS)
        request.headers.setdefault("User-Agent", user_agent)
```

（3）在 settings.py 中创建 IP 列表。该 IP 地址来源于 XiciDaili.com，Scrapy 会利用这些 IP 对目标站点发起请求。

```
IP_LIST = ["http://119.123.177.236:9000",
           "http://121.40.78.138:3128",
           "http://183.129.244.16:18118",
           "http://117.66.166.97:8118"]
```

（4）创建 HTTP 代理中间件。继续在项目的 middlewares.py 文件内创建类继承 HttpProxyMiddleware 并重写 process_request 方法。

```
from scrapy.downloadermiddlewares.httpproxy import HttpProxyMiddleware
from myfirstscrapy.settings import IP_LIST
class CustomerHttpProxyMiddleware
(HttpProxyMiddleware):
    def process_request(self, request, spider):
        ip = random.choice(IP_LIST)
        request.meta["proxy"] = ip
```

（5）启用中间件。在 settings.py 文件中解除 DOWNLOADER_MIDDLEWARES 节点注释，并将 CustomerDownloaderMiddleware 和 CustomerHttpProxyMiddleware 类的全路径作为 key 写入字典，后面的值范围在 0~1000，表示中间件的执行优先级。若不想再使用该中间件，则将数字改为 None。这里需要使用自定义的中间件，停用框架内置的中间件。

```
DOWNLOADER_MIDDLEWARES = {
    'scrapy.downloadermiddlewares.useragent.UserAgentMiddleware': None,
    'myfirstscrapy.middlewares.CustomerDownloaderMiddleware': 544,
    'scrapy.downloadermiddlewares.httpproxy.HttpProxyMiddleware':None,
    'myfirstscrapy.middlewares.CustomerHttpProxyMiddleware': 545,
}
```

温馨提示

XiciDaili 代理的 IP 在随时更新，在实际开发过程中，需要实时采集最新的、可用的 IP 做代理。

7.5　CrawlSpider类

大多数网站的网页链接在命名上都有一定的规则，使用 CrawlSpider 类可以根据这些规则实现全站爬取。

7.5.1　核心概念

CrawlSpider 是 Spider 的子类，Spider 爬取的是 start_urls 指定的链接，而 CrawlSpider 则是根据一定的规则在 start_urls 的基础上进一步跟进。跟进的含义是：在 start_urls 指定的链接的页面内部，如果包含了满足 CrawlSpider 规则的链接，那么 CrawlSpider 会筛选出这些链接，继续爬取。

创建 CrawlSpider 爬虫的命令格式如下：

```
scrapy genspider -t crawl 51Job search.51job.com
```

其中 "51Job" 是爬虫的名称，"search.51job.com" 是爬虫开始爬取的网页。

CrawlSpider 的规则是一系列 Rule 对象的元组。创建 Rule 对象的重要参数含义如下。

（1）link_extractor：该参数是 LinkExtractors 对象的实例，该实例指定了网页内部链接的提取规则，规则使用正则表达式表示。

（2）callback：callback 指向一个回调函数。当满足 link_extractor 条件链接的网页被下载后，会自动调用 callback，并将请求的响应传递给 callback，这时可在回调函数中提取数据。注意：在 CrawlSpider 的子类中不要定义 parse 方法，因为 CrawlSpider 采用 parse 方法实现其他逻辑。

（3）follow：表示提取到的内部网页是否需要跟进。若 callback 为 None，则 follow 默认为 True，否则 follow 默认为 False。因此，若指定了 callback 又需要持续跟进，在创建 Rule 时，可指定该参数如下：

```
Rule(link_extractor, callback="parse_item", follow=True)
```

（4）process_links：主要用来过滤 link_extractor 提取到的链接。

（5）process_request：主要用来过滤 link_extractor 提取到的请求。

在开发过程中，最常用到的三个参数是 link_extractor、callback 和 follow。

创建 LinkExtractor 对象的实例也需要指定几个参数。

（1）allow：指定正则表达式，满足条件的链接才会被提取。若该值为空，则页面中的所有链接全部被提取。

（2）deny：指定正则表达式，满足条件的链接不会被提取。

（3）allow_domains：指定一个或多个域名，在该域名下的链接才会被提取。

（4）deny_domains：指定一个或多个域名，在该域名下的链接不会被提取。

（5）tags：指定 html 元素，默认为 'a' 和 'area'，提取链接时会从这些元素中提取。

（6）attrs：指定 html 元素属性，默认为 ' href '，提取链接时会从这些元素属性中提取。

（7）unique：用于设置对提取到的链接是否进行重复过滤。

7.5.2　爬取网络数据

使用 CrawlSpider 爬取 51job 的数据，如图 7-36 所示。第 8 行首先确定待爬取站点的起始链接；第 11 行创建链接提取器；第 12 行将提取器应用到规则；最后调用 parse_item 方法提取数据。

```
 2  from scrapy.linkextractors import LinkExtractor
 3  from scrapy.spiders import CrawlSpider, Rule
 4
 5  class CrawlspiderSpider(CrawlSpider):
 6      name = "51job"
 7      allowed_domains = ["search.51job.com"]
 8      start_urls = [
 9          "https://search.51job.com/list/000000,000000,0000,00,9,99,%25E5%25A4%25A7%25E6%2595%25B0%25E6%258D%25AE,2,1.html"
                ]
10
11      link_extractor = LinkExtractor(allow=r"2,\d+.html")
12      rules = (
13          Rule(link_extractor, callback="parse_item", follow=True, process_links=""),
14          )
16      def parse_item(self, reponse):
17          div_list = reponse.xpath("//div[@class='dw_table']/div[@class='el']")
18          for div in div_list:
19              job_name = div.xpath("./p/span/a/text()").extract_first().strip()
20              company_name = div.xpath("./span/a/text()").extract_first().strip()
21              job_address = div.xpath("./span[@class='t3']/text()").extract_first().strip()
22              salary = div.xpath("./span[@class='t4']/text()").extract_first().strip()
23              publish_date = div.xpath("./span[@class='t5']/text()").extract_first().strip()
24              print("---------------------")
25              print("职位名称: ", job_name)
26              print("公司名称: ", company_name)
27              print("工作地点: ", job_address)
28              print("薪资范围: ", salary)
29              print("发布时间: ", publish_date)
30              print("***********************")
```

图 7-36　CrawlSpider 爬虫

执行结果如图 7-37 所示。

图 7-37　打印数据

7.6　分布式爬虫

大型数据采集任务需要设计分布式爬虫，为了使爬取的效率尽可能高，一般会采用多进程的形式。然而当这些进程分布到不同的机器上时，如何统一分配采集任务、统一去重，成了程序员要面临的问题。下面就来了解分布式爬虫。

7.6.1　分布式爬虫架构

在分布式爬虫架构中，请求队列由中央服务器统一维护，各爬虫进程也由中央服务器统一调度。如图 7-38 所示，各节点可分别运行爬虫程序，然后由调度器统一管理。

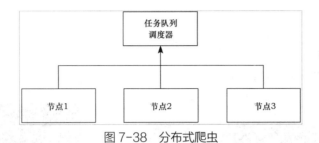

图 7-38　分布式爬虫

7.6.2　使用scrapy_redis构建分布式爬虫

scrapy_redis 是一个 Python 库，可以将 redis 作为多个 Scrapy 爬虫的一个共享队列。scrapy_redis 中包含 Scrapy 即插即用的组件，如调度器、管道等。

1.　安装redis

使用 scrapy_redis 前需要先安装 redis 数据库。redis 官方并不支持 Windows，但是可以从 github 上下载到 Windows 版本。

图 7-39 所示为解压后的安装包。

步骤 01：进入安装目录后，使用如下命令可以直接启动：

图 7-39　redis 安装包

```
.\redis-server.exe redis.
windows.conf
```

启动状态如图 7-40 所示，redis 正在监听 6379 端口。

图 7-40　启动控制台

133

步骤 02：启动客户端。

```
redis-cli.exe
```

启动状态如图 7-41 所示。

步骤 03：输入测试命令，如图 7-42 所示。

图 7-41 启动客户端   图 7-42 测试命令

注意，这种模式下，当 redis-server.exe 窗口退出后，redis 将不能再使用。可使用命令将 redis 安装成 Windows 服务。

```
.\redis-server --service-install redis.windows.conf --loglevel
verbose
```

步骤 04：启动服务命令。

```
.\redis-server.exe --service-start
```

停止服务命令：

```
.\redis-server.exe --service-stop
```

2. 配置scrapy_redis

步骤 01：使用以下命令安装 scrapy_redis 库。

```
pip install scrapy_redis
```

步骤 02：安装完毕后，需要修改爬虫文件。这里修改 myfirstscrapy 项目爬虫文件，将爬虫类改为从 RedisCrawlSpider 继承，同时设置 redis_key，并注释掉 start_urls，如图 7-43 所示。

```
3  import scrapy
4  from scrapy_redis.spiders import RedisCrawlSpider
5
6  from myfirstscrapy.items import NewsItem
7  from lxml import etree
8
9  class ExampleSpider(RedisCrawlSpider):
10     name = "meiju"
11     allowed_domains = ["www.meijutt.com"]
12     redis_key = "meiju:start_urls"
13
14     def parse(self, response):
15         html = response.text
16         html_obj = etree.HTML(html)
17         li_list = html_obj.xpath("//div[@class='l week-hot layout-box']/ul/li")[1:]
18         for li in li_list:
19             news_item = NewsItem()
20             news_item["title"] = li.xpath("./p/a/text()")[0]
21             yield news_item
```

图 7-43 修改后的爬虫文件

步骤 03：在 setting.py 中添加配置，如图 7-44 所示。

```
 3  ITEM_PIPELINES = {
 4      'scrapy_redis.pipelines.RedisPipeline': 300,
 5      'myfirstscrapy.pipelines.MyfirstscrapyPipeline': 301,
 6  }
 7  # 使用scrapy_redis的调度器
 8  SCHEDULER = "scrapy_redis.scheduler.Scheduler"
 9  # 使用RFPDupeFilter对去重
10  DUPEFILTER_CLASS = "scrapy_redis.dupefilter.RFPDupeFilter"
11  # redis服务器地址
12  REDIS_URL="redis://localhost:6379"
```

图 7-44　修改后的 setting.py 文件

步骤 04：将项目复制两份，然后在各自的根目录下分别启动爬虫。

```
scrapy crawl meiju
```

此时爬虫会暂停执行，等待链接输入。

步骤 05：打开 redis 客户端，输入待爬取链接，其中 redis_key 为 meiju:start_urls。

```
.\redis-cli.exe

lpush meiju:start_urls http://www.meijutt.com/
```

步骤 06：执行结果如图 7-45 所示，当向队列中添加一个链接时，就会有一个爬虫从队列中读取 key，然后继续执行。

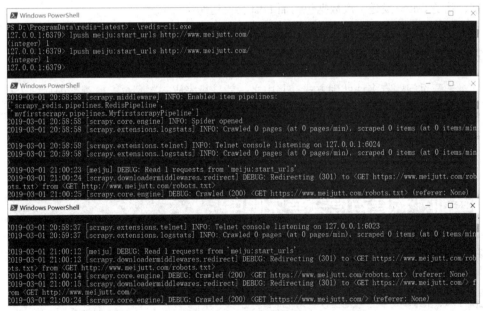

图 7-45　分布式爬虫

步骤 07：由于在 setting.py 中启用了 redis 管道，因此会被优先执行，使提取的数据最终存入 redis，如图 7-46 所示。

图 7-46　RedisPipeline 管代将输入存入了 redis

7.7　新手问答

问题1：简述HTTP请求中Get和Post的本质区别。

答：从表现行为上看，Get 和 Post 的区别比较大。例如，Get 传递的数据会拼接到地址栏中，Post 则不会；Get 传递的数据量小，Post 传递的数据量较大，原则上不受限制；Get 的链接可以收藏，Post 不能；等等。但本质上两者并无区别，在底层都是使用 TCP 协议发送数据包，在这一层面的唯一区别，就是 Get 只发送一次数据包，而 Post 会发送两次。

问题2：简述爬虫如何处理翻页问题。

答：对于翻页问题有多种处理方式，其中之一就是每完成一次翻页，就观察前后两个链接的变化。若目标站点采用的是 Ajax（一种发起异步请求的技术）加载数据，则需要使用 selenium 来模拟浏览器单击，然后再提取数据。

7.8　实训：构建百度云音乐爬虫

使用 Scrapy 爬取百度云音乐歌单上每首歌曲的名称、歌手、发行时间、发行公司。歌单链接如下：

```
http://music.taihe.com/songlist/566109594
```

1. 实现思路

分析目标网页结构，找到歌单列表。然后单击一首歌曲，界面自动跳转到歌曲详情页面。详情页面中就包含一首歌曲的歌手、发行时间等信息。在页面跳转前后，需要分析列表数据与详情页面的关系，比如传递了什么参数。找到规律后就可以编写爬虫，然后使用 XPath 语法提取数据即可。

可按照以下步骤进行操作。

（1）打开目标网页，分析歌单数据。如图 7-47 所示，可以看到 <div data-listdata="{"module Name":"songList","searchValue":null}" class="normal-song-list song-list song-list-hook clear song-list-btnBoth song-list-btnTop song-list-btnBottom"> 对应了整个歌单列表。因此该 div 就是爬取目标。

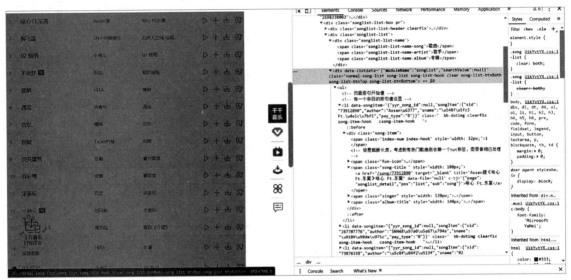

图 7-47　歌单

（2）当单击一首歌曲名链接后会跳转到详情页面，详情页面的地址是：

`http://music.taihe.com/song/267707776`

（3）回到列表页面，检查歌曲名的链接，发现 a 元素上的 id 就是新页面地址中的 id，如图 7-48 所示。

图 7-48　歌曲 id

（4）在歌曲详情页面，可以看到 <div class="ong-info-box fl"> 对应了整个歌曲详情，因此歌手等信息将从此 div 获取，如图 7-49 所示。

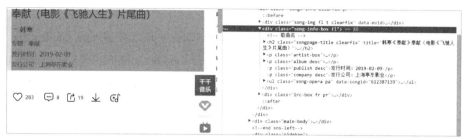

图 7-49 目标数据位置

经过分析，需要写两个爬虫，一个爬取列表中每首歌曲的 id，另一个爬取歌曲详情，并将数据存储到文本文件。

2. 编程实现

限于篇幅，此处仅展示部分爬虫代码，完整示例请参见随书源码：百度云音乐爬虫 .zip。

步骤 01：获取歌曲 id 的爬虫代码如图 7-50 所示。其中第 15 行，由于目标 div 的 class 属性特别长，因此可以使用 contains 函数进行定位；需要注意第 19 行，class='song-title ' 中包含空格，去掉空格后不能正常取得数据。

```
 3  import scrapy
 4  from baidumusic.items import BaidumusicItem
 5  from lxml import etree
 6
 7  class BaidumusicspiderSpider(scrapy.Spider):
 8      name = 'baidumusicspider'
 9      allowed_domains = ["music.taihe.com"]
10      start_urls = ["http://music.taihe.com/top/new/?pst=shouyeTop"]
11
12      def parse(self, response):
13          html = response.text
14          html_obj = etree.HTML(html)
15          li_list = html_obj.xpath("//div[contains(@class,'song-list song-list-hook')]/ul/li")
16          id_list = []
17          for li in li_list:
18              song_item = BaidumusicItem()
19              a_tag = li.xpath("./div/span[@class='song-title ']/a[@href]")
20              if a_tag is not None:
21                  a_href = a_tag[0].attrib["href"]
22                  song_item["song_id"] = a_href.split("/")[2]
23                  print(song_item["song_id"])
24                  id_list.append(song_item)
25
26          return id_list
```

图 7-50 爬取歌曲 id

步骤 02：执行爬虫，即可获取歌曲 id，如图 7-51 所示。

```
19  612359679
20  591310911
21  612170860
22  612357735
23  612047474
24  601422013
25  611717057
26  568320992
27  612180279
28  612223810
29  612241848
30  612241846
31  612154312
32  591579114
33  612041147
34  610722309
35  612063484
36  611801466
37  612058312
```

图 7-51 歌曲 id 列表

步骤 03：获取歌曲详情的爬虫代码如图 7-52 所示。

```
2  import scrapy
3  from scrapy.http import Request
4  from lxml import etree
5  from baidumusic.items import BaidumusicDetailItem
6  class BaidumusicdetailspiderSpider(scrapy.Spider):
7      name = 'baidumusicdetailspider'
8      allowed_domains = ['music.taihe.com']
9      start_urls = ['http://music.taihe.com/']
10
11     def start_requests(self):
12         with open("baidu_music_id_list.txt", "r") as file:
13             for song_id in file:
14                 url = "http://music.taihe.com/song/{0}".format(song_id.strip())
15                 yield Request(url, dont_filter=True)
16     def parse(self, response):
17         html = response.text
18         html_obj = etree.HTML(html)
19         div = html_obj.xpath("//div[contains(@class,'song-info-box fl')]")
20         song_name = div[0].xpath("./h2/span/text()")[0]
21         artist = div[0].xpath("./p[@class='artist-box']/span/span/a/text()")[0]
22         publish_date = div[0].xpath("./p[@class='publish desc']/text()")[0]
23         company = div[0].xpath("./p[@class='company desc']/text()")[0]
24         detail_item = BaidumusicDetailItem()
25         detail_item["song_id"] = response.url.split("/")[-1]
26         detail_item["song_name"] = song_name
27         detail_item["artist"] = artist
28         detail_item["publish_date"] = publish_date
29         detail_item["company"] = company
30         return detail_item
```

图 7-52　爬取歌曲详情

步骤 04：最终爬取的数据结果如图 7-53 所示。

```
3  612459140,没有意外,蔡徐坤,发行时间: 2019-02-21,发行公司: 永稻星文化
4  612379243,温柔的外星人（电影《疯狂的外星人》贺岁单曲）,梁龙,发行时间: 2019-02-09,发行公司: 北京太合樂人
5  612412180,我是真的爱你（电影《飞驰人生》插曲）,张过年,发行时间: 2019-02-14,发行公司: 上海亭东影业
6  612368947,去流浪（电影《流浪地球》推广曲）,周笔畅,发行时间: 2019-02-02,发行公司: 反正靠谱
7  612404694,你呀(home studio version),方玥,发行时间: 2019-02-14,发行公司: 北京太合樂人文化藝術有限公司
8  612379422,你干嘛呢（电影《疯狂的外星人》贺岁单曲）,梁龙,发行时间: 2019-02-12,发行公司: 北京太合樂人文化
9  612432426,一百个不喜欢你的方法（电影《一吻定情》宣传推广曲）,房东的猫,发行时间: 2019-02-09,发行公司: 房
10 612522309,时光,尼格买提·热合曼,发行时间: 2019-02-22,发行公司: 博軒音乐
11 612313287,团圆,蔡琴,发行时间: 2019-02-01,发行公司: 上海汇登文化传播工作室
12 612313835,平凡之路（电影《飞驰人生》特别版）,沈腾,发行时间: 2019-02-01,发行公司: 上海亭东影业
13 612135964,半壶纱（电视剧《小女花不弃》插曲）,刘珂矣,发行时间: 2019-01-24,发行公司: 百慕文化
14 612368929,妈，我回来啦,毛阿敏,发行时间: 2019-02-05,发行公司: 新沂毛阿敏音乐创作工作室
15 612314060,小猪佩奇过大年（电影《小猪佩奇过大年》同名主题曲）,谢娜,发行时间: 2019-02-02,发行公司: 上海阿
```

图 7-53　歌曲详情

本章小结

　　本章介绍了 HTTP 请求的执行过程和请求语义，网页解析工具、网页的基本构成和 XPath 语法。还介绍了 Scrapy 爬虫框架的原理、运行流程、常用命令、应对反爬虫的策略、CrawlSpider 类及全站爬取，以及分布式爬虫的结构和构建方式。希望读者能在学习后认真完成实训内容以巩固知识。

第8章
数据清洗

本章导读

　　对于已经采集到的数据，能够直接用于分析自然最好，然而大多数情况下，从原始数据源采集回来的数据集还可能存在异常值、空值等。本章主要介绍数据清洗原则、清洗步骤和常用工具。通过清洗，使数据更适合后续做大数据分析。

知识要点

通过对本章内容的学习，读者能掌握以下内容。

- ● 数据清洗的意义
- ● 数据清洗的原则
- ● 数据类型与格式
- ● 数据清洗的步骤
- ● 常用清洗工具的使用

8.1 数据清洗的意义

随着计算机硬件的成本走低，利用海量数据训练出来的算法越来越准确，资本随之疯狂涌入，一时间行业沸腾，似乎所有人都对数据产生了兴趣。

互联网行业的不断创新，使数据的采集与收集越来越容易。例如，淘宝网每天有上亿的访问量，只需每天记录每个用户的一条数据，一年也能采集三百多亿条数据；百度是最大的中文搜索引擎，每天都在记录人们的搜索行为，国内八亿网民源源不断地在贡献数据；据统计，腾讯目前的全球用户量超 10 亿，其服务器记录着用户发送的每一条消息。

存储这些数据耗费的成本是巨大的。例如，腾讯在贵州贵安新区挖了 3 万平方米的山洞作为数据中心；谷歌在全球建立了近 40 个数据中心。这些投资巨大的数据中心要耗费大量的电能、土地和人力。

当然，付出这些代价并不是徒劳的。例如，通过阿里大数据分析，可以获悉国内零售市场的增长情况，也可以了解人们更喜欢哪些商品。通过对这些数据的整理、分析，可以为商家甚至为整个行业提供生产指导，为社会带来巨大的经济价值。百度通过采集用户输入的数据，可以实时反映社会热点，这对舆情监控带来了极大便利；今日头条则收集用户对信息的点击行为，分析用户的偏好，给用户做个性化推荐，这门核心技术使其开发公司——字节跳动的估值达 750 亿美元。

互联网行业是一个充满奇迹的行业。奇迹的诞生往往源于对原始数据的积累和对数据的精准分析。实际上，海量的数据并不是每一条都有用的。例如，从天猫上采集了 10TB 的数据，包含 3C 产品、男装女装、食品等各类商品类别与销量。对于一家服装企业来说，只有男装数据才具有现实意义，该企业可以从数据集中筛选出男装的销售信息，并根据季节的不同来给自己的产品设计合适的款式并做出恰当的价格定位；对于销售笔记本电脑的门店来说，则需要根据 3C 产品的行情来进行定价与备货。

对当前的总结，对未来的预测，都建立在精准的分析之上，精准分析的基础是准确的数据。对原始数据进行整理、标注，形成一份"干净"的数据，使其适合特定场景，这个过程就是数据清洗。

8.2 数据清洗的内容

数据清洗的目标，就是要去掉噪声数据，修正错误。需要进行清洗的数据包括以下几个方面。

1. 重复数据

重复数据主要是指在数据集中具有相同信息的数据。例如，在一张数据库表中，除了 id 列，其余信息相同的多行数据就是重复数据；在筛选表格的其中一列数据时，出现的重复值也是重复数据；在城市数据采集过程中，"bj"与北京具有相同含义，这也是重复数据。

2. 错误数据

错误数据主要是指数据集中格式错误、范围错误、包含特殊字符、包含 ASCII 码的数据，以及二进制、表情符号、全角、半角或其他不可识别的数据。

3. 矛盾数据

矛盾数据主要是指在数据集中对客观事实的不同维度的描述存在差异，导致数据相互矛盾。比如商品销量远大于产量，财务记账成本远低于实际成本。

4. 缺失数据

缺失数据主要是指数据集中有一部分信息缺失。例如，一个客户关系系统，缺少了客户名、客户联系方式；一个呼叫中心系统，缺少了呼出时间、通话时长等信息。

温馨提示

数据清洗是一个反复的过程，在发现噪声数据后，还需要筛选出这些数据，与相关责任人进行协商。比如遇到重复数据，需要确认能否删除，若能删除，又需要确认删除哪一条，同时，要确认是删除这一条的一部分，还是一整条；对于缺失数据，是插值，还是留空不参与计算，插值又包含拉格朗日插值、线性插值等；对于矛盾数据的清洗更需要小心，因为如果贸然清除，有可能违背特定情况下的事实。

基于不同的原则清洗数据，得到的结果差别也很大。因此在采集数据的过程中就应提前定义好规则，以降低后期数据清洗的成本。

8.3 数据格式与存储类型

数据拥有不同种类的存储格式和类型，为了让计算机能方便地处理这些数据，人们根据数据的存储规律，开发了不同类别的、具有针对性的分析工具。接下来将讨论几种不同的数据格式和处理方式。

8.3.1 Excel数据

Excel 是一种常见的数据分析与存储工具，其保存后的文件后缀名是 ".xls" 或 ".xlsx"。Excel 保存的数据是行列形式的表结构数据，实际上是使用二进制进行存储的。如图 8-1 所示，这是使用 Notepad++ 打开的 .xlsx 文件。

图 8-1 使用二进制存储的文件

由于二进制不方便阅读，因此要获取实际数据，在 Python 中需要引入专门的库来读取 .xlsx 类型的数据。如图 8-2 所示，读取文档内容，并逐行显示。

```
 3  import xlrd
 4
 5  def read_excel():
 6      workbook = xlrd.open_workbook("商品销量.xlsx")
 7
 8      sheet = workbook.sheet_by_index(0)   # sheet索引从0开始
 9
10      print(sheet.name, sheet.nrows, sheet.ncols)
11      for i in range(0, sheet.nrows):
12          for j in range(0, sheet.ncols):
13              data = sheet.cell(i, j)
14              print(data)
15
16  if __name__ == "__main__":
17      read_excel()
```

图 8-2　读取 Excel

执行结果如图 8-3 所示。

8.3.2　XML数据

XML 的全称是 eXtensible Markup Language，是对 HTML 语言的扩展。用户可以根据自己的需要，创建合适的标签来表示不同类别的数据。XML 是完全面向数据本身的，可以表述树结构、图结构等，由于其高度的通用性，因此广泛应用于不同系统间的信息传输。在存储方面，XML 使用的是纯文本文档形式，如图 8-4 所示。

图 8-3　打印数据

```
 3  <?xml version="1.0" encoding="ISO-8859-1"?>
 4  <product_list>
 5      <product>
 6          <name>华为(HUAWEI)MateBook 13</name>
 7          <sales_volume>2.6</sales_volume>
 8          <unit_price>￥5699</unit_price>
 9      </product>
10      <product>
11          <name>联想(Lenovo)拯救者Y7000P</name>
12          <sales_volume>1.5</sales_volume>
13          <unit_price>8599</unit_price>
14      </product>
15  </product_list>
```

图 8-4　XML 文档

在 Python 中，有多个库可以读取 XML 文档，这里演示如何使用 xml.etree.ElementTree 来读取文档，如图 8-5 所示。

```
 3  import xml.etree.ElementTree as Et
 4  def get_nodes(element):
 5      if len(element) > 0:
 6          for child in element:
 7              print(child.tag, ": ", child.text)
 8              get_nodes(child)
 9
10  if __name__ == "__main__":
11      tree = Et.parse("商品销量.xml")
12      root = tree.getroot()
13      get_nodes(root)
```

图 8-5　读取 XML

143

执行结果如图 8-6 所示，输出各节点值。

图 8-6　打印数据

8.3.3　JSON数据

JSON 的全称是 JavaScript Object Notation，以键值对的形式存储数据，键值对可以嵌套，因此可以存储树结构、图结构等。相对于 XML，JSON 是一种相对轻量级的存储方式。JSON 也是使用文本文档形式存储，如图 8-7 所示。

```
3  {"name":"Michael", "salary":3000}
4  {"name":"Andy", "salary":4500}
5  {"name":"Justin", "salary":3500}
6  {"name":"Berta", "salary":4000}
```

图 8-7　JSON 格式

Python 处理 JSON 数据比较容易，在项目中导入 json 包即可。如图 8-8 所示，读取 JSON 信息。

```
3  import json
4
5  file = """
6  [
7  {"name":"Michael", "salary":3000},
8  {"name":"Andy", "salary":4500},
9  {"name":"Justin", "salary":3500},
10 {"name":"Berta", "salary":4000}
11 ]
12 """
13 data = json.loads(file)
14 print(data)
```

图 8-8　读取 JSON

执行结果如图 8-9 所示，将 JSON 字符转为 Python 列表输出。

```
[{'name': 'Michael', 'salary': 3000}, {'name': 'Andy', 'salary': 4500},
```

图 8-9　打印数据

8.3.4　CSV数据

CSV 的全称是 Comma-Separated Values，以逗号为分隔符存储表格数据。在存储上采用的是纯文本形式，可以使用文本编辑器直接打开。在 Python 中，需要导入 CSV 包才能正常解析，如图 8-10 所示。

```
2  import csv
3
4  file = "people.csv"
5  with open(file, newline="") as file:
6      data = csv.reader(file, delimiter=";", quotechar="|")
7      for row in data:
8          print(", ".join(row))
```

图 8-10　读取 CSV

执行结果如图 8-11 所示。

图 8-11　打印数据

> **温馨提示**
>
> 数据存储形式和编码格式种类繁多，除以上介绍的数据存储形式外，还有 parquet、sequencefile 和 mapfile 等。每种格式都有对应的解析方式，建议读者在实践中逐步学习。

8.4 数据清洗的步骤

尽管数据种类繁多，存储格式也不统一，但是数据清洗的原则和步骤都是相同的。简单来说，就是先加载数据，发现噪声数据，然后根据规则清洗数据，最终将"干净"的数据存储到文本或数据库。

8.4.1 找出噪声数据

数据清洗的第一步，是根据数据的存储格式与类型找到合适的加载方式和噪声数据。将数据载入内存后，就需要观察数据相不一致的地方。如图 8-12 所示，这是

产品名称	销量	单价
华为(HUAWEI)MateBook 13	2.6	5690009
联想(Lenovo)拯救者Y7000P	-1.5	8599
联想ThinkPad	8.5	5699
	5	5199
戴尔DELL游匣	14	53.99
Apple MacBook	8.1	14188
荣耀MagicBook	10	49+99
惠普&+%	6.9	4799

图 8-12　商品销量

一份 3C 商品销售流水 Excel 文档，根据常识，销量这个数值不可能为负数；同时根据经验，单价也不太可能超过 6 位数；同时表格中还存在明显的缺失值的情况；"49+99"更是不符合规范的数值格式。

若是数据存储在数据库中，通过 SQL 语句能更快地找出噪声数据。比如查找某一列是否为空：

```
SELECT * FROM 'page_alexa ' where url is NULL
```

执行结果如图 8-13 所示。

查找重复数据也很方便，比如使用如下语句可以找出 URL 访问次数相同的数据。

```
SELECT * from 'page_alexa ' where counter in (
SELECT counter FROM 'page_alexa ' GROUP BY counter HAVING count(*) >1
```

执行结果如图 8-14 所示。

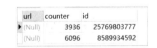

图 8-13　筛选 URL 为空的数据

图 8-14　筛选重复数据

8.4.2 清洗数据

将数据载入内存后，就需要根据业务规则进行清洗了。

以图 8-12 所示的商品销量为例，图中的数据集是一个 Excel 文档，可以使用 Python 组件 xlrd 读取数据并轻松实现数据清洗，如图 8-15 所示。

```
import csv
import xlrd

def read_excel():
    workbook = xlrd.open_workbook("商品销量.xlsx")
    sheet = workbook.sheet_by_index(0)
    position_list = []
    for i in range(1, sheet.nrows):
        product = {}
        product["商品名称"] = ""
        product["商品销量"] = ""
        product["商品单价"] = ""
        for j in range(0, sheet.ncols):
            data = sheet.cell(i, j).value
            if j == 0:
                if len(data) > 0:
                    product["商品名称"] = data

            if j == 1 and i > 0:
                if float(data) > 0:
                    product["商品销量"] = data

            if j == 2 and i > 0:
                try:
                    price = float(data)
                    product["商品单价"] = price
                except Exception as e:
                    pass

        position_list.append(product)

    [print(i) for i in position_list]

if __name__ == "__main__":
    read_excel()
```

图 8-15　使用 Python 过滤数据

执行结果如图 8-16 所示，将输出结果与原始数据进行对比，可以看到，名称为空的数据、销量是负数的数据、单价格式错误的数据都已经被清洗。

```
{'商品名称': '华为(HUAWEI)MateBook 13 ', '商品销量': 2.6, '商品单价': 5690009.0}
{'商品名称': '联想(Lenovo)拯救者Y7000P', '商品销量': '', '商品单价': 8599.0}
{'商品名称': '联想ThinkPad', '商品销量': 8.5, '商品单价': 5699.0}
{'商品名称': '', '商品销量': 5.0, '商品单价': 5199.0}
{'商品名称': '戴尔DELL游匣', '商品销量': 14.0, '商品单价': 53.99}
{'商品名称': 'Apple MacBook ', '商品销量': 8.1, '商品单价': 14188.0}
{'商品名称': '荣耀MagicBook', '商品销量': 10.0, '商品单价': ''}
{'商品名称': '惠普&+%', '商品销量': 6.9, '商品单价': 4799.0}
```

图 8-16　打印数据

温馨提示

数据集中还有一类数据，称为离群值，比如单价“5690009”，这一类值的清洗由于无法通过常识来准确鉴别，因此在实际开发过程中需要与相关人士确认，方可进行清洗。

对于重复数据、矛盾数据、缺失数据的处理，过程与上面类似，要么将合理数据抓取出来，要么将噪声数据清理出去。

8.4.3　保存数据

将数据保存到 MySQL 数据库中是一个不错的选择，但是当数据量比较大的时候，如单表数量超过一千万条时，在普通配置的服务器上执行查询，可能会面临意想不到的错误。并且 MySQL 并不能像 HDFS（全称为 Hadoop Distributed File System：Hadoop 分布式文件系统，利用集群存储数据，支持自动备份）那样简单地做到分布式存储与容灾。因此在实践中，一般将采集或清洗后的数据保存为 txt 或 csv 的形式，然后再转移到 HDFS 上做分布式存储。

如图 8-17 所示，将清洗后的 Excel 数据保存到 CSV。

```
2  def save_csv(data):
3      columns = ["商品名称", "商品销量", "商品单价"]
4      rows = []
5      for i in data:
6          rows.append((i["商品名称"], i["商品销量"], i["商品单价"]))
7
8      with open('商品销量.csv', 'w') as f:
9          writer = csv.writer(f)
10         writer.writerow(columns)
11         writer.writerows(rows)
```

图 8-17　将清洗后的数据保存到 CSV

8.5　数据清洗的工具

除了使用 Python 编程外，还可以使用一些现成的工具进行数据清洗。例如，使用 Excel 可以将数据组织成行列形式；使用文本编辑器可以对数据进行替换、填充；使用 Tabula 还可以从 PDF 文档中抽取数据。

8.5.1　使用Excel清洗数据

Excel 是最常见也最常用的数据处理工具之一。图 8-18 所示为一份 Excel 中存储的数据。

时间	IP	链接	页面类型	用户ID
2018/10/02	111.79.198.28.9999	https://www.xidkki.com/nn/	3	H0005
2018-10-03	116.209.54.175.52699	https://www.xddfgi.com/nn/	5	H0006
2018-10-04	182.44.224.173.56389	https://www.xihhhcom/nn/	2	H0007
2018/10/05	182.44.224.173.32431	https://www.xkki.com/nn/	---	0008
2018-10-06	182.44.221.154.52079	https://www.xmtki.com/nn/	t	0008
2018-10-07	112.85.167.24.53281	https://www.x32i.com/nn/	u	H0010

图 8-18　待清洗数据

现要求将日期格式统一并统计重复 IP。具体操作如下。

1. 统一日期格式

经了解，这是一份 2018 年某段时间的网页访问数据。为了能统计日期，需要统一时间格式。如图 8-19 所示，选中日期列并右击，选择【设置单元格格式】选项，再选择【日期】选项，然后选择 "2012-03-14" 格式，符合日期格式的数据就会自动显示为 "yyyy-mm-dd" 的形式。

2. 统计重复IP

图 8-19　设置日期格式

要完成此操作，需要用到单元格分列功能。

步骤 01：选择 IP 列，选择【数据】选项卡，在【数据工具】组中单击【分列】按钮，弹出【文本分列向导—第 1 步，共 3 步】对话框，如图 8-20 所示。

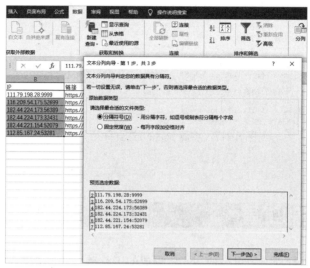

图 8-20　文本分列

步骤 02：在对话框内选中【分隔符号】单选按钮，单击【下一步】按钮。在新窗口中继续选中【其他】复选框，然后在后面的文本框中输入"："，可以预览分隔后的数据效果，如图 8-21 所示。

步骤 03：继续单击【下一步】按钮，这里需要设置列数据格式。在数据预览区域选择第二列，在列数据格式区域选中【不导入此列（跳过）】单选按钮，之后单击【完成】按钮。

图 8-21　设置分隔符

图 8-22　选择新列的位置

执行结果如图 8-23 所示。

时间	IP	链接	页面类型	用户ID
2018/10/02	111.79.198.28	https://www.xidkki.com/nn/	3	H0005
2018-10-03	116.209.54.175	https://www.xddfgi.com/nn/	5	H0006
2018-10-04	182.44.224.173	https://www.xihhhcom/nn/	2	H0007
2018/10/2	182.44.224.173	https://www.xkki.com/nn/	---	0008
2018-10-06	182.44.221.154	https://www.xmtki.com/nn/	t	0008
2018-10-07	112.85.167.24	https://www.x32i.com/nn/	u	H0010

图 8-23　清洗 IP 列的效果

步骤 04：清洗后的数据如图 8-24 所示。尽管页面类型列还有"非法"数据，但是参与计算的数据已经按业务需求清洗完成。因此对于当下业务来说，已构成一份"干净"的数据了。

时间	IP	链接	页面类型	用户ID
2018-10-02	111.79.198.28	https://www.xidkki.com/nn/	3	H0005
2018-10-03	116.209.54.175	https://www.xddfgi.com/nn/	5	H0006
2018-10-04	182.44.224.173	https://www.xihhhcom/nn/	2	H0007
2018-10-05	182.44.224.173	https://www.xkki.com/nn/	- - -	0008
2018-10-06	182.44.221.154	https://www.xmtki.com/nn/	t	0008
2018-10-07	112.85.167.24	https://www.x32i.com/nn/	u	H0010

图 8-24 "干净"的数据

8.5.2 使用文本编辑器清洗数据

常用的文本编辑器有 Notepad、Notepad++、Word、EditPlus 等。由于 Notepad++ 小巧、快速、具有多种视图与格式、支持使用正则表达式进行查找与替换，因此成为非常流行的文本处理器。

在数据清洗过程中，使用 Notepad++ 替换数据。

步骤 01：启动 Notepad++ 打开文本文件。

步骤 02：按【Ctrl+F】组合键，弹出替换对话框，如图 8-25 所示，在第一个文本框内输入被替换的内容，在第二个文本框内输入要替换的内容，单击【替换】或【全部替换】按钮即可。

图 8-25 使用 Notepad++ 查找并替换

8.5.3 使用Tabula清洗数据

使用不同的文字编排软件打开同一个文档，总有或多或少的差别。为了解决这一问题，Adobe 公司发明了 PDF 格式，其自带字体库、样式等功能，这就导致难以从 PDF 文档中获取有效内容。比如文档中的一个表格在被复制之后，每一列的内容并不是整齐排列的，导致无法正常使用数据，有的文档甚至根本无法被复制，如图 8-26 所示。

使用开源工具 Tabula 可以检测 PDF 中的表格，轻松获取内容。

产品名称	销量	单价
华为(HUAWEI)		
MateBook 13	2.6	5699
联想(Lenovo)		
拯救者 Y7000P	1.5	8599
联想 ThinkPad	8.5	5699
华硕顽石(ASUS)	5	5199
戴尔 DELL 游匣	14	5399
Apple MacBook	8.1	14188
荣耀 MagicBook	10	4999
惠普（HP）战 66	6.9	4799

图 8-26 PDF 中的表格

步骤 01：从网上下载 Tabula 后解压，不必安装，直接运行 tabula.exe 即可。此时会自动在浏览器中打开页面，如图 8-27 所示，在页面中上传 PDF 文档，然后单击【Extract Data】按钮。

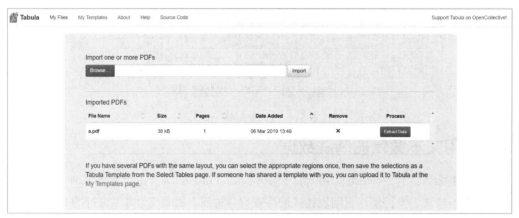

图 8-27　上传 PDF 文档

步骤 02：在页面中单击【Autodetect Tables】按钮，Tabula 会自动检测文档中的表格。此时再单击【Preview & Export Extracted Data】按钮，跳转到数据预览页面，如图 8-28 所示。

图 8-28　检测表格

步骤 03：如图 8-29 所示，在预览页面可以将数据导出为 CSV、TSV、JSON 等多种可操作的文本格式。

图 8-29　导出数据

8.6　新手问答

问题1：举例说明数据清洗对数据质量的意义。

答：在一个信息检索系统中查询关于某个专家的论文，此时检索出了多条结果，原因是其他人的名字和该专家的名字重复了；筛选出该专家的论文后发现文档不完整，甚至还少了好几篇。这类信息系统的数据质量是比较低的，产生这些问题的原因在于，数据清洗规则未定义完善或数据清洗过度。合适的数据清洗标准对数据质量是至关重要的。

问题2：简述数据存储的设计原则。

答：数据存储涉及两部分，即数据建模和存储方式。在大数据分析中，一个面向主题的分析只需两个维度，但实际数据有十个维度，多余维度的数据就会造成资源浪费。而且大数据分析普遍采用分布式计算，最佳实践是进行分布式存储。因此，在具有海量数据的情况下，将数据存入 HDFS 比存入 MySQL 在整体性能上更有优势。

8.7　实训：清洗百度云音乐数据并储存到CSV

图 8-30 所示为百度音乐爬虫采集的歌曲信息。每条数据都包含歌曲 ID、歌曲名称、歌手、发行日期、发行公司信息。因数据量大，不可能手动筛选出错误数据，现要求使用 Python 编写自动化数据清洗脚本，以尽快找到错误的数据行并进行错误类别统计。

```
612459140,没有意外,蔡徐坤,发行时间: 2019-02-21,发行公司: 永稻星文化
612412180,我是真的爱你 (电影《飞驰人生》插曲),张过年,发行时间: 2019-02-14,发行公司: 上海亭东影业
612645363,只要有想见的人，就不是孤身一人 (电影《夏日友人帐》推广曲),王源,发行时间: 2019-02-26,发行公司: 霍尔果斯彩条屋影业
612368947,去流浪 (电影《流浪地球》推广曲),周笔畅,发行时间: 2019-02-02,发行公司: 反正靠谱
612387139,奉献 (电影《飞驰人生》片尾曲),韩寒,发行时间: 2019-02-09,发行公司: 上海亭东影业
612719225,因为,Afar陈侣帆,发行时间: 2019-02-28,发行公司: GVO对音乐/海蝶音乐
612522309,时光,尼格买提·热合曼,发行时间: 2019-02-22,发行公司: 博轩音乐
612757210,听我的,黄星侨,发行时间: 2019-03-04,发行公司: 海蝶 (天津) 文化传播有限公司
612313835,平凡之路 (电影《飞驰人生》特别版),沈腾,发行时间: 2019-02-04,发行公司: 上海亭东影业
612404694,你呀(home studio version),方玥,发行时间: 2019-02-14,发行公司: 北京太合樂人文化藝術有限公司
612533081,快乐男子汉,白凯南,发行时间: 2019-02-24,发行公司: 大格娱乐
612404697,我想这就是我 (吉他版),Tiger谭秋娟,发行时间: 2019-02-14,发行公司: 海蝶 (天津) 文化传播有限公司
612546894,为你,发行时间: 2019-02-25,发行公司: 北京太合樂人文化藝術有限公司
612690200,哈哈农夫,王源,发行时间: 2019-02-26,发行公司: 湖南快乐阳光
612379422,你干嘛呢 (电影《疯狂的外星人》贺岁单曲),梁龙,发行时间: 2019-02-09,发行公司: 北京太合樂人文化藝術有限公司
612368929,妈，我回来啦,毛阿敏,发行时间: 2019-02-05,发行公司: 新沂毛阿敏音乐创作工作室
612379243,温柔的外星人 (电影《疯狂的外星人》贺岁单曲),梁龙,发行时间: 2019-02-09,发行公司: 北京太合樂人文化藝術有限公司
612432426,一百个不喜欢你的方法 (电影《一吻定情》宣传推广曲),房东的猫,发行时间: 2019-02-09,发行公司: 反正靠谱
```

图 8-30　百度歌曲明细

1. 实现思路

根据数据集描述，可以得知每条数据应该包含 5 个信息，这些信息是使用"，"分隔开的。使用 Python 分析数据时，调用"split("，")"方法，可以从一行数据中分别取得 5 个信息的内容，然

后分别对每条数据的内容进行判断，将不满足条件的数据分开存储统计。

2. 编程实现

完整示例代码及主要说明如图 8-31 所示。

```
2   path = r"baidu_music_detail_list.txt"
3   file = open(file=path)
4   miss_id_list = []
5   miss_name_list = []
6   miss_artist_list = []
7   miss_publish_date_list = []
8   miss_company_list = []
9
10  #发行时间和发行公司，调用 split(": ")，长度不为2则返回True
11  def hadndle_split(tmp_data):
12      tmp_list = tmp_data.strip().split(": ")
13      if len([i for i in tmp_list if len(i.strip()) > 0]) == 2:
14          return False
15      else:
16          return True
17
18  for line in file:
19      datas = line.split(",")
20      if len(datas[0].strip()) == 0:#将缺失id的数据存入列表
21          miss_id_list.append(line)
22
23      if len(datas[1].strip()) == 0:#将缺失名称的数据存入列表
24          miss_name_list.append(line)

25
26      if len(datas[2].strip()) == 0:#将缺失歌手的数据存入列表
27          miss_artist_list.append(line)
28
29      # 将缺失发行时间的数据存入列表
30      if len(datas[3].strip()) == 0 or hadndle_split(datas[3].strip()):
31          miss_publish_date_list.append(line)
32
33      # 将缺失发行公司的数据存入列表
34      if len(datas[4].strip()) == 0 or hadndle_split(datas[4].strip()):
35          miss_company_list.append(line)
36
37  print("缺失歌曲ID的数据有 {0} 行，分别是：{1}".format(len(miss_id_list),
38                                                    miss_id_list))
39
40  print("缺失歌曲名称的数据有 {0} 行，分别是：{1}".format(len(miss_name_list),
41                                                    miss_name_list))
42
43  print("缺失歌手姓名的数据有 {0} 行，分别是：{1}".format(len(miss_artist_list),
44                                                    miss_artist_list))
45
46  print("缺失发行时间的数据有 {0} 行，分别是：{1}".format(len(miss_publish_date_list),
47                                                    miss_publish_date_list))
48
49  print("缺失发行公司名称的数据有 {0} 行，分别是：{1}".format(len(miss_company_list),
50                                                    miss_company_list))
```

图 8-31　清洗歌曲信息

执行结果如图 8-32 所示。

缺失歌曲ID的数据有 2 行，分别是：[', 半壶纱（电视剧《小女花不弃》插曲），刘珂矣,发行时间：2019-01-24,发行
缺失歌曲名称的数据有 1 行，分别是：['612387139,,韩寒,发行时间：2019-02-09,发行公司：\n']
缺失歌手姓名的数据有 3 行，分别是：['612546894,为你,,发行时间：2019-02-25,发行公司：北京太合乐人文化颖
缺失发行时间的数据有 4 行，分别是：['612757210,听我的,黄星侨,发行时间：,发行公司：海蝶（天津）文化传播
缺失发行公司名称的数据有 5 行，分别是：['612459140,没有意外,蔡徐坤,发行时间：2019-02-21,发行公司：\n'、

图 8-32　打印数据

本章小结

本章主要介绍了数据清洗的意义、数据清洗的内容、数据存储的格式与类型，以及相应加载方式，并说明了数据清洗的步骤和现成可用的清洗工具。在学习大数据的过程中，数据清洗的重要性往往会被忽视，但在实际工作中，也许有一半的时间是在做数据清洗，"干净"的数据是得到正确结论的前提。

第3篇

数据分析与可视化

在数据分析与可视化方面，Python拥有大量方便用户工作的工具，其中比较著名的四大工具如下。

NumPy：一个基于Python的开源数值计算工具，用来存储和处理大型矩阵，比Python自带的列表高效得多。

Matplotlib：一个基于Python 的2D绘图库，利用简单的API即可绘制高质量的图形。当然尽管称为2D，但是Matplotlib也可以绘制三维图形。

Pandas：一个基于NumPy的库，扩展了NumPy的功能，主要用于各类统计分析。

Seaborn：一个基于Matplotlib的可视化工具，抽象了Matplotlib接口，同时与Pandas紧密集成，使数据分析与展示更容易。

这些工具简单易用，在安装Anaconda时已经同步安装。若是需要手动安装，只需在命令行工具中执行以下命令：

```
pip install NumPy Matplotlib Pandas Seaborn
```

在生产环境中，一般将它们结合使用，以完成大多数场景下的数据统计与可视化工作。

本篇主要从这些工具的认识和应用入手，为读者介绍数据分析与可视化的相关知识。

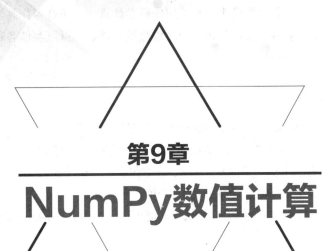

第9章
NumPy数值计算

本章导读

    NumPy是使用Python进行科学计算的基础包，常用于数据分析。本章主要介绍N维数组对象的创建和处理，数组的索引、切片、迭代，改变数组形状和数组重叠，浅拷贝与深拷贝，高级索引和数组排序统计。

知识要点

    通过对本章内容的学习，读者能掌握以下内容。

◆ N维数组的创建与使用

◆ N维数组的切片、迭代

◆ N维数组改变形状和重叠

◆ 对数组的拷贝

◆ 高级索引和常用排序统计

9.1　NumPy基础

NumPy 是一个常用的科学计算模块，除了用作科学计算外，还被当作高效的数据容器，主要用来存放大型矩阵。NumPy 的主要对象是一个多维数组，该数组可以存储各种类型的数据，但在一个数组内只能存放同一种类型的数据。

9.1.1　数组属性

NumPy 的数组对象称为 ndarry，一个 ndarry 内的数据类型相同，并由一组正整数来进行索引。在 NumPy 中，数组的维度称为"轴"，二维数组有两个轴，三维数组有三个轴。如图 9-1 所示，该数组是一个标准的二维数组，因此有两个轴，第一个轴长度为 3，第二个轴长度为 5。

```
[[ 0  1  2  3  4]
 [ 5  6  7  8  9]
 [10 11 12 13 14]]
```
图 9-1　多维数组

NumPy 中的数组比 Python 中的数组 (列表) 功能更强大，以下是 ndarry 的重要属性。

1. ndarray.ndim

该属性表示数组的轴数。

2. ndarray.shape

该属性表示数组的形状或大小，这是一个整数元组，表示每个维度中数组的大小。具有 n 行和 m 列的矩阵，其 shape 将是 (n,m)，而元组的长度就是轴的数量 ndim。

3. ndarray.size

该属性表示数组的元素总数，等于 shape(元组) 中各元素的乘积。

4. ndarray.dtype

该属性是一个用来描述数组中元素类型的 NumPy 对象，可以使用 Python 标准类型或指定 dtype 来创建。此外，NumPy 还提供了自己的类型，如 numpy.int32、numpy.int16 和 numpy.float64。

5. ndarray.itemsize

该属性表示数组中每个元素的大小（以字节为单位）。例如，数组元素的类型为 float64，那么 itemsize 就等于 8（一个字节是 8 位，64/8）；元素类型为 complex32，那么 itemsize 就等于 4 (32/8)。

6. ndarray.data

该属性表示数组中实际的元素。一般情况下不需要使用此属性，若要选择数组中的元素，可以使用索引、切片和 ix( ) 函数。

如图 9-2 所示，在第 3 行通过调用 arange 方法创建一个具有 20 个元素的数组，通过调用 reshape 方法设置数组的形状。

```
1  import numpy as np
2
3  a = np.arange(20).reshape(4, 5)
4  print("创建一个4行5列的数组: ")
5  print(a)
6  print("数组的轴数（维度）: ", a.ndim)
7  print("数组的形状: ", a.shape)
8  print("数组类型: ", a.dtype.name)
9  print("数组元素的大小: ", a.itemsize)
10 print("数组大小: ", a.size)
11 print("数组a类型: ", type(a))
12 b = np.array([6, 7, 8])
13 print("数组b类型: ", type(b))
```

图 9-2　访问数组属性

9.1.2　数据类型

NumPy 数组中的每个元素具有唯一的类型。为了提高计算精度，NumPy 扩展了 Python 的数据类型，如表 9-1 所示。

表 9-1　NumPy 数据类型列表

序号	类型名称	描述
1	bool	取值范围：True 或 False
2	int8/i1	取值范围：-128~-127
3	int16/i2	取值范围：-32768~-32767
4	int32/i4	取值范围：-2147483648~-2147483647
5	int64/i8	取值范围：-9223372036854775808~-9223372036854775807
6	uint8/u1	取值范围：0~-255
7	uint16/u2	取值范围：0~-65535
8	uint32/u4	取值范围：0~-4294967295
9	uint64/u8	取值范围：0~-18446744073709551615
10	float(float64)/f8/d	双精度浮点数：用 1 位表示正负号，用 11 位表示指数，用 52 位表示尾数
11	float16/f2	半精度浮点数：用 1 位表示正负号，用 5 位表示指数，用 10 位表示尾数
12	float32/f4/f	单精度浮点数：用 1 位表示正负号，用 8 位表示指数，用 23 位表示尾数
13	complex(complex128)	复数，用两个 64 位浮点数分别表示实部和虚部
14	complex64	复数，用两个 32 位浮点数分别表示实部和虚部

NumPy 提供了多种创建数据类型的方法，如图 9-3 所示。在第 11 行，通过调用 dtype 方法创建了一个自定义的数据类型。

```
import numpy as np

dt = np.dtype(np.int32)
print("创建整形类型:", dt)
dt = np.dtype(np.float)
print("创建浮点类型:", dt)
dt = np.dtype(np.bool)
print("创建布尔类型:", dt)
dt = np.dtype(np.complex)
print("创建复数类型:", dt)
dt = np.dtype([("2018", np.str), ("GDP", np.float)])
print("创建自定义类型:", dt)
```

图 9-3　创建数据类型

执行结果如图 9-4 所示，可以看到，默认的浮点数类型采用的是 float64 位表示，复数则是 complex128 位。在第 11 行的类型中，"np.str" 对应输出 "<U"，"<" 表示的是字符顺序，包括

"big-endian（＞）"和"little-endian（＜）"两种类型，它们表示对象的内存地址是用高位地址位还是低地址位表达有效数字。"U"则是 Unicode，表示字符编码方式。

图 9-4　打印数据

9.1.3　创建数组

NumPy 提供了多种方式来创建不同形式的数组，可以创建普通的顺序数值数组，还有可以创建随机数字的数组，接下来演示常用数组的创建方式。

1. 使用empty创建数组

该方法可以创建一个空数组，如图 9-5 所示。第 3 行调用 empty 方法创建一个 2 行 2 列的数组，数组中的元素值是随机产生的。此处指定了 dtype，因此使用 int 类型创建随机数；否则随机采用一种类型生成随机数。

```
1 import numpy as np
2
3 dt = np.empty([2, 2], dtype=int)
4 print(dt)
```

图 9-5　创建空数组

执行结果如图 9-6 所示。

2. 使用array创建数组

使用 array 方法可以基于 Python 列表创建数组，在不设置 dtype 的情况下，从列表中自动推断数据类型，如图 9-7 所示。

D:\ProgramData\Anaconda3\python.exe
数组：　[[7471184 7733359]
　[6553705 7471205]]

图 9-6　打印数据

```
1 import numpy as np
2
3 dt = np.array([1, 2, 3, 4, 5])
4 print("数组: ", dt)
5 print("数组数据类型: ", dt.dtype)
6 dt = np.array([1.5, 2.3, 3.4, 4.7, 5.6])
7 print("数组: ", dt)
8 print("数组数据类型: ", dt.dtype)
```

图 9-7　创建数组

执行结果如图 9-8 所示，基于整数创建的数组，默认数据类型为 32 位整数，基于小数创建的数组则默认为 64 位浮点数。

在创建数组的时候，可以同时指定数据类型，如图 9-9 所示。第 3 行将数据类型设置为 64 位浮点数；第 6 行将数据类型设置为复数。

数组：　[1 2 3 4 5]
数组数据类型：　int32
数组：　[1.5 2.3 3.4 4.7 5.6]
数组数据类型：　float64

图 9-8　打印数据

```
1 import numpy as np
2
3 dt = np.array([1, 2, 3, 4, 5], dtype="f8")
4 print("数组: ", dt)
5 print("数组数据类型: ", dt.dtype)
6 dt = np.array([[1], [2]], dtype=complex)
7 print("数组: ", dt)
8 print("数组数据类型: ", dt.dtype)
```

图 9-9　指定数据类型

执行结果如图 9-10 所示。

图 9-10　打印数据

3. 使用zeros/ones创建数组

调用 zeros/ones 方法会创建一个全为 "0" / "1" 值的数组，如图 9-11 所示。通常在数组元素未知，但是数据大小已知的情况下使用，主要用来生成临时的数组，"0" / "1" 值用来充当占位符。

```
1 import numpy as np
2
3 dt = np.zeros([3, 5], dtype=int)
4 print("全为0数组: ")
5 print(dt)
6 dt = np.ones([5, 3], dtype=float)
7 print("全为1数组: ")
8 print(dt)
```

图 9-11　临时数组

执行结果如图 9-12 所示。

图 9-12　打印数据

4. 使用arange创建数组

使用 arange 方法可以基于一个数据范围来创建数组，如图 9-13 所示，10 是起始值，30 是结束值，每隔 5 个数取一个值构成数组。

```
1 import numpy as np
2
3 dt = np.arange(10, 30, 5)
4 print(dt)
```

图 9-13　用 arange 创建数组

执行结果如图 9-14 所示。

```
D:\ProgramData\Anaconda3\python.exe
[10 15 20 25]
```

图 9-14　打印数据

5. 使用linspace创建数组

与 arange 类似，linspace 是基于一个范围来构造数组，区别是 linspace 的参数 num 是指在起始值和结束值之间需要创建多少个数值，如图 9-15 所示。在第 3 行创建数值为 20 到 30 的数组，总共取 5 个数；第 8 行也是取 5 个数，这里的区别在于不取终结点 30。

```
1 import numpy as np
2
3 dt = np.linspace(20, 30, num=5)
4 print("第一个数组: ")
5 print(dt)
6
7 print("第二个数组: ")
8 dt = np.linspace(20, 30, num=5, endpoint=False)
9 print(dt)
10
11 print("第三个数组: ")
12 dt = np.linspace(20, 30, num=5, retstep=True)
```

图 9-15　用 linspace 创建数组

执行结果如图 9-16 所示。

```
第一个数组：
[20.  22.5 25.  27.5 30. ]
第二个数组：
[20. 22. 24. 26. 28.]
第三个数组：
(array([20. , 22.5, 25. , 27.5, 30. ]), 2.5)
```

图 9-16 打印数据

6. 使用numpy.random.rand创建数组

在很多情况下，手动创建的数据往往不能满足业务需求，因此需要创建随机数组，NumPy 利用 random 模块来产生随机数。如图 9-17 所示，创建两个包含 10 个元素的随机数组。

```
import numpy as np

dt = np.random.rand(10)
print("第一次生成的数组：")
print(dt)
dt = np.random.rand(10)
print("第二次生成的数组：")
print(dt)
```

图 9-17 生成随机数组

执行结果如图 9-18 所示。

```
第一次生成的数组：
[0.96407474 0.32574851 0.29657686 0.03501142 0.58770843 0.25237361
 0.945581   0.21721331 0.83806258 0.69988989]
第二次生成的数组：
[0.13845872 0.12502258 0.07211806 0.86902515 0.9977713  0.83025125
 0.76786732 0.54262739 0.93708174 0.61404158]
```

图 9-18 打印数据

7. 使用numpy.random.randn创建数组

numpy.random.randn 方法也是产生随机数据的一种方式，并且它能产生符合正态分布的随机数，如图 9-19 所示。

```
import numpy as np

dt = np.random.randn(3, 5)
print("符合正态分布的数组：")
print(dt)
```

图 9-19 正态分布的随机数

执行结果如图 9-20 所示。

```
符合正态分布的数组：
[[ 1.41536848  0.49060753  0.31573722 -0.57121785 -0.81499858]
 [ 0.78054919 -0.31026198  0.87934414 -2.14199498 -1.44761611]
 [-1.18308208  1.01329782 -0.2763696   1.30574167  0.26354276]]
```

图 9-20 打印数据

8. 使用numpy.random.randint创建数组

如图 9-21 所示，在 10 和 30 之间产生随机数，并从中取 5 个数值来构建数组。

```
1  import numpy as np
2
3  dt = np.random.randint(10, 30, 5)
4  print("按范围产生随机数组: ")
5  print(dt)
```

图 9-21　按范围产生随机数组

执行结果如图 9-22 所示。

图 9-22　打印数据

9. 使用fromfunction创建数组

fromfunction 方法可以通过一个函数规则来创建数组。该方法中的 shape 参数指定了创建数组的规则，如图 9-23 所示，shape 等于 (4，5)，最终创建的结果就是 4 行 5 列的二维数组。

```
1  import numpy as np
2
3  dt = np.fromfunction(lambda i, j: i + j, (4, 5), dtype=int)
4  print("按函数规则创建数组: ")
5  print(dt)
```

图 9-23　按函数规则生成数组

执行结果如图 9-24 所示。构成数组的元素是有规则的，在行方向上的取值范围是 [0:5)，在列方向上是 [0:4)，是根据 shape 参数进行取值的。

图 9-24　打印数据

9.1.4　基本操作

数学上的加减乘除规则同样适用于多维数组，对多维数组的操作会应用到每一个元素上，并创建一个新数组。如图 9-25 所示，两个形状相同的数组，同一位置上的元素进行运算，然后产生一个新的数组。

```
1  import numpy as np
2
3  a = np.array([10, 20, 30, 40, 50])
4  b = np.arange(5)
5  c = a + b
6  print("数组相加: ")
7  print(c)
8  print("数组相乘: ")
9  c = b * a
10 print(c)
```

图 9-25　数组运算

执行结果如图 9-26 所示。

需要注意的是，使用 "*"，是将同一位置上的元素相乘，对于矩阵的乘法运算，需要使用 "@" 符号或者调用 "dot" 方法，如图 9-27 所示。

图 9-26　打印数据

```
1  import numpy as np
2
3  a_matrix = np.array([[1, 1], [1, 1]])
4  b_matrix = np.array([[2, 0], [3, 4]])
5  print("同一位置元素相乘: ")
6  print(a_matrix * b_matrix)
7
8  print("矩阵乘法: ")
9  print(a_matrix @ b_matrix)
10
11 print("矩阵乘法: ")
12 print(a_matrix.dot(b_matrix))
```

图 9-27　矩阵乘法

执行结果如图 9-28 所示。

当对不同类型的数组进行运算的时候，最终结果的类型会转换为更精确的类型。比如整型与浮点型进行运算，结果是浮点型，这种行为称为向上转换，如图 9-29 所示。

图 9-28　打印数据

```
1  import numpy as np
2
3  a = np.ones(5, dtype=np.int32)
4  print("数组a的类型: ", a.dtype)
5  b = np.linspace(0, 10.5, 5)
6  print("数组b的类型: ", b.dtype)
7  c = a * b
8  print("计算后的结果c的类型: ", c.dtype)
```

图 9-29　向上转换

执行结果如图 9-30 所示，整型和浮点型进行计算，结果类型是浮点型。

图 9-30　打印数据

9.1.5　索引、切片和迭代

与 Python 的列表类似，一维数组可以被索引、切片和迭代，如图 9-31 所示。

```
1  import numpy as np
2
3  a = np.arange(10)
4  print(a)
5  print("通过下标选择元素: ", a[5])
6  print("通过切片选择元素: ", a[3:8])
7  print("通过切片设置步长选择元素: ", a[::2])
8  print("循环数组: ")
9  for item in a:
10     print("当前元素是: ", item * 5)
```

图 9-31　访问数组元素

执行结果如图 9-32 所示。

对于多维数组，每个轴上可以有一个索引，并以逗号形式分隔，如图 9-33 所示。

图 9-32　打印数据

```
1  import numpy as np
2
3  a = np.array([1, 2, 3, 4, 5, 6, 7, 8, 9, 10, 11, 12]).reshape(3, 4)
4  print("原始数组: ")
5  print(a)
6  print("按下标选择元素: ", a[2, 3])
7  print("按行切片选择指定列: ", a[0:3, 2])
8  print("按行切片选择所有列: ", a[0:2, :])
9  print("按列切片选择所有行: ", a[:, 1:3])
```

图 9-33　多维数组切片

执行结果如图 9-34 所示。第 6 行按索引位置只能选取一个元素；第 7 行首先对行切片，会选取前 3 行，第 2 个维度指定了选取哪一列，这里选择第 2 列，因此结果为 [3 7 11]；第 8 行选择第 0~2 行，第二个维度是一个 ":"，表示选取所有列，因此选择的范围是前两行和所有列的数据；第 9 行则是选择所有数据行，然后选择第 1、2 列。

图 9-34　打印数据

在选择数据时候，由于提供的索引少于轴的数量，因此缺失的索引被认为是完整切片，如图 9-35 所示。

```
1  import numpy as np
2
3  a = np.array([1, 2, 3, 4, 5, 6, 7, 8, 9, 10, 11, 12]).reshape(3, 4)
4  print("原始数组: ")
5  print(a)
6  print("没有提供第二个维度的索引，选取的数据是: ", a[2])
```

图 9-35　缺失索引

执行结果如图 9-36 所示，只按行选取。

NumPy 支持用 "…" 三个点号来表示剩余的轴。例如一个多维数组 "N" 有 5 个轴，那么就有：

- N[1,…] 等同于 N[1 , : , : , : , :]
- N[…,3] 等同于 N[: , : , : , : ,3]
- N[1,…,3,:] 等同于 N[1 , : , : , 3 ,:]

如图 9-37 所示，对一个三维数组进行切片。

图 9-36　打印数据

```
1  import numpy as np
2
3  a = np.array([1, 2, 3, 4, 5, 6, 7, 8, 9, 10, 11, 12]).reshape(2, 3, 2)
4  print("原始数组: ")
5  print(a)
6  print("三维数组的形状: ", a.shape)
7  print("取第一维的第1行和余下的数据: ", a[1, ...])
```

图 9-37　对三维数组切片

执行结果如图 9-38 所示，可以看出，对数据的选取是按维度的顺序进行的。

对多维数组的迭代是针对第一个轴完成的，若是需要遍历数组中的所有元素，则需要访问数组的 flat 属性，如图 9-39 所示。

图 9-38　打印数据

```
1 import numpy as np
2
3 a = np.array([1, 2, 3, 4, 5, 6, 7, 8, 9, 10, 11, 12]).reshape(2, 3, 2)
4 for row in a:
5     print("当前行数据：")
6     print(row)
7
8 for el in a.flat:
9     print("当前元素：", el)
```

图 9-39　迭代多维数组

执行结果如图 9-40 所示，若是针对轴遍历，则会打印当前轴上的全部数据。

图 9-40　打印数据

9.2 形状操作

NumPy 提供了多种方法对数组结构进行操作，比如修改数组、矩阵的形状，将多个矩阵按轴拼凑在一起，也可以将一个大数组、大矩阵拆分成小数组、小矩阵。

9.2.1 更改形状

数组的形状是由每个轴上元素的个数确定的，NumPy 提供了多种方法来修改数组形状，比如 ravel、reshape 等方法，具体用法如图 9-41 所示。

```
1 import numpy as np
2
3 a = np.floor(10 * np.random.random((4, 5)))
4 print("原始数组形状：", a.shape)
5
6 b = a.ravel()
7 print("将多维数组转为一维数组", b, "新数组的形状：", b.shape)
8
9 print("将数组修改为指定形状：")
10 c = a.reshape(2, 10)
11 print("新数组形状为：", c.shape)
12
13 d = a.T
14 print("对数组进行行列转换（矩阵转置）：", d.shape)
```

图 9-41　修改数组形状

执行结果如图 9-42 所示。

```
原始数组形状：(4, 5)
将多维数组转为一维数组 [6. 9. 5. 7. 2. 0. 5. 7. 2. 3. 9. 8. 8. 7. 4. 1. 5. 9. 7.] 新数组的形状：(20,)
将数组修改为指定形状：
新数组形状为：(2, 10)
对数组进行行列转换：(5, 4)
```

图 9-42　打印数据

用以上方式修改形状都会创建新的数组，可以调用 resize 方法避免创建新的数组。在不需要重用数组对象的情况下，建议使用 resize 以节省内存空间，如图 9-43 所示。

```
1 import numpy as np
2
3 a = np.floor(10 * np.random.random((4, 5)))
4 print("修改前形状为: ", a.shape)
5 a.resize(2, 10)
6 print("修改后形状为: ", a.shape)
```

图 9-43　修改数组形状

执行结果如图 9-44 所示。

图 9-44　打印数据

9.2.2　数组堆叠

堆叠就是将多个数组沿不同的轴叠在一起，如图 9-45 所示。

```
1 import numpy as np
2
3 a = np.floor(10 * np.random.random((2, 10)))
4 print("数组a:")
5 print(a)
6 b = np.floor(10 * np.random.random((2, 10)))
7 print("数组b:")
8 print(b)
9 print("沿垂直方向堆叠: ")
10 c = np.vstack((a, b))
11 print(c)
12 print("沿水平方向堆叠")
13 d = np.hstack((a, b))
14 print(d)
```

图 9-45　数组堆叠

执行结果如图 9-46 所示。

调用 column_stack 方法可以将一维数组堆叠到二维数组中。如图 9-47 所示，其中第 13 行，np.newaxis 是指给数组 a 添加一个新轴，将一维数组转为二维数组。

图 9-46　打印数据

```
1 import numpy as np
2
3 a = np.floor(10 * np.random.random((2)))
4 print("数组a:")
5 print(a)
6 b = np.floor(10 * np.random.random((2)))
7 print("数组b:")
8 print(b)
9 print("沿垂直方向堆叠: ")
10 c = np.column_stack((a, b))
11 print(c)
12 print("添加新轴然后进行堆叠:")
13 d = np.column_stack((a[:, np.newaxis], b[:, np.newaxis]))
14 print(d)
```

图 9-47　将一维数组堆叠成二维数组

执行结果如图 9-48 所示。

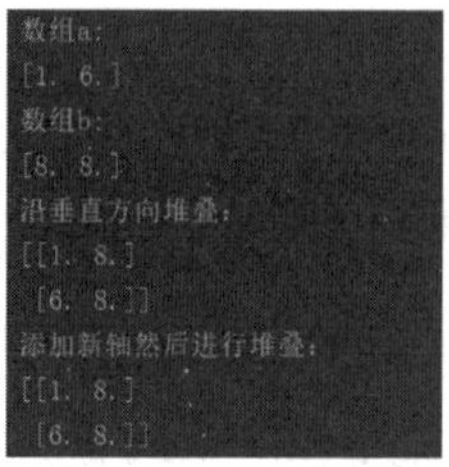

图 9-48　打印数据

9.2.3　矩阵拆分

矩阵拆分可以将一个大的矩阵沿水平方向或垂直方向拆分成几个小的数组，如图 9-49 所示。

```
1 import numpy as np
2
3 a = np.floor(10 * np.random.random((2, 20)))
4 print(a)
5 print("水平方向拆分：")
6 data = np.hsplit(a, 2)
7 for item in data:
8     print(item)
```

图 9-49　拆分矩阵

执行结果如图 9-50 所示。

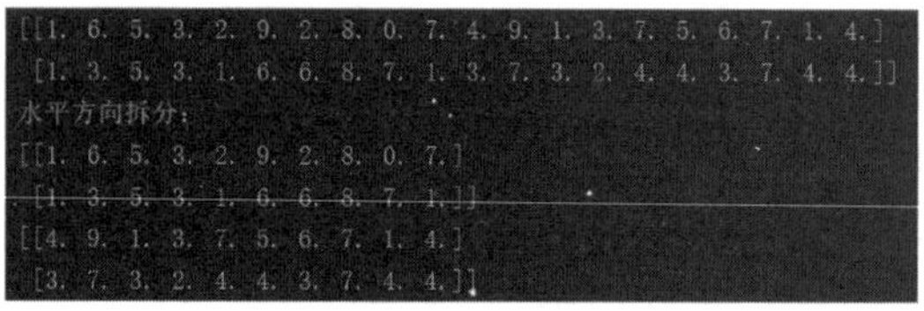

除此之外，还可以调用 vsplit 沿垂直方向进行拆分，或者调用 array_split 方法将矩阵拆分成指定大小的数组。

图 9-50　打印数据

9.3　副本、浅拷贝和深拷贝

在对数组进行处理的过程中，有的操作会创建新数组，如切片；有的则不会，如将一个数组赋值给另一个变量。了解背后的原理可以写出高性能的数值分析程序，这里将几种情况总结如下。

9.3.1　副本

在 Python 中，可变对象是作为引用进行传递的，因此简单的赋值操作不会创建数据的副本，如图 9-51 所示。

```
1 import numpy as np
2
3 a = np.arange(16)
4 b = a
5 if b is a:
6     print("b和a是一样的")
7
8 print("a的地址： ", id(a))
9 print("b的地址： ", id(b))
10 b.shape = 4, 4
11 print("a的形状为： ", a.shape)
```

图 9-51　不复制数组的情况

执行结果如图 9-52 所示，可以看到 a 和 b 是完全一样的两个对象。

图 9-52　打印数据

9.3.2　浅拷贝

浅拷贝是指两个数组对象不同，但数据是共享的。调用 view 方法并对数组进行切片，可以创建一个对象的浅拷贝副本，如图 9-53 所示。

```
import numpy as np

a = np.arange(16)
b = a.view()
if b is a:
    print("b和a是同一个对象")
else:
    print("b和a不是同一个对象")

print("判断b的base是否和a一样: ", b.base is a)
print("判断b是否存在独立的一份数据拷贝: ", b.flags.owndata)
print("修改b的形状: ", (4, 4))
b.shape = 4, 4
print("输出a的形状", a.shape)
print("修改b的数据:b[0,2] = 10")
b[0, 2] = 100
print("查看a的数据: ", a)
print("数组切片: ")
c = a[1:3]
c[1] = 200
print("修改切片后的数组，然后查看对a的影响: ", a)
```

图 9-53　浅拷贝

执行结果如图 9-54 所示。

图 9-54　打印数据

9.3.3　深拷贝

深拷贝是根据原来的数组创建一个完全独立的副本。如图 9-55 所示，在数组上调用 copy 方法完成深拷贝。

```
import numpy as np

a = np.arange(16)
b = a.copy()
if b is a:
    print("b和a是同一个对象")
else:
    print("b和a不是同一个对象")

b[5] = 200
print("数组b: ", b)
print("数组a: ", a)
```

图 9-55　深拷贝

执行结果如图 9-56 所示，可见对数组 b 的修改并未影响到数组 a。

图 9-56　打印数据

9.4 高级索引

NumPy 提供了比常规 Python 序列更多的索引功能，除了通过整数和切片进行索引外，数组还可以通过其他整数数组、布尔及 ix( ) 函数进行索引。

9.4.1 通过数组索引

下面对一维数组进行索引。如图 9-57 所示，在第 5 行创建数组 b，a[b] 是指从原始数组 a 中按"1，1，3，4"的位置将数据取出构成新的一维数组；第 7 行索引是二维数组，因此最终结果是二维的，每一维仍然按索引数组给定的位置取值，然后构造新的数组。

```
1  import numpy as np
2
3  a = np.arange(10) * 2
4  print("原始数组: ", a)
5  b = np.array([1, 1, 3, 4])
6  print("通过b索引的数据: ", a[b])
7  c = np.array([[2, 3], [5, 6]])
8  print("通过c索引的数据: ", a[c])
```

图 9-57　通过数组进行索引

执行结果如图 9-58 所示。

图 9-58　打印数据

对多维数组进行索引，给出的索引数组将从原始数组的第一个维度上进行取值，如图 9-59 所示。

```
1  import numpy as np
2
3  data = np.array([[0, 0, 0, 99],
4                   [168, 0, 0, 23],
5                   [0, 198, 0, 78],
6                   [0, 0, 23, 64],
7                   [121, 0, 88, 36]])
8  index = np.array([[1, 2, 3, 4], [0, 2, 1, 3]])
9  print(data[index])
```

图 9-59　对多维数组进行索引

　　原始数组是一维的，使用二维数组进行索引，最终结果是二维的；原始数组是二维的，也使用二维数组进行索引，最终结果是三维的。因此使用二维数组索引，最终结果会在原始数组的基础上提升一个维度。如图 9-60 所示，这是一个三维数组，沿着原始数组的第一个维度将整条数据取出，比如索引中的"1"和"2"对应的取值是"[168，0，0，23]"和"[0，198，0，78]"，以此类推。

图 9-60　打印数据

　　对多维数组的每一个维度提供索引，要求每个维度的索引数必须相同。如图 9-61 所示，b 和 c 两个索引数组，每一个维度的索引个数是相同的。

```
1  import numpy as np
2
3  a = (np.arange(16) * 2).reshape(4, 4)
4  print("原始数组:")
5  print(a)
6  b = np.array([[0, 1], [2, 3]])
7  c = np.array([[1, 2], [3, 3]])
8  print("两个维度都使用二维数组索引: ")
9  print(a[b, c])
10 print("第一个维度都使用二维数组索引: ")
11 print(a[b, 1])
12 print("第二个维度都使用二维数组索引: ")
13 print(a[:, b])
```

图 9-61　对每个维度提供索引

　　执行结果如图 9-62 所示，这里的索引原理是：b 和 c 两个二维索引，从原始数组取值的顺序是，第一维为 [0-1，1-2]，第二维为 [2-3，3-3]。

图 9-62　打印数据

　　数组索引的一种常见应用场景是检索数组的极值，比如求时间序列中的最大时间值，订单中的最大销售额。如图 9-63 所示，在第 7 行找到数组中各列的最大值的位置，在第 11 行通过构造数组索引取出最大值并返回一个新的数组。

```
1  import numpy as np
2
3  a = (np.sin(np.arange(12) * 10)).reshape(4, 3)
4  print("原始数组")
5  print(a)
6
7  max_val_posi = a.argmax(axis=0)
8  print("每个列上最大值的位置: ")
9  print(max_val_posi)
10
11 data_max = a[max_val_posi, range(3)]
12 print("检索最大值，并返回新的数组: ")
13 print(data_max)
```

图 9-63　数组索引求最大值

执行结果如图 9-64 所示。

图 9-64　打印数据

9.4.2　通过布尔索引

对多维数组进行整数索引时返回的是整行或整列的数组，NumPy 提供了布尔索引，能更精准地筛选数据。如图 9-65 所示，使用与原始数组形状相同的布尔数组对整个原始数组进行筛选。

```python
import numpy as np

a = np.arange(8).reshape(2, 4)
print("原始数组a:")
print(a)

b = a > 4
print("新的布尔数组b: ")
print(b)

print("使用布尔数组进行筛选: ")
print(a[b])
```

图 9-65　布尔数组

执行结果如图 9-66 所示。

除此之外，NumPy 还支持在不同维度上单独设置布尔索引进行筛选，如图 9-67 所示。

图 9-66　打印数据

```python
import numpy as np

a = np.arange(8).reshape(2, 4)
print(a)
b1 = np.array([False, True])
b2 = np.array([True, False, True, False])
print("选取第一维的第2行，和所有列")
print(a[b1, :])
print("选取第一维的第2行，第二维的第1,3列")
print(a[b1, b2])
```

图 9-67　在不同维度上进行索引

执行结果如图 9-68 所示。

图 9-68　打印数据

9.4.3　通过 ix( )函数索引

NumPy 提供了 ix( ) 函数来构造索引，与一般的整数索引逻辑不同。如图 9-69 所示，其中第 6 行调用 ix( ) 函数创建索引，该函数的第一个参数是列表类型，表示选取第 0 行和第 1 行的数据；第二个参数也是列表类型，表示选取第 2 列和第 3 列的数据。

```
1  import numpy as np
2
3  a = np.arange(10).reshape(2, 5)
4  print(a)
5
6  b = np.ix_([0, 1], [2, 3])
7  print("使用整数数组筛选数据: ")
8  print(a[b])
9  c = np.ix_([True, True], [1, 3])
10 print("使用布尔数组筛选数据: ")
11 print(a[c])
```

图 9-69　使用 ix_ 函数构造索引

执行结果如图 9-70 所示。

图 9-70　打印数据

9.5　排序统计

NumPy 在数据运算方面比直接使用 Python 列表更为简便，尤其是在进行数组排序、统计分析时性能更高。

9.5.1　排序

NumPy 提供了多种排序方法，每种方法的排序速度、工作空间大小和稳定性各不相同，这里介绍几种常用的排序方法。

1. sort

sort 方法有两个，一个是数组对象上的，另一个是 np 模块上的。在数组对象上调用 sort 会对数组本身进行排序；调用 np 模块上的 sort，则会返回该数组对象的副本，意味着创建一个新的数组，这个新数组是排了序的。对于多维数组，可以设置沿哪一个轴排序。如图 9-71 所示，在第 10 行调用 sort 方法后，默认沿最后一个轴按升序排序；在第 12 行将轴设置为"None"，则会将数组中的所有数据取出进行排序，并返回一维数组；在第 18 行将轴设置为"0"，则会沿第一个轴进行排序。

```
1  import numpy as np
2
3  a = np.random.randint(1, 10, size=10)
4  print("将数组本身排序: ")
5  a.sort()
6  print(a)
7
8  a = np.array([[1, 4, 3], [3, 1, 7], [8, 5, 10], [4, 2, 15]])
9  print("沿最后一个轴排序: ")
10 print(np.sort(a))
11
12 b = np.sort(a, axis=None)
13 print("将数组所有数据后排序: ")
14 print(b)
15
16 c = np.array([[1, 4, 5], [13, 1, 6], [18, 5, 9], [14, 2, 10]])
17 print("沿第一个轴排序: ")
18 d = np.sort(c, axis=0)
19 print(d)
```

图 9-71　数组排序

执行结果如图 9-72 所示。

图 9-72　打印数据

对于结构化数组，排序则更为方便，在 sort 方法中设置参数 "order" 即可。如图 9-73 所示，在第 6 行，依次对 "math_score" 和 "en_score" 进行排序。

```
1  import numpy as np
2
3  data = [("Wilson", 98, 70), ("Bruce", 60, 98), ("Ivy", 98, 92)]
4  dtype = [("name", "S10"), ("math_score", int), ("en_score", int)]
5  a = np.array(data, dtype=dtype)
6  b = np.sort(a, order=["math_score", "en_score"])
7  print("排序后的结果：")
8  print(b)
```

图 9-73　对结构化数据排序

执行结果如图 9-74 所示。

排序后的结果：
[(b'Bruce', 60, 98) (b'Wilson', 98, 70) (b'Ivy', 98, 92)]

图 9-74　打印数据

2. lexsort

lexsort 方法并不具备排序功能，调用该方法返回的是参数中最后一个数据内各个元素的排序位置。如图 9-75 所示，返回的是数组 a，"[7，6，5，4，3，10，12，15]" 各数值按大小排序，对应在数组中的位置是 "[4，3，2，1，0，5，6，7]"。

```
1   import numpy as np
2
3   a = [7, 6, 5, 4, 3, 10, 12, 15]
4   b = [9, 4, 0, 2, 1, 7]
5   ind = np.lexsort((b, a))
6   print("lexsort返回各个元素在数组a中的排序位置：")
7   print(ind)
8   d = [(a[i], b[i]) for i in ind]
9   print("通过列表推导式创建的新数组：")
10  print(d)
```

图 9-75　返回排序位置

执行结果如图 9-76 所示。

图 9-76　打印数据

此外，argsort 方法同样是返回数组中各元素的位置，与 lexsort 类似，这里就不再赘述。

9.5.2　统计

在统计方面，NumPy 只提供了基本功能，比如求最大值、最小值、均值、方差等，一般情况下建议和 Pandas 配合使用。这里演示几个常用的统计函数，如图 9-77 所示。

```
1  import numpy as np
2
3  a = np.array([7, 6, 5, 4, 3, 10, 12, 15])
4  print("一维数组各元素求和: ", np.sum(a))
5  print("一维数组求均值: ", np.mean(a))
6  print("一维数组求最大值: ", np.max(a))
7  print("一维数组求方差: ", np.std(a))
8  print("一维数组求最大元素索引: ", np.argmax(a))
9
10 a = np.array([7, 6, 5, 4, 3, 10, 12, 15]).reshape(4, 2)
11 print("二维数组各元素迭代求和: ", np.cumsum(a))
12 print("二维数组全部元素求和: ", np.sum(a))
13 print("二维数组沿轴求和: ", np.sum(a, axis=1))
```

图 9-77　常用统计

执行结果如图 9-78 所示。

一维数组各元素求和: 62
一维数组求均值: 7.75
一维数组求最大值: 15
一维数组求方差: 3.929058411375428
一维数组求最大元素索引: 7
一维数组各元素迭代求和: [7 13 18 22 25 35 47 62]
二维数组全部元素求和: 62
二维数组沿轴求和: [13 9 13 27]

图 9-78　打印数据

9.6　新手问答

问题1：简述广播机制的作用。

答：对两个形状相同的数组进行加减乘除等运算，按各对应位置的元素直接执行运算操作即可。对不同形状的数组进行运算，则需要利用"广播机制"。如图 9-79 所示，二维数组和一维数组相加，只要两个数组形状的最后一个维度的值相同，或者其中一个数组最后一个维度的值为 1，那么即使不同形状也能进行运算。

```
1  import numpy as np
2
3  a = np.array([7, 6, 5, 4, 3, 10, 12, 15]).reshape(2, 4)
4  print("二维数组a: ")
5  print(a)
6  b = np.array([1, 2, 3, 4])
7  c = a + b
8  print("二维数组加一维数组: ")
9  print(c)
```

图 9-79　广播机制

执行结果如图 9-80 所示。

图 9-80　打印数据

问题2：简述浅拷贝和深拷贝的区别。

答：对一个已存在的数组 a 进行浅拷贝，得到新的数组 b，此时 a 和 b 是两个对立对象，但是共享一份数据，修改数组 b 的元素会同时反映到数组 a 上。进行深拷贝，则 a 和 b 的数据是独立的，互不影响。

问题3：数组中的数据个数和形状的关系是什么？

答：调用 size 方法可以获取数组中的元素个数，访问 shape 属性可以获取数组形状，反映的是数组中各维度上元素的个数。

9.7　实训：销售额统计

图 9-81 所示为一家商店的两种商品销售信息截图，其中包含两行，分别是商品 A 和商品 B 近10 天的销售额。现店主为了了解近 10 天的营业情况，需要统计商品 A 和商品 B 的总销售额、商品 A 和商品 B 分别的总销售额、超过 100 的销售额、商品 A 和商品 B 的平均销售额。

| 商品A | 80.5 | 65.2 | 44 | 59.3 | 38 | 98.2 | 92 | 80 | 120 | 92 |
| 商品B | 247.6 | 67 | 122 | 55 | 388.3 | 37 | 422 | 81 | 55 | 379 |

图 9-81　销售信息

1. 实现思路

首先读取原始销售信息并创建一个二维数组，然后调用 sum 方法求得总销售额，通过布尔索引获取金额超过 100 的数据，然后通过 NumPy 提供的 mean 方法求取每个维度上的平均值。

2. 编程实现

步骤 01：如图 9-82 所示，从 CSV 文件中读取销售信息，调用 localtxt 方法自动将数据转为二维数组。

步骤 02：在第 7 行调用 sum 方法求得总销售额；在第 8 行，通过将 axis 设置为 1，就可以求得每一行的总销售额；同理，在第 9 行可以求得平均销售额；在第 11 行通过“>”运算符筛选出二维数组中大于 100 的数据；最后在第 12 行进行筛选，得到最终结果。

```
1 import numpy as np
2
3 file = "订单信息.csv"
4 order_info = np.loadtxt(file, delimiter=",")
5 print("创建销售信息的数组：")
6 print(order_info)
7 print("获取总销售额：", np.sum(order_info))
8 print("获取每种商品总销售额：", np.sum(order_info, axis=1))
9 print("获取每种商品平均销售额：", np.mean(order_info, axis=1))
10 print("获取大于100的数据：")
11 tmp = order_info > 100
12 print(order_info[tmp])
```

图 9-82 统计营业额

执行结果如图 9-83 所示。

```
创建销售信息的数组：
[[ 80.5  65.2  44.   59.3  38.   98.2  92.   80.  120.   92. ]
 [247.6  67.  122.   55.  388.3  37.  422.   81.   55.  379. ]]
获取总销售额： 2623.1
获取每种商品总销售额： [ 769.2 1853.9]
获取每种商品平均销售额： [ 76.92 185.39]
获取大于100的数据：
[120.  247.6 122.  388.3 422.  379. ]
```

图 9-83 打印数据

本章小结

本章介绍了 NumPy 的主要数据对象 ndarry（也称多维数组），并介绍了如何访问多维数组的属性、如何创建多维数组、如何对数组进行基本运算、如何对数组进行切片和迭代，以及高级索引的方法。同时还介绍了对数组形状的操作、对数组进行复制以及常用的排序和统计方法。希望学习完本章后，读者能掌握 NumPy 的基础知识并能进行实际运用。

第10章
Matplotlib可视化

本章导读

Matplotlib是一个Python的2D绘图库，可以生成各种高质量图形。Matplotlib让数据可视化变得更简单，用户只需几行代码即可绘制直方图、功率谱、条形图、错误图、散点图等。本章主要介绍Matplotlib图形的要素、绘图步骤和常见图形绘制方法。

知识要点

通过对本章内容的学习，读者能掌握以下内容。

- Matplotlib的图形构成
- Matplotlib的绘图步骤
- 常见图形的绘制方法
- 整合NumPy绘图

10.1　图形的基本要素

在使用 Matplotlib 绘图之前，需要对图形建立基本的认识。图 10-1 是一张来自 Matplotlib 官网的图片，描述了"Matplotlib 图"的构成。

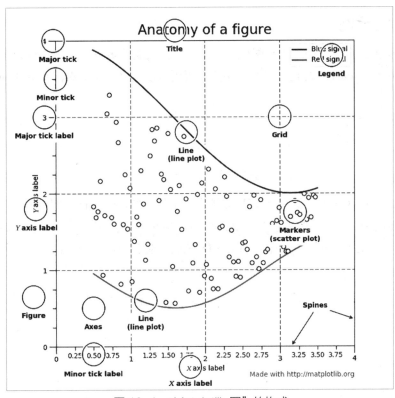

图 10-1　"Matplotlib 图"的构成

一张"Matplotlib 图"主要包含以下元素。

（1）Figure。通过调用 figure 方法可以创建一张画布，画布是创建图形的基础。通过该方法可以设置画布的大小，同时还可以将画布划分为多个区域，在每个区域都可以绘制一个单独的图形。

（2）Axes。表示画布上的轴。例如，二维图形就有两个轴，三维图形就有三个轴。一张画布上可以存在多个轴。

（3）Axis。是指每个轴上的数据范围，包括刻度线。

（4）Artist。是指图上的标题、图例、文本等可以被绘制到画布上的对象。

10.2　绘图基础

Matplotlib 使用 pyplot 模块来创建和绘制图形，并在图形上设置标签。创建一个图形大致分以下三个步骤。

（1）创建画布和划分画布的区域。

（2）设置图形各轴的刻度、标题等。

（3）展示或者保存图形。

接下来通过一些实例来介绍如何绘图。

10.2.1　入门示例

如图 10-2 所示，在第 1 行导入绘图包；在第 4 行传入绘图数据；在第 5 行设置列标题，需要设置 fontproperties= "SimHei" 才能正常显示中文，否则显示乱码；在第 6 行调用 show 显示图形。

```
1 import matplotlib.pyplot as plt
2
3 data = [1, 2, 3, 4, 5, 6, 7, 8, 9, 10]
4 plt.plot(data)
5 plt.ylabel("数字序列", fontproperties="SimHei")
6 plt.show()
```

图 10-2　传入一个数组

执行结果如图 10-3 所示，默认情况下绘制的是线条图形。生成行（即 x 轴）和列（即 y 轴）的数据范围的规则是，如果只传入一个数组，则 Matplotlib 默认为这是 y 轴的值，并以此自动生成 x 轴的值。由于 x 轴是从 0 开始的，而且 x 轴和 y 轴的绘制逻辑不一样，因此 x 轴的范围要比 y 轴小一个刻度。

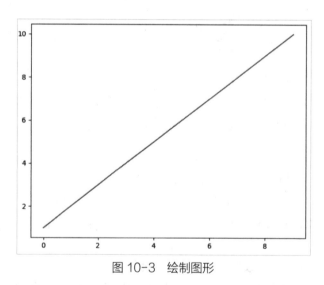

图 10-3　绘制图形

如果传入两个数组，那么第一个数组将被认为是 x 轴的值，第二个数组将被认为是 y 轴的值，如图 10-4 所示。

```
1 import matplotlib.pyplot as plt
2
3 data_x = [1, 2, 3, 4, 5]
4 data_y = [6, 7, 8, 9, 10]
5
6 plt.plot(data_x, data_y)
7 plt.ylabel("数字序列", fontproperties="SimHei")
8 plt.show()
```

图 10-4　传入两个数组

执行结果如图 10-5 所示，两个数组分别生成了 x 轴和 y 轴的刻度。

10.2.2　图形样式

plot 方法的第三个参数是字符串类型，用来设置绘图的颜色和线型。字符串由字母和符号构成，这些字母和符号来自于 MatLab。将字母和符号组合后传入 plot 方法，即可修改图形的创建方式。如图 10-6 所示，其中第 7 行，plot 的第三个参数"ro"就是 MatLab 的字母组合。

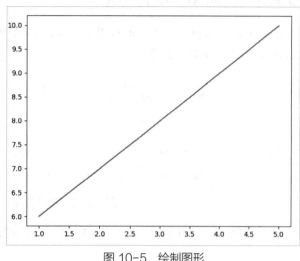

图 10-5　绘制图形

```
1  import matplotlib.pyplot as plt
2
3  data_x = [1, 2, 3, 4, 5]
4  data_y = [3, 5, 4, 7, 10]
5
6  plt.ylabel("数字序列", fontproperties="SimHei")
7  plt.plot(data_x, data_y, 'ro')
8  plt.axis([0, 10, 2, 12])
9  plt.show()
```

图 10-6　设置图形样式

执行结果如图 10-7 所示。其中"ro"控制图形的样式，图 10-6 中第 8 行的数组表示 [xmin, xmax, ymin, ymax]，即水平方向 x 轴的数据范围是 [0,10]，垂直方向 y 轴的数据范围是 [2,12]。

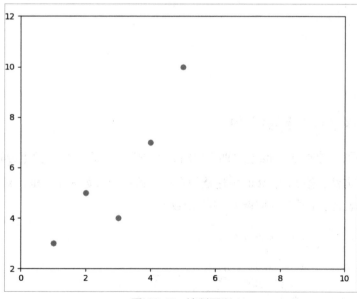

图 10-7　绘制图形

10.2.3　使用NumPy数组

实际上，传入 plot 的 Python 数组会在 Matplotlib 内部转换为 NumPy 数组，所以这里直接使用 NumPy 数组绘制图形。如图 10-8 所示，其中第 9 行，plot 使用 NumPy 数组作为参数。

```
1  import matplotlib.pyplot as plt
2  import numpy as np
3
4  data_x = np.array([1, 2, 3, 4, 5])
5  data_y = np.array([3, 5, 4, 7, 10])
6
7  plt.ylabel("数字序列", fontproperties="SimHei")
8
9  plt.plot(data_x * 2, data_y, 'r--', data_x * 3, data_y, 'bs')
10 plt.show()
```

图 10-8　基于 NumPy 绘制图形

执行结果如图 10-9 所示，plot 方法中的前三个参数用来绘制线条，后三个参数用来绘制方块。

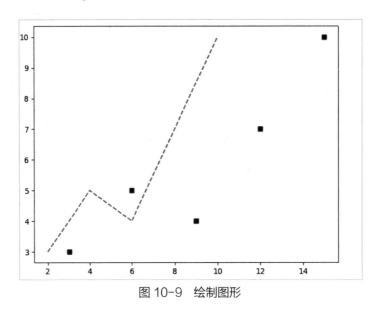

图 10-9　绘制图形

10.2.4　使用关键字参数绘图

如图 10-10 所示，数据字典 data 包含两个数组，即 "a" 和 "b"，每个数组分别包含 20 个元素。第 6 行调用 scatter 方法，给 Matplotlib 传递绘图数据，第一个参数表示 x 轴，对应字典键为 "a" 的数据，第二个参数表示 y 轴，对应键为 "b" 的数据。

```
1  import matplotlib.pyplot as plt
2  import numpy as np
3
4  data = {"a": np.arange(20),
5          "b": np.random.randint(0, 20, 20)}
6  plt.scatter("a", "b", data=data)
7  plt.xlabel("x 序列", fontproperties="SimHei")
8  plt.ylabel("y 序列", fontproperties="SimHei")
9  plt.show()
```

图 10-10　关键字参数

执行结果如图 10-11 所示。

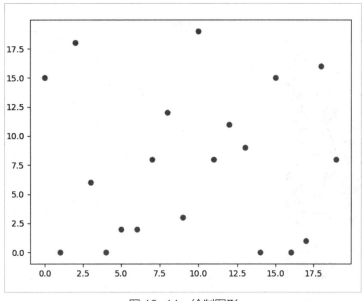

图 10-11　绘制图形

10.2.5　分组绘图

Matplotlib 允许分组绘制图形，如图 10-12 所示。group_name 表示组的名称，values 表示各组对应的值；第 9 行使用 figsize 设置画布的大小；第 11 行调用 subplot 方法在一张画布上创建子图，其中参数"131"指代的是三个参数"1，3，1"，这里的逗号可以省略，其表示的含义是画布分"1"行"3"列，在第一个子图区域绘图；第 13 行和第 15 行则分别表示在第二个和第三个子图区域绘图。

```
1  # !/usr/bin/python
2  # -*- coding: UTF-8 -*-
3
4  import matplotlib.pyplot as plt
5
6  group_name = ["A", "B", "C", "D", "E"]
7  values = [1, 20, 30, 40, 50]
8
9  plt.figure(1, figsize=(10, 5))
10
11 plt.subplot(131)
12 plt.bar(group_name, values)
13 plt.subplot(132)
14 plt.scatter(group_name, values)
15 plt.subplot(133)
16 plt.plot(group_name, values)
17 plt.suptitle("分组绘制", fontproperties="SimHei")
18 plt.show()
```

图 10-12　绘制图形

执行结果如图 10-13 所示。

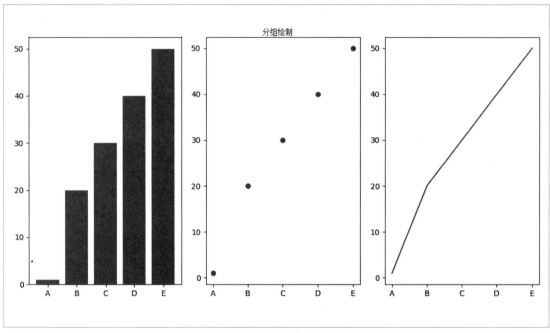

图 10-13　绘制图形

10.2.6　线条属性

调用 plot 方法绘制出的图形中有几条线就会返回几条线的对象，这些对象是 matplotlib.lines. Line2D 类型的实例，通过设置该实例的多种属性可以控制线条的显示。如图 10-14 所示，在第 6 行调用 plot 方法后会返回两条线的对象；在第 9 行通过调用实例的方法来设置第一条线的样式；在第 11 行调用 step 方法，同时设置两条线的样式。

```python
1  # !/usr/bin/python
2  # -*- coding: UTF-8 -*-
3
4  import matplotlib.pyplot as plt
5
6  lines = plt.plot([1, 2, 3, 4], [1, 4, 9, 16],
7                   [1, 2, 3, 4] * 2, [1, 4, 9, 16] * 2)
8  plt.axis([0, 6, 0, 20])
9  lines[0].set_antialiased(False)
10
11 plt.setp(lines, "color", "r", "linewidth", 2.0)
12 plt.show()
```

图 10-14　设置线条属性

执行结果如图 10-15 所示，可以看到第一条线有锯齿，参数 "r" 使线条显示为红色（跟着操作就会看到），线条的宽度都是 2.0 英寸。

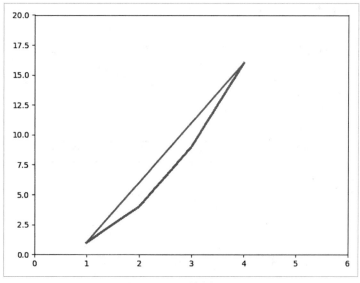

图 10-15　绘制图形

温馨提示

Line2D 可以设置的属性非常多，限于篇幅这里就不再赘述。在使用过程中执行 plt.setp(line)
即可获取所有可设置的属性列表。

10.2.7　画布与子图

如前文所述，调用 figure 方法可以创建一张画布，其中的参数表示画布的编号，该参数是可选
的。Matplotlib 中的画布有当前画布和非当前画布之分，设置 figure 参数即可使用当前画布。如图
10-16 所示，在第 6 行调用 figure 并传入 1，那么这张画布的编号就是 1；在第 12 行创建另一张画布，
编号是 2；第 16 行没有再创建新的画布，而是选择了第 1 张画布，因此第 17 行绘制的图形将被放
在第 1 张画布内。

```python
# !/usr/bin/python
# -*- coding: UTF-8 -*-

import matplotlib.pyplot as plt

plt.figure(1)
plt.subplot(211)
plt.plot([1, 2, 3])
plt.subplot(212)
line = plt.plot([4, 5, 6])

plt.figure(2)
plt.plot([4, 5, 6])
plt.show()

plt.figure(1)
plt.subplot(212)
plt.title("第1张画图的第2个子图", fontproperties="SimHei")
plt.show()
```

图 10-16　选择画布

执行结果如图 10-17 所示，分别绘制了三个图形。

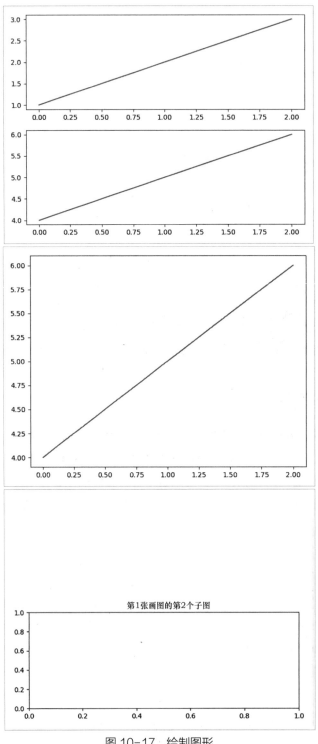

图 10-17　绘制图形

10.2.8　添加文本

xlabel、ylabel( )、title 和 subtitle 方法都是在图形中的指定位置添加文本，比如在 *x* 轴和 *y* 轴上或者是图形的标题上。若是需要在图形上某个指定的位置添加文本，则需要调用 text 方法。如图 10-18 所示，第 12 行在图中坐标为 (2，15) 的位置添加字符串。

```
1  # !/usr/bin/python
2  # -*- coding: UTF-8 -*-
3
4  import matplotlib.pyplot as plt
5
6  lines = plt.plot([1, 2, 3, 4], [1, 4, 9, 16])
7  plt.axis([0, 6, 0, 20])
8  lines[0].set_antialiased(False)
9  plt.title("线性图", fontproperties="SimHei")
10 plt.xlabel("x轴", fontsize=14, color="red", fontproperties="SimHei")
11 plt.ylabel("y轴", fontproperties="SimHei")
12 plt.text(2, 15, r"数据走势", color="green", fontproperties="SimHei")
13 plt.show()
```

图 10-18　在指定位置设置文本

执行结果如图 10-19 所示。

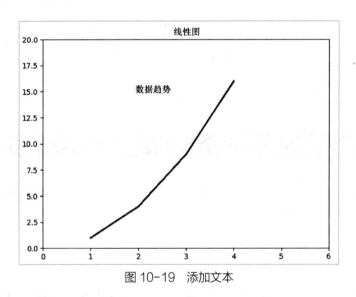

图 10-19　添加文本

给图形添加文本，一般都是用于注释。Matplotlib 提供了 annotate 方法用以在图形中添加注释，如图 10-20 所示。

```
1  # !/usr/bin/python
2  # -*- coding: UTF-8 -*-
3
4  import matplotlib.pyplot as plt
5
6  plt.plot([1, 5, 10, 15, 20, 25], [1, 5, 10, 15, 20, 25])
7
8  plt.annotate("中间值", xy=(12.5, 12.5), xytext=(15, 10), fontproperties="SimHei",
9              arrowprops=dict(facecolor='black', shrink=0.05))
10 plt.show()
```

图 10-20　图形注释

执行结果如图 10-21 所示。annotate 方法中的 xy 表示"箭头"的坐标位置，xytext 表示线段的起始位置，arrowprops 则控制线段的样式，如颜色和粗细等。

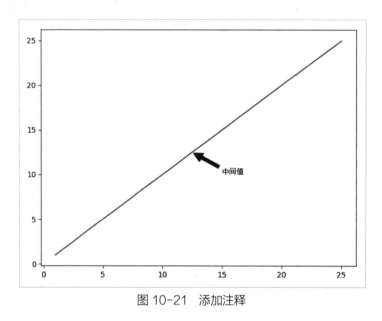

图 10-21　添加注释

10.3　设置样式

Matloplib 提供了大量的样式来控制图形的显示风格，这些样式由 matplotlib.style 模块提供。通过调用 style.use 可以切换图形样式。

10.3.1　样式表

如图 10-22 所示，在第 7 行使用内置的 fivethirtyeight 样式来设置图形显示风格。

```
1  # !/usr/bin/python
2  # -*- coding: UTF-8 -*-
3
4  import matplotlib.pyplot as plt
5  import numpy as np
6
7  plt.style.use("fivethirtyeight")
8  data = np.random.randn(50)
9  plt.plot(data)
10 plt.show()
11 print(plt.style.available)
```

图 10-22　使用样式

执行结果如图 10-23 所示。

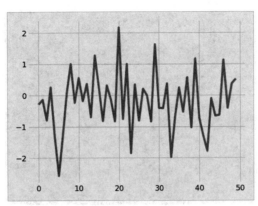

图 10-23　绘制图形

除此之外，通过访问 plt.style.available 属性可以获取样式列表。内置的样式列表如下：

```
['bmh', 'classic', 'dark_background', 'fast', 'fivethirtyeight',
'ggplot',
    'grayscale', 'seaborn-bright', 'seaborn-colorblind',
    'seaborn-dark-palette',
    'seaborn-dark', 'seaborn-darkgrid', 'seaborn-deep', 'seaborn-
muted',
    'seaborn-notebook', 'seaborn-paper', 'seaborn-pastel', 'seaborn-
poster',
    'seaborn-talk', 'seaborn-ticks', 'seaborn-white', 'seaborn-whitegrid',
    'seaborn', 'Solarize_Light2', 'tableau-colorblind10', '_classic_test']
```

若需要在图形中使用多种样式，直接将样式名称通过列表传入 use 方法即可。

```
plt.style.use(['dark_background', 'presentation'])
```

10.3.2　临时引入样式

plt.style.use 中的样式会在程序执行的过程中生效。假设在一个程序中需要绘制多个图，每个图要使用不同的样式，那么只需要将样式临时引入即可，如图 10-24 所示。

```
1  # !/usr/bin/python
2  # -*- coding: UTF-8 -*-
3
4  import matplotlib.pyplot as plt
5  import numpy as np
6
7  with plt.style.context(("dark_background")):
8      data = np.linspace(0, 3 * np.pi)
9      plt.plot(np.sin(data), "r-o")
10     plt.show()
```

图 10-24　临时引入样式

执行结果如图 10-25 所示。

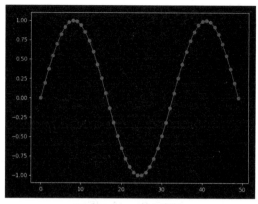

图 10-25　引入样式

10.3.3　rc参数

通过 rc 参数可以在程序中动态地修改图形样式。如图 10-26 所示，第 8 行将线条宽度设为 2 英寸，第 10 行将线条样式设置为"-."。

```python
1  # !/usr/bin/python
2  # -*- coding: UTF-8 -*-
3
4  import matplotlib.pyplot as plt
5  import numpy as np
6  from sympy.physics.quantum.tests.test_circuitplot import mpl
7
8  mpl.rcParams['lines.linewidth'] = 2
9  mpl.rcParams['lines.color'] = 'r'
10 plt.plot(np.sin(np.arange(0, 10)), 'b-.')
11 plt.show()
```

图 10-26　使用 rc 参数

执行结果如图 10-27 所示。

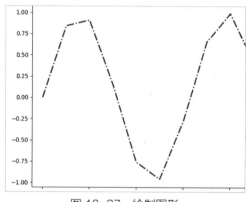

图 10-27　绘制图形

温馨提示

rc 参数是一个字典，定义了非常多的可修改属性，这些属性存储在 matplotlibrc 文件中，一般情况下可以在 Matplotlib 安装目录下找到。

10.4　图形样例

前面介绍了绘图的基本要素和方式，本节将介绍如何使用 Matplotlib 绘制生产环境中常见的图形。

10.4.1　线图

1. 绘图示例

可调用 plot 方法绘制点图和线图，调用方式如下：

```
plot([x], y, [fmt], data=None, **kwargs)
plot([x], y, [fmt], [x2], y2, [fmt2], ..., **kwargs)
```

其中 x 和 y 表示点或线的坐标，带中括号的都是可选参数，其中 [fmt] 是多个字符串的组合，用来设置点或线的颜色和线条的样式。如图 10-28 所示，通过设置 [fmt] 参数绘制线图和点图。

```python
1  # !/usr/bin/python
2  # -*- coding: UTF-8 -*-
3
4  import matplotlib.pyplot as plt
5  import numpy as np
6
7  plt.figure(1)
8  plt.subplot(211)
9  plt.plot(np.sin(np.arange(0, 10)), 'b-.')
10 plt.subplot(212)
11 plt.plot(np.sin(np.arange(0, 10)), 'r+')
12 plt.show()
```

图 10-28　绘制点图

执行结果如图 10-29 所示。

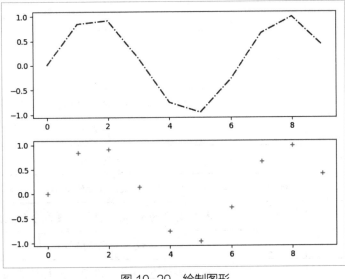

图 10-29　绘制图形

189

也可以通过设置 Line2D 属性，即设置关键字参数来控制图形显示风格，效果与设置 [fmt] 参数一样。例如：

```
plot(data, 'go--', linewidth=2, markersize=12)
plot(data,color='green',marker='o',linestyle='dashed',markersize=12)
```

当同时设置了关键字参数和 [fmt] 参数，而它们的属性有冲突时，以关键字参数为准。

2. Line2D属性列表

Line2D 属性如列表 10-1 所示。

表 10-1　Line2D 属性列表

属性	描述
agg_filter	一个过滤函数，它会取一个（m，n，3）浮点数和一个 dpi 值，并返回一个（m，n，3）数组
alpha	参数类型为 float，用于设置透明度
animated	参数类型为 bool，用于设置动画
antialiased	参数类型为 bool，用于设置是否使用抗锯齿渲染。
color	参数类型为 color，用于设置线条颜色
dash_capstyle	参数取值为 {'butt', 'round', 'projecting'}，用于设置点样式
dash_joinstyle	参数取值为 {'miter', 'round', 'bevel'}，用于设置点连接样式
dashes	参数取值为 sequence of floats (on/off ink in points) or (None, None)，用于设置点的序列
drawstyle	参数取值 {'default', 'steps', 'steps-pre', 'steps-mid', 'steps-post'}，用于设置绘制风格
figure	画布的实例
fillstyle	参数取值为 {'full', 'left', 'right', 'bottom', 'top', 'none'}，用于设置填充风格
in_layout	设置布局
label	设置图例
linestyle	参数取值为 {'-', '--', '-.', ':', '', (offset, on-off-seq), ...}，用于设置线条的样式
linewidth	参数类型为 float，用于设置线条的宽度
marker	设置标记的实例
markeredgecolor	参数类型为 color，用于设置标记的颜色

续表

属性	描述
markeredgewidth	参数类型为 float，用于设置标记边缘的宽度
markerfacecolor	参数类型为 color，用于设置标记面的颜色
markersize	参数类型为 float，用于设置标记的尺寸
picker	参数取值为 float or callable[[Artist, Event], Tuple[bool, dict]]，选择器
sketch_params	参数取值为 (scale: float, length: float, randomness: float)，用于设置图像拉伸参数
solid_capstyle	参数取值为 {'butt', 'round', 'projecting'}，用于设置实线风格
solid_joinstyle	参数取值为 {'miter', 'round', 'bevel'}，用于设置实线连接风格
url	参数类型为 str，用于设置图 URL
visible	参数类型为 bool，用于设置图像是否可见
xdata	参数类型为 1D array，用于设置 x 轴数据
ydata	参数类型为 1D array，用于设置 y 轴数据
zorder	参数类型为 float，用于设置图形层叠的顺序

3. fmt参数

fmt 参数是可选参数，它是一个组合字符串，由以下三部分构成，每个部分都是可选的。

- color：表示图形的颜色
- marker：表示点的类型
- line：表示线条的风格

```
fmt = '[color][marker][line]'
```

（1）color 取值列表。fmt 若是由多个部分构成，color 则从表 10-2 中取值；若是字符串中只有颜色部分，则颜色可以用十六进制字符串表示，如 #00FF00。

表 10-2　color 取值列表

字符	颜色	字符	颜色
'b'	蓝色	'm'	洋红色
'g'	绿色	'y'	黄色
'r'	红色	'k'	黑色
'c'	青色	'w'	白色

（2）marker 取值列表如表 10-3 所示。

表 10-3　marker 取值列表

字符	描述	字符	描述
'.'	点标记	's'	方形标记
','	像素标记	'p'	五边形标记
'o'	圆圈标记	'*'	明星标记
'v'	triangle_down 标记	'h'	hexagon1 标记
'^'	triangle_up 标记	'H'	hexagon2 标记
'<'	triangle_left 标记	'+'	加上标记
'>'	triangle_right 标记	'x'	x 标记
'1'	tri_down 标记	'D'	钻石标记
'2'	tri_up 标记	'd'	thin_diamond 标记
'3'	tri_left 标记	'|'	vline 标记
'4'	tri_right 标记	'_'	hline 标记

（3）line 取值列表如表 10-4 所示。

表 10-4　line 取值列表

字符	描述
'-'	实线样式
'--'	虚线样式
'-.'	点划线样式
':'	虚线样式

10.4.2　直方图

如图 10-30 所示，调用 hist 方法绘制直方图。参数 bins 表示图中条形的个数；color 表示条形的颜色；edgecolor 是条形边缘的颜色；alpha 是指条形的透明度。

```
1  # !/usr/bin/python
2  # -*- coding: UTF-8 -*-
3  import numpy as np
4  import matplotlib.pyplot as plt
5
6  plt.rcParams["font.sans-serif"] = ["SimHei"]
7
8  data = np.array([0, 1, 1, 2, 2,
9                   2, 2, 3, 3, 3,
10                  3, 3, 4, 4, 4,
11                  4, 6, 6, 6, 10])
12 plt.hist(data, bins=10, color="red", edgecolor="black", alpha=1)
13 plt.xlabel("范围")
14 plt.ylabel("频数或者频率")
15 plt.title("直方图")
16 plt.show()
```

图 10-30　直方图（1）

执行结果如图 10-31 所示。每一个条形表示这个数据在整体样本中出现的次数（也称频数或频率）。直方图的条形实际上是没有间隙的，但是图中 4~6、6~10 出现了间隙。这是因为整个条形图有 10 个条形，每个或每组数字都有自己对应的条形，其中 5~6、7~8、8~9 的频数为 0，因此绘制的是高度为 0 的条形。

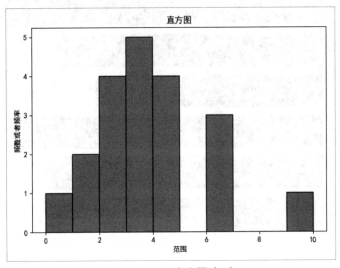

图 10-31　直方图（2）

10.4.3　条形图

条形图有多种展示方法，这里主要介绍水平条形图和垂直条形图。

1. 水平条形图

绘制水平条形图需要调用 barh 方法。如图 10-32 所示，在第 10 行传入每位同学的成绩并绘制 6 个条形；在第 11 行传入 names 数组作为 y 轴上的刻度；x 轴上的数据范围则会根据 score 数组自动生成。

```
1  # !/usr/bin/python
2  # -*- coding: UTF-8 -*-
3  import matplotlib.pyplot as plt
4
5  plt.rcParams["font.sans-serif"] = ["SimHei"]
6
7  names = ["Wilson", "Warren", "Leon", "Bruce", "Andrew", "Edith"]
8  score = [69, 85, 98, 71, 82, 99]
9
10 plt.barh(range(6), score, color="red")
11 plt.yticks(range(6), names)
12
13 for i in range(6):
14     plt.text(score[i], i, score[i])
15
16 plt.show()
```

图 10-32　绘制水平条形图

执行结果如图 10-33 所示。

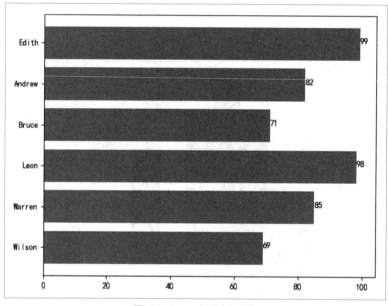

图 10-33　水平条形图

2. 垂直条形图

可以直接调用 bar 方法绘制垂直的条形图。如图 10-34 所示,第 10 行根据 en_score 创建条形图。其中第一个参数表示 x 轴上的范围,会在 x 轴上等间距创建 6 个刻度并绘制图形;height 表示 y 轴上的数据范围;width 表示一个条形的宽度;label 表示该条形的名称。第 11 行根据 math_score 创建图形,注意 bar 的第一个参数在每一个刻度上加上了宽度 0.3,因此可以看到两个条形图并排显示,否则两个条形图将会重叠。第 13 行则表示 names 的绘制位置在两个条形的中间,因此偏移量是宽度除以 2,即 0.3/2=0.15。第 19~24 行则是在每个条形顶端显示对应的数值。

```
1  # -*- coding: UTF-8 -*-
2  import matplotlib.pyplot as plt
3
4  plt.rcParams["font.sans-serif"] = ["SimHei"]
5
6  names = ["Wilson", "Warren", "Leon", "Bruce", "Andrew", "Edith"]
7  en_score = [69, 85, 72, 40, 55, 99]
8  math_score = [79, 78, 100, 87, 81, 68]
9
10 en_bar = plt.bar(range(6), height=en_score, width=0.3, alpha=0.8, color="red", label="英语成绩")
11 math_bar = plt.bar([i + 0.3 for i in range(6)], height=math_score, width=0.3, color="green",
   label="数学成绩")
12
13 plt.xticks([i + 0.15 for i in range(6)], names)
14 plt.xlabel("成绩统计图")
15
16 plt.legend()
17 plt.ylabel("成绩范围")
18
19 for en in en_bar:
20     height = en.get_height()
21     plt.text(en.get_x() + en.get_width() / 2, height + 1, str(height), ha="center", va="bottom")
22 for math in math_bar:
23     height = math.get_height()
24     plt.text(math.get_x() + math.get_width() / 2, height + 1, str(height), ha="center", va="bottom")
25
26 plt.show()
```

图 10-34　绘制垂直条形图

执行结果如图 10-35 所示。

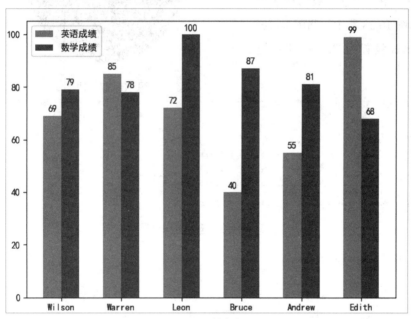

图 10-35　垂直条形图

10.4.4　饼状图

如图 10-36 所示，使用 pie 方法绘制饼图。第 11 行，第一个参数是绘制饼图的基础数据；explode 表示需要突出显示哪些部分；colors 表示每个部分的颜色。

195

```
1  # !/usr/bin/python
2  # -*- coding: UTF-8 -*-
3  import matplotlib.pyplot as plt
4
5  plt.rcParams["font.sans-serif"] = ["SimHei"]
6
7  leves = ["优", "良", "中", "差"]
8  data = [10, 15, 20, 15]
9  colors = ["red", "green", "purple", "royalblue"]
10 explode = [0.1, 0, 0, 0]
11 plt.pie(data, explode=explode, colors=colors,
12        labels=leves, labeldistance=1.1,
13        shadow=False, startangle=90, pctdistance=0.6)
14
15 plt.legend()
16 plt.show()
```

图 10-36　绘制饼图

执行结果如图 10-37 所示。

10.4.5　散点图

散点图一般用于观察各数据样本的
分布状态。如图 10-38 所示，调用 scatter
方法并将 marker 设置为 "o"，即可创
建散点图。

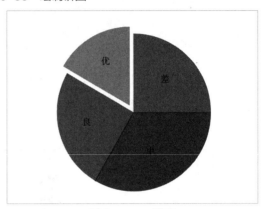

图 10-37　饼图

```
1  # !/usr/bin/python
2  # -*- coding: UTF-8 -*-
3  import matplotlib.pyplot as plt
4  import numpy as np
5
6  plt.rcParams["font.sans-serif"] = ["SimHei"]
7
8  data_x = np.array([92, 68, 78, 69, 95, 99, 89, 72])
9  data_y = np.array([46, 34, 39, 60, 74, 85, 59, 98])
10 plt.figure(1)
11 plt.scatter(data_x, data_y, marker="o", c="r")
12 plt.show()
```

图 10-38　绘制散点图

执行结果如图 10-39 所示。

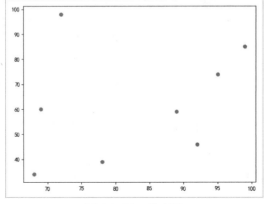

图 10-39　散点图

10.4.6　箱线图

箱线图常用于观察数据整体的分布情况。如图 10-40 所示，第 10 行调用 boxplot 方法绘制箱线图，其中 meanline 表示是否显示平均值线；notch 表示箱体是否显示缺口。

```
1  # !/usr/bin/python
2  # -*- coding: UTF-8 -*-
3  import matplotlib.pyplot as plt
4  import numpy as np
5
6  plt.rcParams["font.sans-serif"] = ["SimHei"]
7
8  data = np.array([92, 68, 78, 69, 95, 99, 89, 72,
9                   46, 34, 39, 60, 74, 85, 59, 98])
10 plt.boxplot(data, meanline=True, notch=True)
11 plt.show()
```

图 10-40　绘制箱线图

执行结果如图 10-41 所示。

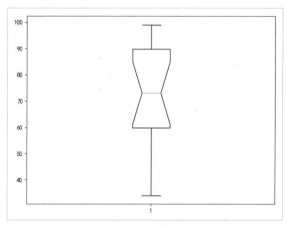

图 10-41　箱线图

10.4.7　极坐标图

极坐标图也称雷达图。如图 10-42 所示，其中第 8 行调用 subplot 方法并设置 projection="polar" 创建极坐标系，然后在第 9 行设置坐标系的刻度，在第 10 行传入数据，使用"-."设置线条样式，并通过 lw 参数设置线条宽度。

```
1  # !/usr/bin/python
2  # -*- coding: UTF-8 -*-
3  import matplotlib.pyplot as plt
4  import numpy as np
5
6  data = np.arange(0, 100, 10)
7  print(data)
8  ax = plt.subplot(111, projection="polar")
9  ax.set_xticklabels(["S1", "S2", "S3", "S4", "S5", "S6", "S7", "8"])
10 ax.plot(data, data, "-.", lw=2)
11 plt.show()
```

图 10-42　绘制极坐标图

执行结果如图 10-43 所示。

10.4.8　折线图

折线图主要用于反映数据走势。如图 10-44 所示，在第 12 行调用 plot 方法，并将参数 marker 设置为 "o"，即可完成折线图的绘制。marker 参数的作用是定义图形的形状为 "点型"，对应的 "o" 值是设置点的形状为圆形。

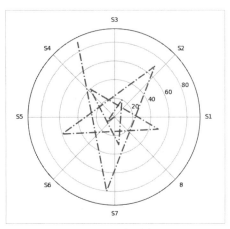

图 10-43　极坐标图

```
1  # !/usr/bin/python
2  # -*- coding: UTF-8 -*-
3  import matplotlib.pyplot as plt
4  import numpy as np
5
6  plt.rcParams["font.sans-serif"] = ["SimHei"]
7
8  mean_scores = np.array([94, 85, 75, 91, 69, 83, 89, 86])
9  term = ["第一学期", "第二学期", "第三学期", "第四学期",
10         "第五学期", "第六学期", "第七学期", "第八学期"]
11
12 plt.plot(term, mean_scores, color="r", marker="o")
13
14 plt.xlabel("成绩分析")
15 plt.ylabel("成绩")
16 plt.show()
```

图 10-44　绘制折线图

执行结果如图 10-45 所示。

10.5　新手问答

问题1：简述Matplotlib绘图流程。

答：Matplotlib 绘图流程主要分 3 步。

步骤 01：创建画布，并确定是否需要创建子图。

步骤 02：选定画布，若有子图则需要选定子图，然后再传入 x、y 轴的数据并设置对应刻度，绘制图形。此时可以添加图例，注意图例需要在绘图之后添加。

步骤 03：展示图形或者保存图形。

问题2：简述箱线图的结构。

答：如图 10-46 所示，箱线图主要由五部分构成：极大值、极小值、上四分位数和下四分位数、中位数、

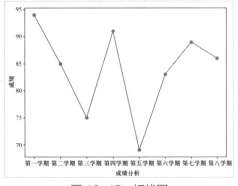

图 10-45　折线图

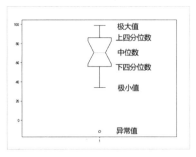

图 10-46　箱线图

异常值。通过算法用该图展示数据的整体分布情况。

问题3：简述Matplotlib主要绘图函数。

答：Matplotlib 提供了多种绘图函数，其中常用的函数如下。

（1）plot：绘制线条图，常用于分析数据走势。

（2）scatter：绘制散点图，常用于分析数据分布。

（3）hist：绘制直方图，常用于分析对比数据。

（4）bar：绘制条形图，常用于分组分析对比数据。

（5）barh：绘制水平方向的条形图。

（6）pie：绘制饼状图。

（7）boxplot：绘制箱线图。

10.6　实训：营业数据可视化

图 10-47 所示的是两家门店的产品销售数据。现在店主需要分析这两家门店的销售情况，希望了解两家门店的销售情况走势、每家门店的销售额占总销售额的比例，以及两家门店的同比销售情况。

2019/1/1	门店1	180671	2019/1/1	门店2	729633
2019/1/2	门店1	359228	2019/1/2	门店2	810580
2019/1/3	门店1	159121	2019/1/3	门店2	680160
2019/1/4	门店1	897699	2019/1/4	门店2	431162
2019/1/5	门店1	148982	2019/1/5	门店2	378325
2019/1/6	门店1	661987	2019/1/6	门店2	787321
2019/1/7	门店1	162911	2019/1/7	门店2	864241
2019/1/8	门店1	130758	2019/1/8	门店2	203056
2019/1/9	门店1	148375	2019/1/9	门店2	838913
2019/1/10	门店1	755108	2019/1/10	门店2	363186
2019/1/11	门店1	906949	2019/1/11	门店2	973923
2019/1/12	门店1	846226	2019/1/12	门店2	153690
2019/1/13	门店1	364575	2019/1/13	门店2	776098
2019/1/14	门店1	814937	2019/1/14	门店2	231593
2019/1/15	门店1	977634	2019/1/15	门店2	137573

图 10-47　门店销售数据

1.实现思路

首先读取原始销售信息，将时间信息和每家门店的销售数据分别建立 3 个数组。分析数据走势使用折线图；分析占比使用饼图；分析同比情况使用条形图。

2.编程实现

步骤 01：数据预处理。

如图 10-48 所示，读取原始数据文件，在第 13 和 14 行通过切片的方式分别创建门店 1 和门店 2 的数据对象，然后创建一张画布。

```
1  # !/usr/bin/python
2  # -*- coding: UTF-8 -*-
3  import datetime
4
5  import matplotlib.pyplot as plt
6  import numpy as np
7
8  plt.rcParams["font.sans-serif"] = ["SimHei"]
9  file = "销售数据.CSV"
10
11 # 处理数据
12 sales_info = np.loadtxt(file, dtype=np.str, delimiter=",")
13 sales_info_1 = sales_info[0:15, :]
14 sales_info_2 = sales_info[15:-1, :]
15
16 plt.figure()
```

图 10-48　数据预处理

步骤 02：绘制折线图。

如图 10-49 所示，第 18 行通过 sales_info_1[:, 0] 参数取得时间序列并将其作为 *x* 轴数据；通过 sales_info_1[:, 2].astype(int) 参数取得当日销售额并转为 int 类型作为 *y* 轴数据。

```
18 plt.plot(sales_info_1[:, 0], sales_info_1[:, 2].astype(int), color="r", marker="o")
19 plt.plot(sales_info_2[:, 0], sales_info_2[:, 2].astype(int), color="g", marker="o")
20 plt.xticks(range(15), sales_info[range(15), 0], rotation=45)
21 plt.show()
```

图 10-49 绘制折线图

绘图效果如图 10-50 所示。

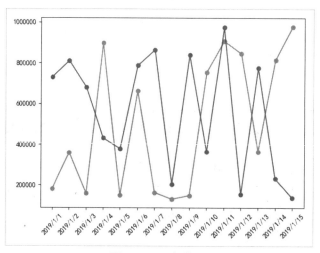

图 10-50 折线图

步骤 03：绘制饼图。

如图 10-51 所示，第 25 和 26 行分别计算两家门店的总销售额，然后绘制饼图。

```
25 sales_info_1_sum = sales_info_1[:, 2].astype(int).sum()
26 sales_info_2_sum = sales_info_2[:, 2].astype(int).sum()
27
28 pie_data = np.array([sales_info_1_sum, sales_info_2_sum])
29 mendian = ["门店1", "门店2"]
30 colors = ["red", "green"]
31 explode = [0.05, 0]
32 plt.pie(pie_data, explode=explode, colors=colors,
33         labels=mendian, labeldistance=1.1,
34         shadow=False, startangle=90, pctdistance=0.6)
35 plt.legend()
36 plt.show()
```

图 10-51 绘制饼图

绘图效果如图 10-52 所示。

步骤 04：绘制条形图。

如图 10-53 所示，在第 41 和 43 行分别获取每家门店当天的数据；在第 46 和 47 行分别创建两个条形图；在第 54 到 59 行给每个列设置标注。

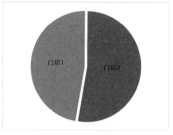

图 10-52 饼图

```
39  date_list = sales_info_1[:, 0]
40  count = date_list.size
41  mendian_1 = sales_info_1[:, 2].astype(int)
42  print(mendian_1)
43  mendian_2 = sales_info_2[:, 2].astype(int)
44  print(mendian_2)
45
46  mendian_bar_1 = plt.bar(range(count), height=mendian_1, width=0.3, alpha=0.8, color="red",
    label="1店销售额")
47  mendian_bar_2 = plt.bar([i + 0.3 for i in range(count)], height=mendian_2, width=0.3, color="green",
    label="2店销售额")
48
49  plt.xticks([i + 0.15 for i in range(count)], date_list, rotation=45)
50  plt.xlabel("销售分析图")
51
52  plt.legend()
53
54  for m1 in mendian_bar_1:
55      height = m1.get_height()
56      plt.text(m1.get_x() + m1.get_width() / 2, height + 1, str(height), ha="center", va="bottom",
        rotation=90)
57  for m2 in mendian_bar_2:
58      height = m2.get_height()
59      plt.text(m2.get_x() + m2.get_width() / 2, height + 1, str(height), ha="center", va="bottom",
        rotation=90)
60
61  plt.show()
```

图 10-53　绘制条形图

绘图效果如图 10-54 所示。

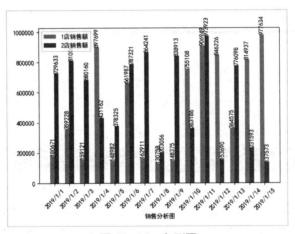

图 10-54　条形图

完整示例代码见随书源码 chapter 10。

本章小结

　　本章介绍了 Matplotlib 图形的基本要素和图形绘制流程，还介绍了如何控制图形样式、分组绘图、通过关键字参数绘图、创建画布和子图、给图形添加文本标注。最后讲解了常见的 Matplotlib 图形绘制方法，如直方图、条形图、折线图等。读者在学习过程中应多加练习，利用 Matplotlib 绘图使数据可视化。

第11章

Pandas统计分析

本章导读

　　Pandas是Python中的一个非常重要的数据统计分析库，包含了众多API，使数据分析流程变得简单高效。本章主要介绍Pandas数据结构的创建方式，数据的整体性描述，在数据处理过程中调用自定义函数，利用常用API进行聚合、分组统计，还将介绍如何进行数据整理和多维度分析，以及对MySQL的读写等内容。

知识要点

通过对本章内容的学习，读者能掌握以下内容。

● 对Pandas数据结构的操作

● 如何利用Pandas进行数据统计

● 时间序列的创建和运算

● 数据清洗的方法

● 透视表和交叉表的使用

● 对MySQL的读写

11.1　Pandas数据结构

Pandas 是建立在 NumPy 之上的数据分析库，该库提供了多种统计与分析功能，这些功能主要是基于两个核心的数据结构：序列 (Series) 和数据帧 (DataFrame)。

11.1.1　数据结构

使用序列和数据帧非常容易。序列是一维数组，数据帧是二维数组，面板是三维数组。高维数组是由低维数组组合而来的。

（1）序列：是包含同种数据类型的数组，其中的数据类型可以是整数型、浮点型等，大小固定。

（2）数据帧：可以理解成一个二维的表格，包含多个列，每一列的内部数据类型相同，列与列之间的类型可以不同，大小可变。

> **温馨提示**
>
> Pandas 提供了 Panel 这种数据结构来表达三维数据。但是未来的版本将移除 Panel 对象，并使用多维数据帧代替，因此这里不再赘述。

11.1.2　序列

序列包含两个对象：索引和数据。Pandas 调用 Series 方法创建序列，Series 方法包含多个参数，其中常用的参数如下。

（1）data：用于创建序列对象的原始数据，可以是列表、字典等数据结构。

（2）index：索引也称为标签，通过索引可以确定序列中具体的元素，类似于访问数组元素的下标。

（3）dtype: 序列中的数据类型，如果在创建的时候没有指定数据类型，该方法将自动推断类型。

（4）copy：是否创建数据副本，默认为 False。

1. 创建空序列

如图 11-1 所示，调用 Series 方法，使用该方法的默认参数即可创建一个空的序列。

```
1 import pandas as pd
2
3 data = pd.Series()
4 print("默认的空序列：", data)
```

图 11-1　创建空序列

执行结果如图 11-2 所示，“[ ]”中不包含任何内容，数据类型默认为 64 位浮点数 (float64)。

图 11-2　打印数据

2. 通过数值创建序列

如图 11-3 所示，将数值 5 作为初始数据构建序列。参数 index 的长度就是该数值在最终结果中重复的次数。

```
1  import pandas as pd
2
3  data = pd.Series(5, index=[0, 1, 2])
4  print(data)
```

图 11-3　用常量创建序列

执行结果如图 11-4 所示。其中第 1 列是索引，索引可以理解为一本书的目录，通过索引可以定位到具体的值。第 2 列是序列的数值，因为索引有 3 个，所以数值 5 重复 3 次。

图 11-4　打印数据

使用常量创建序列，并不要求一定要提供索引参数，也不要求索引参数的数值一定要连续或索引数组的数据类型一定是整型。如图 11-5 所示，使用字符数组作为索引创建序列。

```
1  import pandas as pd
2
3  data = pd.Series(5, index=["a", "b", "d"])
4  print(data)
```

图 11-5　字符数组的索引

执行结果如 11-6 所示，序列使用字符作为索引。

3. 通过NumPy数组创建序列

Pandas 通过将 Numpy 数组传入 Series 方法以创建序列，如图 11-7 所示。

图 11-6　打印数据

```
1  import pandas as pd
2  import numpy as np
3
4  init_data = np.array(['hello', 'world', 'python'])
5  data = pd.Series(init_data)
6  print(data)
```

图 11-7　使用 NumPy.ndarray 创建序列

执行结果如图 11-8 所示，数据类型为 object 类型。

修改上述示例，给创建的序列指定索引，如图 11-9 所示。注意：初始数据中有 3 个元素，索引中只有 2 个元素。

图 11-8　打印数据

```
1  import pandas as pd
2  import numpy as np
3
4  init_data = np.array(['hello', 'world', 'python'])
5  data = pd.Series(init_data, index=[1, 2])
6  print(data)
```

图 11-9　指定索引

执行结果如图 11-9，可以看到索引长度和初始数据的长度不一致，导致报错，因此需要保持两者长度一致。

```
File "D:\ProgramData\Anaconda3\lib\site-packages\pandas\core\internals.py", line 2719, in make_block
    return klass(values, ndim=ndim, fastpath=fastpath, placement=placement)
File "D:\ProgramData\Anaconda3\lib\site-packages\pandas\core\internals.py", line 1844, in __init__
    placement=placement, **kwargs)
File "D:\ProgramData\Anaconda3\lib\site-packages\pandas\core\internals.py", line 115, in __init__
    len(self.mgr_locs)))
ValueError: Wrong number of items passed 3, placement implies 2
```

图 11-10　打印数据

4. 通过字典创建序列

创建一个字典对象，将其作为创建序列的初始数据，如图 11-11 所示。

```
1 import pandas as pd
2
3 init_data = {"name": "Ivy", "age": 10}
4 data = pd.Series(init_data)
5 print(data)
```

图 11-11　基于字典创建序列

执行结果如图 11-12 所示，字典中的键被作为索引列。

在创建序列时若是需要手动索引，那么索引数组必须和字典的键一一对应，如图 11-13 所示。

```
D:\ProgramData\Anaconda3\python.exe
age        10
name      Ivy
dtype: object
```

图 11-12　打印数据

```
1 import pandas as pd
2
3 init_data = {"name": "Ivy", "age": 10}
4 data = pd.Series(init_data, index=["name", "age1"])
5 print(data)
```

图 11-13　手动索引

字典中不存在名为"age1"的键，"age1"在字典中没有对应的值。因此在构建序列时，索引"age1"对应的值为"NaN"，执行结果如图 11-14 所示。

```
D:\ProgramData\Anaconda3\python.exe
name      Ivy
age1      NaN
dtype: object
```

图 11-14　打印数据

5. 通过列表创建序列

直接传入列表也可以创建序列，如图 11-15 所示。其中第 4 行 Series 的第一个参数是普通的 Python 列表，第二个参数是给列表元素指定索引。同理，也可以基于元组创建序列。

```
1 import pandas as pd
2
3 init_data = ["hello", "world", "python"]
4 data = pd.Series(init_data, index=[1, 2, 3])
5 print(data)
```

图 11-15　基于列表创建序列

11.1.3 数据帧

如图 11-16 所示，该二维表包含 3 个列，分别为姓名、年龄和性别。数据帧就是类似的结构，由行列组成。

Pandas 调用 DataFrame 方法创建数据帧，其中常用的参数如下。

（1）data：用于创建数据帧对象的原始数据，可以是字典、序列等数据结构或其他的数据帧。

name	age	gender
Wilson	15	man
Warren	21	man
Leon	18	man
Bruce	24	man
Andrew	20	man
Edith	15	woman
Ivy	25	woman
Lucy	27	woman
Chelsea	19	woman

图 11-16　二维表

（2）index：数据帧的索引。

（3）columns：一个数组，包含列名称。

（4）dtype：序列中的数据类型，如果在创建的时候没有指定数据类型，该方法将自动推断类型。

（5）copy：是否创建数据副本，默认为 False。

1. 创建空数据帧

使用 DataFrame ( ) 默认参数即可创建空数据帧，如图 11-17 所示。

```
1 import pandas as pd
2
3 df = pd.DataFrame()
4 print(df)
```

图 11-17　创建空数据帧

执行结果如图 11-18 所示，显示"Empty DataFrame"，并且列和索引都是空数组。

图 11-18　打印数据

2. 通过列表创建数据帧

通过包含字典的列表创建数据帧，如图 11-19 所示。

```
1 import pandas as pd
2
3 data = [{"name": "Wilson", "age": 15, "gender": "man"},
4         {"name": "Ivy", "age": 25, "gender": "woman"}]
5 df = pd.DataFrame(data)
6 print(df)
```

图 11-19　通过字典列表创建数据帧

执行结果如图 11-20 所示，字典中的键值被用作了列名。

图 11-20　打印数据

如图 11-21 所示，在创建数据帧时，初始数据列表的元素类型不是字典，那么执行结果是什么呢？

```
1 import pandas as pd
2
3 data = ["Wilson", "Ivy"]
4 df = pd.DataFrame(data)
5 print(df)
```

图 11-21　通过普通数组创建数据帧

执行结果是只有一个列的数据帧，如图 11-22 所示，列名称使用数字代替。

```
D:\ProgramData\Anaconda3\python.exe
             0
0   Wilson
1     Ivy
```

图 11-22　打印数据

温馨提示

　　上面的两个示例可以这样理解：若是通过字典创建数据帧，那么每个 key 作为一个列，不同 key 就有多个列，key 就是列，key 值就是列名；普通字符串类型数组由于没有 key，因此每个数组默认为一个列，列名默认为 0。

　　可以显示指定列名和行索引名称。如图 11-23 所示，数组中只有两个元素，并且是一维的。因此最后创建的数据帧只有一个列，columns 只能包含一个元素和两行数据，那么 index 也只能包含两个元素，其他情况依次类推。

```
1  import pandas as pd
2
3  data = ["Wilson", "Ivy"]
4  df = pd.DataFrame(data, columns=["name"])
5  print(df)
```

图 11-23　指定列名

　　执行结果如图 11-24 所示。

3. 通过字典创建数据帧

　　可以通过字典创建数据帧。同样以键值作为列，值后面对应数组，表示数据帧中的行。这里需要注意的是，每一个键后面的数组长度需要保持一致。

```
D:\ProgramData\Anaconda3\python.exe
          name
user1  Wilson
user2     Ivy
```

图 11-24　打印数据

```
1  import pandas as pd
2
3  data = {"name": ["Wilson", "Bruce", "Chelsea"], "age": [15, 24, 19],
   "gender": ["man", "man", "woman"]}
4  df = pd.DataFrame(data)
5  print(df)
```

图 11-25　基于字典创建数据帧

4. 通过序列创建数据帧

　　11.1.2 小节讲了如何创建序列，这里演示如何通过序列创建数据帧。如图 11-26 所示，将行的值创建为一个序列，将多个序列组合成字典，最终通过字典创建数据帧。

```
1  import pandas as pd
2
3  series = {"name": pd.Series(["Wilson", "Bruce", "Chelsea"])
4            "age": pd.Series([15, 24, 19]),
5            "gender": pd.Series(["man", "man", "woman"])}
```

图 11-26　基于序列创建数据帧

执行结果是一个 3 行 3 列的数据帧，如图 11-27 所示。

图 11-27　打印数据

11.1.4　访问数据

在 Pandas 中，需要通过索引或名称来访问数据。

1. 行操作

（1）选择行：调用 loc 方法，通过传入行名称来选取行，如图 11-28 所示。

```
1  import pandas as pd
2
3  series = {"name": pd.Series(["Wilson", "Bruce", "Chelsea"], index=["user1",
   "user2", "user3"]),
4          "age": pd.Series([15, 24, 19], index=["user1", "user2", "user3"]),
5          "gender": pd.Series(["man", "man", "woman"], index=["user1",
   "user2", "user3"])}
6
7  df = pd.DataFrame(series)
8  print(df)
9  print("选取第1行数据: ")
10 print(df.loc["user1"])
11 print("")
12 print("选取第2行数据: ")
13 print(df.loc["user2"])
```

图 11-28　通过行名称选择数据

执行结果如图 11-29 所示，"user1" 行对应 "15，man，Wilson"。在第 10 行通过调用 loc 方法可以获取该行的数据，同理，获取其他行的数据也只需传入行名称即可。若是行没有指定名称，可以在参数中传入行索引，比如 loc[0]，这样也能获取到对应行的数据。

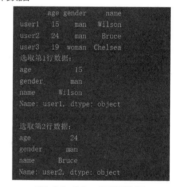

行选择也支持切片操作，如图 11-30 所示，选取第 0、1 行的数据。

图 11-29　打印数据

```
1  import pandas as pd
2
3  series = {"name": pd.Series(["Wilson", "Bruce", "Chelsea"]),
4          "age": pd.Series([15, 24, 19]),
5          "gender": pd.Series(["man", "man", "woman"])}
6
7  df = pd.DataFrame(series)
8
9  print(df[0:2])
```

图 11-30　行切片

执行结果如图 11-31 所示。

（2）添加行：调用 append 方法给数据帧添加新行，如图 11-32 所示，字典中每个键对应的值类型是列表。

图 11-31　打印数据

```
1  import pandas as pd
2
3  series = {"name": pd.Series(["Wilson", "Bruce", "Chelsea"]),
4            "age": pd.Series([15, 24, 19]),
5            "gender": pd.Series(["man", "man", "woman"])}
6
7  df = pd.DataFrame(series)
8  df1 = pd.DataFrame({"name": ["Lucy"], "age": [27], "gender": ["woman"]})
9  df = df.append(df1)
10 print(df)
```

图 11-32　添加行

执行结果如图 11-33 所示。

（3）删除行：调用 drop 方法删除行，若是行名称有重复，则删除多行。如图 11-34 所示，有两个行名为 "user2"，调用 drop 会一次性删除。

```
D:\ProgramData\Anaconda3\python.exe
   age gender      name
0   15    man    Wilson
1   24    man     Bruce
2   19  woman   Chelsea
0   27  woman      Lucy
```

图 11-33　打印数据

```
1  import pandas as pd
2
3  series = {"name": pd.Series(["Wilson", "Bruce", "Chelsea"], index=["user1", "user2", "user2"]),
4            "age": pd.Series([15, 24, 19], index=["user1", "user2", "user2"]),
5            "gender": pd.Series(["man", "man", "woman"], index=["user1", "user2", "user2"])}
6
7  df = pd.DataFrame(series)
8
9  print(df.drop("user2"))
```

图 11-34　删除重复行

执行结果如图 11-35 所示。

若是行没有指定名称，则使用索引删除，比如 drop（0）。

```
D:\ProgramData\Anaconda3\python.exe
       age gender     name
user1   15    man   Wilson
```

图 11-35　打印数据

2. 列操作

对列的操作就容易多了，通过 df[" 列名 "] 或 df[索引值] 即可获取对应列。直接在 df 对象上设置新列名即可添加新列，如图 11-36 所示。

```
1  import pandas as pd
2
3  series = {"name": pd.Series(["Wilson", "Bruce", "Chelsea"]),
4            "age": pd.Series([15, 24, 19]),
5            "gender": pd.Series(["man", "man", "woman"])}
6
7  df = pd.DataFrame(series)
8  df["height"] = pd.DataFrame(pd.Series(["180cm", "165cm", "172cm"]))
9  print(df)
```

图 11-36　添加新列

执行结果如图 11-37 所示。

若需要删除列，调用 df.pop(列名) 方法即可。

3. info

在对行 / 列进行选取或操作时，如果不清楚索引或名称该如何写，可以直接在 df 对象上调用 info 方法，查看数据帧的具体信息，如图 11-38 所示。可以看出，该数据帧具有 3 行数据，索引范围为 0~2；有 4 个列，分别是 "age" "gender" "name" "height"；还包括该数据帧的内存大小等信息。

图 11-37　打印数据

图 11-38　数据帧详细信息

11.2 基础功能

这一节将围绕 Pandas 的几个基础功能进行介绍。主要包含描述性统计、自定义函数、循环遍历、排序和重置索引。

11.2.1 描述性统计

描述性统计是指描述数据的整体情况，如所有行列和为多少，均值为多少等。这里介绍几个常用操作。

1. 求和

求和使用 sum 方法。如图 11-39 所示，第 11 行中参数 axis=0，表示对数据帧每一列的数据求和；axis=1 表示对每一行数据求和。

```
import pandas as pd

series = {"name": pd.Series(["Wilson", "Bruce", "Chelsea"]),
          "age": pd.Series([15, 24, 19]),
          "gender": pd.Series(["man", "man", "woman"]),
          "math_score": pd.Series([80, 88, 98]),
          "en_score": pd.Series([70, 68, 85])}

df = pd.DataFrame(series)
print(df)
print(df.sum(axis=0))
print(df.sum(axis=1))
```

图 11-39　求和

计算结果如图 11-40 所示，axis=0 时，第一列数值加起来为 58，第二列加起来为 223，数值类型的列相加是求和，而字符类型的相加是将字符串直接拼接；axis=1 时，按数据帧横向取值进行计算，如第一行数值求和为 165，第二行为 180，遇到非数值会自动忽略。

2. 求平均值

调用 mean 方法计算均值。在求值过程中，遇到非数值类型数据会自动忽略，有哪几个数据参与计算，就对这几个数值求平均值，具体用法如图 11-41 所示。

```
    age  en_score  gender  math_score     name
0    15        70     man          80   Wilson
1    24        68     man          88    Bruce
2    19        85   woman          98  Chelsea

age                             58
en_score                       223
gender                 manmanwoman
math_score                     266
name            WilsonBruceChelsea
dtype: object
0    165
1    180
2    202
dtype: int64
```

图 11-40　打印数据

```
import pandas as pd

series = {"name": pd.Series(["Wilson", "Bruce", "Chelsea"]),
          "age": pd.Series([15, 24, 19]),
          "gender": pd.Series(["man", "man", "woman"]),
          "math_score": pd.Series([80, 88, 98]),
          "en_score": pd.Series([70, 68, 85])}

df = pd.DataFrame(series)
print(df.mean(axis=0))
print(df.mean(axis=1))
```

图 11-41　求均值

执行结果如图 11-42 所示，在列和行上都只有 3 个数值参与计算，那么求均值的时候就除以 3。

```
age           19.333333
en_score      74.333333
math_score    88.666667
dtype: float64
0    55.000000
1    60.000000
2    67.333333
dtype: float64
```

图 11-42　打印数据

3. 求最大最小值

调用 max 和 min 方法求行 / 列最大最小值，用法如图 11-43 所示。

```
import pandas as pd

series = {"name": pd.Series(["Wilson", "Bruce", "Chelsea"]),
          "age": pd.Series([15, 24, 19]),
          "gender": pd.Series(["man", "man", "woman"]),
          "math_score": pd.Series([80, 88, 98]),
          "en_score": pd.Series([70, 68, 85])}

df = pd.DataFrame(series)
print(df.max(axis=0))
print(df.max(axis=1))
print(df.min(axis=0))
print(df.min(axis=1))
```

图 11-43　求最大最小值

执行结果如图 11-44 所示，可以看出在求最大最小值时，除了计算数值，还会对字符串进行计算。

```
age               24
en_score          85
gender         woman
math_score        98
name          Wilson
dtype: object
0    80
1    88
2    98
dtype: int64
age              15
en_score         68
gender          man
math_score       80
name          Bruce
dtype: object
0    15
1    24
2    19
dtype: int64
```

图 11-44　打印数据

4. 求标准偏差

标准偏差是反映各个数据离平均数的距离的平均数，注意这里是两次求平均值。调用 std 方法进行计算，如图 11-45 所示。

```
1  import pandas as pd
2
3  series = {"name": pd.Series(["Wilson", "Bruce", "Chelsea"]),
4            "age": pd.Series([15, 24, 19]),
5            "gender": pd.Series(["man", "man", "woman"]),
6            "math_score": pd.Series([80, 88, 98]),
7            "en_score": pd.Series([70, 68, 85])}
8
9  df = pd.DataFrame(series)
10 print(df.std(axis=0))
11 print(df.std(axis=1))
```

图 11-45　求标准偏差

执行结果如图 11-46 所示。

```
age          4.509250
en_score     9.291573
math_score   9.018500
dtype: float64
0   35.000000
1   32.741411
2   42.359572
```

图 11-46　打印数据

> **温馨提示**
>
> 　　描述性统计的方法还有很多，如用 median 求中位数，用 abs 求绝对值等，调用方法都和上面的示例类似，限于篇幅这里就不再一一描述。
>
> 　　需要注意的是，这些统计函数默认都是 axis=0，对所有列数据做相关运算。

11.2.2　索引重置

1. 重命名索引

　　调用 rename 方法可以将行列索引重命名。如图 11-47 所示，需要在 rename 方法中指定修改的轴是行还是列。

　　该方法常用于原始数据统计完毕后，需要将列名根据业务进行调整的情况。

```
1  import pandas as pd
2
3  series = {"name": pd.Series(["Wilson", "Bruce", "Chelsea"]),
4            "age": pd.Series([15, 24, 19]),
5            "gender": pd.Series(["man", "man", "woman"]),
6            "math_score": pd.Series([80, 88, 98]),
7            "en_score": pd.Series([70, 68, 85])}
8
9  df = pd.DataFrame(series)
10 print(df)
11 print("索引重命名: ")
12 print(df.rename(index={0: "第1行", 1: "第2行", 2: "第3行"},
13                 columns={"name": "姓名", "age": "年龄", "gender": "性别"
14                 , "en_score": "英语", "math_score": "数学"}))
```

图 11-47　重命名索引

执行结果如图 11-48 所示。

2. 索引重建

　　调用 reindex 方法可以将原来数据帧的索引重建，具体用法如图 11-49 所示。

图 11-48　打印数据

```
 1  import pandas as pd
 2
 3  series = {"name": pd.Series(["Wilson", "Bruce", "Chelsea"]),
 4            "age": pd.Series([15, 24, 19]),
 5            "gender": pd.Series(["man", "man", "woman"]),
 6            "math_score": pd.Series([80, 88, 98]),
 7            "en_score": pd.Series([70, 68, 85])}
 8
 9  df = pd.DataFrame(series)
10  print(df)
11  print("重建索引: ")
12  print(df.reindex(index=[0, 1, 3],
13                   columns=["name", "age", "height"]))
```

图 11-49　索引重建

执行结果如图 11-50 所示。调用 reindex 方法，在行上满足 index 范围的索引将被选出，不满足的，如数据帧原来的行索引是 [0，1，2]，reindex 的 index 包含 3，那么最终结果会以 [0，1，3] 作为新的行索引；同理，列上的 ["name"，"age"] 会被选出，然后使用 ["name"，"age"，

图 11-50　打印数据

"height"] 作为新的列名。对于在原始数据帧中不存在的行和列，则使用 "NaN" 填充。

reindex 方法常用于对多个数据帧进行联合操作时，将它们的行列数和名称按规则转换。

3. 使索引与其他数据帧保持一致

例如，A 数据帧有列 ["name"，"age"，"math_score"]，B 数据帧有列 ["name"，"age"，"score"]，现在需要使两个对象的列名称保持一致，就是用 df2 的列名去替换 df1 的列名。具体实现方法如图 11-51 所示。

```
 1  import pandas as pd
 2
 3  series1 = {"name": pd.Series(["Wilson", "Bruce", "Chelsea"]),
 4             "age": pd.Series([15, 24, 19]),
 5             "math_score": pd.Series([80, 88, 98])}
 6
 7  series2 = {"name": pd.Series(["Warren", "Leon", "Edith"]),
 8             "age": pd.Series([21, 18, 15]),
 9             "score": pd.Series([70, 68, 85])}
10
11  df1 = pd.DataFrame(series1)
12  df2 = pd.DataFrame(series2)
13  df1 = df1.reindex_like(df2)
14  print(df1)
```

图 11-51　使列保持一致

执行结果如图 11-52 所示，调用 reindex_like 方法会将 df2 的列应用到 df1 上，df1 中不存在的列将使用 "NaN" 补齐。

图 11-52　打印数据

11.2.3　数据排序

Pandas 提供了两种排序方式，一是按列名排序，二是按列值排序。

1. 按列名排序

按列排序的方式类似于 Excel 中将列调换位置。如图 11-53 所示，调用 sort_index 方法并设置 axis=1。

```
1  import pandas as pd
2
3  series1 = {"name": pd.Series(["Wilson", "Bruce", "Chelsea"]),
4            "age": pd.Series([15, 24, 19]),
5            "math_score": pd.Series([80, 88, 98]),
6            "en_score": pd.Series([70, 68, 85])}
7
8  df1 = pd.DataFrame(series1)
9  df1 = df1.sort_index(axis=1)
10 print(df1)
```

图 11-53　按列名排序

执行结果如图 11-54 所示。

图 11-54　打印数据

2. 按列值排序

调用 sort_values 方法，需要传入 "by" 参数，用以指定按哪一列进行排序，如图 11-55 所示。

```
1  import pandas as pd
2
3  series1 = {"name": pd.Series(["Wilson", "Bruce", "Chelsea"]),
4            "age": pd.Series([15, 24, 19]),
5            "math_score": pd.Series([98, 88, 80]),
6            "en_score": pd.Series([70, 68, 85])}
7
8  df1 = pd.DataFrame(series1)
9  df1 = df1.sort_values(by=["math_score"])
10 print(df1)
```

图 11-55　按列值排序

执行结果如图 11-56 所示，可以看到示例中按 "math_score" 列排序，默认是升序。通过设置 ascending 参数为 True 或 False 指定排序方式。

图 11-56　打印数据

11.2.4　数据遍历

Pandas 提供了多种方式遍历一个数据帧。

1. 以namedtuples方式遍历行

在数据帧对象上调用 itertuples( ) 方法可以遍历每一行，如图 11-57 所示。循环变量 "item" 是 "<class 'pandas.core.frame.Pandas'>" 类型，访问具体值的时候，使用 "item.age"。

```
1  import pandas as pd
2
3  series1 = {"name": pd.Series(["Wilson", "Bruce", "Chelsea"]),
4            "age": pd.Series([15, 24, 19]),
5            "math_score": pd.Series([98, 88, 80]),
6            "en_score": pd.Series([70, 68, 85])}
7
8  df1 = pd.DataFrame(series1)
9  for item in df1.itertuples():
10     print(item)
```

图 11-57　遍历数据帧

执行结果如图 11-58 所示。

图 11-58　打印数据

2. 以tuple方式遍历行

在数据帧上调用 tuple 方法，可以设置两个循环变量，一个为行索引，另一个为该行对应的值。值的组成形式是列名和具体值，类型是 "\<class 'pandas.core.series.Series'\>"，如图 11-59 所示。

```
1  import pandas as pd
2
3  series1 = {"name": pd.Series(["Wilson", "Bruce", "Chelsea"]),
4             "age": pd.Series([15, 24, 19]),
5             "math_score": pd.Series([98, 88, 80]),
6             "en_score": pd.Series([70, 68, 85])}
7
8  df1 = pd.DataFrame(series1)
9  for key, val in df1.iterrows():
10     print("行索引: ", key, "值: ", val)
11     print("-------------")
```

图 11-59　遍历行

执行结果如图 11-60 所示。若是需要取具体值，使用 val. 属性名即可。

```
行索引: 0 值: age              15
en_score          70
math_score        98
name           Wilson
Name: 0, dtype: object
--------------

行索引: 1 值: age              24
en_score          68
math_score        88
name            Bruce
Name: 1, dtype: object
--------------

行索引: 2 值: age              19
en_score          85
math_score        80
name          Chelsea
Name: 2, dtype: object
```

图 11-60　打印数据

3. 以tuple方式遍历列

遍历列与遍历行类似，将图 11-59 中的代码改为调用 iteritems 方法，如图 11-61 所示。

```
1  import pandas as pd
2
3  series1 = {"name": pd.Series(["Wilson", "Bruce", "Chelsea"]),
4             "age": pd.Series([15, 24, 19]),
5             "math_score": pd.Series([98, 88, 80]),
6             "en_score": pd.Series([70, 68, 85])}
7
8  df1 = pd.DataFrame(series1)
9  for key, val in df1.iteritems():
10     print("列名称: ", key, "值: ", val)
11     print("-------------")
```

图 11-61　遍历列

执行结果如图 11-62 所示，key 为列名称，值是对应列的数据。

11.2.5 自定义函数

按操作对象的粒度大小不同，Pandas 提供了 3 种方式
在数据帧上使用系统自带的或者用户自定义的函数。

图 11-62　打印数据

1. 针对行或列

调用 apply 方法，传入自定义函数，通过 axis 指定对
行操作还是对列操作，具体用法如图 11-63 所示。当 axis=1 时，item 代表一行数据，每一个值使用
item[" 列名 "] 进行访问。当 axis=0 时，item 代表一列数据，由于 df1 对象没有设置行名称，因此对
每一个值使用默认的行索引进行访问。在第 18 行，使用元组传入两个参数 (10，20)，将会在第 12
行自动对应到参数名 p1，p2 上。

```python
import pandas as pd
import numpy as np

series1 = {"name": pd.Series(["Wilson", "Bruce", "Chelsea"]),
           "age": pd.Series([15, 24, 19]),
           "math_score": pd.Series([98, 88, 80]),
           "en_score": pd.Series([70, 68, 85])}

df1 = pd.DataFrame(series1)


def f(item, p1, p2):
    item["math_score"] = item["math_score"] + p1
    item["en_score"] = item["en_score"] + p2
    return item


df1 = df1.apply(f, axis=1, args=(10, 20))
print(df1)
```

图 11-63　应用自定义函数

执行结果如图 11-64 所示。

2. 针对元素

调用 applymap 方法可以对数据帧上的每一个元素进

行操作。如图 11-65 所示，每次遍历数据帧，item 代表数据帧上的一个具体数值，对每一个数值进
行计算后将其返回，构造成新的数据帧。

```python
import pandas as pd
import numpy as np

series1 = {"name": pd.Series(["Wilson", "Bruce", "Chelsea"]),
           "age": pd.Series([15, 24, 19]),
           "math_score": pd.Series([98, 88, 80]),
           "en_score": pd.Series([70, 68, 85])}

df1 = pd.DataFrame(series1)


def f(item):
    if isinstance(item, int):
        return item + 10
    elif isinstance(item, str):
        return "hello " + item


df1 = df1.applymap(f)
print(df1)
```

图 11-65　针对元素进行操作

执行结果如图 11-66 所示，为数值中的每一个元素加 10，在每一个字符前面加 "hello"。

	age	en_score	math_score	name
0	25	80	108	hello Wilson
1	34	78	98	hello Bruce
2	29	95	90	hello Chelsea

图 11-66　打印数据

3. 针对整个数据帧

调用 pipe 方法，将会传入当前的整个数据帧对象。如图 11-67 所示，在第 18 行，在 df 对象上调用 pipe 方法，该方法将接收一个回调函数 f。此时函数 f 的第一个参数就是当前这个 df 对象，p1、p2 的值分别是 pipe 方法传递的参数 10、20。一般情况下，若是需要处理一个数据帧对象的整列或整行，推荐使用 pipe 方法。

```
1  import pandas as pd
2  import numpy as np
3
4  series1 = {"name": pd.Series(["Wilson", "Bruce", "Chelsea"]),
5            "age": pd.Series([15, 24, 19]),
6            "math_score": pd.Series([98, 88, 80]),
7            "en_score": pd.Series([70, 68, 85])}
8
9  df1 = pd.DataFrame(series1)
10
11
12 def f(df, p1, p2):
13     df["math_score"] = df["math_score"] + p1
14     df["en_score"] = df["en_score"] + p2
15     return df
16
17
18 df1 = df1.pipe(f, 10, 20)
19 print(df1)
```

图 11-67　针对整个数据帧操作

执行结果如图 11-68 所示。

	age	en_score	math_score	name
0	15	90	108	Wilson
1	24	88	98	Bruce
2	19	105	90	Chelsea

图 11-68　打印数据

11.3　统计分析

本节将围绕 Pandas 的常用统计函数进行介绍。主要包含聚合统计、分组统计、数据帧对象的连接、合并以及时间序列的处理。

11.3.1　统计基础

利用统计、概率的知识可以探测数据集中数据的分布情况和数据间的相关性，这些知识是机器学习、数据挖掘、人工智能的基础理论。Pandas 提供了大量的 API 方便用户进行统计分析。

1. 协方差

协方差用于衡量两个数据集间的总体误差。计算结果 >0，表示两个数据集是正相关，计算结果 <0 是负相关，计算结果 =0 是不相关，具体用法如图 11-69 所示。

```
1  import pandas as pd
2  import numpy as np
3
4  series1 = {"name": pd.Series(["Wilson", "Bruce", "Chelsea"]),
5            "age": pd.Series([15, 24, 19]),
6            "math_score": pd.Series([98, 88, 80]),
7            "en_score": pd.Series([70, 68, 85]),
8            "sum_score": pd.Series([168, 156, 165])}
9
10 df1 = pd.DataFrame(series1)
11
12 data = df1["sum_score"].cov(df1["math_score"])
13 print(data)
```

图 11-69　获取方差

执行结果如图 11-70 所示，结果大于 0，表明 math_
score（数学成绩）和 sum_score（总成绩）正相关。

图 11-70　打印数据

同理，在序列对象上调用 cov 方法也可求得两个序列的协方差。

2. 相关性

协方差反映了两个维度的数据存在的相关性。使用相关系数可以反映出两个数据的线性关系，同时也能反映出两者间的关联强度。Pandas 调用 corr 方法计算相关性，如图 11-71 所示。由于默认采用的是 pearson 算法，因此在第 13 行不必显示指定的 method 参数。

```
2  import pandas as pd
3  import numpy as np
4
5  series1 = {"name": pd.Series(["Wilson", "Bruce", "Chelsea"]),
6            "age": pd.Series([15, 24, 19]),
7            "math_score": pd.Series([98, 88, 80]),
8            "en_score": pd.Series([70, 68, 85]),
9            "sum_score": pd.Series([168, 156, 165])}
10
11 df1 = pd.DataFrame(series1)
12
13 data = df1["sum_score"].corr(df1["math_score"])
14 print(data)
15 data = df1["sum_score"].corr(df1["en_score"],method="pearson")
16 print(data)
```

图 11-71　求相关性

执行结果如图 11-72 所示。系数范围为 [0.8-1.0] 表示极强相关，[0.6-0.8] 表示强相关，[0.4-0.6] 表示中等程度相关，[0.2-0.4] 表示弱相关，[0.0-0.2] 表示极弱相关或不相关。

图 11-72　打印数据

3. 变化率

Pandas 提供了 pct_change 方法来计算前后两行或者前后两列的变化百分比，该函数常用于衡量事物的变化趋势。如图 11-73 所示，求前后列的变化率。

```
1  import pandas as pd
2  import numpy as np
3
4  series1 = {
5      "math_score": pd.Series([98, 88, 80]),
6      "en_score": pd.Series([70, 68, 85]),
7      "sum_score": pd.Series([168, 156, 165])}
8
9  df1 = pd.DataFrame(series1)
10 print(df1)
11 print(df1.pct_change(**{"axis": 1}))
```

图 11-73　计算变化率

执行结果如图 11-74 所示，第一列前面没有数据，因此算出来是"NaN"，第二列第一行，

(98-70)/70 为 0.4，后续计算依次类推。

4. 排名

排名是指为数据帧中的每一个元素在行或列上生成一个排名，生成的排名是一个数字。使用方法如图 11-75 所示，ascending 参数表示在给数据设置排名级别时，是用升序排列还是降序排列。

图 11-74　打印数据

```
1  import pandas as pd
2  import numpy as np
3
4  series1 = {
5      "name": pd.Series(["Wilson", "Bruce", "Chelsea"]),
6      "age": pd.Series([15, 24, 19]),
7      "math_score": pd.Series([98, 88, 80]),
8      "en_score": pd.Series([70, 68, 85]),
9      "sum_score": pd.Series([168, 156, 165])}
10
11 df1 = pd.DataFrame(series1)
12 print(df1)
13 print(df1.rank(ascending=False))
```

图 11-75　生成排名

执行结果如图 11-76 所示，在"age"列，由于设置了 ascending=False，因此"15"最小排名等级为"3.0"，"24"最大排名为"1.0"（ascending 为 False 表示降序，为 True 表示升序）。对于字符列，比如"name"列，则是按字符首字母顺序来安排等级的。

图 11-76　打印数据

5. 扩展

expanding 方法可用于扩展一系列数据，其中参数 min_periods 表示首次参与计算的数据范围。如图 11-77 所示，在执行计算的时候，将每一列的前 2 个数据进行计算得到一个中间数据，然后取出本列的后一个数据与中间数据进行计算，后续依次类推，直到把每一列的数据全部取出并计算完。

```
1  import pandas as pd
2  import numpy as np
3
4  series1 = {"math_score": pd.Series([98, 88, 80]),
5             "en_score": pd.Series([70, 68, 85]),
6             "sum_score": pd.Series([168, 156, 165])}
7
8  df1 = pd.DataFrame(series1)
9  print(df1)
10 print(df1.expanding(min_periods=2).sum())
```

图 11-77　扩展

执行结果如图 11-78 所示，第一列"138.0"来源于"70"和"68"相加，"223.0"来源于"138.0"和"85"相加。

6. 窗口

Pandas 提供了一种基于窗口的计算方式。如图

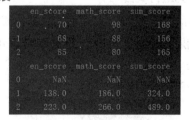

图 11-78　打印数据

11-79 所示，rolling 方法将数据按窗口大小进行分组，比如 window=2，那么 rolling 就会将每一列相邻的数据两两分为一组，注意这里的"两两"是指 1~2、2~3、3~4 组合，会有一个重复计算的值。

```
1  import pandas as pd
2  import numpy as np
3
4  series1 = {"math_score": pd.Series([98, 88, 80]),
5             "en_score": pd.Series([70, 68, 85]),
6             "sum_score": pd.Series([168, 156, 165])}
7
8  df1 = pd.DataFrame(series1)
9  print(df1)
10 print(df1.rolling(window=2).sum())
```

图 11-79　窗口计算

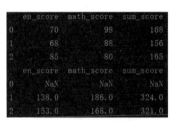

执行结果如图 11-80 所示，"138.0"来源于"70"加"68"，"153.0"来源于"68"加"85"，往后依次类推。

和 expanding 方法不同的是，rolling 方法会对整列数据都进行窗口计算，expanding 只做一次窗口计算。

图 11-80　打印数据

11.3.2　聚合统计

对于一个数据帧，有 5 种聚合统计方式，接下来演示每一种的实现方法。

1. 对整个数据帧进行聚合

对于一个全部是数值类型的数据帧，可以在整个对象上进行聚合。如图 11-81 所示，对每一列数据进行求和。

```
1  import pandas as pd
2  import numpy as np
3
4  series1 = {"math_score": pd.Series([98, 88, 80]),
5             "en_score": pd.Series([70, 68, 85]),
6             "sum_score": pd.Series([168, 156, 165])}
7
8  df1 = pd.DataFrame(series1)
9  print(df1)
10 print(df1.aggregate(np.sum))
```

图 11-81　对整个数据帧聚合

执行结果如图 11-82 所示。

2. 对单个列进行聚合

在实际开发中，全部是数值的数据帧属于少数。因此 Pandas 提供了对列进行聚合的更细粒度的操作，如图 11-83 所示。

图 11-82　打印数据

```
1  import pandas as pd
2  import numpy as np
3
4  series1 = {"name": pd.Series(["Wilson", "Bruce", "Chelsea"]),
5             "age": pd.Series([15, 24, 19]),
6             "math_score": pd.Series([98, 88, 80]),
7             "en_score": pd.Series([70, 68, 85]),
8             "sum_score": pd.Series([168, 156, 165])}
9
10 df1 = pd.DataFrame(series1)
11 print(df1)
12 print("英语总成绩：", df1["en_score"].aggregate(np.sum))
13 print("数学总成绩：", df1["math_score"].aggregate(np.sum))
```

图 11-83　针对列聚合

执行结果如图 11-84 所示，第 12、13 行分别汇总了“en_score”和“math_score”列的数据。

```
   age  en_score  math_score     name  sum_score
0   15        70          98   Wilson        168
1   24        68          88    Bruce        156
2   19        85          80  Chelsea        165
英语总成绩： 223
数学总成绩： 266
```

图 11-84　打印数据

3. 对单个列进行多种聚合

基于上一个示例，在 aggregate 聚合函数中以列表形式传入多个聚合方法，即可实现对单个列进行多种聚合运算。如图 11-85 所示，同时求英语和数学成绩的总分与平均分。

```
import pandas as pd
import numpy as np

series1 = {"name": pd.Series(["Wilson", "Bruce", "Chelsea"]),
           "age": pd.Series([15, 24, 19]),
           "math_score": pd.Series([98, 88, 80]),
           "en_score": pd.Series([70, 68, 85]),
           "sum_score": pd.Series([168, 156, 165])}

df1 = pd.DataFrame(series1)
print("英语总成绩与平均成绩：", df1["en_score"].aggregate([np.sum, np.mean]))
print("数学总成绩与平均成绩：", df1["math_score"].aggregate([np.sum, np.mean]))
```

图 11-85　单列多种聚合

执行结果如图 11-86 所示。

```
英语总成绩与平均成绩： sum     223.000000
mean     74.333333
Name: en_score, dtype: float64
数学总成绩与平均成绩： sum     266.000000
mean     88.666667
```

图 11-86　打印数据

4. 对多个列进行聚合

在对单个列进行聚合的实例中，分别求“en_score”和“math_score”的总成绩时调用了两次 aggregate 方法。对于这类聚合，Pandas 提供了一次针对多列进行聚合的方式，如图 11-87 所示。

```
1  import pandas as pd
2  import numpy as np
3
4  series1 = {"name": pd.Series(["Wilson", "Bruce", "Chelsea"]),
5              "age": pd.Series([15, 24, 19]),
6              "math_score": pd.Series([98, 88, 80]),
7              "en_score": pd.Series([70, 68, 85]),
8              "sum_score": pd.Series([168, 156, 165])}
9
10 df1 = pd.DataFrame(series1)
11 print("英语和数学总成绩: ", df1[["en_score", "math_score"]].aggregate(np.sum))
```

图 11-87　一次对多列进行聚合

执行结果如图 11-88 所示。

图 11-88　打印数据

5. 对多个列进行多种聚合

如图 11-89 所示，对多个列进行多种聚合运算，只需传入多个列名和多个聚合方法。

```
1  import pandas as pd
2  import numpy as np
3
4  series1 = {"name": pd.Series(["Wilson", "Bruce", "Chelsea"]),
5              "age": pd.Series([15, 24, 19]),
6              "math_score": pd.Series([98, 88, 80]),
7              "en_score": pd.Series([70, 68, 85]),
8              "sum_score": pd.Series([168, 156, 165])}
9
10 df1 = pd.DataFrame(series1)
11 print("英语和数学总成绩与平均成绩: ",
12        df1[["en_score", "math_score"]].aggregate([np.sum, np.mean]))
```

图 11-89　对多列进行多种聚合

执行结果如图 11-90 所示。

英语和数学总成绩与平均成绩:　　　　　en_score　math_score
sum　223.000000　266.000000
mean　74.333333　88.666667

图 11-90　打印数据

11.3.3　分组统计

在实际生产环境中，分组统计是一种非常常见的统计方式，Pandas 提供了多种分组方式和基于分组的其他操作。

1. 按列分组

按列进行分组，并查看该组信息。如图 11-91 所示，按"term"（学期）进行分组。

```
1  import pandas as pd
2  import numpy as np
3
4  series1 = {"name": pd.Series(["Wilson", "Bruce", "Chelsea", "Wilson", "Bruce", "Chelsea"]),
5             "math_score": pd.Series([98, 88, 80, 70, 68, 75]),
6             "en_score": pd.Series([70, 68, 85, 61, 99, 82]),
7             "term": pd.Series(["第一学期", "第一学期", "第一学期",
8                                "第二学期", "第二学期", "第二学期"])}
9
10 df1 = pd.DataFrame(series1)
11 print(df1)
12 print("按学期分组: ", df1.groupby("term").groups)
```

图 11-91　指定列分组

执行结果如图 11-92 所示，按学期分组会产生两个组，图中显示了每个组对应的数据索引信息。

图 11-92　打印数据

如果需要对多个列进行分组，在 groupby 方法中以数组形式传入多个列名即可，如 df1.group-by(["term","name"]).groups。

2. 遍历分组

groupby 方法会将一个数据帧切分成多个数据帧，也就是一个组的成员会构成一个新的数据帧。如图 11-93 所示，在第 13 行，"group_name" 是分组名称，"member" 是一个数据帧类型，包含该组成员列表。

```
1  import pandas as pd
2  import numpy as np
3
4  series1 = {"name": pd.Series(["Wilson", "Bruce", "Chelsea", "Wilson", "Bruce", "Chelsea"]),
5             "math_score": pd.Series([98, 88, 80, 70, 68, 75]),
6             "en_score": pd.Series([70, 68, 85, 61, 99, 82]),
7             "term": pd.Series(["第一学期", "第一学期", "第一学期",
8                                "第二学期", "第二学期", "第二学期"])}
9
10 df1 = pd.DataFrame(series1)
11 group_data = df1.groupby("term")
12
13 for group_name, member in group_data:
14     print(group_name)
15     print(member)
```

图 11-93　遍历分组

执行结果如图 11-94 所示。

图 11-94　打印数据

3. 获取指定分组

调用 get_group 方法传入分组名称，可以获取指定分组的成员信息，这里基于上一示例进行修改，调用方式如图 11-95 所示。

```
10  df1 = pd.DataFrame(series1)
11  group_data = df1.groupby("term")
12  data = group_data.get_group("第二学期")
13  print(data)
```

图 11-95　获取指定分组

执行结果如图 11-96 所示。

	en_score	math_score	name	term
3	61	70	Wilson	第二学期
4	99	68	Bruce	第二学期
5	82	75	Chelsea	第二学期

图 11-96　打印数据

4. 分组聚合

分组聚合是指对分组后一个组内的数据进行统计分析。如图 11-97 所示，在第 11 行，通过调用 groupby 方法，将 df 对象的数据按 "name" 列进行分组，然后求每个同学的两学期的总成绩。

```
1   import pandas as pd
2   import numpy as np
3
4   series1 = {"name": pd.Series(["Wilson", "Bruce", "Chelsea", "Wilson", "Bruce", "Chelsea"]),
5             "math_score": pd.Series([98, 88, 80, 70, 68, 75]),
6             "en_score": pd.Series([70, 68, 85, 61, 99, 82]),
7             "term": pd.Series(["第一学期", "第一学期", "第一学期",
8                             "第二学期", "第二学期", "第二学期"])}
9
10  df1 = pd.DataFrame(series1)
11  group_data = df1.groupby(["name"])
12  print(group_data.agg(np.sum))
```

图 11-97　分组求和

执行结果如图 11-98 所示。

	en_score	math_score
name		
Bruce	167	156
Chelsea	167	155
Wilson	131	168

图 11-98　打印数据

若是需要在一次分组后进行多次聚合，需要将多种聚合以数组形式传入，如 group_data.agg([np.sum,np.size])。

5. 数据转换

在调用聚合函数的过程中，聚合方法只返回数据聚合的结果。比如求某一列的和，最终得到就是对该列求和的值，聚合过后的数据信息比原始数据信息量少。如果要求在一个表格内既要看数据的明细，又要看每个数据占总数据量的百分比，就需要调用 transform 方法，它除了聚合数据外，生成的结果也和原始数据的形状一致，如图 11-99 所示。在第 11 行，按姓名进行分组；在第 13 行，

调用 transform 方法计算出每一个同学两个学期的"en_score"和"math_score"总和；然后在第
14、15 行分别计算出百分比。

```
1  import pandas as pd
2  import numpy as np
3
4  series1 = {"name": pd.Series(["Wilson", "Bruce", "Chelsea", "Wilson", "Bruce", "Chelsea"]),
5            "math_score": pd.Series([98, 88, 80, 70, 68, 75]),
6            "en_score": pd.Series([70, 68, 85, 61, 99, 82]),
7            "term": pd.Series(["第一学期", "第一学期", "第一学期",
8                              "第二学期", "第二学期", "第二学期"])}
9
10 df1 = pd.DataFrame(series1)
11 group_data = df1.groupby(["name"])
12
13 df1[["en_percent", "math_percent"]] = group_data[["en_score", "math_score"]].transform(np.sum)
14 df1["en_percent"] = df1["en_score"] / df1["en_percent"]
15 df1["math_percent"] = df1["math_score"] / df1["math_percent"]
16 print(df1)
```

图 11-99　转换数据

执行结果如图 11-100 所示。

6. 数据过滤

根据成绩表，需要找出两个学期
每门课程成绩都大于 90 分的同学，这
里就需要使用 filter 方法。如图 11-101

图 11-100　打印数据

所示，先按姓名分组，在第 13 行，传递到函数 f( ) 中的 item，表示当前分组的数据列表是一个数
据帧类型；在第 14 行对数据帧的两个列聚合，也就是通过求和得到该同学的"math_score"和"en_
score"的总和，满足条件就返回"True"，直到把所有分组都处理完，返回"True"的数据才会被
筛选出来构成最终结果"data"。

```
1  import pandas as pd
2  import numpy as np
3
4  series1 = {"name": pd.Series(["Wilson", "Bruce", "Chelsea", "Wilson", "Bruce", "Chelsea"]),
5            "math_score": pd.Series([98, 88, 91, 90, 68, 75]),
6            "en_score": pd.Series([92, 68, 94, 92, 99, 82]),
7            "term": pd.Series(["第一学期", "第一学期", "第一学期",
8                              "第二学期", "第二学期", "第二学期"])}
9
10 df1 = pd.DataFrame(series1)
11 group_data = df1.groupby(["name"])
12
13 def f(item, a):
14     if item["math_score"].agg(np.sum) >= a and item["en_score"].agg(np.sum) >= a:
15         return True
16     else:
17         return False
18
19 data = group_data.filter(f, a=180)
20 print(data)
```

图 11-101　过滤数据

执行结果如图 11-102 所示。

11.3.4　连接合并

图 11-102　打印数据

在生产环境中，大多数情况下需要将多个数据帧连接起来才能完成一次统计。Pandas 提供了
merge 方法来连接两个数据帧，连接的语义与 SQL 语句中的多表连接查询的语义类似。

1. 使用on进行连接

如图 11-103 所示，根据学生成绩表创建两个数据帧，现需要统计每个同学第一和第二学期的成绩明细。连接两个数据帧，使用"name"作为连接条件，因此将参数"on"设置为"name"列即可。

```
1  import pandas as pd
2  import numpy as np
3
4  series1 = {"name": pd.Series(["Wilson", "Bruce", "Chelsea"]),
5            "math_score": pd.Series([98, 88, 91]),
6            "en_score": pd.Series([92, 68, 94]),
7            "term": pd.Series(["第一学期", "第一学期", "第一学期"])}
8
9  series2 = {"name": pd.Series(["Wilson", "Bruce", "Chelsea"]),
10           "math_score": pd.Series([90, 68, 75]),
11           "en_score": pd.Series([95, 99, 82]),
12           "term": pd.Series(["第二学期", "第二学期", "第二学期"])}
13
14 df1 = pd.DataFrame(series1)
15 df2 = pd.DataFrame(series2)
16 df3 = df1.merge(df2, on="name")
17 print(df3)
```

图 11-103　连接两个数据帧

执行结果如图 11-104 所示。

	en_score_x	math_score_x	name	term_x	en_score_y	math_score_y	term_y
0	92	98	Wilson	第一学期	95	90	第二学期
1	68	88	Bruce	第一学期	99	68	第二学期
2	94	91	Chelsea	第一学期	82	75	第二学期

图 11-104　打印数据

如果在连接的时候需要指定多个列，可在调用 merge 方法时将参数"on"以列表形式传入。例如，df1.merge(df2, on=["name","term"])。

2. 左连接

如图 11-105 所示，现在需要获取所有学生的成绩明细。第一个序列包含"Warren"和"Ivy"的数据，并且第一个序列中包含了第二个序列中所有学生的名字。因此将第一个序列作为左表，并将 merge( ) 参数中的"how"设置为"left"，含义就是以左表为准，右表没有的数据用"NaN"填充。

```
1  import pandas as pd
2  import numpy as np
3
4  series1 = {"name": pd.Series(["Wilson", "Bruce", "Chelsea", "Warren", "Ivy"]),
5            "math_score": pd.Series([98, 88, 91, 94, 74]),
6            "en_score": pd.Series([92, 68, 94, 78, 69]),
7            "term": pd.Series(["第一学期", "第一学期", "第一学期", "第一学期", "第一学期"])}
8
9  series2 = {"name": pd.Series(["Wilson", "Bruce", "Chelsea"]),
10           "math_score": pd.Series([90, 68, 75]),
11           "en_score": pd.Series([95, 99, 82]),
12           "term": pd.Series(["第二学期", "第二学期", "第二学期"])}
13
14 df1 = pd.DataFrame(series1)
15 df2 = pd.DataFrame(series2)
16 df3 = df1.merge(df2, on="name", how="left")
17 print(df3)
```

图 11-105　左连接

执行结果如图 11-106 所示，结果中将所有学生成绩列出。

图 11-106　打印数据

3. 右连接

右连接和左连接相反，以右表为准基对键进行筛选，与右表具有相同键的数据将被筛选出。如图 11-107 所示，将参数"on"设置为"name"，就是将"name"列作为 df1 和 df2 两个数据帧的连接条件。

```python
import pandas as pd
import numpy as np

series1 = {"name": pd.Series(["Wilson", "Bruce", "Chelsea", "Warren", "Ivy"]),
           "math_score": pd.Series([98, 88, 91, 94, 74]),
           "en_score": pd.Series([92, 68, 94, 78, 69]),
           "term": pd.Series(["第一学期", "第一学期", "第一学期", "第一学期", "第一学期"])}

series2 = {"name": pd.Series(["Wilson", "Bruce", "Chelsea"]),
           "math_score": pd.Series([90, 68, 75]),
           "en_score": pd.Series([95, 99, 82]),
           "term": pd.Series(["第二学期", "第二学期", "第二学期"])}

df1 = pd.DataFrame(series1)
df2 = pd.DataFrame(series2)
df3 = df1.merge(df2, on="name", how="right")
print(df3)
```

图 11-107　右连接

执行结果如图 11-108 所示，以右表为准选取数据，左表中的"Warren"和"Ivy"不在右表中，因此被过滤掉了。

图 11-108　打印数据

4. 外连接

外连接就是全连接，将两个数据帧中的所有键合并到一起。如图 11-109 所示，在调用 merge 方法时将参数"how"设置为"outer"。

```python
import pandas as pd
import numpy as np

series1 = {"name": pd.Series(["Wilson", "Bruce", "Chelsea", "Warren", "Ivy"]),
           "math_score": pd.Series([98, 88, 91, 94, 74]),
           "en_score": pd.Series([92, 68, 94, 78, 69]),
           "term": pd.Series(["第一学期", "第一学期", "第一学期", "第一学期", "第一学期"])}

series2 = {"name": pd.Series(["Wilson", "Bruce", "Chelsea", "Lucy", "Edith"]),
           "math_score": pd.Series([90, 68, 75, 83, 67]),
           "en_score": pd.Series([95, 99, 82, 89, 72]),
           "term": pd.Series(["第二学期", "第二学期", "第二学期", "第二学期", "第二学期"])}

df1 = pd.DataFrame(series1)
df2 = pd.DataFrame(series2)
df3 = df1.merge(df2, on="name", how="outer")
print(df3)
```

图 11-109　外连接

执行结果如图 11-110 所示，第一个序列中包含"Warren"和"Ivy"，第二个序列包含"Lucy"和"Edith"，merge 方法会将两个数据帧中的"name"集中起来并构造成新的数据帧。

```
   en_score_x  math_score_x    name term_x  en_score_y  math_score_y term_y
0        92.0          98.0  Wilson 第一学期        95.0          90.0 第二学期
1        68.0          88.0   Bruce 第一学期        99.0          68.0 第二学期
2        94.0          91.0 Chelsea 第一学期        82.0          75.0 第二学期
3        78.0          94.0  Warren 第一学期         NaN           NaN  NaN
4        69.0          74.0     Ivy 第一学期         NaN           NaN  NaN
5         NaN           NaN    Lucy    NaN        89.0          83.0 第二学期
6         NaN           NaN   Edith    NaN        72.0          67.0 第二学期
```

图 11-110　打印数据

5. contact连接

以上 4 种连接方式，都是基于相同键水平连接两个数据帧。Pandas 还提供了 contact 方法用于垂直连接，如图 11-111 所示。

```
1  import pandas as pd
2  import numpy as np
3
4  series1 = {"name": pd.Series(["Wilson", "Bruce", "Chelsea", "Warren", "Ivy"]),
5            "math_score": pd.Series([98, 88, 91, 94, 74]),
6            "en_score": pd.Series([92, 68, 94, 78, 69]),
7            "term": pd.Series(["第一学期", "第一学期", "第一学期", "第一学期", "第一学期"])}
8
9  series2 = {"name": pd.Series(["Wilson", "Bruce", "Chelsea", "Lucy", "Edith"]),
10           "math_score": pd.Series([90, 68, 75, 83, 67]),
11           "en_score": pd.Series([95, 99, 82, 89, 72]),
12           "term": pd.Series(["第二学期", "第二学期", "第二学期", "第二学期", "第二学期"])}
13
14 df1 = pd.DataFrame(series1)
15 df2 = pd.DataFrame(series2)
16 df3 = pd.concat([df1,df2])
17 print(df3)
```

图 11-111　垂直连接

执行结果如图 11-112 所示。注意，在输出结果中，可以看到行上的索引是重复的，要解决该问题，在调用 contact 方法时传入"ignore_index=True"即可。

6. append连接

数据帧对象上提供了 append 方法，将其他数据帧追加到当前数据帧之后，调用方法如图 11-113 所示。

```
   en_score  math_score    name term
0        92          98  Wilson 第一学期
1        68          88   Bruce 第一学期
2        94          91 Chelsea 第一学期
3        78          94  Warren 第一学期
4        69          74     Ivy 第一学期
0        95          90  Wilson 第二学期
1        99          68   Bruce 第二学期
2        82          75 Chelsea 第二学期
3        89          83    Lucy 第二学期
4        72          67   Edith 第二学期
```

图 11-112　打印数据

```
1  import pandas as pd
2  import numpy as np
3
4  series1 = {"name": pd.Series(["Wilson", "Bruce", "Chelsea", "Warren", "Ivy"]),
5            "math_score": pd.Series([98, 88, 91, 94, 74]),
6            "en_score": pd.Series([92, 68, 94, 78, 69]),
7            "term": pd.Series(["第一学期", "第一学期", "第一学期", "第一学期", "第一学期"])}
8
9  series2 = {"name": pd.Series(["Wilson", "Bruce", "Chelsea", "Lucy", "Edith"]),
10           "math_score": pd.Series([90, 68, 75, 83, 67]),
11           "en_score": pd.Series([95, 99, 82, 89, 72]),
12           "term": pd.Series(["第二学期", "第二学期", "第二学期", "第二学期", "第二学期"])}
13
14 df1 = pd.DataFrame(series1)
15 df2 = pd.DataFrame(series2)
16 df3 =df1.append(df2,ignore_index=True)
17 print(df3)
```

图 11-113　追加连接

执行结果如图 11-114 所示，设置"ignore_index=True"，最终数据帧会生成新的索引。

图 11-114　打印数据

11.4　时间数据

Pandas 提供了基于时间数据的序列和数据帧的多种操作，这类操作大多用于需要处理时序数据的场景，如电商网站需要统计一段时间内用户的消费情况、基金公司需要统计一个周期内的交易情况等。

11.4.1　创建与转换

1. 创建时序数据

调用 date_range 方法，基于一个时间范围和频率可以创建一个时间序列。如图 11-115 所示，第 3 行设置 freq 参数为"D"，是按天创建序列元素；第 6 行设置 freq 参数为"H"，则是按小时创建序列元素。

```
1  import pandas as pd
2
3  day = pd.date_range("2019-01-15", "2019-01-25", freq="D")
4  print("按天创建: ")
5  print(day)
6  time = pd.date_range("01:00", "05:59", freq="H").time
7  print("按小时创建: ")
8  print(time)
```

图 11-115　创建时序数据

执行结果如图 11-116 所示。

图 11-116　打印数据

> **温馨提示**
>
> 1.在创建时间序列时，调用 Shellbdate_range 方法可以生成不包含周六周日的数据。
>
> 2.在设置创建频率时，除了指定"D""H"之外，还有"M"等，查看源码可以获得更多信息。

2. 统一时间格式

时间的表达方式在不同的平台上是不一样的，比如在 Windows 系统中普遍使用“yyyy-M-d H:mm”格式表示时间，Unix 则使用一个 10 位的数字表示时间。为避免在实际应用中格式不统一的麻烦，Pandas 提供了 to_datetime 方法，可以将不同时间格式的数据进行统一，如图 11-117 所示。

```
import pandas as pd

time = pd.to_datetime(['2018/12/12', "2019.1.15", 1547516436])
print(time)
```

图 11-117　时间格式转换

执行结果如图 11-118 所示，列表数据统一转换为时间戳的形式。

```
DatetimeIndex(['2018-12-12 00:00:00', '2019-01-15 00:00:00',
               '1970-01-01 00:00:01.547516436'],
              dtype='datetime64[ns]', freq=None)
```

图 11-118　打印数据

11.4.2　时间运算

1. 时间间隔

Pandas 提供了多种形式来表达时间间隔，也可以理解为“时间差”。如图 11-119 所示，时间间隔有多个单位，比如小时为“h”，“days”表示天等。

```
import pandas as pd

time1 = pd.Timedelta(10, unit='h')
print(time1)

time2 = pd.Timedelta(days=5)
print(time2)
```

图 11-119　时间差

执行结果如图 11-120 所示。

```
D:\ProgramData\Anaconda3\python.exe
0 days 10:00:00
5 days 00:00:00
```

图 11-120　打印数据

2. 构造数据帧

利用频率构造的时间序列和利用时间差构造的序列可以组合起来构造成一个数据帧。如图 11-121 所示，其中第 3 行是以当前时间为开始创建的一个时间序列，元素内容是 [“2019-01-15” -- “2019-01-19”]；第 4 行则是通过调用 Timedelta 方法构造一个时间差序列；第 5 行通过调用 DataFrame 方法将两个序列合并成一个数据帧。

```
1  import pandas as pd
2
3  date = pd.Series(pd.date_range(pd.datetime.now().date(), periods=5, freq='D'))
4  day = pd.Series([pd.Timedelta(days=i) for i in range(1, 6)])
5  df = pd.DataFrame({"日期": date, "间隔时间": day})
6  print(df)
```

图 11-121　构造数据帧

执行结果如图 11-122 所示。

3. 加减操作

利用生成的数据帧对象对时间序列进行加减操作，如图
11-123 所示。

图 11-122　打印数据

```
1  import pandas as pd
2
3  date = pd.Series(pd.date_range(pd.datetime.now().date(), periods=5, freq='D'))
4  day = pd.Series([pd.Timedelta(days=i) for i in range(1, 6)])
5  df = pd.DataFrame({"日期": date, "间隔时间": day})
6  df["加上间隔时间"] = df["日期"] + df["间隔时间"]
7  df["减去间隔时间"] = df["日期"] - df["间隔时间"]
8  print(df)
```

图 11-123　时间运算

执行结果如图 11-124 所示。

图 11-124　打印数据

11.5　数据整理

在实际应用中经常需要进行数据整理，比如一份考试成绩单，有的同学没有参加考试，那么就没有对应的成绩；在一份销售流水表中，销售人员将售出数据填写成了负数等。这些缺失的、错误的以及与数据集中大部分数据相差较大的"离群"值统称为异常值，在做数据分析时需要对数据进行整理，让它更符合逻辑。

11.5.1　数据清洗

数据清洗的目的是修正异常值，以更好地进行运算和观察结果。通过 Pandas 对序列或数据帧的清洗分为两个步骤：异常检测和数据修正。

1. 异常检测

Pandas 中的异常值用"NaN"表示，可以通过调用 isnull 和 notnull 方法来检测序列对象和数据帧对象是否为异常值。调用 isnull 方法，如果该值为"NaN"，则返回"True"表示是异常值，notnull 方法的检测逻辑与之相反。基于图 11-109 中的示例，对 df3 调用 isnull 方法，执行结果如图 11-125 所示。

	en_score_x	math_score_x	name	term_x	en_score_y	math_score_y	term_y
0	False	False	False	False	False	False	False
1	False	False	False	False	False	False	False
2	False	False	False	False	False	False	False
3	False	False	False	False	True	True	True
4	False	False	False	False	True	True	True
5	True	True	False	True	False	False	False
6	True	True	False	True	False	False	False

图 11-125　打印数据

2. 数据修正

对数据检测完毕后，就需要对数据进行修正。Pandas 提供了以下方式来修正数据。

（1）填充值。将序列或者数据帧中的异常值 "NaN" 使用其他数据进行填充。如图 11-126 所示，调用 fillna 方法，用 "0" 填充异常值。

```
1  import pandas as pd
2  import numpy as np
3
4  series1 = {"name": pd.Series(["Wilson", "Bruce", "Chelsea", "Warren", "Ivy"]),
5          "math_score": pd.Series([98, 88, 91, 94, 74]),
6          "en_score": pd.Series([92, 68, 94, 78, 69]),
7          "term": pd.Series(["第一学期", "第一学期", "第一学期", "第一学期", "第一学期"])}
8
9  series2 = {"name": pd.Series(["Wilson", "Bruce", "Chelsea", "Lucy", "Edith"]),
10         "math_score": pd.Series([90, 68, 75, 83, 67]),
11         "en_score": pd.Series([95, 99, 82, 89, 72]),
12         "term": pd.Series(["第二学期", "第二学期", "第二学期", "第二学期", "第二学期"])}
13
14  df1 = pd.DataFrame(series1)
15  df2 = pd.DataFrame(series2)
16  df3 = df1.merge(df2, on="name", how="outer")
17  print(df3.fillna(0))
```

图 11-126　填充异常值

执行结果如图 11-127 所示。

	en_score_x	math_score_x	name	term_x	en_score_y	math_score_y	term_y
0	92.0	98.0	Wilson	第一学期	95.0	90.0	第二学期
1	68.0	88.0	Bruce	第一学期	99.0	68.0	第二学期
2	94.0	91.0	Chelsea	第一学期	82.0	75.0	第二学期
3	78.0	94.0	Warren	第一学期	0.0	0.0	0
4	69.0	74.0	Ivy	第一学期	0.0	0.0	0
5	0.0	0.0	Lucy	0	89.0	83.0	第二学期
6	0.0	0.0	Edith	0	72.0	67.0	第二学期

图 11-127　打印数据

（2）替换值。如图 11-128 所示，成绩表中出现了 "198" "268" "375" 这样明显错误的数值，就需要调用 replace 方法进行替换。

```
1  import pandas as pd
2  import numpy as np
3
4  series1 = {"name": pd.Series(["Wilson", "Bruce", "Chelsea", "Warren", "Ivy"]),
5          "math_score": pd.Series([198, 88, 91, 94, 74]),
6          "en_score": pd.Series([92, 268, 94, 78, 69]),
7          "term": pd.Series(["第一学期", "第一学期", "第一学期", "第一学期", "第一学期"])}
8
9  series2 = {"name": pd.Series(["Wilson", "Bruce", "Chelsea", "Lucy", "Edith"]),
10         "math_score": pd.Series([90, 68, 375, 83, 67]),
11         "en_score": pd.Series([95, 99, 82, 89, 72]),
12         "term": pd.Series(["第二学期", "第二学期", "第二学期", "第二学期", "第二学期"])}
13
14  df1 = pd.DataFrame(series1)
15  df2 = pd.DataFrame(series2)
16  df3 = df1.merge(df2, on="name", how="outer")
17  print(df3.fillna("缺考").replace({198: 98, 268: 68, 375: 75}))
```

图 11-128　替换 "离群值"

执行结果如图 11-129 所示。

	en_score_x	math_score_x	name	term_x	en_score_y	math_score_y	term_y
0	92	98	Wilson	第一学期	95	90	第二学期
1	68	88	Bruce	第一学期	99	68	第二学期
2	94	91	Chelsea	第一学期	82	75	第二学期
3	78	94	Warren	第一学期·	缺考	缺考	缺考
4	69	74	Ivy	第一学期	缺考	缺考	缺考
5	缺考	缺考	Lucy	缺考	89	83	第二学期
6	缺考	缺考	Edith	缺考	72	67	第二学期

图 11-129　打印数据

（3）删除值。删除异常值的同时会删除对应的数据行，对 df3 调用 dropna 方法即可清除异常数据，执行结果如图 11-130 所示。

	en_score_x	math_score_x	name	term_x	en_score_y	math_score_y	term_y
0	92.0	198.0	Wilson	第一学期	95.0	90.0	第二学期
1	268.0	88.0	Bruce	第一学期	99.0	68.0	第二学期
2	94.0	91.0	Chelsea	第一学期	82.0	375.0	第二学期

图 11-130　打印数据

11.5.2　稀疏数据

在一个数据集中，数值为"NaN"的元素个数远多于非"NaN"的元素个数，这样的数据称为稀疏数据。在稀疏数据集中，可以采用只存储非"NaN"数据的方法来"压缩"数据集的存储空间，压缩后的稀疏数据集相对于原始数据集在计算时速度更快。如图 11-131 所示，在第 10 行将 df1 转为稀疏数据，在第 11 行输出转换后数据的密度，在第 12 行将稀疏数据还原为原始数据。

```
1  import pandas as pd
2  import numpy as np
3
4  series1 = {"name": pd.Series(["Wilson", "Bruce", "Chelsea", "Warren", "Ivy"]),
5            "math_score": pd.Series([198, np.nan, np.nan, np.nan, 74]),
6            "en_score": pd.Series([92, np.nan, 94, np.nan, np.nan]),
7            "term": pd.Series(["第一学期", "第一学期", "第一学期", "第一学期", "第一学期"])}
8
9  df1 = pd.DataFrame(series1)
10 sparse = df1.to_sparse()
11 print(sparse.density)
12 df1 = sparse.to_dense()
```

图 11-131　稀疏数据与原始数据的转换

执行结果如图 11-132 所示。

图 11-132　打印数据

233

11.6 高级功能

Pandas 提供了非常多的高级功能，限于篇幅这里简要介绍常用的两类，一是进行数据分析的透视表和交叉表，二是查找数据的切片和索引。

11.6.1 多维度分析

使用透视表和交叉表可以在一次统计分析的过程中同时选择多个维度参与计算。

1. 透视表

使用透视表计算每个同学每个学年的数学总成绩。如图 11-133 所示，第一个需要计算是"每个同学"，因此 index 参数应设置为"name"，第二个需要分析的是"每个学年"，因此将 columns 参数设置为"school_year"，最终计算的是"数学"科目的总成绩，因此 pivot_table 方法的第一个参数应该为"math_score"。

```python
import pandas as pd
import numpy as np

series1 = {"name": pd.Series(["Wilson", "Bruce", "Wilson", "Bruce"]),
           "math_score": pd.Series([98, 88, 94, 74]),
           "en_score": pd.Series([92, 68, 78, 69]),
           "school_year": pd.Series(["第一学年", "第一学年", "第一学年", "第一学年"]),
           "term": pd.Series(["第一学期", "第一学期", "第二学期", "第二学期"])}

series2 = {"name": pd.Series(["Wilson", "Bruce", "Wilson", "Bruce"]),
           "math_score": pd.Series([90, 68, 83, 67]),
           "en_score": pd.Series([95, 99, 89, 72]),
           "school_year": pd.Series(["第二学年", "第二学年", "第二学年", "第二学年"]),
           "term": pd.Series(["第一学期", "第一学期", "第二学期", "第二学期"])}

df1 = pd.DataFrame(series1)
df2 = pd.DataFrame(series2)
df3 = df1.append(df2, ignore_index=True)
df3 = df3.pivot_table(['math_score'], index='name', columns='school_year', aggfunc='sum')
print(df3)
```

图 11-133　透视表

执行结果如图 11-134 所示。

2. 交叉表

交叉表属于透视表的一种，主要用来计算分组频次，如图 11-135 所示。

图 11-134　打印数据

```python
import pandas as pd
import numpy as np

series1 = {"name": pd.Series(["Wilson", "Bruce", "Bruce", "Bruce"]),
           "math_score": pd.Series([98, 88, 94, 74]),
           "en_score": pd.Series([92, 68, 78, 69]),
           "school_year": pd.Series(["第一学年", "第一学年", "第一学年", "第一学年"]),
           "term": pd.Series(["第一学期", "第一学期", "第二学期", "第二学期"])}

series2 = {"name": pd.Series(["Wilson", "Bruce", "Wilson", "Bruce"]),
           "math_score": pd.Series([90, 68, 83, 67]),
           "en_score": pd.Series([95, 99, 89, 72]),
           "school_year": pd.Series(["第二学年", "第二学年", "第二学年", "第二学年"]),
           "term": pd.Series(["第一学期", "第一学期", "第二学期", "第二学期"])}

df1 = pd.DataFrame(series1)
df2 = pd.DataFrame(series2)
df3 = df1.append(df2, ignore_index=True)
df3 = pd.crosstab(df3.name, df3.school_year, normalize=True)
print(df3)
```

图 11-135　交叉表

执行结果如图 11-136 所示。

图 11-136　打印数据

11.6.2　选取数据

Pandas 提供了多种方式来方便快速地访问序列和数据帧中的数据，这里介绍几种常用方式。

1. 在单列上进行切片

如图 11-137 所示，通过选取单列然后执行切片操作。

```
1  import pandas as pd
2  import numpy as np
3
4  series1 = {"name": pd.Series(["Wilson", "Bruce", "Bruce", "Bruce"]),
5             "math_score": pd.Series([98, 88, 94, 74]),
6             "en_score": pd.Series([92, 68, 78, 69]),
7             "school_year": pd.Series(["第一学年", "第一学年", "第一学年", "第一学年"]),
8             "term": pd.Series(["第一学期", "第一学期", "第二学期", "第二学期"])}
9
10 series2 = {"name": pd.Series(["Wilson", "Bruce", "Wilson", "Bruce"]),
11            "math_score": pd.Series([90, 68, 83, 67]),
12            "en_score": pd.Series([95, 99, 89, 72]),
13            "school_year": pd.Series(["第二学年", "第二学年", "第二学年", "第二学年"]),
14            "term": pd.Series(["第一学期", "第一学期", "第二学期", "第二学期"])}
15
16 df1 = pd.DataFrame(series1)
17 df2 = pd.DataFrame(series2)
18 df3 = df1.append(df2, ignore_index=True)
19 print(df3["math_score"][1:7:2])
```

图 11-137　单列多行

2. 在多列上进行切片

选取多个列需要将多个列名作为列表传入，如图 11-138 所示。

```
16 df1 = pd.DataFrame(series1)
17 df2 = pd.DataFrame(series2)
18
19 df3 = df1.append(df2, ignore_index=True)
20 print(df3[["name", "math_score"]][2:5:3])
```

图 11-138　选择多列数据

3. 使用loc与iloc选取数据

loc 与 iloc 相比，切片功能更为强大。修改上面的示例，如图 11-139 所示。在第 20 行，loc 选取数据帧中第 5 行之后的 "math_score" 和 "en_score" 两列数据；在第 21 行，iloc 则选取数据帧中第 6 行之后的第 1、3 列数据。

```
1  import pandas as pd
2  import numpy as np
3
4  series1 = {"name": pd.Series(["Wilson", "Bruce", "Bruce", "Bruce"]),
5             "math_score": pd.Series([98, 88, 94, 74]),
6             "en_score": pd.Series([92, 68, 78, 69]),
7             "school_year": pd.Series(["第一学年", "第一学年", "第一学年", "第一学年"]),
8             "term": pd.Series(["第一学期", "第一学期", "第二学期", "第二学期"])}
9
10 series2 = {"name": pd.Series(["Wilson", "Bruce", "Wilson", "Bruce"]),
11            "math_score": pd.Series([90, 68, 83, 67]),
12            "en_score": pd.Series([95, 99, 89, 72]),
13            "school_year": pd.Series(["第二学年", "第二学年", "第二学年", "第二学年"]),
14            "term": pd.Series(["第一学期", "第一学期", "第二学期", "第二学期"])}
15
16 df1 = pd.DataFrame(series1)
17 df2 = pd.DataFrame(series2)
18
19 df3 = df1.append(df2, ignore_index=True)
20 print(df3.loc[5:, ["math_score", "en_score"]])
21 print(df3.iloc[6:, [1, 3]])
```

图 11-139　loc 与 iloc

执行结果如图 11-140 所示。

图 11-140　打印数据

11.7　读写MySQL数据库

Pandas 提供了十多种读取外部数据的方法，如图 11-141 所示。大部分读取文本数据的方法都类似，这里就不再赘述，重点介绍如何读写 MySQL 数据库。

读取 MySQL 数据库有 3 种方法：read_sql_table、read_sql_query 和 read_sql。在使用上有些差别，但是 read_sql 方法基本上综合了 read_sql_table 和 read_sql_query 的功能，因此掌握 read_sql 用法即可。

如图 11-142 所示，读取 MySQL 数据库表并返回数据帧，主要经历以下几步。

步骤 01：在第 3 行导入 sqlalchemy 包中的 create_engine 对象。

步骤 02：在第 5 行创建引擎用于连接数据库和发送 SQL 命令。

图 11-141　内置的读取外部数据的方法

步骤 03：第 8 行读取数据，然后在第 9 行按同学姓名分组求和。

步骤 04：最后在第 11 行将统计数据写入数据库。

```
1  import pandas as pd
2  import numpy as np
3  from sqlalchemy import create_engine
4
5  engine = create_engine("mysql+pymysql://root:root@localhost:3306/test", encoding="utf8")
6
7  sql = "SELECT * from mytable limit 100"
8  df = pd.read_sql(sql, engine)
9  df = df.groupby(["name"]).agg(np.sum)
10 print(df)
11 df.to_sql("mytable1", engine, index=False)
12
13
```

图 11-142　连接 MySQL

切换到数据库查看存储结果，如图 11-143 所示。

id	math_score	en_score
6	162	137
4	192	170

图 11-143　打印数据

11.8　新手问答

问题1：数据帧中shape的含义是什么？

答：shape 的意思是形状，通过一个元组表达数据帧的维度。例如，df = pd.DataFrame({'col1': [1, 2], 'col2': [3, 4]}) 这个数据帧，形状是 (2, 2)，指 2 行 2 列；df = pd.DataFrame({'col1': [1, 2], 'col2': [3, 4], 'col3': [5, 6]}) 形状是 (2, 3)，指 2 行 3 列，通过 df.shape 即可获取形状信息。shape 信息有什么用呢？在做矩阵乘法的时候有一个限制条件，就是第一个矩阵的列数需要和第二矩阵的行数相等，在 Pandas 中可以通过 shape 信息确定两个矩阵是否能进行乘法运算。

问题2：Pandas中ix方法的作用是什么？

答：ix 方法的作用和 loc、iloc 类似，都是用来按索引选取数据帧中的数据。loc 是通过行名称来选取，iloc 是通过行索引来选取，ix 既可以用行名称又可以用行索引选取。

问题3：什么是布尔值索引？

答：在选取数据的时候可以用布尔值索引，索引是一个返回布尔值，即 True 或 False 的表达式，只有布尔值为 True 的数据才会被筛选出。如图 11-144 所示， iloc[0] 表示"math_score"的数据，iloc[1] 表示"en_score"的数据。第 14 行的功能是：选出"math_score">95 并且"en_score">90 的数据行。

```
1  import pandas as pd
2
3  series = {"Wilson": pd.Series([98, 92]),
4           "Bruce": pd.Series([88, 68]),
5           "Chelsea": pd.Series([91, 94]),
6           "Warren": pd.Series([94, 78]),
7           "Ivy": pd.Series([74, 69])}
8
9  df1 = pd.DataFrame(series)
10 df2 = df1.rename(index={0: "math_score", 1: "en_score"})
11 print("原始数据: ")
12 print(df2)
13 print("筛选后的数据: ")
14 print(df2.loc[:, (df2.iloc[0] > 95) & (df2.iloc[1] > 90)])
```

图 11-144　布尔值索引

执行结果如图 11-145 所示。

图 11-145　打印数据

11.9　实训：成绩分析

图 11-146 所示为一份计算机专业同学的成绩单。

其中包含 30 名同学的各科考试成绩。现根据班主任要求，需要分别统计每个同学的总成绩与平均成绩，以及每个科目的平均成绩，并将成绩分为优、良、中、差 4 类。（该数据可在随书资源中的"成绩明细表 .xlsx"内查看。）

学号	高等数学	离散数学	微积分	线性代数	英语	算法导论	软件工程导论	Python程序设计	数据挖掘与数据仓库	项目管理导论	Java程序设计	大数据分析
2019000001	89	95	95	94	95	95	95	95	100	97	90	94
2019000002	85	80	85	83	80	90	84	95	90	93	88	85
2019000003	80	81	70	75	70	72	71	80	90	85	88	75
2019000004	90	90	90	90	92	95	90	98	95	95	80	91
2019000005	70	68	61	65	65	70	67	69	70	69	88	69
2019000006	85	85	80	83	78	92	80	80	80	80	80	83
2019000007	90	90	92	91	95	81	89	90	90	90	80	89
2019000008	90	90	95	90	82	82	82	90	90	90	80	86
2019000009	95	90	92	92	90	80	86	95	95	95	85	89
2019000010	70	72	65	68	51	62	55	80	85	82	85	65
2019000011	90	90	92	91	88	80	85	90	90	90	88	88
2019000012	67	60	68	65	65	50	59	80	65	72	82	65
2019000013	100	65	82	77	99	99	99	99	99	99	82	98
2019000014	90	90	90	90	92	95	93	98	95	96	82	91
2019000015	80	81	90	80	85	84	82	82	85	83	85	85
2019000016	70	70	65	70	72	78	74	90	90	90	88	75
2019000017	95	95	95	95	95	95	95	95	100	97	88	95
2019000018	80	83	80	80	80	88	83	90	92	91	80	83
2019000019	80	83	86	80	90	92	90	90	95	92	82	88
2019000020	88	90	85	88	80	80	80	99	80	89	82	83
2019000021	71	70	75	72	80	85	82	90	78	80	82	79
2019000022	80	89	82	80	85	83	82	80	90	85	82	84
2019000023	80	62	65	67	60	69	65	72	75	73	88	68
2019000024	69	60	62	60	60	62	61	70	75	73	88	65
2019000025	90	90	90	88	88	88	88	98	98	98	86	89
2019000026	90	90	90	90	88	88	88	98	98	98	85	89
2019000027	80	82	80	81	88	75	83	70	70	70	80	81
2019000028	100	68	57	58	99	99	99	99	99	99	85	98
2019000029	90	90	90	90	92	95	90	98	95	90	80	91
2019000030	90	90	90	90	92	95	90	98	95	90	80	91

图 11-146　成绩表

1. 实现思路

首先基于成绩表创建数据帧，对数据帧从行和列方向分别进行汇总和求平均。利用 scikit-learn 机器学习框架中的 k-means 算法自动分类。

2. 编程实现

步骤 01：统计成绩。

如图 11-147 所示，首先读取"成绩明细表 .xlsx"中的数据创建数据帧对象。在第 6 行使用 iloc 方法选取所有的行，使用"1:13"可取得所有的列，设置参数"axis=1"，可以按行选取每一列的数据进行求和运算，最后使用"df[" 总成绩 "]"方式可以给数据帧添加新列。第 7 行按类似的方式选取数据求得平均值。在第 8 行，设置参数"axis=0"，这是按列选取每一行的值求平均数，使用"df.loc[" 各科目平均成绩 "]"方式给数据帧添加新行，用于放置列平均值。

```
1  import pandas as pd
2  import numpy as np
3
4  file = "成绩明细表.xlsx"
5  df = pd.read_excel(file, sheet_name='成绩表')
6  df["总成绩"] = df.iloc[:, 1:13].apply(lambda x: x.sum(), axis=1)
7  df["平均成绩"] = df.iloc[:, 1:13].apply(lambda x: x.mean(), axis=1)
8  df.loc["各科目平均成绩"] = df.iloc[0:, 1:13].apply(lambda x: x.mean(), axis=0)
9  print(df.fillna(""))
```

图 11-147　统计成绩

执行结果分别如图 11-148 和图 11-149 所示。

各科目平均成绩	82.896552	81.793103	88.37931	88.068966	87.37931	83.931034

	大数据分析	总成绩	平均成绩
0	94.00000	1034	86.1667
1	85.00000	1043	86.9167
2	75.00000	937	78.0833
3	91.00000	1096	91.3333

图 11-148　总成绩与平均成绩

26	75.000000	85.000000	76.00000	70.000000	70.000000	85.000000
27	99.000000	99.000000	99.00000	99.000000	99.000000	85.000000
28	95.000000	90.000000	98.00000	95.000000	90.000000	80.000000
29	95.000000	90.000000	98.00000	95.000000	90.000000	80.000000
各科目平均成绩	82.896552	81.793103	88.37931	88.068966	87.37931	83.931034

图 11-149　各科目平均成绩

步骤 02：利用 k-means 算法实现分类。

scikit-learn 是一个功能强大的机器学习库，实现了大多数数据挖掘算法。这里调用其中的 k-means 算法实现成绩分类，如图 11-150 所示。首先在第 4 行导入机器学习库，在第 8 行计算平均成绩，然后续根据平均成绩进行分类。在第 17 行调用 cut 方法将数据按不同范围划分成多个区间，然后给每个区间按参数"labels"进行标记。

```python
1  import pandas as pd
2  import numpy as np
3  # 导入机器学习库
4  from sklearn.cluster import KMeans
5
6  file = "成绩明细表.xlsx"
7  df = pd.read_excel(file, sheet_name='成绩表')
8  df["平均成绩"] = df.iloc[:, 1:13].apply(lambda x: x.mean(), axis=1)
9
10 def get_actegory(data, k):
11     means_model = KMeans(n_clusters=k)
12     train_data = data.values.reshape((len(data), 1))
13     means_model.fit(train_data)
14     center = pd.DataFrame(means_model.cluster_centers_).sort_values(0)
15     mean_data = center.rolling(2).mean().iloc[1:]
16     mean_data = [0] + list(mean_data[0]) + [data.max()]
17     data = pd.cut(data, mean_data, labels=["差", "中", "良", "优"])
18     return data
19
20 result = get_actegory(df["平均成绩"], 4)
21 print(result.value_counts())
```

图 11-150　评估分类

执行结果如图 11-151 所示，可以看到成绩类别的分布情况，以及每一个类别中有多少个数据。

优	12
良	9
差	5
中	4

图 11-151　打印数据

本章小结

本章介绍了 Pandas 主要的数据结构：序列和数据帧。首先向读者介绍了 Pandas 的基本功能，比如描述性统计、重置索引、调用自定义函数等；然后介绍了常用的统计分析函数，比如方差、相关性统计，以及在各种场景下分别对行或列进行聚合统计；此外还讲解了数据帧连接操作、时间序列的运算方式，以及透视表和交叉表的应用。

第12章
Seaborn可视化

本章导读

　　Seaborn是一个基于Matplotlib的Python数据可视化库，它提供了更高级的接口，用于绘制表现力更强和信息更丰富的统计图形，并与Pandas紧密集成。相较于Matplotlib，Seaborn在统计方面的专业性更强。本章主要介绍用Seaborn绘制散点图、线图，进行数据分类绘图、单双变量绘图等。

知识要点

通过对本章内容的学习，读者能掌握以下内容。

- ◆ Seaborn绘图流程
- ◆ 数据关系可视化
- ◆ 数据分类可视化
- ◆ 数据分布可视化
- ◆ 线性关系可视化

12.1　Seaborn概述

Seaborn 提供了以下功能。

（1）面向数据集的 API，用于检查多个变量之间的关系。

（2）支持使用分类变量来显示观察结果或汇总统计数据。

（3）对单变量或双变量进行可视化，以及在数据子集之间进行比较。

（4）不同类型因变量的线性回归模型的自动估计和绘图。

（5）方便地查看复杂数据集的整体结构。

（6）用于构建多绘图网格的高级对象，可以轻松地构建复杂的可视化。

（7）简洁地控制 Matplotlib 图形样式与几个内置主题。

（8）使用调色板工具显示数据。

Seaborn 旨在成为用户探索和理解数据的核心工具，可以对整个数据集（数据帧和数组）进行操作，并在内部执行必要的语义映射和统计聚合，以生成信息图。

接下来演示 Seaborn 绘图过程。如图 12-1 所示。

```python
1  # !/usr/bin/python
2  # -*- coding: UTF-8 -*-
3
4  import matplotlib.pyplot as plt
5  import seaborn as sns
6
7  sns.set()
8  tips = sns.load_dataset("tips")
9  sns.relplot(x="total_bill", y="tip", col="time", hue="smoker",
10             style="smoker", size="size", data=tips)
11
12 plt.show()
```

图 12-1　使用 Seaborn 绘图

步骤 01：导入 Seaborn 包。底层 Seaborn 调用了 Matplotlib 绘制图形，大多数情况下直接使用 Seaborn 即可完成任务。如果需要更进一步的自定义功能，则需要使用 Matplotlib。

步骤 02：调用 set 方法设置图形主题，这一步是可选的。Seaborn 使用 Matplotlib rcParam 系统来控制图形外观。

步骤 03：加载数据集。使用 load_dataset 方法加载数据集，并返回数据帧，同时也可以调用 pandas.read_csv 方法或者手动构造数据帧。

步骤 04：调用 relplot 方法绘制图形。其中 x 和 y 参数决定了点的位置；size 参数决定了点形状的大小；col 根据 "time" 的值决定画布会产生几个子图，哪些数据会落在哪些子图内；hue 和 style 决定了点的色调和形状。

步骤 05：调用 show 方法显示图形。

执行结果如图 12-2 所示。

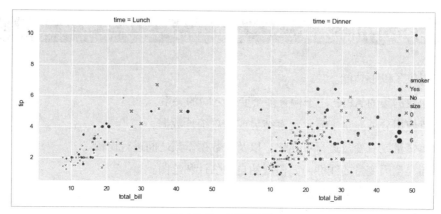

图 12-2　显示图形

使用 Seaborn 绘图只需在参数中指定数据集的哪些属性扮演什么角色，不像直接调用 Matplotlib 那样，需要使用不同方法并处理好对应数据类型才能完成绘制，Seaborn 内部已经完成了这些处理。一般情况下，使用 Seaborn 绘图比直接使用 Matplotlib 更为容易。

> **温馨提示**
>
> 图 12-1 所示代码中第 8 行的 "tips" 表示 tips.csv 文件，执行程序的时候，会自动到 https://raw.githubusercontent.com/mwaskom/seaborn-data/master/tips.csv 下载该文件，并保存到本地系统 seaborn-data 目录下。

12.2 可视化数据关系

统计分析是为了了解数据集中变量之间的关联关系，以及变量的变化过程。利用可视化组件，可以直观地看到数据的变化趋势、分布以及其他的内在联系。

12.2.1 使用散点图观察数据分布

散点图是统计图中最重要的图形之一，包含了大量信息。

Seaborn 中有多种方式可以绘制散点图，当两个数据都是数值类型时，可以直接使用 scatterplot 方法进行绘制。该方法是 relplot 方法的默认实现（relplot 中的参数 kind 默认是 "scatter"）。如图 12-3 所示，调用 relplot 方法绘制散点图。

```
4  import matplotlib.pyplot as plt
5  import seaborn as sns
6
7  sns.set()
8  tips = sns.load_dataset("tips")
9  tips = sns.load_dataset("tips")
10 sns.relplot(x="total_bill", y="tip", data=tips)
11 plt.show()
```

图 12-3　绘制散点图

执行结果如图 12-4 所示。x 轴的"total_bill"是"账单总金额"，y 轴的"tip"是"小费"，根据账单总金额和小费两个数据确定一个点，可以清楚地看到账单金额和小费普遍集中在 [10-30] 和 [1-5] 区域内。

引入第三个变量给图中的点着色，在 Seaborn 中，这被称为"色调语义"，每个着色的点都包含另一层含义。修改图 12-3 示例中的第 10 行代码如下：

```
sns.relplot(x="total_bill", y="tip", hue="smoker", data=tips)
```

执行结果如图 12-5 所示。

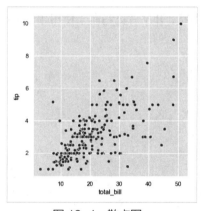

图 12-4　散点图

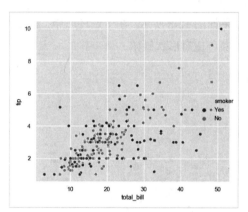

图 12-5　着色的散点图

引入第四个变量来控制点的形状，突出显示数据之间的差异性。要使不同类型的数据显示不同的形状，需修改图 12-3 示例中的第 10 行代码如下：

```
sns.relplot(x="total_bill", y="tip", hue="smoker", style="smoker",
data=tips
```

执行结果如图 12-6 所示。

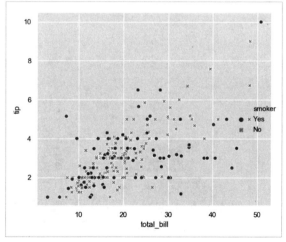

图 12-6　使用不同形状绘图

用四个变量，还可以独立改变每个点的色调和样式，修改图 12-3 示例中的第 10 行代码如下：

```
sns.relplot(x="total_bill", y="tip", hue="smoker", style="time",
data=tips)
```

执行结果如图 12-7 所示。

如果色调语义是数值类型或兼容浮点型，那么就可以使用该数值创建调色板。使用 size 创建调色板，需修改图 12-3 示例中的第 10 行代码如下：

```
sns.relplot(x="total_bill", y="tip", hue="size", data=tips)
```

执行结果如图 12-8 所示。在生产环境中，相比修改形状，开发者更趋向于使用颜色来区分数据，因为眼睛对颜色比对形状敏感。

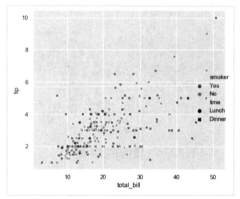
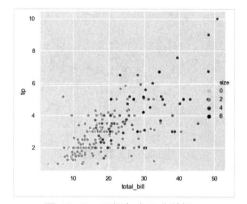

图 12-7 改变点的色调和样式　　　　　图 12-8 用颜色来区分数据

同时修改点的颜色和大小来强调数据差异，修改图 12-3 示例中的第 10 行代码如下：

```
sns.relplot(x="total_bill", y="tip", hue="smoker", size="size",
sizes=(15,200), data=tips)
```

执行结果如图 12-9 所示。

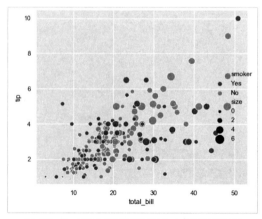

图 12-9 通过点的颜色和大小来区分数据

12.2.2 使用线图观察数据趋势

对于时间序列或者其他类型的连续变量，使用线图更能反映出数据趋势。如图 12-10 所示，调用 replot 方法，设置参数 kind="line" 即可绘制线图。

```python
# -*- coding: UTF-8 -*-

import matplotlib.pyplot as plt
import seaborn as sns
import pandas as pd
import numpy as np

sns.set()
df = pd.DataFrame(dict(time=np.arange(500),value=np.random.randn(500).cumsum()))
g = sns.relplot(x="time", y="value", kind="line", data=df)
g.fig.autofmt_xdate()
plt.show()
```

图 12-10　绘制线图

执行结果如图 12-11 所示。

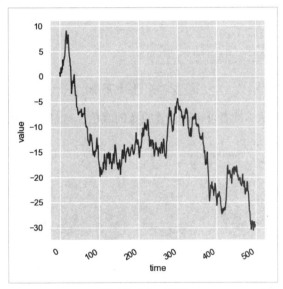

图 12-11　线图

使用线图绘制日期格式的数据，会经常出现日期重叠的情况，这需要在 Matplotlib 层进行处理。如图 12-12 所示，调用 matplotlib.figure.Figure.autofmt_xdate 方法来旋转日期角度。

```python
# -*- coding: UTF-8 -*-

import matplotlib.pyplot as plt
import seaborn as sns
import pandas as pd
import numpy as np

sns.set()
df = pd.DataFrame(dict(time=pd.date_range("2019-1-1", periods=500),
                  value=np.random.randn(500).cumsum()))
g = sns.relplot(x="time", y="value", kind="line", data=df)
g.fig.autofmt_xdate()
plt.show()
```

图 12-12　旋转日期角度

执行结果如图 12-13 所示。

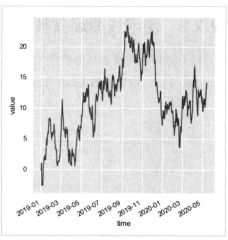

图 12-13　绘制日期线图

12.2.3　在同一个画布上显示更多关系

要使用 Matplotlib 在一个画布上绘制多个图形，需要用到子图，子图的布局方式按行列划分。Seaborn 的绘图布局是基于 FacetGrid 对象，用于绘制数据关系的多图网格，功能上和 Matplotlib 子图类似。如图 12-14 所示，在 replot 方法中设置 col 参数，Seaborn 会根据数据分类在同一个平面上自动对子图布局。

```
2  # -*- coding: UTF-8 -*-
3
4  import matplotlib.pyplot as plt
5  import seaborn as sns
6
7  sns.set()
8  fmri = sns.load_dataset("fmri")
9  sns.relplot(x="timepoint", y="signal", hue="subject",
10             col="region", row="event", height=3,
11             kind="line", estimator=None, data=fmri)
12  plt.show()
```

图 12-14　绘制多图

执行结果如图 12-15 所示（读者可自行设置线条的颜色，这里只展示子图形式）。

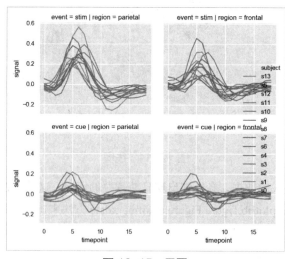

图 12-15　子图

12.3　根据数据分类绘图

通过散点图可以很直观地了解数据整体情况，若是需要在图形中观察不同类型数据的分布情况，则需要根据数据分类进行绘图。Seaborn 中对数据分类有三种绘制模型：分类散点图、分类分布图、分类评估图。这些模型都可以调用 catplot 方法进行绘制。

12.3.1　分类散点图

如图 12-16 所示，调用 catplot 方法，传入参数 kind="strip"，即可绘制分类散点图。

```
2  # -*- coding: UTF-8 -*-
3
4  import matplotlib.pyplot as plt
5  import seaborn as sns
6
7  sns.set()
8  tips = sns.load_dataset("tips")
9  sns.catplot(x="day", y="total_bill", kind="strip", data=tips)
10 plt.show()
```

图 12-16　绘制分类散点图

执行结果如图 12-17 所示，同一类数据沿着垂直方向绘制。该图的缺陷是有的数据点重叠了。为了避免数据重叠，更利于观察，修改图 12-16 中的第 9 行代码如下：

```
sns.catplot(x="day", y="total_bill", kind="swarm", data=tips)
```

执行结果如图 12-18 所示。

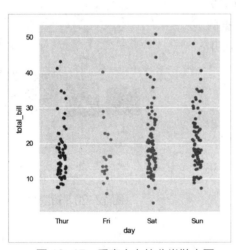

图 12-17　垂直方向的分类散点图

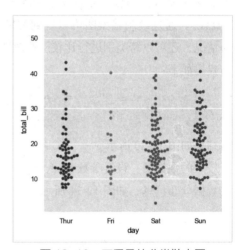

图 12-18　不重叠的分类散点图

当类别名称相对较长或者类别比较多的时候，将分类变量放到水平方向上更为合适。修改图 12-16 代码中的第 9 行代码如下：

```
sns.catplot(x="total_bill", y="day", hue="time", kind="swarm",
data=tips)
```

执行结果如图 12-19 所示。

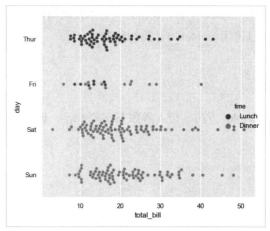

图 12-19   水平方向的分类散点图

12.3.2   在类别内部观察整体分布

当数据量比较大的时候，Seaborn 提供了两种方式在类别内部进行观察。

1. 箱型图

当数据量特别大的时候，是无法在分类散点图中绘制所有的点的。通过绘制箱型图可以看到类别中数据的整体分布情况，还可以跨类别进行比较。修改图 12-16 中的第 9 行代码如下：

```
sns.catplot(x="day", y="total_bill",
kind="box", data=tips)
```

执行结果如图 12-20 所示。

对于较大的数据集，设置参数 kind="boxen"，则会获得更多的数据分布信息，如图 12-21 所示。

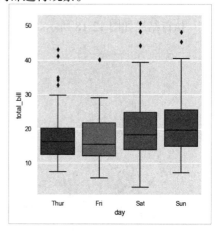

图 12-20   箱型图 1

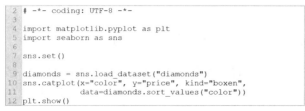

图 12-21   绘制箱型图

执行结果如图 12-22 所示。

2. 小提琴图

对于需要分析数据密度的统计，则需要使用"小提琴"图，如图 12-23 所示。第 9 行 catplot 的参数 kind="violin"，表

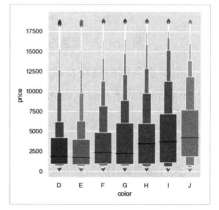

图 12-22   箱型图 2

示绘制小提琴形状的图；参数 split=True，表示将该类别内的数据分开显示；参数 inner 表示在小提琴上显示数据的分布线；参数 palette 则是指线条的调色板，控制线条颜色。

```
2  # -*- coding: UTF-8 -*-
3
4  import matplotlib.pyplot as plt
5  import seaborn as sns
6
7  sns.set()
8  tips = sns.load_dataset("tips")
9  sns.catplot(x="day", y="total_bill", hue="sex",
10             kind="violin", split=True, inner="stick",
11             palette="pastel", data=tips)
12 plt.show()
```

图 12-23　绘制小提琴图

执行结果如图 12-24 所示。

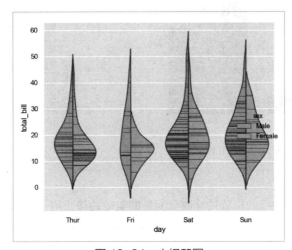

图 12-24　小提琴图

12.3.3　在类别内部观察集中趋势

在某些分析场景中，用户更希望得到数据的集中趋势，而不是显示每个类别中数据的分布。Seaborn 提供了两种方式来显示这些信息。

1. 条形图

如图 12-25 所示，使用条形图高度来反映数据集中趋势。在绘图过程中，若是一个类别有多个观察值，Seaborn 会为每个观察值绘制条形，默认情况下，y 轴取平均值。

```
2  # -*- coding: UTF-8 -*-
3
4  import matplotlib.pyplot as plt
5  import seaborn as sns
6
7  sns.set()
8  titanic = sns.load_dataset("titanic")
9  sns.catplot(x="sex", y="survived", hue="class", kind="bar", data=titanic)
10 plt.show()
```

图 12-25　绘制条形图

执行结果如图 12-26 所示，每个条形上的细条形称为"误差条"，表示各类数值与条形图对应值的误差。

在统计中，若是希望显示观察类别的数量，则将 kind 设置为"count"。修改图 12-25 代码中的第 9 行代码如下：

```
sns.catplot(x="deck", kind="count", palette="ch:.25", data=titanic)
```

执行结果如图 12-27 所示。

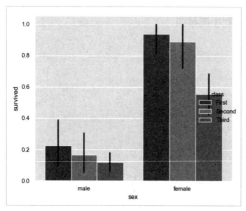

图 12-26　条形图（1）

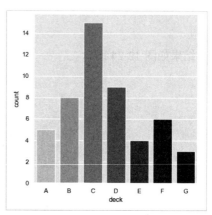

图 12-27　条形图（2）

2. 点图

点图可以通过散点图中点的位置估计数值变量的集中趋势，用于聚焦一个或多个分类变量的不同级别之间的变化，尤其善于表现第一个分类变量与第二个分类变量间的变化情况。修改图 12-26 中第 9 行代码如下：

```
sns.catplot(x="sex", y="survived", hue="class", kind="point",
data=titanic)
```

执行结果如图 12-28 所示。

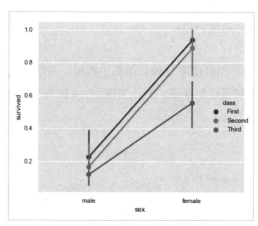

图 12-28　点图

12.4　单变量与双变量

在处理一组数据时，通常需要做的第一件事就是了解变量的分布方式。本节主要介绍 Seaborn 用于检测单变量和双变量分布的一些工具。

12.4.1　绘制单变量分布

快速查看 Seaborn 中单变量分布的最方便的方法是调用 distplot 函数。

1. 直方图

直方图可以展示数据的分布，方法是根据数据范围划分区间，然后绘制条形图以显示每个区域中的数据数量。在绘制直方图时主要考虑的问题是，需要绘制多少个条形和条形的放置位置，在 Seaborn 中使用 distplot 方法绘制直方图的过程如图 12-29 所示。

```
# -*- coding: UTF-8 -*-
import matplotlib.pyplot as plt
import seaborn as sns
import numpy as np

sns.set()
x = np.random.normal(size=100)
sns.distplot(x, bins=20, kde=False, rug=True)
plt.show()
```

图 12-29　绘制直方图

执行结果如图 12-30 所示。

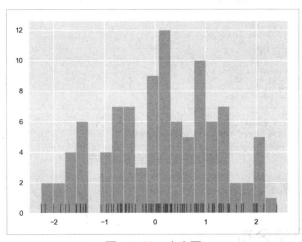

图 12-30　直方图

2. 单变量核密度估计

核密度估计拟合线是在概率论中用来估计未知的密度的函数，就是用平滑的核函数来拟合观察到的数据点。在 Seaborn 中使用 kdeplot 方法绘制拟合线，如图 12-31 所示。

251

```
2  # -*- coding: UTF-8 -*-
3
4  import matplotlib.pyplot as plt
5  import seaborn as sns
6  import numpy as np
7
8  sns.set()
9
10 x = np.random.normal(size=100)
11 sns.kdeplot(x)
12 sns.kdeplot(x, bw=.2, label="bw: 0.2")
13 sns.kdeplot(x, bw=2, label="bw: 2")
14 plt.legend()
15 plt.show()
```

图 12-31　绘制核密度估计拟合线

执行结果如图 12-32 所示。

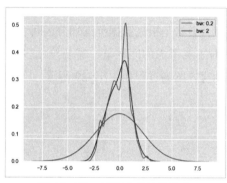

图 12-32　核密度估计拟合线

3. 拟合参数分布

使用 distplot 方法将参数分布拟合到数据集，并直观地评估它与所观察数据的对应程度，如图 12-33 所示。

```
2  # -*- coding: UTF-8 -*-
3
4  import matplotlib.pyplot as plt
5  import seaborn as sns
6  import numpy as np
7  from scipy import stats
8
9  sns.set()
10 x = np.random.gamma(6, size=200)
11 sns.distplot(x, kde=False, fit=stats.gamma)
12 plt.show()
```

图 12-33　拟合参数分布

执行结果如图 12-34 所示。

12.4.2　绘制双变量分布

Seaborn 也可以可视化双变量分布，最简单的方法是使用 jointplot 函数创建一个多面板图形，显示两个变量之间的关系以及每个变量在单独轴上的单变量分布。

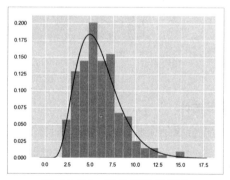

图 12-34　拟合参数分布图

1. 散点图

可视化双变量分布的最常见方法是绘制散点图，以 x 和 y 值来定位观察点，如图 12-35 所示。

```
2  # -*- coding: UTF-8 -*-
3
4  import matplotlib.pyplot as plt
5  import seaborn as sns
6  import numpy as np
7  import pandas as pd
8
9  sns.set()
10 mean, cov = [0, 1], [(1, .5), (.5, 1)]
11 data = np.random.multivariate_normal(mean, cov, 200)
12 df = pd.DataFrame(data, columns=["x", "y"])
13 sns.jointplot(x="x", y="y", data=df)
14 plt.show()
```

图 12-35　绘制散点图

执行结果如图 12-36 所示。

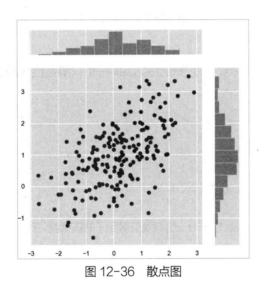

图 12-36　散点图

2. Hexbin图

直方图的双变量被称为 Hexbin 图，它显示了六边形（hexagonal bins）区间内的观察点计数。绘制 Hexbin 图的过程如图 12-37 所示。

```
2  # -*- coding: UTF-8 -*-
3
4  import matplotlib.pyplot as plt
5  import seaborn as sns
6  import numpy as np
7
8  sns.set()
9  mean, cov = [0, 1], [(1, .5), (.5, 1)]
10 x, y = np.random.multivariate_normal(mean, cov, 1000).T
11 with sns.axes_style("white"):
12     sns.jointplot(x=x, y=y, kind="hex", color="k")
13 plt.show()
```

图 12-37　绘制 Hexbin 图

执行结果如图 12-38 所示。

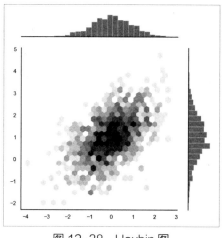

图 12-38　Hexbin 图

3. 双变量核密度估计

使用核密度估计能够可视化双变量分布，在 Seaborn 中以等高线图的形式显示，如图 12-39 所示。

```
2  # -*- coding: UTF-8 -*-
3
4  import matplotlib.pyplot as plt
5  import seaborn as sns
6  import numpy as np
7  import pandas as pd
8
9  sns.set()
10 mean, cov = [0, 1], [(1, .5), (.5, 1)]
11 data = np.random.multivariate_normal(mean, cov, 200)
12 df = pd.DataFrame(data, columns=["x", "y"])
13 sns.jointplot(x="x", y="y", data=df, kind="kde")
14 plt.show()
```

图 12-39　绘制双变量因子的核密度估计

执行结果如图 12-40 所示。

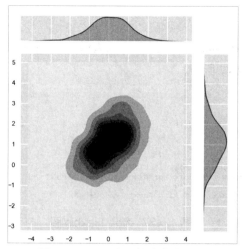

图 12-40　双变量核密度估计图

如图 12-41 所示，在第 14 行使用 kdeplot 函数来绘制二维核密度图，在第 15、16 行调用 rugplot 函数还可以在 x、y 轴上分别绘制数据分布，如图 12-41 所示。

```
2  # -*- coding: UTF-8 -*-
3
4  import matplotlib.pyplot as plt
5  import seaborn as sns
6  import numpy as np
7  import pandas as pd
8
9  sns.set()
10 mean, cov = [0, 1], [(1, .5), (.5, 1)]
11 data = np.random.multivariate_normal(mean, cov, 200)
12 df = pd.DataFrame(data, columns=["x", "y"])
13 f, ax = plt.subplots(figsize=(6, 6))
14 sns.kdeplot(df.x, df.y, ax=ax)
15 sns.rugplot(df.x, color="g", ax=ax)
16 sns.rugplot(df.y, vertical=True, ax=ax)
17 plt.show()
```

图 12-41　绘制二维核密度图

执行结果如图 12-42 所示。

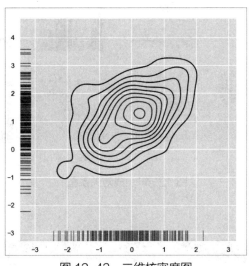

图 12-42　二维核密度图

12.4.3　数据集中的成对关系

要在数据集中绘制多个成对双变量分布，可以使用 pairplot 函数。比如数据集中有四个变量，那么就会产生 4×4 个格子，每个格子内就是两个变量构成的子图。若是有单数列，那么最后一列将被忽略，如图 12-43 所示。

```
2  # -*- coding: UTF-8 -*-
3
4  import matplotlib.pyplot as plt
5  import seaborn as sns
6
7  sns.set()
8  iris = sns.load_dataset("iris")
9  sns.pairplot(iris)
10 plt.show()
```

图 12-43　绘制成对关系图

执行结果如图 12-44 所示，在绘图过程中，若是两个变量相同则以直方图显示，否则用散点图显示。

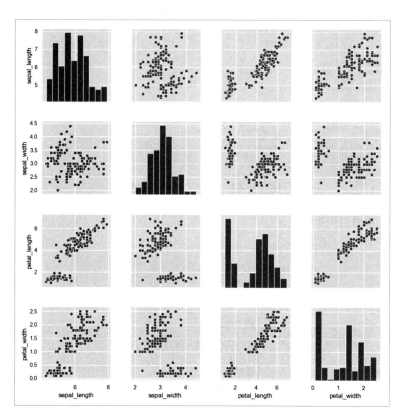

图 12-44　成对关系图

12.5　线性关系

许多数据集中包含多个定量和变量，针对这种数据集，分析目标是获取这些变量间的线性关系，Seaborn 提供了多种方式对回归模型进行可视化。

12.5.1　线性回归函数

有两个函数可以绘制回归线：regplot 和 lmplot。lmplot 函数在使用上更灵活，这里将基于 lmplot 进行演示。如图 12-45 所示，绘制一个线性模型图。

```
# -*- coding: UTF-8 -*-

import seaborn as sns
import matplotlib.pyplot as plt

sns.set()
tips = sns.load_dataset("tips")
sns.lmplot(x="total_bill", y="tip", data=tips)
plt.show()
```

图 12-45　绘制线性图

执行结果如图 12-46 所示。

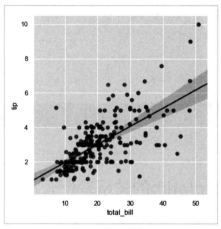

图 12-46　线性模型图

12.5.2　绘制多项式回归

使用 lmplot 函数可绘制多项式回归模型，如图 12-47 所示。

```
2  # -*- coding: UTF-8 -*-
3
4  import seaborn as sns
5  import matplotlib.pyplot as plt
6
7  sns.set()
8  anscombe = sns.load_dataset("anscombe")
9  sns.lmplot(x="x", y="y", data=anscombe.query("dataset == 'II'"),
10          order=2, ci=None, scatter_kws={"s": 80})
11 plt.show()
```

图 12-47　多项式回归

执行结果如图 12-48 所示。

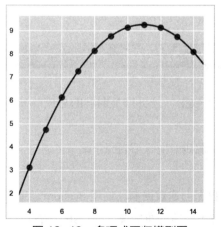

图 12-48　多项式回归模型图

> **温馨提示**
>
> 从前面的学习中可以发现,在绘图过程中使用了很多统计学方面的知识。为了加强学习效果,建议读者在学习本章的过程中,同时了解统计的基本原理。

12.6 新手问答

问题1: Seaborn与Matplotlib的关系是什么?

答: Seaborn 底层基于 Matplotlib 绘图,是对 Matplotlib 的进一步封装,接口使用相对更简单。若要进一步控制图形,需要直接使用 Matplotlib。Seaborn 与 Pandas 的集成度比与 Matplotlib 更高,在基于 Pandas 数据进行可视化时,使用 Seaborn 的效率更高。

问题2: regplot函数和lmplot函数的区别是什么?

答: 在功能方面,regplot 函数是 lmplot 函数的子集。lmplot 除了能反映两个变量间的关系外,还可以探索该关系如何随第 3 个变量的变化而变化。

问题3: lmplot函数是如何影响图形大小和形状的?

答: lmplot 函数是通过 FacetGrid 对象使用 size 和 aspect 参数来控制图形的大小和形状的,这些参数适用于绘图中的每个面,而不是作用于图形本身。

12.7 实训: 成绩分析可视化

利用 Pandas 读取成绩统计表数据,分析每个同学的总成绩分布情况、各等级学生成绩分布情况和各科目成绩排名情况。

"成绩统计表 .xlsx"在随书源码对应章节目录下。

1. 实现思路

读取"成绩统计表 .xlsx"数据创建数据帧,使用 Seaborn 绘制散点图,观察每个同学的总成绩分布情况;绘制箱型图并观察各类成绩分布情况;使用条形图对各科目成绩进行排名,以反映科目成绩优劣。

2. 编程实现

步骤 01：获取每个同学的成绩分布信息。如图 12-49 所示，读取原始数据，调用 catplot 方法，根据每个同学的总分绘制成绩分布图。

```
2  # -*- coding: UTF-8 -*-
3
4  import seaborn as sns
5  import matplotlib.pyplot as plt
6  import pandas as pd
7
8  sns.set()
9  plt.rcParams["font.sans-serif"] = ["SimHei"]
10 file = r"成绩统计表.xlsx"
11 df = pd.read_excel(file, sheet_name="成绩表")
12
13 sns.relplot(x="学号", y="总分", data=df)
14 plt.xticks(range(1))
15 plt.show()
```

图 12-49　每个同学的总分分布图

执行结果如图 12-50 所示。

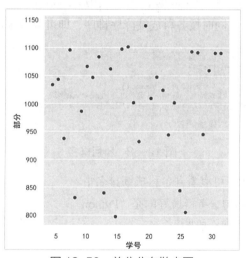

图 12-50　总分分布散点图

步骤 02：分析各等级学生的成绩分布情况。如图 12-51 所示，调用 catplot 方法并将 kind 设置为 "boxen" 绘制箱型图。

```
17 sns.catplot(x="等级", y="平均分", kind="boxen", data=df)
18 plt.show()
```

图 12-51　各等级学生的成绩分布

执行结果如图 12-52 所示，可以看到各等级学生的成绩分布情况。比如优等生成绩在 90 以上，但集中在 95 以下；优良生成绩集中在 87 左右；中等生成绩大多在 70~80，分布比较均匀；差生成绩在 70 以下，整体较少。

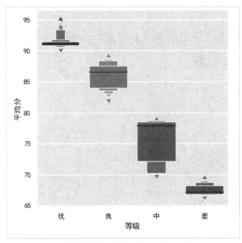

图 12-52　成绩分布箱型图

　　步骤 03：如图 12-53 所示，将原始数据取出来，构造成包含"科目名称"和"各科成绩"的数据帧，将 kind 设置为"bar"，同时按各科成绩降序排序，即可取得各科成绩排名。

```
15  course = df.columns.values[1:13]
16  means = df.iloc[-1, 1:13]
17  df = pd.DataFrame({"科目名称": course,
18                    "各科成绩": means})
19  sns.catplot(x="各科成绩", y="科目名称", kind="bar",
20              data=df.sort_values("各科成绩", ascending=False))
21
22  plt.title("各科平均成绩排名")
23  plt.show()
```

图 12-53　科目排名

　　执行结果如图 12-54 所示，可以看到各科成绩排名情况。整体来说各科成绩相对均匀，考得最好的是"Python程序设计"和"数据挖掘与数据仓库"。

本章小结

　　本章主要介绍了 Seaborn 和 Matplotlib 的关系，如何使用 Seaborn 绘制散点图来观察数据的整体分布情况，以及如何根据分类来绘制散点图以观察类别内部的数据分布情况。同时还介绍了小提琴图、箱型图的绘制方法，以及观察单变量与双变量的绘图方式。最后介绍了如何利用 Seaborn 来可视化回归模型。

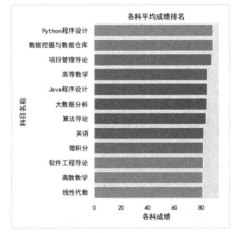

图 12-54　成绩分析可视化图

第 4 篇

大数据存储与快速分析篇

在当前信息爆炸的时代，时时刻刻都在产生数据。这些数据有些反映了用户的兴趣爱好，有些反映了高速路普遍在什么时候堵车，有些更是反映了买家最关心的问题：我在浏览的这款商品是不是假货。面对各行各业产生的大量数据，如何从中找出用户的兴趣点并进行精准营销，如何及时预告路况信息以避免交通拥堵，以及如何挖掘其他潜在的商业价值，已经成为企业的核心使命。利用传统软件技术处理大数据主要存在哪些困难，如何解决这些困难，是本篇着重分析的内容。

本篇会先讨论业内大数据技术中的标配——Hadoop 平台。在此基础上，将介绍一款非常著名的、学习门槛相对较低且易于使用的组件——Apache Spark。Hadoop 和 Spark 搭配，基本上解决了大数据处理的两个最主要的问题。

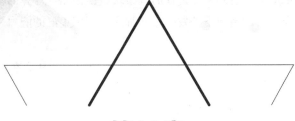

第13章

Hadoop数据存储与基本操作

本章导读

　　本章主要介绍大数据的背景，大数据的特征，利用传统软件技术处理大数据面临的困难，Hadoop在处理大数据的过程中采用了什么样的原理、解决了什么样的问题，如何搭建Hadoop开发环境，以及Hadoop的基本操作。

知识要点

通过对本章内容的学习，读者能掌握以下内容。

- 大数据背景
- Hadoop的体系结构
- Hadoop的核心原理
- Hadoop的部署方式
- Hadoop的基本操作

13.1　Hadoop概述

Hadoop 是一个由 Apache 基金会开发与托管的分布式数据存储与计算的基础平台。用户可以在完全不了解分布式技术底层细节的情况下开发分布式程序，利用集群的能力来实现稳定存储和快速运算。

大数据时代，Hadoop 被设计成可以在廉价计算机上顺利运行，从而在大量数据的存储与计算上降低成本。

13.1.1　什么是大数据

"大数据"一词，相信读者并不陌生。在 20 世纪 90 年代，该词已经出现在人们的视野中，2013 年被称为大数据元年。那么，"大数据"究竟是什么呢？

著名数据科学家 Gartner 认为，"大数据"是需要新处理模式才能具有更强的决策力、洞察力和流程优化能力的海量、高增长率及多样化的信息资产。

因此，可以总结出，"大数据"一词代表了两层含义：一是海量的信息资产，也就是数据本身；二是新处理模式，也就是"大数据"处理技术。

13.1.2　大数据的特征

国际商业机器公司（IBM）提出了"大数据"的 5 大特征：Volume（大量）、Velocity（高速）、Variety（多样）、Value（低价值密度）、Veracity（真实性）。

（1）Volume（大量）：数据采集规模、存储规模和计算规模都非常大。一般以 TB（1024GB）获取，PB（1024TB）做计量单位。

（2）Velocity（高速）：数据产生的速度快，处理速度快，时效性高。

（3）Variety（多样）：种类与来源多样化。具体体现在结构化、半结构化与非结构化，如日志、音视频、图片、地理信息等。不同的数据类型，对应的处理技术也不尽相同。

（4）Value（低价值密度）：信息的感知无处不在，但是在海量信息面前，真正具备价值的在少数，如何通过数据挖掘手段在垃圾中发现黄金，是大数据时代需要处理的问题。

（5）Veracity（真实性）：维克托·迈尔－舍恩伯格在其编著的《大数据时代》中指出，大数据不用随机分析法（抽样调查）这样的捷径，而是对全量数据进行分析处理。全量数据反映了事物的客观性与真实性。

13.1.3　处理大数据遇到的困难

大数据处理面临两个重要问题：算力与存储。

（1）算力方面，传统软件部署在某一台计算机上，那么就由这台计算机为该软件提供计算资源。

即便采用面向服务的架构甚至是微服务架构做分布式部署，都避免不了一个计算任务只能在一台计算机上运行的事实。同时，传统软件是将数据从网络上集中到当前程序运行的计算机上进行处理，这里就涉及数据的网络传输时延。传统软件"数据向计算靠拢"的模式，限制了算力。

（2）在存储方面，一般情况下，众多企业为了降低成本，都是将数据集中管理。随着时间的推移，软件系统产生的数据在单台计算机上无法存放时，就要开始做分布式存储。那么问题来了，要用数据的时候，软件如何寻址；大规模计算机集群，其中一台计算机坏掉，数据如何容错。

13.1.4　Hadoop入门

Hadoop（2.x 以上）主要提供了 HDFS 来实现数据存储功能，还提供了 YARN 来实现计算资源调度功能，采用 MapReduce 框架来做分布式运算。

GFS 是一个可扩展的分布式文件系统，用于大型的、分布式的、对大量数据进行访问的应用。它运行于廉价的普通硬件上，并提供容错功能。HDFS 最早是参考 GFS 实现的。HDFS 被设计成适合运行在通用硬件上的分布式文件系统，这是一个高度容错的系统，能提供高吞吐量的数据访问，非常适用于大规模数据集，主要用来解决数据存储与管理问题。MapReduce 是面向大数据并行处理的分布式计算框架，集群资源的调度和计算任务的协调由 YARN 来完成。MapReduce 运行在集群之上，从而解决算力的问题。

13.1.5　Hadoop简介

2003 年，Google 发表了两篇论文，分别关于 Map/Reduce 和 GFS。Nutch 的作者受到启发，开发了基于 Map/Reduce 思想的一个实验性项目，这就是 Hadoop 的前身。

2005 年，Hadoop 作为 Nutch 子项目正式被引入 Apache Software Foundation。

2006 年，Map/Reduce 和 Nutch Distributed File System 正式被纳入 Hadoop 项目。

目前，Hadoop 已经发布了 3.x 版本，本章及后续章节将会基于此版本进行讲解。

Hadoop 3.x 主要由 Hadoop Common、Hadoop Distributed File System、Hadoop YARN、Hadoop MapReduce、Hadoop Ozone 模块构成。

1．Hadoop Common模块

Hadoop Common 模块是一个为其他模块提供常用工具的基础模块，比如提供网络通信、权限认证、文件系统抽象类、日志组件等工具。

2．Hadoop Distributed File System模块

Hadoop Distributed File System 简称 HDFS，中文含义是 Hadoop 分布式文件系统。

> **温馨提示**
> HDFS 商标已经注册。本书后续内容非特别指明情况下，HDFS 都代指 Hadoop 分布式文件系统。

HDFS 适用于大数据场景中的数据存储，因为它提供了高可靠性、高扩展性和高吞吐率的数据

存储与访问服务。高可靠性是通过自身的副本机制实现的。高扩展性是通过往集群中添加机器来实现线性扩展的。高吞吐率是指在读文件的时候，HDFS 会将离提交任务节点最近位置的目标数据反馈给应用。

HDFS 的基本原理是将数据文件按指定大小（Hadoop 2.x 及以上版本默认为 128MB）进行分块，并将数据块以副本的方式存储到集群中的多台计算机上。即使某个节点发生故障，导致数据丢失，在其他节点上也还有相应副本。所以在读文件的时候，仍然能够获得完整的反馈。HDFS 切割数据和存储冗余副本的方式，开发者是感知不到的。在使用的时候，开发者仅知道自己上传了一个文件到 HDFS。

HDFS 由 3 个守护进程组成：Namenode、Secondary Namenode 和 Datanode。Datanode 负责存放数据文件的具体内容，Namenode 负责记录这些文件的元数据信息。Datanode 上的数据文件越多，Namenode 存放的元数据信息就越多，这会导致 Namenode 加载速度变慢，因此 HDFS 不适合存储大量小文件，而适合存储少量大文件。

3. Hadoop YARN模块

YARN 的全称是 Yet Another Resource Negotiator（另一种资源协调器）。YARN 是由 Hadoop 1.x 版本中 JobTracker 的资源管理和作业调度功能分离出来的，目的是解决在 Hadoop 1.x 中只能运行 MapReduce 程序的问题。

随着 Hadoop 的发展，YARN 现在已经成为一个通用的资源调度框架，为 Hadoop 在集群资源的统一管理和数据共享带来很大优势。在 YARN 上还可以运行不同类型的作业，比如目前非常流行的 Spark 和 Tez 等。

YARN 由两个守护进程组成：ResourceManager 和 NodeManager。ResourceManager 主要负责资源的调度、监控任务运行状态和集群健康状态。NodeManager 主要负责任务的具体执行和监控任务的资源使用情况，并定期向 ResourceManager 汇报当前状态。

4. Hadoop MapReduce模块

MapReduce 是一个并行计算框架，同时也是一个编程模型，主要用于大规模数据集的逻辑处理。MapReduce 的名称也代表的它的两项操作：Map（映射）和 Reduce（规约）。它的好处在于，即便没有开发分布式应用经验的程序员，也能通过 MapReduce 的相关接口快速开发分布式程序，不必关注并行计算中的底层细节。

一个 MapReduce 作业，默认情况下会把输入的数据切分成多个独立的数据块，每读取一个块就会产生一个 Map 任务，读取和执行 Map 任务是并行的。Map 输出键值对（key/value）形式的数据，在输出过程会将键（key）进行 hash，然后进行排序，并按键值分区存放，同一个键值存放在一个分区内。一个分区一般和 HDFS 文件块大小一致，因此一个分区正常情况下不会跨越不同机器，这就避免了 Map 的输出结果在不同机器节点间移动。

在执行 MapReduce 任务的时候，系统会根据目标数据的位置，将 MapReduce 代码分发到对应的节点上，或者最近的节点上，从而避免或尽量减少数据在网络传输上的消耗。因为移动计算的成本往往比移动数据的成本低，这就是业内很出名的一句话——"计算向数据靠拢"。

Map 任务执行完毕后,通过设置 Combiner 提前对 Map 输出进行归并,从而减少 Map 中间结果输出量。Map 或 Combiner 执行完毕后,Reduce 会将不同的任务产生的中间结果进行统一处理,并进行最后的运算,最终输出用户想要的结果。

一般情况下,Map 输出的中间结果会直接落在磁盘上,从而降低 HDFS 对文件的管理负担。Reduce 任务执行完后会删除中间数据,然后将输出结果存放到 HDFS 上。

5. Hadoop Ozone模块

在 Hadoop 3.x 之前,用户只能使用 HDFS 存储,但 HDFS 的设计原则不适合存放小文件,而 Ozone 正好解决了这个问题。Ozone 依托 HDDS 插件,采用键值(key-object)的模式实现了对小文件的存储和高速读取。

13.1.6 Hadoop的生态

Hadoop (Apache 版本) 源代码开放并且免费,每个用户都可以随意使用它。

Hadoop 的第三方发行版,比如 CDH、Hortonworks、Intel、IBM、华为等,虽然在 Apache 版本上有些改良,但是毕竟是商业版本,可能面临收费。

Hadoop 社区非常活跃,因此 Hadoop 也成长为一个非常庞大的体系。只要和大数据相关的组件,或多或少都能看到 Hadoop 的影子。

发展到现在,Hadoop 已经具备两层含义。一层是 Hadoop 本身,只包含 HDFS 和 YARN,以及 MapReduce。另一层是指 Hadoop 生态圈,如图 13-1 所示。

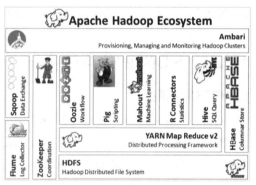

图 13-1 Hadoop 生态体系

这里简要说明 Hadoop 生态圈。

(1)HDFS:作为文件存储系统放在最底层。

(2)YARN:可以作为其他组件的资源调度器。

(3)HBase:一个建立在 HDFS,面向列的可伸缩、高可用、高性能的分布式数据库。

(4)Hive:一个基于 HDFS 的构建数据仓库的工具,熟悉 SQL 但不熟悉 MapReduce 编程的开发人员,可以将 SQL 直接转换成 MapReduce 任务。

(5)R Connectors:R 语言访问 Hadoop 的库。

(6)Mahout:一个机器学习算法库,可以利用 Hadoop 的集群能力来训练算法。

(7)Pig:基于 Hadoop 的数据分析工具,提供一种类似于 SQL 的语言——Pig Latin。把类似于 SQL 的数据分析请求转换为一系列经过优化处理的 MapReduce 运算。

(8)Oozie:一个基于工作流引擎的服务器,可以管理 Hadoop 的 Map/Reduce 作业或者 Pig 作业。

(9)ZooKeeper:一个开放源码的分布式应用程序协调服务,是一个为分布式应用提供一致性服务的软件。

（10）Flume：是 Cloudera 提供的一个高可用的、高可靠的、分布式的海量日志采集、聚合和传输系统。可以监控 HDFS，自动收集文件。

（11）Sqoop：主要用于在 Hadoop（Hive）与关系型数据库如 MySQL 间进行数据的传递，可以将一个关系型数据库中的数据导入 Hadoop 的 HDFS 中，也可以将 HDFS 的数据导入关系型数据库中。

13.2　Hadoop数据存储与任务调度原理

这一节将深入 Hadoop 平台内部，讨论 Hadoop 平台的体系架构和关键原理：HDFS 存储原理与读写流程、YARN 的调度流程、MapReduce 执行任务的核心原理和流程。

Hadoop 的核心主要由两部分构成：HDFS 和 MapReduce。HDFS 负责存储，MapReduce 负责计算。HDFS 有以下功能：创建目录，创建、删除和移动文件等。操作的数据主要是待处理的原始数据和处理后的结果，以及作为 Hive 等数据仓库的存储数据。MapReduce 则对数据进行计算和归并。

13.2.1　HDFS的体系架构与文件读写流程

1．HDFS架构模型

HDFS 采用主从（master/slave）架构模型。一个 HDFS 集群由一个 Namenode 和多个 Datanode 组成。

Namenode 作为主服务器，管理文件系统的命名空间。它维护文件系统树和树结构内的所有文件和目录。这些信息以文件的形式永久保存在本地磁盘上：镜像文件（fsimage）和编辑日志文件（editlog）。Namenode 记录每个文件的块所在的 Datanode 信息，但它并不长久保存块的位置信息，这些信息会在系统启动时根据 Datanode 的信息进行重建，以此来确保 Namenode 的信息和集群的数据实际分布情况是一致的。

Namenode 在整个体系中占核心地位，若是对应的服务器宕机，则整个系统无法使用，系统上的所有文件信息将会丢失，只是数据本身还在。Namenode 在启动时会将 fsimage 和 editlog 加载到内存，这就导致了 Namenode 启动慢。为了让系统更加可靠，Hadoop 提供了一个 Namenode 的辅助进程：SecondaryNamenode。这个进程的主要作用就是定期合并 fsimage 和 editlog。SecondaryNamenode 一般运行在一台独立的计算机上，规格和 Namenode 相当。SecondaryNamenode 会定期向 Namenode 发送请求，从 Namenode 获取 fsimage 和 editlog，Namenode 收到请求后会创建一个新的 editlog 文件，然后往新文件写数据。SecondaryNamenode 拿到 fsimage 和 editlog 后，在本机合并日志，并刷新 fsimage，之后将新的 fsimage 回传给 Namenode。流程执行完毕后，Namenode 的 editlog 文件就变小了，启动就快了，系统也就更可靠了。

Datanode 是文件系统的工作节点，受客户端或 Namenode 的调度。它们需要存储和查找实际的数据块，并定期向 Namenode 发送它们存储的数据信息。

用户通过客户端应用程序发起请求来与 Namenode 和 Datanode 进行交互，从而访问整个文件系统。用户不必知道 Namenode 和 Datanode 的其他实际信息，只需编程，然后通过客户端应用运行一个命令即可。

HDFS 系统架构如图 13-2 所示。

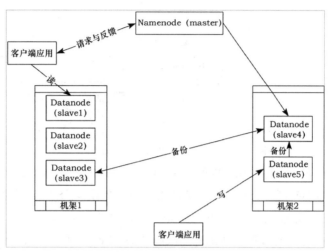

图 13-2　HDFS 架构图

2. 存储原理

磁盘进行读写的最小单位是扇区，扇区是磁盘光碟上真实存在的一个物理区域。操作系统对磁盘进行管理是以块为单位的，操作计算机其实是操作系统，所以平时接触到的"块"的概念基本都是指数据块。HDFS 作为文件系统，也是以块为单位来存储与管理数据的。在 Hadoop 2.x 及以上版本中，默认的块大小为 128MB。若一个数据的实际大小不满 128MB，就不会存满一个块空间，但是也会占用一个块。

HDFS 在存储文件时，会将每个文件块自动复制到集群中 3（默认是 3）台独立的物理机上，当其中一台机器发生故障，丢失了对应的数据块时，系统会从其他机器上复制对应数据块到一台正常运行的机器上，来恢复块副本数。当在某台机器上读取文件的时候，若是这台机器上的块不可用，系统也会自动从另一台机器上获取对应块。使用块的模式，提高了系统的负载能力，也使数据更安全，系统更可靠。

3. HDFS文件读流程

客户端应用通过调用 HDFS 提供的 FileSystem 对象的 open 方法来打开目标文件。FileSystem 对象是 DistributedFileSystem 的一个实例。HDFS 读取文件的整个流程如图 13-3 所示。Distributed-FileSystem 通过远程过程调用（就是常说的 RPC：Remote Procedure Call）来访问 Namenode，Namenode 给客户端应用反馈文件起始块的位置和每个块副本的 Datanode 位置，如图 13-3 所示的第 1、2 步。Namenode 反馈的 Datanode 位置，是根据 Datanode 与客户端应用的网络距离来进行排序的。如果客户端本身就是一个 Datanode 并存储了目标数据，那么客户端就从本机读取数据。

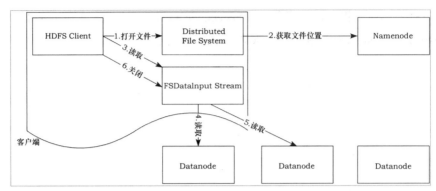

图 13-3　HDFS 文件读取流程

FileSystem 打开文件后，如果文件已存在 HDFS 上，那么将给客户端返回一个 FSDataInput-Stream 对象，否则触发异常。客户端通过该对象调用 read 方法（如图 13-3 所示的第 3 步）获取数据块。若是一个文件的多个块存放在不同的 Datanode 上，那么 FSDataInputStream 对象会主动寻找下一个块的位置，然后不断调用 read 方法（如图 13-3 所示的第 4、5 步），读取完成后将结果传输到客户端应用。然后客户端应用关闭 FSDataInputStream（如图 13-3 所示的第 6 步）。

FSDataInputStream 在读的过程中如果遇到故障的 Datanode，将自动记录这些节点，然后从其他临近节点读取数据，同时确保以后不会再从故障节点读取数据。若是发现有损坏的数据块，也会尝试从其他节点读取副本。

在读流程中，Namenode 主要是给客户端应用提供文件位置信息的。若是 HDFS 存放的文件特别多，那么 Namenode 查找文件位置的速度势必会变慢，因此在实际应用中一般存储少量相对较大的文件。

4. HDFS文件写流程

客户端应用通过调用 FileSystem 对象的 create 方法来创建文件。

HDFS 写入文件的整个流程如图 13-4 所示。

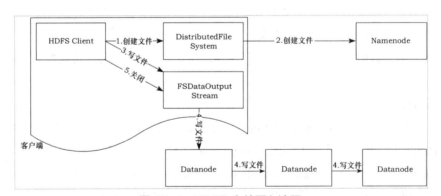

图 13-4　HDFS 文件写入流程

DistributedFileSystem 通过远程过程调用访问 Namenode，Namenode 会检查各节点是否有这个文件和客户端是否有权限进行创建。检查未通过则触发异常；检查通过后，Namenode 会在 HDFS

的命名空间中新建一个文件，但并不会生成对应的数据块（如图 13-4 所示的第 1、2 步）。这时 DistributedFileSystem 给客户端返回 FSDataOutputStream 对象，客户端通过此对象开始往 HDFS 写入数据（如图 13-4 所示的第 3 步）。在写文件的过程中，FSDataOutputStream 对象会将数据分成数据包写入队列，由 Datastreamer 对象从队列中取出数据，并负责选择合适的 Datanode 来存储数据。默认情况下，存储数据的副本数是 3。当 Datastreamer 将数据写入一个 Datanode 后，就由这个 Datanode 继续往后传递，直到生成 3 个副本。当 FSDataOutputStream 接收到 Datanode 写完的确认消息后，就从队列中移除该数据。整个过程结束后，客户端应用关闭 FSDataOutputStream。

13.2.2　YARN的结构与资源调度过程

YARN 主要包含两个进程：ResourceManager 和 NodeManager。ResourceManager 负责管理集群上资源的使用，一个集群只有一个 ResourceManager；NodeManager 运行在集群中的所有节点上，负责启动和监控容器。容器是一个进程或进程组 (父进程和子进程)，可以通过文件进行配置。

YARN 的整个资源调度过程如 13-5 所示。

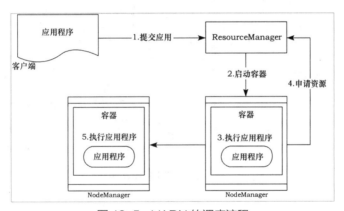

图 13-5　YARN 的调度流程

客户端提交应用，会先联系 ResourceManager（如图 13-5 所示的第 1 步）。ResourceManager 会找到一个合适的节点（运行 NodeManager 的节点）启动一个容器，然后在这个容器中运行 Application-Master（如图 13-5 所示的第 2 步）。这时 ApplicationMaster 会去计算这个客户端应用程序提交的任务需要多少资源。之后 ApplicationMaster 有可能直接运行任务，将结果反馈给客户端（如图 13-5 所示的第 3 步），或者向 ResourceManager 发送请求申请更多的资源（如图 13-5 所示的第 4 步）。ApplicationMaster 拿到新的资源后会找到对应的 NodeManager，启动更多的容器来执行分布式任务（如图 13-5 所示的第 5 步）。

13.2.3　MapReduce执行过程

基于 Hadoop 开发应用一般分两部分：操作 HDFS 和 MapReduce 编程。操作 HDFS 利用 Hadoop

提供的 FileSystem 对象来实现对 HDFS 的文件管理；MapReduce 编程继承 Hadoop 提供的 Mapper 和 Reducer 类，重写对应的 map 和 reduce 函数。

运行 MapReduce 的过程中有以下 5 个重要对象。

（1）客户端程序：负责提交 MapReduce 作业。

（2）ResourceManager 资源管理器：负责集群上计算资源的分配。

（3）NodeManager 节点管理器：负责启动、监控、停止工作节点上的容器。

（4）容器：可能是一个进程，也可能是一个进程组。

（5）ApplicationMaster：负责运行 MapReduce 作业。ApplicationMaster 和作业都在容器中运行。

YARN 调度 MapReduce 作业的整个过程如图 13-6 所示。

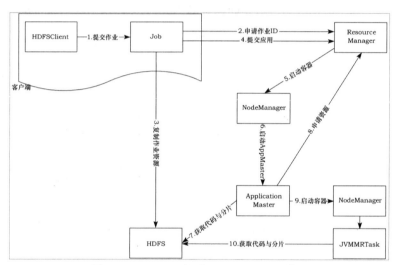

图 13-6　YARN 调度 MapReduce 过程

客户端应用运行 Job（如图 13-6 所示的第 1 步），它会向资源管理器申请一个应用 ID（如图 13-6 所示的第 2 步），这个 ID 用来标识 MapReduce 作业。此时客户端也会检查目标数据是否存在、目标输出路径是否存在等。客户端检查完毕后，就将作业资源——编译后的代码文件、目标数据的分片信息、配置文件复制到 HDFS 的共享目录中（如图 13-6 所示的第 3 步）。之后，客户端应用就以新的应用 ID 去提交一个 MapReduce 应用（如图 13-6 所示的第 4 步）。

资源管理器收到应用提交的请求后，就由资源调度器寻找一台合适的节点管理器去启动一个容器（如图 13-6 所示的第 5、6 步）。这个容器里面运行了一个 ApplicationMaster，它被到共享目录中获取代码文件、分片、配置文件之后，会针对每一个分片（如图 13-6 所示的第 7 步）启动一个 Map 任务，同时确认有几个 Reduce 任务（Reduce 任务个数可以自由配置）。

ApplicationMaster 查看本机资源是否能正常完成任务，当资源不够时，向资源管理器再申请资源（如图 13-6 所示的第 8 步）。ApplicationMaster 拿到资源后会寻找一个合适的节点，在新的节点上启动容器 (如图 13-6 所示的第 9 步)。新的节点收到命令后仍然到共享目录下获取代码文件、分片信息等（如图 13-6 所示的第 10 步），在当前节点运行另一部分 Map 任务。

　　Map 任务都有一个环形内存缓冲区，用于存储 Map 的输出。默认情况下，缓冲区大小为 100MB，当 Map 的输出结果占到缓冲区 80% 的时候，一个后台线程就会将缓冲区的数据写到磁盘上。在写磁盘之前，线程会根据 Reduce 的个数来把 Map 输出进行分区。后台线程把 Map 输出的 key 在内存中进行排序，因此输出的分区文件是已经排好序的。如果设置了 combinner 功能，那么 combinner 就会在排序后的 Map 输出上运行。combinner 的功能一般和 Reduce 的功能是一样的，目的是在把任务给 Reduce 之前就进行一次归并。那么实际给 Reduce 的数据就会减少，从而提高性能。Map 任务之后，Reduce 任务之前的过渡阶段，称为 shuffle。

　　Map 产生的每个分区文件，都会对应运行一个 Reduce 任务。Reduce 任务会开启线程（默认 5 个）去加载这些分区文件，在内存中合并相同 key 的数据，并维持其排序，然后将合并后的结果数据输出到磁盘上。针对这些结果文件，对每个 key 调用 Reduce 函数。Reduce 将计算结果输出到文件系统（一般情况下是 HDFS）。

13.3　Hadoop基础环境搭建

　　一般情况下，Hadoop 是部署到 Linux 系统上的。尽管 Github 上有 Windows 的兼容版本，但只是用来做程序调试，生产环境使用的 Hadoop 几乎都部署到 Linux 上。本节主要介绍 Hadoop 基础环境搭建。

　　所需组件如下。

- 虚拟机：VMware-workstation-full-15.0.0.exe
- 操作系统：CentOS-7-x86_64-Minimal-1804.iso
- Shell 工具：Xshell-6.exe
- 远程工具：WinSCP.exe
- Hadoop 平台：hadoop-3.1.1.tar.gz

　　以上组件在网上都能自由下载。

13.3.1　安装虚拟机

　　将 VMware-workstation-full-15.0.0.exe 从网上下载到本地。

　　步骤 01：选中 "VMware-workstation-full-15.0.0.exe" 并右击，以管理员身份运行。打开安装向导界面，如图 13-7 所示，单击【下一步】按钮，进入【最终用户许可协议】对话框。

　　步骤 02：在当前界面选中【我接受许可协议中的条款】复选框，单击【下一步】按钮，如图 13-8 所示。

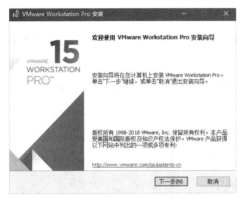

图 13-7　Vmware 安装向导

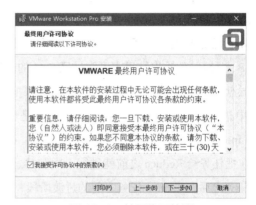

图 13-8　接受许可协议

步骤 03：进入【更改目标文件夹】对话框，单击 按钮可以设置安装的磁盘位置，如图 13-9 所示。然后单击【确定】按钮。

图 13-9　设置安装路径

温馨提示

安装 VMware 以及后续安装操作系统的过程中，所涉及的安装路径中都不能有中文和特殊符号，否则可能出现系统不能正常启动等意外情况。

步骤 04：这里需要进行用户体验设置，该设置是软件开发商用来收集用户行为数据和是否在软件启动时自动更新等信息，这两个复选框可以按需要选中。如图 13-10 所示，单击【下一步】按钮。

步骤 05：图 13-11 所示为安装确认界面。若是用户不确定前面的操作是否正确，可以单击【上一步】按钮返回修改。若是确认没有错误，则直接单击【安装】按钮正式开始安装。

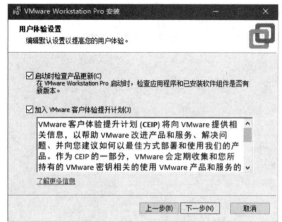

图 13-10　设置用户体验

图 13-11　准备安装

安装过程如图 13-12 所示。

步骤 06：安装向导完成后，单击【完成】按钮，关闭窗口，如图 13-13 所示。

图 13-12　正在安装

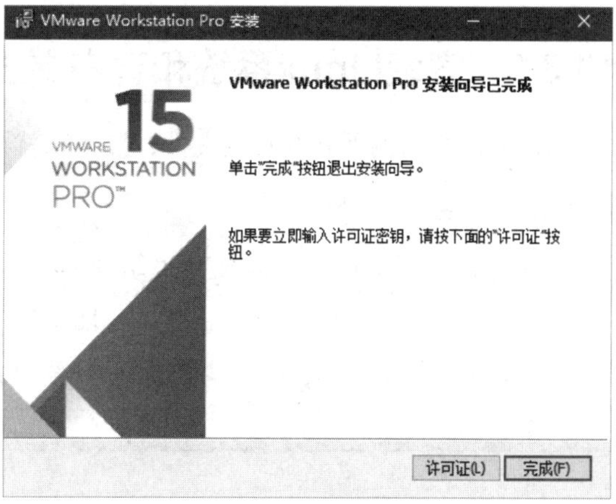

图 13-13　安装完成

步骤 07：最终在桌面看到图 13-14 所示的图标，双击该图标启动程序。

图 13-14　桌面图标

步骤 08：首次运行提示输入注册码 (关于注册码请读者联系软件供应商或上网自行查找，本书不提供相关信息)。输入注册码之后弹出的界面如图 13-15 所示。

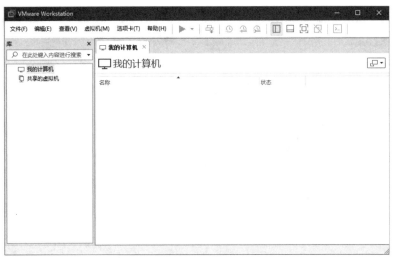

图 13-15　运行界面

至此，VMware 安装结束。

13.3.2　安装Linux系统和客户端工具

从 CentOS 官网下载好对应文件，接下来就开始安装 Linux 系统。

> **温馨提示**
>
> 为方便读者使用，本书选择 CentOS-7-x86_64-Minimal-1804.iso 这个版本，该版本是著书时 CentOS 的最新版本，也是 CentOS 7.5 的最小化安装版本。该版本没有图形化的桌面环境，因此可以降低对宿主计算机（物理主机）的性能消耗，针对配置相对较低的计算机，也能正常运行。

步骤 01：单击虚拟机左上角的【文件】按钮，然后单击【新建虚拟机】按钮，弹出新建虚拟机向导，如图 13-16 所示。在此界面选中【自定义（高级）】单选按钮，单击【下一步】按钮。

步骤 02：如图 13-17 所示的选择虚拟机硬件兼容性界面的【硬件兼容性】下拉框中选择【Workstation 15.x】选项（因为 VMware 是 15 版本）。确认版本匹配后单击【下一步】按钮。

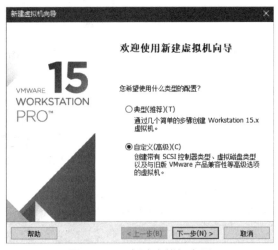

图 13-16　新建虚拟机向导

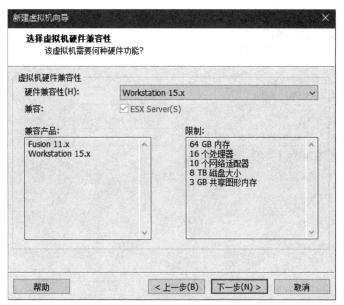

图 13-17　选择虚拟机硬件兼容性

步骤 03：如图 13-18 所示，在安装客户机操作系统界面，选中【安装程序光盘映像文件 (iso)】单选按钮，然后单击【浏览】按钮，选择 iso 文件。完成操作后单击【下一步】按钮。

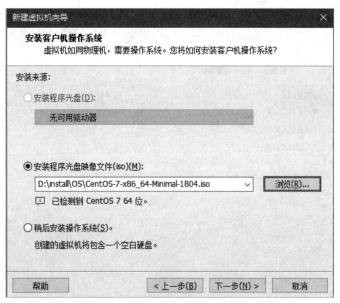

图 13-18　安装客户机操作系统

步骤 04：如图 13-19 所示，在命名虚拟机界面可以修改虚拟机名称，这里保持默认。单击【浏览】按钮选择虚拟机的安装路径，VMware 创建的虚拟机可以在该路径下找到。设置好路径后单击【下一步】按钮。

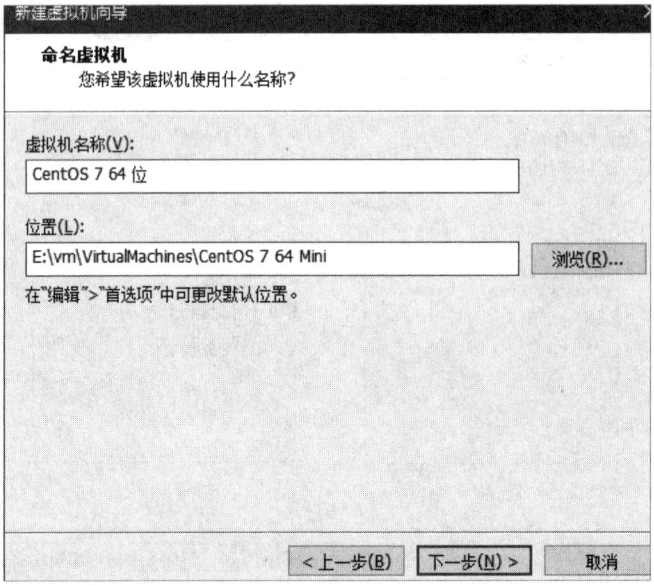

图 13-19　命名虚拟机

步骤 05：如图 13-20 所示，在处理器配置界面，【处理器数量】和【每个处理器的内核数量】需要读者根据自己计算机的实际情况进行选择，建议数量不要选得太少，因为太少可能会导致虚拟机不能正常启动操作系统。配置好后单击【下一步】按钮。

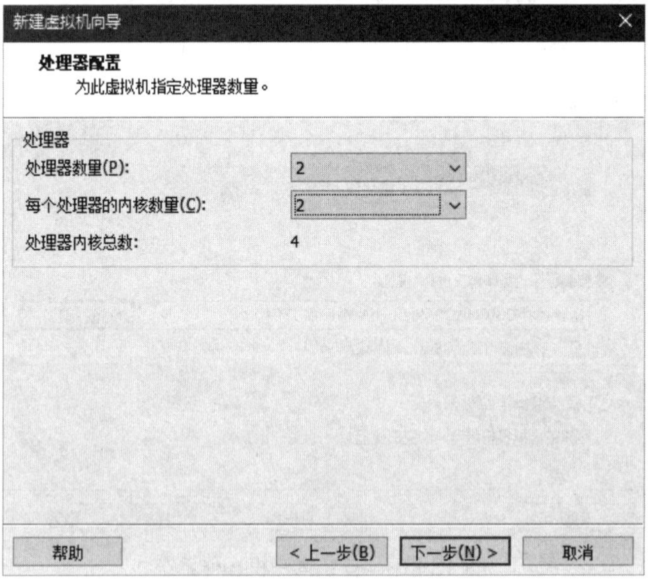

图 13-20　配置虚拟机处理器

步骤 06：如图 13-21 所示，在虚拟机内存配置界面，读者可以在【此虚拟机的内存】文本框中输入合适的内存值，也可以通过【最大推荐内存】自动分配。内存大小也不能太低，否则虚拟机运行时会非常卡顿。配置完毕后单击【下一步】按钮。

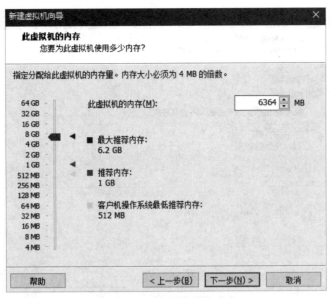

图 13-21　配置虚拟机内存

步骤 07：如图 13-22 所示，在网络类型配置界面，选中【使用网络地址转换（NAT）】单选按钮，该选项使得虚拟机可以在宿主机没有独立 IP 和专用网络的情况下上网。选择好类型后单击【下一步】按钮。

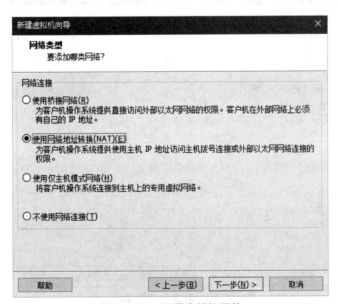

图 13-22　配置虚拟机网络

步骤 08：如图 13-23 所示，在选择 I/O 控制器类型界面，【SCSI 控制器】使用默认值，这个配置主要用来控制硬盘、扫描仪、光驱等外部设备。直接单击【下一步】按钮。

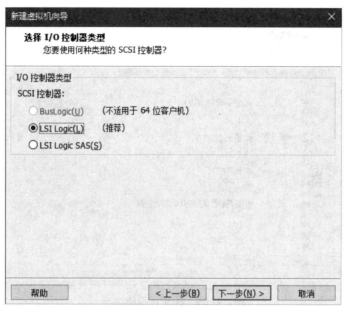

图 13-23　配置虚拟机 I/O 类型

步骤 09：如图 13-24 所示，在选择磁盘类型界面依然使用默认值，继续单击【下一步】按钮。

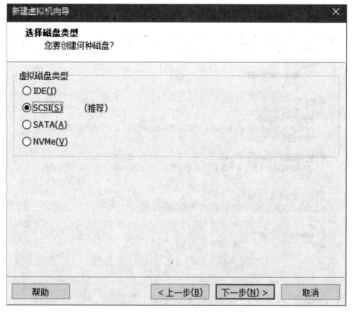

图 13-24　配置虚拟机磁盘类型

步骤 10：如图 13-25 所示，在选择磁盘界面，选中【创建新虚拟磁盘】单选按钮，该选项会为虚拟机创建一个新的空白磁盘。然后单击【下一步】按钮。

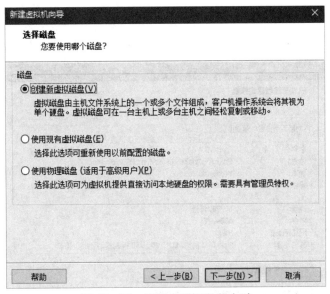

图 13-25　配置虚拟机磁盘（1）

步骤 11：如图 13-26 所示，在指定磁盘容量界面，在【最大磁盘大小（GB）】文本框中，读者根据自己计算机的磁盘大小输入一个合适的值。建议最小 40GB，因为做大数据分析会占用很多磁盘空间。选中【立即分配所有磁盘空间】复选框和【将虚拟机磁盘存储为单个文件】单选按钮，以提高性能。配置完毕后单击【下一步】按钮。

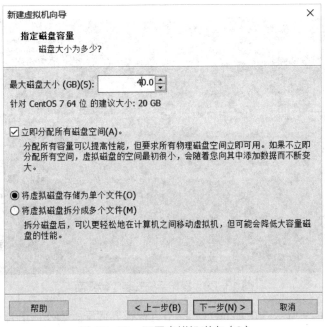

图 13-26　配置虚拟机磁盘（2）

步骤 12：在已准备好创建虚拟机界面，选中【创建后开启此虚拟机】复选框。然后单击【完成】按钮，如图 13-27 所示。

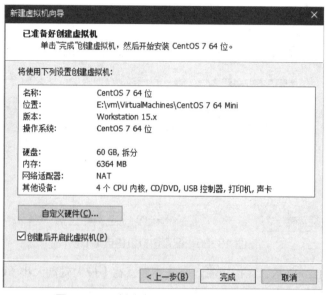

图 13-27　创建虚拟机准备工作完成确认

此时，虚拟机将开始安装操作系统，如图 13-28 所示。在当前界面默认会停留一分钟，供用户选择安装模式。这里使用默认选择即可。

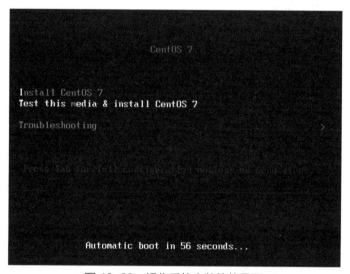

图 13-28　操作系统安装等待界面

步骤 13：如图 13-29 所示，在 CentOS 7 的语言选择界面配置操作的语言环境，在此界面的左侧窗口选择【中文】选项，右侧窗口选择【简体中文（中国）】选项，然后单击【继续】按钮。

图 13-29　语言选择界面

步骤 14：如图 13-30 所示，在安装信息摘要界面，本地化、软件、系统后面的图标都是可以单击的，初始化完成之前，这些图标上会有黄色标记。在此界面稍等片刻，黄色图标有一部分会自动消失，没有消失的需要手动设置。

图 13-30　系统安装配置界面

在信息摘要界面往下拖动滚动条，可以看到【网络与主机名】图标，如图 13-31 所示。其默认是未连接状态，单击【网络与主机名】图标。

步骤 15：如图 13-32 所示，在网络和主机名配置界面，单击【以太网（ens33）】右侧的【打

图 13-31　配置网络和主机名

开或关闭】按钮，虚拟机会自动尝试连接网络。在该界面稍等片刻，【以太网 (ens33)】下面的状态就会变为已连接，同时虚拟机也会获取到 IP 地址。然后单击左上角的【完成】按钮。

图 13-32　配置网络和主机名界面

步骤 16：在信息摘要界面，单击【开始安装】按钮，切换主用户配置界面，如图 13-33 所示。【ROOT 密码】和【创建用户】图标都是可以单击的。这里单击【ROOT 密码】图标，在新窗口中输入 root 密码；单击【创建用户】图标，在新窗口中输入对应的用户名和密码。账户信息设置完成后会继续停留在当前界面，等待系统安装完成。

步骤 17：安装完成后重启系统，登录系统需要输入用户名和密码，如图 13-34 所示。录入信息后进入系统，正常情况下如图中画框部分所示：@符号前是当前系统使用者的用户名，@符号后的 localhost 代指本机。

图 13-33　用户配置界面

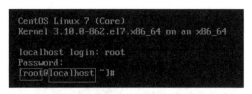

图 13-34 系统登录界面

步骤 18：成功下载 Xshell 6 后，选中图标并右击，以管理员身份运行，打开 Xshell 6 欢迎界面，如图 13-35 所示。单击【下一步】按钮。

步骤 19：在许可证协议界面，选中【我接受许可证协议中的条款】单选按钮，单击【下一步】按钮。

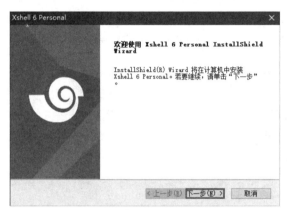

图 13-35 Xshell 6 欢迎界面

图 13-36 接受许可证协议

步骤 20：在客户信息界面，输入用户名和公司名称，如图 13-37 所示。用户名和公司名称没有特别要求，可任意填写。填写完毕后单击【下一步】按钮。

步骤 21：在选择目的地位置界面，单击【浏览】按钮，选择一个合适的路径，然后单击【下一步】按钮，如图 13-38 所示。

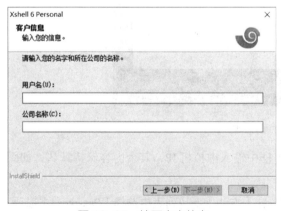

图 13-37 填写客户信息

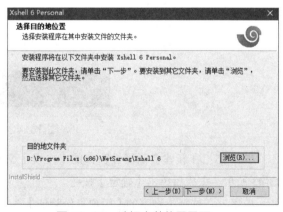

图 13-38 选择安装位置界面

步骤 22：在选择程序文件夹界面，保持默认设置，单击【安装】按钮，如图 13-39 所示。

步骤 23：在安装向导完成界面，单击【完成】按钮，如图 13-40 所示。

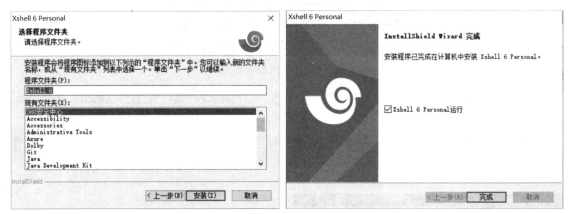

图 13-39　选择程序文件夹　　　　　　　　　　　　图 13-40　安装向导完成

至此，Xshell 6 安装完毕。桌面出现快捷方式图标，如图
13-41 所示。

步骤 24：双击该快捷方式图标，弹出会话列表界面，如图
13-42 所示。在界面中单击【新建】按钮，弹出新建会话属性窗口。

图 13-41　Xshell 6 快捷方式

图 13-42　会话列表

步骤 25：在新建会话属性窗口的【主机】文本框中输入虚拟机 IP，其余内容保持默认，如图
13-43 所示。完成后单击【确定】按钮。

步骤 26：选择类别下的【用户身份验证】选项，在【方法】下拉列表中选择【Password】选项，
输入用户名和密码，如图 13-44 所示。然后单击【确定】按钮，关闭会话属性配置窗口。

图 13-43　配置会话

图 13-44　配置用户名和密码

步骤 27：在会话列表界面双击会话名称，会自动进入操作系统，如图 13-45 所示。

图 13-45　会话列表

步骤 28：WinSCP.exe 是宿主机和虚拟机操作系统共享文件的一个工具。本书采用的是 WinSCP 绿色版，不用安装。启动 WinSCP，弹出图 13-46 所示的窗口。

图 13-46　WinSCP 登录界面

步骤 29：在登录窗口中输入虚拟机 IP、账户密码后单击【登录】按钮，图 13-47 中画框的部分是虚拟机的目录结构。

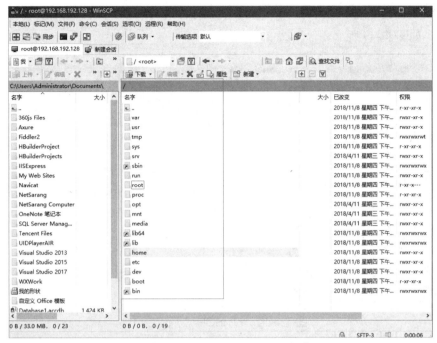

图 13-47　WinSCP 主界面（1）

13.3.3　安装Hadoop

下载 Hadoop 安装包，用 WinSCP 把 Hadoop 上传到虚拟机。

步骤01：用 WinSCP 连接好虚拟机后，左侧是本地文件系统，右侧是虚拟机系统，如图 13-48 所示。

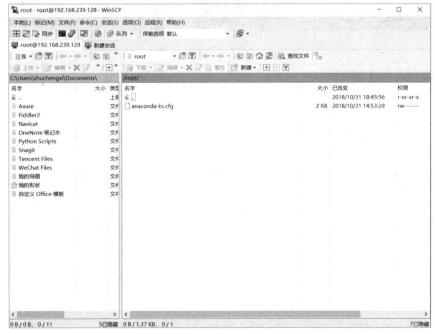

图 13-48　WinSCP 主界面（2）

步骤 02：在本地系统中找到 hadoop 文件，直接拖曳到 WinSCP 主界面右侧窗口，即可自动上传到虚拟机，如图 13-49 所示。

图 13-49　WinSCP 主界面（3）

步骤 03：打开 Xshell，进入虚拟机环境。然后输入如下命令。

```
tar -zvxf /tools/hadoop-3.1.1.tar.gz -C /usr/local/
```

该条命令的意思是：将 /tools/hadoop-3.1.1.tar.gz（压缩包全路径）解压到 /usr/local/ 路径下，如图 13-50 所示。

```
[root@localhost local]# ls
bin  etc  games  hadoop-3.1.1  include  lib  lib64  libexec  sbin  share  src
[root@localhost local]#
```

图 13-50　Xshell 操作系统界面

温馨提示

在输入命令前，需要切换到 hadoop 文件所在的目录。上述命令中，笔者的 hadoop 文件在 "/tools" 目录下。不切换目录的话就需要使用 hadoop 文件在 Linux 系统中的完整路径，否则会提示无法找到对应文件。

和安装 Linux 系统时的要求一样，所有文件的路径都不能使用中文，否则会导致一些异常情况，使程序无法正常启动。

步骤 04：修改 hadoop-3.1.1 名称。

```
mv hadoop-3.1.1/ hadoop
```

步骤 05：接下来配置 hadoop 文件的运行账户，找到 hadoop 文件目录下的 etc/hadoop/hadoop-env.sh 文件，在文件底部添加如下内容。

```
HDFS_NAMENODE_USER=root
HDFS_DATANODE_USER=root
HDFS_SECONDARYNAMENODE_USER=root
YARN_RESOURCEMANAGER_USER=root
YARN_NODEMANAGER_USER=root
```

这里将 Hadoop 的 5 个守护进程的执行账户设置为 root。

温馨提示

通过 Hadoop 的运行原理可以知道，Hadoop 的 5 个守护进程分别是：Namenode、SecondaryNameNode、Datanode、ResourceManager、Nodemanager。

13.3.4　安装SSH

由于 Hadoop 采用的是 master/slave 模式，即便是单机部署，也存在 master 通过网络和 slave 互相访问的情况，因此需要安装 SSH，使 master 和 slave 相互访问时不必输入登录系统的密码。

步骤 01：在 Xshell 命令窗口中输入安装命令。

```
yum install openssh*
```

步骤 02：在系统安装过程中已经联网，yum 工具会自动从网上下载 SSH 组件并完成安装。在 shell 窗口中输入 "y"，最后提示【完毕！】，表示安装完成。如图 13-51 所示。

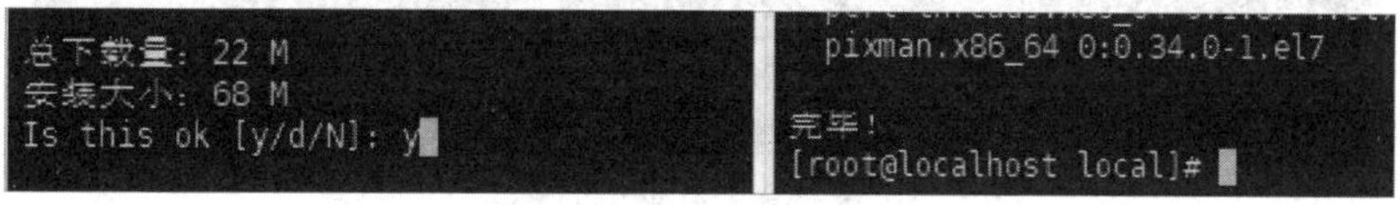

图 13-51　安装 SSH

步骤 03：如图 13-52 所示，在 shell 窗口中继续输入如下命令。

```
systemctl enable sshd
ssh localhost
```

然后在 "(yes/no)?" 后面输入：

```
yes
```

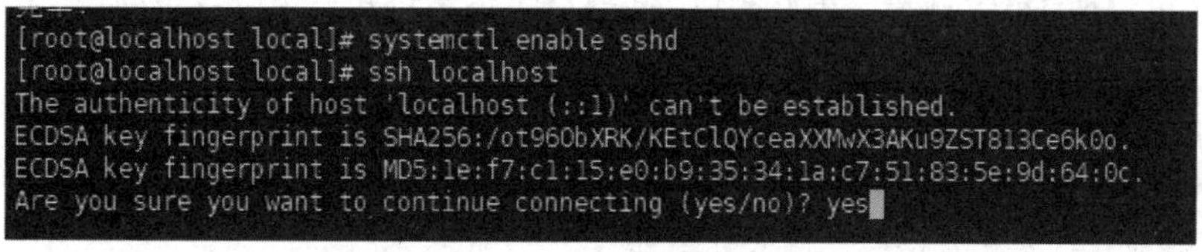

图 13-52　配置 SSH

> **温馨提示**
>
> systemctl enable sshd：设置 sshd 自动运行。
>
> ssh localhost: 使用 SSH 登录 localhost（本机），用来验证 SSH 是否能正常运行。
>
> yes：图 13-52 中最后一句话的意思是，是否继续连接本机，这里输入 yes，然后正常登录。

步骤 04：正常连接后，执行以下命令生成 key，如图 13-53 所示。

```
cd ~/
ssh-keygen -t rsa -P '' -f ~/.ssh/id_dsa
cd .ssh
cat id_dsa.pub >> authorized_keys)
```

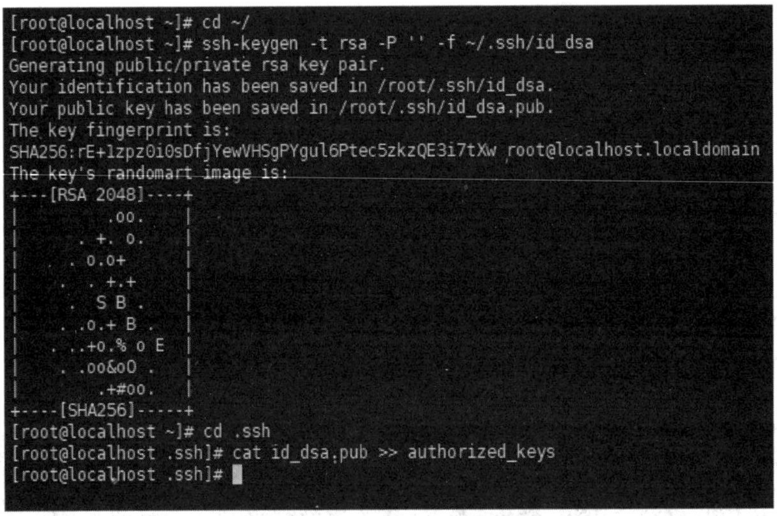

图 13-53　生成 ssh Key

> **温馨提示**
>
> 这段命令是利用 SSH 工具生成秘钥并导出到文件。将此文件复制到多个虚拟机上，可以使虚拟机之间相互访问时不再需要密码。

13.3.5　安装JAVA

运行 Hadoop 需要 JAVA 环境，因此需要安装 JAVA 虚拟机和 JDK。这里使用 JAVA 1.8 版本。

步骤 01：输入以下命令，自动安装 JAVA。

```
yum -y install java-1.8.0-openjdk*
```

步骤 02：找到 JAVA 安装路径。输入如下命令。

```
whereis javac
```

如图 13-54 所示，javac 有两个关联路径。

```
[root@localhost ~]# whereis javac
javac: /usr/bin/javac /usr/lib/jvm/java-1.8.0-openjdk-1.8.0.191.b12-0.el7_5.x86_64/
bin/javac /usr/share/man/man1/javac.1.gz
```

图 13-54　javac 对应目录

步骤 03：查看 javac 实际路径。输入如下命令。

```
ll /usr/bin/javac
```

如图 13-55 所示，/usr/bin/javac 路径是 /etc/alternatives/javac 的软连接，故 JAVA 的实际路径是加框标识的路径。

```
[root@localhost ~]# ll /usr/bin/javac
lrwxrwxrwx. 1 root root 23 11月 20 06:35 /usr/bin/javac -> /etc/alternatives/javac
```

图 13-55　javac 目录软连接

步骤 04：查看 /etc/alternatives/javac 路径是否是一个软连接。输入如下命令。

```
ll /etc/alternatives/javac
```

如图 13-56 所示，/etc/alternatives/javac 是 /etc/alternatives/javac -> /usr/lib/jvm/java-1.8.0-openjdk-1.8.0.191.b12-0.el7_5.x86_64/bin/javac 的一个软连接。

```
[root@localhost ~]# ll /etc/alternatives/javac
lrwxrwxrwx. 1 root root 70 11月 20 06:35 /etc/alternatives/javac -> /usr/lib/jvm/java-1.8.0-openjdk-1.8.0.191.b12-0.el7_5.x86_64/bin/javac
```

图 13-56　javac 目录软连接

步骤 05：继续输入如下命令。

```
ll /usr/lib/jvm/java-1.8.0-openjdk-1.8.0.191.b12-0.el7_5.x86_64/bin/
javac
```

如图 13-57 所示，已经不存在软连接了，因此可以确定该路径为 JAVA 的实际安装路径。

```
[root@localhost ~]# ll /usr/lib/jvm/java-1.8.0-openjdk-1.8.0.191.b12-0.el7_5.x86_64/bin/javac
-rwxr-xr-x. 1 root root 7424 10月 18 05:13 /usr/lib/jvm/java-1.8.0-openjdk-1.8.0.191.b12-0.el7_5.x86_64/bin/javac
```

图 13-57　JAVA 实际路径

接下来配置 JAVA 和 Hadoop 的环境变量。

步骤 06：在 Shell 中输入如下命令打开编辑器。

```
vi ~/.bashrc
```

在新弹出的界面中按【I】键，进入 vi 的编辑模式，在文档末尾添加如下内容。

```
export JAVA_HOME=/usr/lib/jvm/java-1.8.0-openjdk-1.8.0.191.b12-0.
el7_5.x86_64
export HADOOP_HOME=/usr/local/hadoop
export PATH=$HADOOP_HOME/bin:$JAVA_HOME/bin:$PATH
```

填写完成后按【Esc】键退出编辑模式。按【Shift+：】组合键进入命令模式，如图 13-58 所示，在左下角输入【wq!】保存文档，然后退出。

步骤 07：在 Shell 中输入如下命令使修改生效。

```
source ~/.bashrc
```

> **温馨提示**
>
> "/usr/lib/jvm/java-1.8.0-openjdk-1.8.0.191.b12-0.el7_5.x86_64" 路径是 yum 安装 JAVA 时自动创建的，读者应 根据自己的实际情况进行配置。
>
> 在命令行输入 vi 命令会打开 vi 文本编辑器，vi 工具有多种操作模式，不在本书讨论范围，读者可以自行学习。

至此，Hadoop 的安装完成。

图 13-58　配置环境变量

13.4　Hadoop部署模式

Hadoop 部署有多种模式：单机、伪分布式、完全分布式、HA 等。这里重点阐述单机和伪分布式。在实际生产过程中，若是数据量没有达到 TB 级别，存储方面采用伪分布式就足够了。

13.4.1　Hadoop单机部署

单机模式运行在单台机器上，从本地文件系统读取数据，相关守护进程不独立运行。用户编写的 MapReduce 程序运行在一个进程内，方便学习和调试。

将 Hadoop 解压后，默认就是单机模式，不必修改任何配置文件，也不用启动 Hadoop 的守护进程，Map 和 Reduce 任务运行在同一个 JVM 进程中。

步骤 01：输入以下命令，切换到 Hadoop 目录下。

```
cd /usr/local/hadoop
```

步骤 02：准备数据源并创建结果输出路径。

```
mkdir input
cp etc/hadoop/core-site.xml input
mkdir output
```

步骤 03：在单机模式下运行 MapReduce 框架。

```
bin/hadoop jar share/hadoop/
mapreduce/hadoop-mapreduce-
examples-3.1.1.jar wordcount input
output 'dfs[az]+'
```

如图 13-59 所示，MapReduce 框架运行出了结果，显示有 35 个计数器（Counters：35）。

单机模式下，只利用 Hadoop 的 MapReduce 运算框架来做数据计算，并没有发挥 Hadoop 的实际作用。因此这种模式仅适用于程序调试。

13.4.2　Hadoop伪分布式部署

伪分布式是指相关守护进程都独立运行，只是运行在同一台计算机上，使用 HDFS 来存储数据，一般用来模拟一个小规模集群。

步骤 01：输入以下命令，切换到 Hadoop 配置文件目录下。

```
cd /usr/local/hadoop/etc/hadoop
```

步骤 02：使用 vi 命令，打开 core-site.xml 文件。

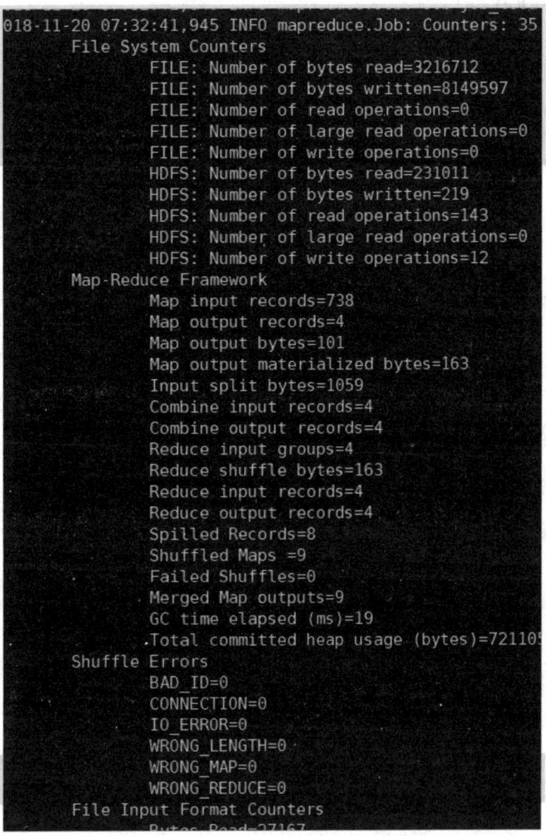

图 13-59　Hadoop 运行结果

```
vi core-site.xml
```

添加以下内容。

```
<configuration>
    <property>
        <name>hadoop.tmp.dir</name>
        <value>file:/usr/local/hadoop/tmp</value>
        <description>Abase for other temporary directories.</description>
    </property>
    <property>
        <name>fs.defaultFS</name>
        <value>hdfs://localhost:9000</value>
    </property>
</configuration>
```

hadoop.tmp.dir：HDFS 文件系统的基本配置目录，该目录默认指向 /tmp/hadoop-{USERNAME}。由于系统重启会删除 /tmp 目录下的内容，因此需要指定一个目录来存储 HDFS 的相关数据。

fs.defaultFS：配置 Namenode 的运行位置。hdfs://localhost:9000 只运行在 localhost 中，并监听 9000 端口。

步骤 03：使用 vi 命令打开 hdfs-site.xml 文件。

```
vi hdfs-site.xml
```

添加以下内容。

```
<configuration>
    <property>
        <name>dfs.replication</name>
        <value>1</value>
    </property>
    <property>
        <name>dfs.namenode.name.dir</name>
        <value>file:/usr/local/hadoop/tmp/dfs/name</value>
    </property>
    <property>
        <name>dfs.datanode.data.dir</name>
        <value>file:/usr/local/hadoop/tmp/dfs/data</value>
    </property>
</configuration>
```

dfs.namenode.name.dir：Hadoop 存储元数据的位置。

dfs.datanode.data.dir：设置 datanode 节点存储数据块文件的本地路径。

两个属性都可以设置成多个目录，用逗号隔开。设置多个目录主要是为了进行备份。

至此，已经完成了最基本的伪分布式设置。在启动 Hadoop 系统之前，需要格式化系统。

步骤 04：使用如下命令格式化文件系统。

```
hdfs namenode -format
```

如图 13-60 所示。

```
This command was run using /usr/local/hadoop/share/hadoop/com
[root@localhost hadoop]# hdfs namenode -format
18/11/09 18:55:57 INFO namenode.NameNode: STARTUP_MSG:
```

图 13-60　格式化文件系统

如图 13-61 所示，在显示屏底部出现画框内容，则表示命令正常执行完毕。

```
18/11/09 18:56:00 INFO namenode.FSImage: Allocated new BlockPoolId: BP-648524587-127.0.0.1-1541760960711
18/11/09 18:56:00 INFO common.Storage: Storage directory /usr/local/hadoop/tmp/dfs/name has been successful
ly formatted.
18/11/09 18:56:00 INFO namenode.FSImageFormatProtobuf: Saving image file /usr/local/hadoop/tmp/dfs/name/cur
rent/fsimage.ckpt_0000000000000000000 using no compression
18/11/09 18:56:01 INFO namenode.FSImageFormatProtobuf: Image file /usr/local/hadoop/tmp/dfs/name/current/fs
image.ckpt_0000000000000000000 of size 321 bytes saved in 0 seconds .
18/11/09 18:56:01 INFO namenode.NNStorageRetentionManager: Going to retain 1 images with txid >= 0
18/11/09 18:56:01 INFO namenode.NameNode: SHUTDOWN_MSG:
/************************************************************
SHUTDOWN_MSG: Shutting down NameNode at localhost/127.0.0.1
```

图 13-61　格式化文件系统

步骤 05：接下来启动 HDFS，输入如下命令。

```
./sbin/start-dfs.sh
```

HDFS 正常启动后会出现 NameNode 和 DataNode 进程，输入以下命令查看进程。

```
jps
```

正常情况下进程如图 13-62 所示。

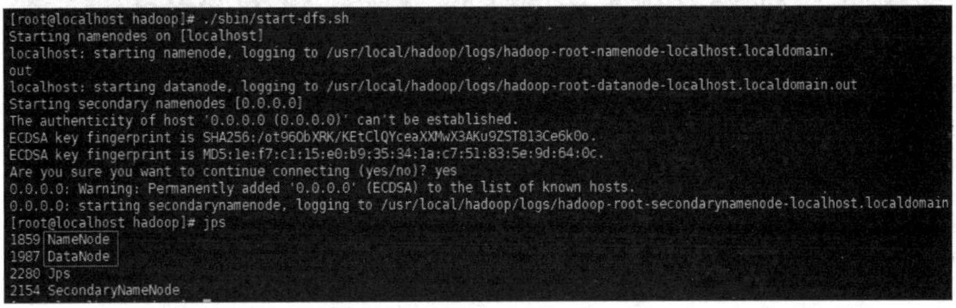

图 13-62　查看 HDFS 进程

步骤 06：关闭防火墙，输入命令。

```
systemctl stop firewalld
```

步骤 07：如图 13-63 所示，在浏览器中打开 9870 端口，即可看到 HDFS Web 页面。

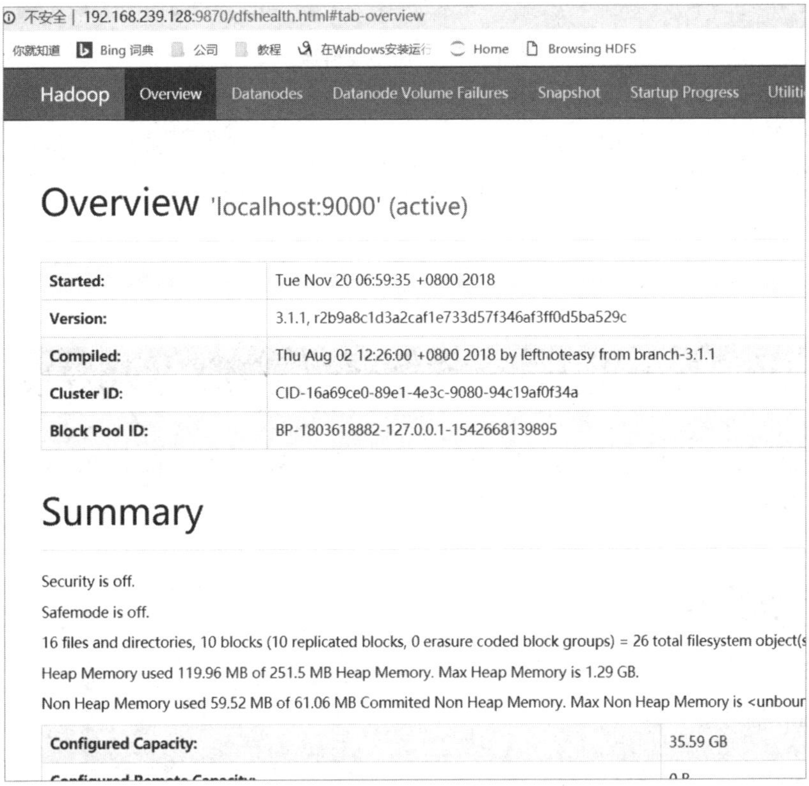

图 13-63　文件系统属性

步骤 08：测试 HDFS 是否能正常创建目录，在 Shell 中输入以下命令。

```
hdfs dfs -mkdir /input
```

步骤 09：在 Web 页面中单击【Utilities】按钮，然后选择【Browse the file system】选项，如图 13-64 所示。

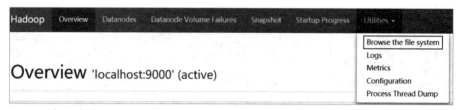

图 13-64　文件系统工具

界面跳转到 /explorer.html，如图 13-65 所示。

图 13-65　浏览文件系统

> **温馨提示**
> 192.168.239.128 是笔者虚拟机的地址，请读者按实际情况填写。

13.5　Hadoop常用操作命令

常用操作命令主要有两类：一类用于系统管理，针对 HDFS 本身和 YARN 的操作；另一类用于操作 HDFS 中的文件。

13.5.1　系统管理

1. 启动HDFS

进入 hadoop 根目录：

```
./sbin/start-dfs.sh
```

2. 停止HDFS

```
./sbin/stop-dfs.sh
```

3. 启动YARN

```
./sbin/start-yarn.sh
```

4. 停止YARN

```
./sbin/stop-yarn.sh
```

5. 启动所有进程

```
./sbin/start-all.sh
```

6. 停止所有进程

```
./sbin/stop-all.sh
```

7. 进入安全模式

```
hdfs dfsadmin -safemode enter
```

8. 退出管理模式

```
hdfs dfsadmin -safemode leave
```

13.5.2　文件管理

1. 创建目录

```
hdfs dfs -mkdir /test
```

2. 上传文件到系统

```
hdfs dfs -put etc/hadoop/core-site.xml /test
```

3. 复制文件到系统

```
hdfs dfs -copyFromLocal  etc/hadoop/hdfs-site.xml /test
```

-put 和 -copyFromLocal 的主要区别就是，前者可以有多个源，后者只能复制本地文件。

4. 上传文件夹到系统

```
hdfs dfs -put etc/hadoop/ /test
```

5. 查看目录

```
hdfs dfs -ls /test
```

6. 查看文件

```
hdfs dfs -cat /test/core-site.xml
```

7. 下载文件

```
hdfs dfs -get /test/hdfs-site.xml /usr
```

8. 合并文件

```
hdfs dfs -getmerge /test temp.xml
```

该命令会将 /test 下的所有文件合并成一个文件——temp.xml，然后将 temp.xml 文件保存到当前目录。

9. 删除文件（夹）

```
hdfs dfs -rm -r /test
```

13.6 新手问答

问题1：Hadoop的安全模式是什么？

答：Hadoop 在启动期间会自动进入安全模式。在此阶段，Datanode 会将自身文件块列表上传给 Namenode，Namenode 就会得到集群中各个块的位置信息，通过这些信息对数据副本个数进行统计。当最小副本数满足条件时，比如系统中存储有 100 个副本，因为某些原因丢失了 10 个，若是在 hdfs-site.xml 中配置了最小副本数 dfs.replication.min=90，那么系统仍然正常运行；若是丢失数大于 10 个，那么系统就会通知 Datanode 自动复制数据，直到满足最小条件。在安全模式下，系统处于只读状态，不允许进行创建目录、上传文件等操作。系统完成检查数据等一系列操作后会自动退出安全模式，这段时间默认是 15 秒，可以通过 dfs.safemode.extension 参数进行配置。

问题2：MapReduce任务运行完毕后，如何查看任务运行历史记录？

答：Hadoop 提供了一个 MapReduce JobHistory Server 工具，用以查看任务运行历史记录。当集群运行起来后，通过 http:// 实际 IP:19888/ 查看。

问题3：HDFS的守护进程有哪些，作用是什么，相互之间有什么关系？

答：HDFS 的守护进程主要有 3 个，即 Namenode、Datanode、SecondaryNameNode。在一个集群中，只有一个 Namenode 节点和一个 SecondaryNameNode 节点。运行 Namenode 和 SecondaryNameNode 的计算机配置应尽量相当，同时有一到多个 Datanode 节点。

1. Namenode

（1）管理整个文件系统的目录树和文件。

（2）fsimage 和 editlog 信息会永久保存在磁盘上。

（3）记录各个文件存在哪个数据节点上，该记录会在系统重启时根据 Datanode 的信息重建。

2. SecondaryNameNode

（1）定期合并编辑日志和命名空间镜像，防止编辑日志过大。

（2）保存合并后的 fsimage 副本，在 Namenode 挂掉后启用。

（3）定期维持状态，会有时差。所以在未从 name 获取到最新的 fsimage 时，如果 Namenode 挂掉，重启系统就会丢失数据。

3. Datanode

（1）存储具体的数据块。

（2）定期向 Namenode 发送存储的数据块的信息。

13.7　实训：动手搭建Hadoop集群环境

在实际生产环境中，Hadoop 并非是运行在一台计算机上的。只有采用完全分布式部署，在数台计算机上执行任务，才能利用集群的能力，因此搭建多机集群是非常有必要的。

1. 准备虚拟机

完全分布式相对于伪分布式来说稍显复杂，需要将多台计算机组合使用。

步骤 01：选择当前这台虚拟机，选择【快照】选项，然后选择【拍摄快照】选项，如图 13-66 所示。

图 13-66　选择【拍摄快照】选项

步骤 02：如图 13-67 所示，输入快照名称和描述，单击【拍摄快照】按钮。

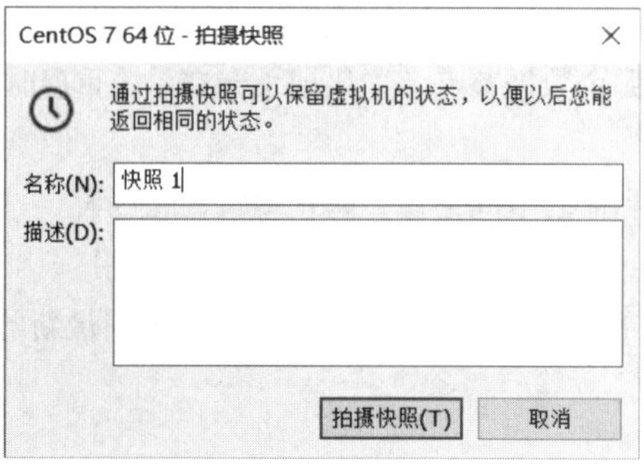

图 13-67　设置名称和描述

温馨提示

拍摄快照的过程可能会持续几分钟。拍摄快照就相当于在备份虚拟机，新的虚拟机可以基于快照生成，避免重复安装 Hadoop、JAVA 等工具。

步骤 03：选择虚拟机并右击，选择【管理】选项，然后选择【克隆】选项，如图 13-68 所示。

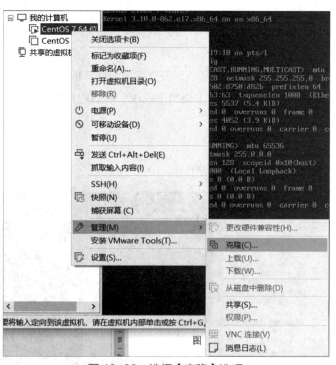

图 13-68　选择【克隆】选项

步骤 04：如图 13-69，在克隆虚拟机向导界面单击【下一步】按钮。

步骤 05：在克隆源界面选择之前拍摄的快照，单击【下一步】按钮，如图 13-70 所示。

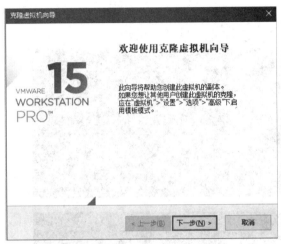

图 13-69　克隆虚拟机向导

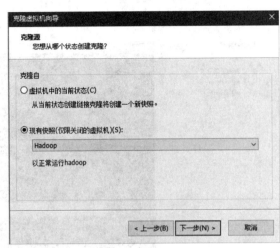

图 13-70　选择快照

步骤 06：在克隆类型界面选中【创建完整克隆】单选按钮，然后单击【下一步】按钮，如图 13-71 所示。

步骤 07：在新虚拟机名称界面输入新虚拟机名称和安装位置，单击【完成】按钮，之后等待新的虚拟机创建完毕，如图 13-72 所示。

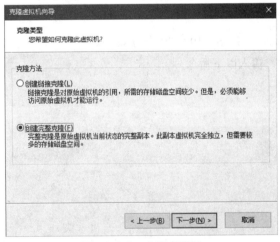

图 13-71　克隆虚拟机

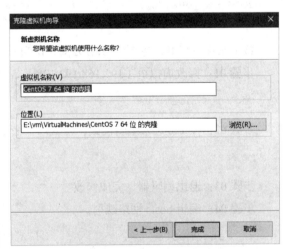

图 13-72　选择新虚拟机位置

2. 搭建集群

用 Xshell 连接两台虚拟机，如图 13-73 所示。

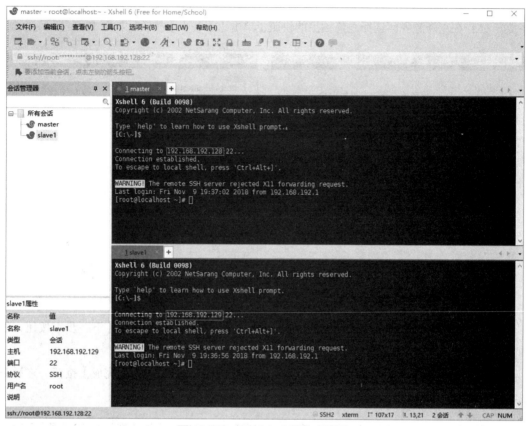

图 13-73　用 Xshell 操作虚拟机

接下来规划集群，将 192.168.192.128 作为 master，192.168.192.129 作为 slave。

步骤 01：修改虚拟机（192.168.192.128）名称，输入以下命令。

```
vi /etc/hostname
```

步骤 02：按 i 键进入编辑模式，输入以下命令。

```
master
```

步骤 03：退出编辑器，完成修改。

步骤 04：编辑 hosts 网络映射。

```
vi /etc/hosts
```

添加如下内容。

```
192.168.192.128    master
192.168.192.129    slave1
```

步骤 05：在虚拟机（192.168.192.129）上重复前面 4 步操作。注意，192.129 的主机名应设置为 slave1。

3. 配置Hadoop

在虚拟机（192.168.192.128）上进行文件配置，然后通过 scp 命令同步到 192.129 上。

步骤 01：修改 core-site.xml 文件。

```
<configuration>
    <property>
        <name>hadoop.tmp.dir</name>
        <value>file:/usr/local/hadoop/tmp</value>
        <description>Abase for other temporary directories.</
description>
    </property>
    <property>
        <name>fs.defaultFS</name>
        <value>hdfs://master:9000</value>
    </property>
</configuration>
```

将 localhost 修改为 master（主节点名称）。

步骤 02：修改 hdfs-site.xml 文件。

```
<configuration>
    <property>
        <name>dfs.replication</name>
        <value>2</value>
    </property>
    <property>
        <name>dfs.namenode.name.dir</name>
        <value>file:/usr/local/hadoop/tmp/dfs/name</value>
    </property>
    <property>
        <name>dfs.datanode.data.dir</name>
        <value>file:/usr/local/hadoop/tmp/dfs/data</value>
    </property>
</configuration>
```

将 dfs.replication 设置为 2，因为这里使用了两台计算机做集群。

步骤 03：修改 mapred-site.xml 文件。

将 mapred-site.xml.template 文件重命名为 mapred-site.xml。添加以下内容。

```
<configuration>
    <property>
        <name>mapreduce.framework.name</name>
        <value>yarn</value>
    </property>
```

```
          <property>
                  <name>mapreduce.jobhistory.address</name>
                  <value>master:10020</value>
          </property>
          <property>
                  <name>mapreduce.jobhistory.webapp.address</name>
                  <value>master:19888</value>
          </property>
  </configuration>
```

mapreduce.framework.name：使用 yarn 调度 mapreduce 作业。

mapreduce.jobhistory.address 和 mapreduce.jobhistory.webapp.address：Hadoop 历史服务器的运行地址和 Web 查看地址。该服务器记录了 mapreduce 作业的执行过程。默认不启动。

步骤 04：修改 yarn-site.xml 文件。添加如下内容。

```
<configuration>
        <property>
                <name>yarn.resourcemanager.hostname</name>
                <value>master</value>
        </property>
        <property>
                <name>yarn.nodemanager.aux-services</name>
                <value>mapreduce_shuffle</value>
        </property>
</configuration>
```

yarn.resourcemanager.hostname：resourcemanager 节点的运行位置。

yarn.nodemanager.aux-services：nodemanager 上运行的附属服务，需配置成 mapreduce_shuffle 才能运行 mapreduce。

步骤 05：修改 workers 文件。添加如下内容。

```
master
slave1
```

这是主节点和从节点的名称，每个名称占一行。

步骤 06：同步文件。

配置完成后，将以上 5 个文件同步到 slave1 节点。

```
scp -r /usr/local/hadoop/etc/hadoop/workers root@slave1:/usr/local/
hadoop/etc/hadoop/
   scp -r /usr/local/hadoop/etc/hadoop/core-site.xml root@slave1:/usr/
local/hadoop/etc/hadoop/
```

```
scp -r /usr/local/hadoop/etc/hadoop/hdfs-site.xml root@slave1:/usr/
local/hadoop/etc/hadoop/
   scp -r /usr/local/hadoop/etc/hadoop/mapred-site.xml root@slave1:/
usr/local/hadoop/etc/hadoop/
   scp -r /usr/local/hadoop/etc/hadoop/yarn-site.xml root@slave1:/usr/
local/hadoop/etc/hadoop/
```

步骤 07：重启操作系统。

分别重启两台虚拟机，如图 13-74 所示，使修改的虚拟机名称生效。

图 13-74　重启操作系统

步骤 08：格式化文件系统。

重新进入系统，输入如下命令。

```
hdfs namenode -format
```

步骤 09：启动 Hadoop 集群。

格式化系统成功后，进入 hadoop/sbin 目录，启动集群。

```
cd /usr/local/hadoop/sbin
./start-all.sh
```

步骤 10：验证启动情况。分别在两台虚拟机上输入如下命令。

```
jps
```

在 master 上会看到图 13-75 所示的进程。

```
[root@master hadoop]# jps
2112 ResourceManager
1649 NameNode
1779 DataNode
2228 NodeManager
2533 Jps
1950 SecondaryNameNode
```

图 13-75　主节点上的进程

在 slave 上会看到图 13-76 所示的进程。

```
[root@slave1 ~]# jps
1552 DataNode
1650 NodeManager
1791 Jps
```

图 13-76　从节点上的进程

至此，一个完整的 Hadoop 集群搭建成功。当需要加入更多机器集群时，按照操作 slave1 的方法再操作一次即可。

步骤 11：通过 Web 端查看机器情况。

关闭防火墙，在浏览器地址栏中输入 http://192.168.192.128:8088/cluster/nodes 查看集群信息，如图 13-77 所示。

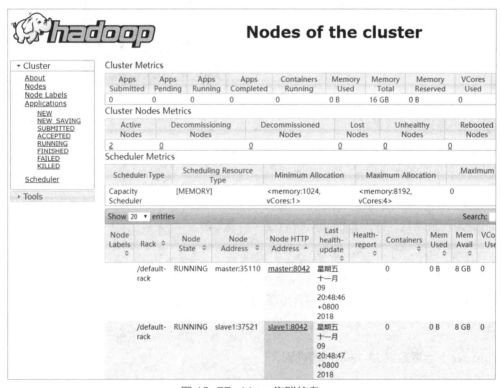

图 13-77　Yarn 集群信息

　　在浏览器地址栏中输入 http://192.168.192.128:9870/dfshealth.html#tab-datanode 查看数据节点信息，如图 13-78 所示。

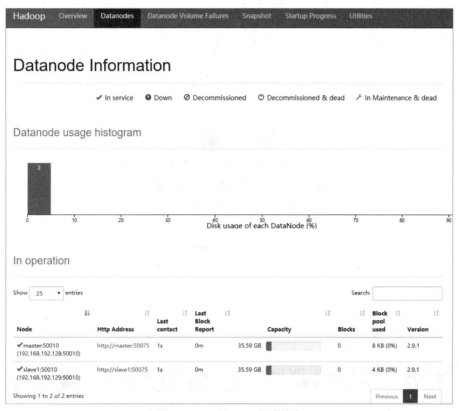

图 13-78　HDFS 集群信息

本章小结

　　本章主要介绍了 Hadoop 的体系架构、YARN 的调度原理以及 MapReduce 的执行过程，其中 shuffle 的执行过程比较长，且比较难以理解，建议读者一边学习一边动手画图，这样学习起来会相对容易一些。本章还详细介绍了 Hadoop 的环境搭建，建议读者在使用本书进行实践时，各软件版本和本书保持一致。搭建环境的步骤比较多，前一步骤错误会导致后续操作无法正常进行，并且不容易查找原因，因此建议读者一边练习一边做笔记。

第14章
Spark入门

本章导读

　　本章首先介绍Spark的发展历程、特点以及生态环境；然后介绍Saprk的架构设计与运行流程；最后介绍Spark的部署模式。由于新版本的Spark需要使用Python 3，因此还介绍了Python 3的安装方式。掌握本章内容，可以迅速搭建Spark运行环境，同时也有助于Spark算子的性能调优。

知识要点

通过对本章内容的学习，读者能掌握以下内容。

- ● Spark的体系结构
- ● Spark的应用场景
- ● 如何提交Spark应用
- ● Spark的核心原理
- ● Spark的运行模式

14.1　Spark概述

尽管 Hadoop 在各行各业得到了广泛应用，但还是存在很多缺陷。这些缺陷是软件本身的运行机制造成的，最主要的原因就是 MapReduce 延迟过高， Map/Reduce 任务的输出要么在磁盘上，要么在 HDFS 上，难以满足实时性要求较高的场景。Spark 集合了 MapReduce 的所有优点，并且 Spark 将中间结果输出到内存，减少了读写磁盘和 HDFS 的次数，从而提高了性能。

14.1.1　Spark简介

Spark 于 2009 年在加州大学伯克利分校诞生，是专门为大规模数据处理而设计的高效、通用的计算引擎，现在已经发展成为 Apache 软件基金会下的顶级开源项目之一。Spark 的标识如图 14-1 所示。

图 14-1　Spark LOGO

为了使数据分析更快，Spark 提供了内存计算和基于 DAG 的任务调度模型，减少迭代计算任务的 I/O 开销。Spark 计算模式也采用了 MapReduce 模型，与 Hadoop 相比，丰富的数据类型使 Spark 在编程时更灵活。同时 Spark 也提供了对即席查询（SparkSQL）、流式计算（Streaming）、图计算（GraphX）和机器学习（ML）的支持。

Spark 任务可以 local 模式运行，也可以伪分布式运行；可以提交到 Hadoop 的 YARN 资源管理器上，也可以提交到 Apache Mesos（一个通用的集群管理器）上。

Spark 是采用 Scala 语言实现的，同时支持 Java、Python、R 和 Scala 语言。

目前，Spark 已经发布了 2.x 版本，本章及后续章节将会基于此版本进行讲解。

14.1.2　Spark特点

1. 性能好

Spark 在多数应用场景中比 Hadoop 性能好。Spark 在内存中的运行速度是 Hadoop 的 100 多倍，如图 14-2 所示，在磁盘中的运行速度是 Hadoop 的 10 多倍。

2. 开发效率高

Spark 支持使用 Scala、Python 等语言，提供了 80 多种高级运算符，编程模型简单，还可以在 Scala、Python 和 R 的交互模式下使用。

3. 功能丰富

Spark 是个大统一的软件栈，包括 SparkSQL、SparkStreaming、Mllib、GrapX，如图 14-3 所示。用户可以在一个应用中无缝集成这些库。

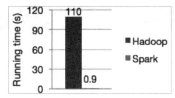

图 14-2　Hadoop 与 Spark 性能对比

图 14-3　Spark 生态

4. 随处运行

Spark 可以运行在 Hadoop、Apache Mesos、Kubernetes 上，也可以用独立模式运行。可以从任何系统的 Hbase、HDFS、MySQL、消息队列和普通的文件系统中读取数据，如图 14-4 所示。

14.1.3　Spark生态

Spark 生态主要由 Spark Core、Spark SQL、Spark Streaming、GraphX、Mllib 构成。各组件主要功能如下。

（1）Spark Core：一般称为 Spark。在不同的大数

图 14-4　Spark 运行平台

据场景下，构建基本一致的数据模型（RDD）来做批处理，同时提供内存管理、任务调度、故障恢复等功能。

（2）Spark SQL：主要用于处理结构化数据，可以直接操作 RDD，也可以直接读取 Hive、Hbase、MySQL 等外部数据源。即使不会使用 Java、Scala、Python 的数据分析师，也能用 SQL 语言进行复杂查询。

（3）Spark Streaming：Spark 框架提供的一种模拟流式数据处理的模型，核心思想是将流式数据按时间窗口切分成多个微小的批处理作业交给 Spark Core 执行。数据源支持 Kafka、Flume、Socket 和文件流等。

（4）GraphX：主要用于图计算，比如社交网络用户关系图的计算。

（5）SparkMllib：提供了常用机器学习算法的实现方法，比如分类、回归、协同过滤等。用户只需了解算法的基本原理、功能和调用方法，就能轻松完成机器学习方面的工作。其主要用在数据挖掘、推荐系统等场景。

14.2　**Spark核心原理**

尽管 Spark 框架采用的是内存计算，但是在实际应用中程序不一定就能运行良好。比如调用了 collect 函数，就有可能导致内存溢出；数据没有分区，就无法提高并行度；需要复用的 RDD 没有

做持久化，就会反复计算，从而影响性能。开发过程中导致任务失败的原因非常多，因此在使用 Spark 之前，掌握其运行原理非常必要。

14.2.1　重要概念

为方便后续讨论 Spark 运行架构，首先需要了解几个重要概念。

（1）RDD：Resilient Distributed Dataset，称为弹性分布式数据集，是数据在分布式环境中的一个抽象。可以理解为编写 Spark 程序就是编写如何操作 RDD。

（2）操作 RDD：分为转换操作与行动操作两类。对 RDD 应用转换操作，返回的结果仍然是一个 RDD；对 RDD 应用行动操作，就会得到具体的执行结果。行动操作一般称为"算子"。

（3）DAG：Directed Acyclic Graph，称为有向无环图。有向无环图是指任意一条边有方向，且不存在环路的图。DAG 就是依赖关系的图形化表示，后续会根据 DAG 所反映的依赖关系去计算相关的 RDD。

（4）Job：作业，一个行动操作就是一个作业。

（5）Stage：阶段，阶段是作业的基本调度单位，一个作业会划分成多个阶段，各个阶段按 DAG 顺序执行。

（6）Task：任务，一个阶段包含多个任务。

（7）Driver：驱动器，提交 Spark 代码的程序。

（8）Executor：执行器，应用提交后需要执行，执行 Task 的进程就称为 Executor。

（9）WorkerNode：工作节点，负责处理数据和运行 Executor 进程的机器节点。

（10）Application：驱动器节点和执行器节点在运行的 Task 中合起来统称为一个 Spark 应用。

14.2.2　架构设计

在分布式环境中，Spark 采用的是 master/slave 架构，一个 Spark 集群包含一个 master 节点和若干个工作节点。master 节点会运行一个 master 进程，工作节点会运行一个 worker 进程。Spark 运行架构如图 14-5 所示。

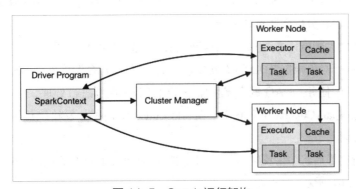

图 14-5　Spark 运行架构

1. 驱动器（Driver Program）

运行驱动器程序的节点称为驱动器节点。驱动器程序有两个重要作用。

（1）负责把 Spark 程序转换成 Task。Spark 程序的一般操作是：创建一到多个 RDD，通过转换操作产生新的 RDD，最后使用行动操作计算出结果。这一系列操作就会构成逻辑上的 DAG。驱动器程序在运行时，会将 DAG 转换成物理执行计划，就是划分阶段和生成 Task，然后将 Task 分发到各个执行器节点。

（2）负责执行器间的调度任务。执行器进程启动后，会自动在驱动器进程中注册。因此驱动器进程始终知道执行器的完整信息。驱动器会根据任务要处理的数据的位置，寻找一个合适的执行器来执行任务。在任务执行过程中，遇到数据缓存操作，执行器就会将数据缓存到本地，驱动器也会记录这些缓存数据的地址，用来优化后续的任务调度，从而减少数据在网络上的传输。

驱动器会记录 Task 的执行情况，默认情况下通过 http://localhos:4040 地址用网页展示。当所有任务执行完毕后，驱动器程序就会退出，此时该网页就不能访问了。

2. 执行器

运行执行器进程的工作节点一般也称为执行器节点。

正常情况下，驱动程序提交 Spark 代码创建 Spark 应用时，执行器会同时启动，Spark 应用执行完毕后，执行器会将结果通知到驱动器，然后退出。如果任务在执行过程中有个别执行器节点异常退出，整个应用也可以正常运行。

3. 集群管理器

Spark 应用可以运行在自带的集群管理器上，也可以将应用提交到外部集群上。通过指定 spark-submit（一个 Shell 程序）参数来指定集群位置，同时还可以控制驱动器、执行器的资源使用量。一般情况下，spark-submit 进程就是驱动器进程。但是当以 yarn-cluster 模式提交应用时，驱动器进程将由 YARN 指定。

14.2.3 运行流程

（1）应用被提交时，首先启动驱动器进程，该进程会创建一个 SparkContext 对象（一个应用中只有一个 SparkContext 对象，SparkContext 对象就代表这个驱动器）。SparkContext 负责与资源管理器通信和申请资源、分配和监控任务状态等。

（2）资源管理器收到申请，为执行器分配资源，并启动执行器进程。

（3）SparkContext 对象根据 RDD 的依赖关系构造 DAG，DAG 调度器把 DAG 划分为多个阶段，每个阶段都包含各自的任务。DAG 调度器将任务交给任务调度器进行处理。

（4）执行器向 SparkContext 申请任务，SparkContext 将代码分发给执行器，同时任务调度器将任务发给执行器运行。

（5）任务执行完毕后将结果反馈给任务调度器，SparkContext 对象调用 stop()，释放资源，整个过程结束。如图 14-6 所示。

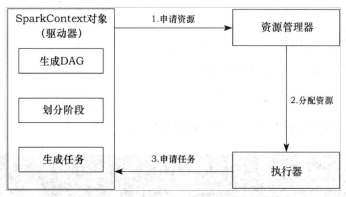

图 14-6　Spark 应用运行流程

14.3　Spark基础环境搭建

同 Hadoop 类似，Spark 部署也有多种模式：单机、伪分布式、完全分布式、HA 等。这里重点阐述单机模式。

所需组件如下。

- Python 3：Python-3.7.1.tar.xz
- Spark： spark-2.4.0-bin-hadoop2.7.tgz

14.3.1　安装Python 3

由于 PySpark 库需要 Python 支持，因此需要安装 Python 3 版本。

步骤 01：输入以下命令，更新系统。

```
yum update
```

步骤 02：安装必备的组件。

```
yum install gcc make openssl-devel ncurses-devel sqlite-devel zlib-
devel bzip2-devel  readline-devel tk-devel libffi-devel
```

步骤 03：将 Python-3.7.1.tar.xz 上传到 Linux 虚拟机，解压文件。

```
tar -xvJf /tools/Python-3.7.1.tar.xz
```

步骤 04：进入 Python 目录，执行编译配置。

```
cd Python-3.7.1
./configure --prefix=/usr/local/python3
./configure --enable-optimizations
```

步骤 05：编译安装。

```
make && make install
```

步骤 06：输入以下命令，验证安装结果。

```
python3
```

如图 14-7 所示，正常显示 Python 版本，表示安装完成。

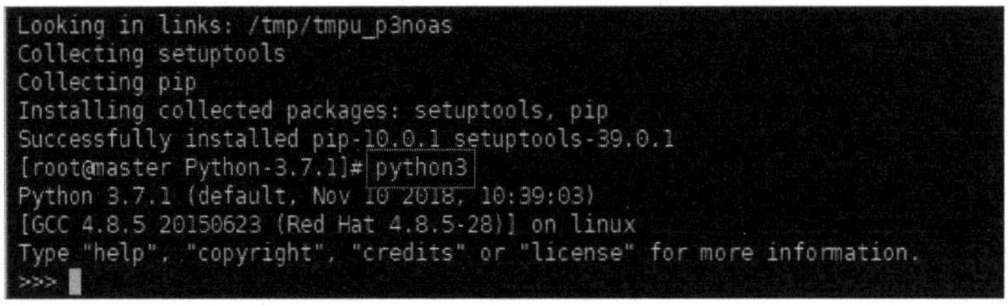

图 14-7　Python 安装验证

14.3.2　安装Spark

从网上下载 Spark 安装包，用 WinSCP 把 Spark 上传到虚拟机。

步骤 01：下载 spark-2.4.0-bin-hadoop2.7.tgz 程序并上传到虚拟机。通过以下命令解压文件。

```
tar -zvxf /tools/spark-2.4.0-bin-hadoop2.7.tgz -C /usr/local/
```

步骤 02：重命名 Spark 文件夹。

```
cd /usr/local/
mv spark-2.4.0-bin-hadoop2.7/ spark
```

步骤 03：重命名 spark-env 文件。

```
cd /usr/local/spark/conf
mv spark-env.sh.template spark-env.sh
```

步骤 04：配置环境变量，修改文件。

```
vi ~/.bashrc
```

步骤 05：添加 Spark 路径。

```
export SPARK_HOME=/usr/local/spark
export PYTHONPATH=$SPARK_HOME/python:$SPARK_HOME/
python/lib/py4j-0.10.7-src.zip:$PYTHONPATH
export PYSPARK_PYTHON=python3
export PATH=$HADOOP_HOME/bin:$SPARK_HOME/
bin:$JAVA_HOME/bin:$PATH
```

步骤 06：使修改生效。

```
source ~/.bashrc
```

至此，Spark 的安装已经完成，仅可供单机模式使用。

> **温馨提示**
>
> Spark 2.x 版本默认采用 Python 3 版本解释器。在实际生产环境中不能升级 Python 的情况下，在应用提交命令前面添加 PYTHONPATH=python，可以手动指定 Python 环境。
>
> Spark 的安装操作可以单独进行，不依赖其他组件。在本篇的后续章节，Spark 会用到 Hadoop 的环境，因此建议读者将上一章的实训完成后，再继续本章操作。本小节的 Spark 程序是安装在 master 节点上的。

14.4　Spark运行模式

Spark 应用的运行模式由 spark-submit 的 -- master 参数指定。master 取值如下：local（loca[X]，loca[*]）、spark://、messos://、yarn（client，cluster）。

14.4.1　Local模式

Local 模式是指不启动 Spark 的守护进程，安装完成后直接提交应用。提交命令格式如下。

```
./bin/spark-submit -master local
```

local 后做如下取值，含义如下。

（1）local：使用一个 worker 线程本地化运行 Spark。

（2）local[*]：使用逻辑 CPU 个数数量的线程来运行 Spark，比如双核就是指用两个线程来运行任务。

（3）local[X]：使用 X 个 worker 线程运行 Spark 任务。

接下来用 Local 模式运行自带的示例程序。

步骤 01：进入 Spark 根目录。

```
cd /usr/local/spark
```

步骤 02：执行测试命令。

```
./spark-submit --master local[8] --class org.apache.spark.examples.
SparkPi
/usr/local/spark/examples/jars/spark-examples_2.11-2.4.0.jar
```

测试结果如图 14-8 所示。

```
2018-12-08 10:56:45 INFO  DAGScheduler:54 - Job 0 finished: reduce at SparkPi.scala:38, took 0.498921 s
Pi is roughly 3.1449557247786237
```

图 14-8　使用 local 模式运行

14.4.2　Standalone模式

Standalone 模式使用的是 Spark 自带的集群管理工具，需要做如下配置。

步骤 01：进入 /usr/local/spark/conf 目录下，修改 spark-env.sh 文件。

```
cd /usr/local/spark/conf
vi spark-env.sh
```

在文件顶部添加如下内容。

```
export SPARK_DIST_CLASSPATH=$(/usr/local/hadoop/bin/hadoop
classpath)
export HADOOP_CONF_DIR=/usr/local/hadoop/etc/hadoop
export SPARK_MASTER_IP=192.168.192.128
export SPARK_MASTER_HOST=master
export SPARK_HISTORY_OPTS="-Dspark.history.ui.port=18080
-Dspark.history.retainedApplications=5
-Dspark.history.fs.logDirectory=hdfs://master:9000/spark-app-
history"
```

> **温馨提示**
>
> 为了使 Spark 能够访问 HDFS 和将应用提交到 YARN，需要在 Spark-env.sh 文件中配置 Hadoop 路径。

步骤 02：将 spark-defaults.conf.template 重命名为 spark-defaults.conf。

```
mv spark-defaults.conf.template spark-defaults.conf
```

在文件底部添加如下内容。

```
spark.eventLog.enabled   true
spark.eventLog.dir
       hdfs://master:9000/spark-app-history
spark.eventLog.compress true
```

步骤 03：配置 slave，重命名为 slaves.template。

```
mv slaves.template slaves
```

将文件底部的 localhost 修改为 master。

步骤 04：启动 Hadoop 集群。

```
cd $HADOOP_HOME
./sbin/start-all.sh
```

步骤 05：使用以下命令在 HDFS 上创建 spark-app-history 目录。

```
hdfs dfs -mkdir /spark-app-history
```

查看创建结果，如图 14-9 所示。

图 14-9　HDFS 文件浏览器

步骤 06：使用如下命令启动 Spark 集群。

```
cd $SPARK_HOME
./sbin/start-all.sh
```

步骤 07：在浏览器的地址栏中输入 http://192.168.192.128:8080/，在打开的页面中查看 Spark 集群信息。

如图 14-10 所示，Spark Master at spark://master:7077 表示 Spark 向集群提交应用的地址；Workers（1）表示该集群有一个 worker 节点（当前节点既是主节点也是工作节点）。

图 14-10　Spark 集群信息

步骤 08：使用以下命令提交应用到集群。

```
./bin/spark-submit --master spark://master:7077 -class
```

```
org.apache.spark.examples.SparkPi  /usr/local/spark/examples/jars/
spark-examples_2.11-2.4.0.jar
```

如图 14-11 所示，app-20181208110238-0000 就是创建的应用 ID，Name 是应用名称，State 是应用执行状态。

Application ID	Name	Cores	Memory per Executor	Submitted Time	User	State	Duration
app-20181208110238-0000	Spark Pi	4	1024.0 MB	2018/12/08 11:02:38	root	FINISHED	33 s

图 14-11　应用信息

14.4.3　Mesos模式

Mesos 也是一个资源调度框架，功能和 YARN 类似，需要单独配置集群。二者的区别在于，YARN 是根据任务的并行度、需要多少进程来执行任务、集群中的 CPU 个数、集群中的内存数、集群中每个进程所占空间、Java 堆内存比例、驱动程序所占内存空间、缓存数据所占内存空间等信息来动态调整资源。Mesos 则会根据工作节点实际，需要多少就分配多少。提交到 Mesos 的命令如下。

```
./bin/spark-submit --master mesos://host:port
```

由于 Mesos 在国内使用相对较少，因此 Mesos 安装过程本书不展开讲解。

14.4.4　YARN模式

Spark 将应用提交到 YARN 上有两种模式：cluster 和 client。

deploy-mode cluster 与 client 的运行模式有所区别。提交应用的 SparkSubmit 进程不再是驱动程序，也不负责 Spark 程序的运行。

对于 yarn cluster 模式，ResourceManager 收到 SparkSubmit 提交的作业信息，会到集群中寻找一个合适的 NodeManager 启动容器，并在容器中运行 Application Master（AM），这个 AM 会负责作业的初始化并运行任务。若是当前节点资源不足则另向 ResourceManager 申请，通知其他 NodeManager 启动容器运行任务。此时这个 AM 节点就是驱动器节点。

对于 yarn client 模式，ResourceManager 收到 SparkSubmit 提交的作业信息，会将当前节点作为驱动器，后续流程就和 yarn cluster 模式一致了。

使用 YARN 模式的好处在于，所有支持 YARN 的调度框架都会共享一个资源池，同时也可以利用 YARN 灵活的调度策略来协调任务。

分别执行如下命令，然后到 Hadoop 集群管理页面查看结果。

```
./bin/spark-submit  --master yarn --deploy-mode
 cluster ./examples/src/main/python/pi.py 50
 ./bin/spark-submit  --master yarn --deploy-mode client ./examples/
src/main/python/pi.py 50
```

在浏览器的地址栏中输入 http://192.168.192.128:8088/cluster/nodes，查看应用信息，如图 14-12 所示。

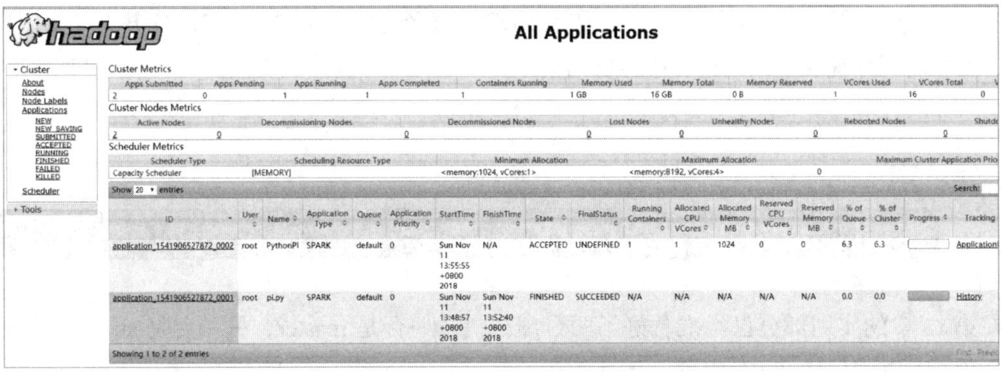

图 14-12　YARN 应用信息

> **温馨提示**
>
> 当 Spark 提交应用到 YARN 集群模式上时，驱动器进程运行在哪个节点上是不确定的。掌握第 13 章关于 YARN 的知识，有助于对 Spark On YARN 模式的理解。

14.5　新手问答

问题1：如何查看Spark历史运行任务？

答：执行完 Standalone 模式的操作后，启动 history-server，运行以下命令。

```
cd $SPARK_HOME
./sbin/start-history-server.sh
bin/run-example SparkPi 2>&1 | grep "Pi is"
```

然后在浏览器中打开 http://192.168.192.128:18080 页面，执行结果如图 14-13 所示。

图 14-13　历史任务执行情况页面

问题2：DAG是在什么情况下生成的？

答：在 Spark 程序中，只要创建和操作了 RDD，就会生成一个 DAG。DAG 并不需要用户手动创建，在驱动程序提交应用的过程中会自动创建。

14.6 　实训：动手搭建Spark集群

在第 13 章的实训部分已经准备好了两台虚拟机。一台是 master，另一台是 slave1。现在基于这两台虚拟机继续搭建 Spark 集群。

在 slave1 节点上安装 Spark 程序。

步骤 01：执行完 Standalone 模式的操作后，执行如下命令，将整个 Spark 目录复制到 slave1 节点。

```
scp -r /usr/local/spark root@slave1:/usr/local/
```

步骤 02：修改 slave1 环境变量，和 master 保持一致。

```
vi ~/.bashrc
```

修改代码内容如下。

```
export JAVA_HOME=/usr/lib/jvm/java-1.8.0-openjdk-1.8.0.191.b12-0.
el7_5.x86_64
export HADOOP_HOME=/usr/local/hadoop
export SPARK_HOME=/usr/local/spark
export PYTHONPATH=$SPARK_HOME/python:$SPARK_HOME/python/lib/py4j-
0.10.7-src.zip:$PYTHONPATH
export PYSPARK_PYTHON=python3
export PATH=$HADOOP_HOME/bin:$SPARK_HOME/bin:$JAVA_HOME/bin:$PATH
```

步骤 03：执行如下命令使修改生效。

```
source ~/.bashrc
```

步骤 04：启动 Spark 集群。

```
cd $SPARK_HOME
./sbin/start-all.sh
```

刷新 http://192.168.192.128:8080/ 页面，如图 14-14 所示，出现两个工作节点。

图 14-14　Spark 集群页面

本章小结

本章主要介绍了 Spark 整体的架构设计、任务执行原理和几个核心概念，熟悉核心概念有助于后续编程内容的学习。同时还介绍了 Spark 的 3 种部署方式，每种部署方式都有其对应的配置。最后还介绍了提交 Spark 应用的 4 种模式和区别。

第15章
Spark RDD编程

本章导读

　　本章主要介绍RDD的设计原理、创建和操作，以及怎样将普通的RDD转换为键值对形式的RDD；还介绍了RDD计算结果的存储方式；最后介绍了RDD性能调优。掌握本章内容，就可以使用Spark开发大数据应用了，同时还能进行Spark应用的调优。

知识要点

　　通过对本章内容的学习，读者能掌握以下内容。
- RDD运行原理
- MapReduce处理过程
- RDD如何创建和操作
- 计算结果持久化
- RDD性能调优

15.1　RDD设计原理

在实际业务中，数据以不同的形式存储，如数据库、日志文件、Excel、txt 等。这些数据在程序中的表达形式也不同，要处理这些数据就必须有针对性地设计数据结构和提供相应的编程接口（API：Application Programming Interface, 应用程序编程接口）。在小规模数据中，数据库用结果集表示，文件可以用文件对象表示。在大规模数据中，单台计算机无法完整存储，普通的数据结构也无法表达一个在分布式环境中存储的数据。RDD 就是用来解决大规模数据存储这个问题的，同时 RDD 还提供了分布式计算的 API。

15.1.1　RDD常用操作

RDD（Resilient Distributed Dataset，弹性分布式数据集）是 Spark 的核心对象，可以把它理解为一个数据集合，如 List、Array。普通的数据集合，实际数据就存储在这个集合对象中。RDD 的实际数据被划分在一到多个分区中，这些分区可以存储在一到多台计算机上。存储形式可以是内存，也可以是磁盘，如图 15-1 所示。

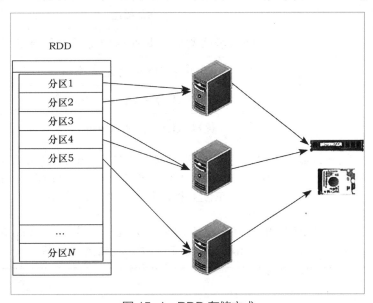

图 15-1　RDD 存储方式

RDD 的分区代表了实际数据的一个片段，这个片段与 HDFS 中数据块的逻辑是一样的。这些分区是只读的，数据项不能修改，RDD 只能基于原始数据创建或者通过另一个 RDD 转换而来。

RDD 提供了两类操作：转换与行动。转换操作作用于数据集上分区中的每一个元素，并返回一个新的 RDD，常用函数如表 15-1 所示。

表 15-1　常用转换操作函数列表

函数名称	功能描述
map(func)	对 RDD 中的每个数据调用 func 函数，并返回一个新的 RDD
flatmap(func)	与 map 类似，但会返回多个结果
filter(func)	对每个数据调用 func 函数，将结果为 True 的返回
groupByKey	针对键值对类型 RDD 的操作，将相同的 key 进行合并，每一个 key 对应一个元素序列
reduceByKey(func)	将相同的 key 进行分组，对每一个组内的数据调用 func
union	合并多个 RDD

行动操作则是将数据进行聚合运算，产生一个具体的结果，如一个数值、一个列表，常用函数如表 15-2 所示。

表 15-2　常用行动函数列表

函数名称	功能描述
collect	将数据收集到一起并返回给驱动器节点
count	计算 RDD 中的元素个数
first	获取 RDD 中的第一个元素
take(n)	获取 RDD 中的前 n 个元素
reduce(func)	func 函数接收两个参数，并返回一个值。reduce 取出 RDD 中的前两个元素并调用 func 函数，将结果与第三个元素继续调用 func 函数，直到 RDD 中的元素全部计算完毕
foreach(func)	对 RDD 中的每个元素调用一次 func 函数，与 map 不同的是，foreach 没有返回值，且会立即执行

15.1.2　RDD依赖关系

转换操作，如 map (func) 函数，其中的 func 函数并不会立即调用，这种模式称为"惰性计算"，Spark 只记录了该应用有这样一个操作。当调用行动操作时，如调用 reduce (func) 函数，才会触发整个计算过程。如图 15-2 所示，在调用 reduce 函数的时候，会先调用 f1，rdd 对象中的所有元素执行了 f1 函数后，才会执行 f2，f2 执行完毕才会执行 f3。map 函数产生的 RDD 称为 filter 操作的父 RDD，同时也是 rdd 对象的子 RDD。

```
2 def f1(item):
3     return item,1
4 def f1(item):
5     return item(1)>1
6 def f1(item1,item2):
7     return item1+item2
8 rdd.map(f1).filter(f2).reduce(f3)
```

图 15-2　map 与 reduce

在执行过程中，reduce 基于 filter 结果进行计算，filter 基于 map 结果进行计算，这种关系称为"依赖"。Spark 根据依赖关系自动生成 DAG（Directed Acyclic Graph，有向无环图）。依赖关系分为窄依赖和宽依赖。

（1）窄依赖是指，父 RDD 的一个分区只会落在一个子 RDD 的一个分区中。

（2）宽依赖是指，父 RDD 的一个分区落在子 RDD 的不同分区中。

如图 15-3 所示，"map，filter"箭头左边表示父 RDD，有 3 个分区，右边表示子 RDD，同样有 3 个分区，一个父 RDD 分区对应一个子 RDD 分区；"union"箭头左边有两个 RDD，每个 RDD 分别有 2 个分区，拼接后形成一个有 4 个分区的 RDD，父 RDD 的分区和子 RDD 的分区仍然一一对应，这种关系称为窄依赖。常见的窄依赖包括 map、filter、union 等。图 15-3 中的"groupByKey"操作，左边一个父 RDD 分区对应右边子 RDD 的两个分区，这种关系称为宽依赖。常见的宽依赖包括 sortByKey、sortBy、groupByKey 等。

对于 join 操作，多个父 RDD 的一个分区对应子 RDD 的一个分区，这种情况称为"协同划分"，属于窄依赖。若是非"协同划分"，则为宽依赖。

使用依赖关系可以加快 Spark 的执行速度。当窄依赖计算失败时，因父子 RDD 分区一一对应，程序只需根据父 RDD 分区重新计算分区失败的数据即可。如果宽依赖计算失败，就会涉及多个父 RDD 的不同分区，因此工作量较大。但是 Spark 提供了检查点（快照）机制，用于持久化中间 RDD，在进行重新计算时，可以从检查点开始，从而提高性能。

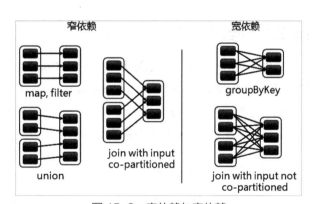

图 15-3　宽依赖与窄依赖

15.1.3　Stage概述

Spark 将 DAG 转为物理执行计划时需要划分阶段，每个阶段按顺序执行。阶段划分方式是：对 DAG 进行反向解析，只要有宽依赖，就划分一个阶段；一个窄依赖到下一个宽依赖之前，划分一个阶段。如图 15-4 所示，A 到 B 是一个宽依赖，A 在一个阶段中（如划分到 Stage1）；C 到 D、D 到 F、E 到 F 是窄依赖，但是 F 到 G 是一个宽依赖，从 F 回推到 C，这一部分划分到一个阶段（如划分到 Stage2）。所有的 RDD 整体上划分为一个阶段（Stage3）。

宽依赖一般都伴随 Shuffle（详细内容见 13.2.3 小节）操作，就是指数据在不同分区，甚至在不同机器节点间进行移动和排序，导致程序性能降低。在实际应用中应减少宽依赖操作，同时在清洗、整理数据时应尽量排好序；在存储的时候，尽量将相同标识的数据放在同一个分区中，从而减少数据的移动。

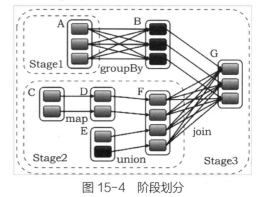

图 15-4　阶段划分

15.2　RDD编程

创建 RDD 有两种方式：一是读取外部数据文件，如读取本地文件，或者从 HDFS、Hive、Hbase、Cassandra、amazon (S3) 等外部源加载数据；二是基于一个序列或者数组进行创建。下面介绍具体方法与操作步骤。

15.2.1　准备工作

在创建 RDD 之前，需要创建一个 SparkContext 对象，来建立与 Spark 集群的连接。在 Spark 安装目录中找到 pyspark 和 pyspark.egg-info 文件夹，将其复制到 Python 安装目录下。打开 Py-Charm，创建一个 Python 文件（如 create_sparkcontext.py），在文件头部导入 pyspark 包，然后创建 SparkContext 对象，在第 5 行输出 Spark 的版本号，如图 15-5 所示。

```
2 from pyspark import SparkContext
3
4 sc=SparkContext()
5 print("Spark Version",sc.version)
```

图 15-5　创建 SparkContext 实例

将该文件复制到 Linux 系统，在窗口中输入以下命令。

```
python3 create_sparkcontext.py
```

首先输出部分日志信息，然后执行第 4 行代码，正常显示 Spark 版本，如图 15-6 所示。

```
[root@master code]# python create_sparkcontext.py
SLF4J: Class path contains multiple SLF4J bindings.
SLF4J: Found binding in [jar:file:/usr/local/spark/jars/slf4j-log4j12-1.7.16.jar!/org/slf4j/impl/StaticLoggerBinder.class]
SLF4J: Found binding in [jar:file:/usr/local/hadoop/share/hadoop/common/lib/slf4j-log4j12-1.7.25.jar!/org/slf4j/impl/StaticLoggerBinder.class]
SLF4J: See http://www.slf4j.org/codes.html#multiple_bindings for an explanation.
SLF4J: Actual binding is of type [org.slf4j.impl.Log4jLoggerFactory]
2018-12-16 21:45:25 WARN  NativeCodeLoader:62 - Unable to load native-hadoop library for your platform... using builtin-java classes where applicable
Setting default log level to "WARN".
To adjust logging level use sc.setLogLevel(newLevel). For SparkR, use setLogLevel(newLevel).
('Spark Version:', u'2.4.0')
```

图 15-6　获取 Spark 版本

在 sc 实例创建过程中，Python 会和 JVM 进程进行通信，由 JVM 创建 SparkContext 对象，Python 程序通过 Py4J 库获得该对象，将其作为 sc 的一个名为 _jsc 的属性。

在浏览器中打开 History Server，如图 15-7 所示，可以看到 App Name 为 "pyspark-shell"。然而在创建 SparkContext 实例时并没有设置应用名称，也没有设置集群位置，在执行代码前也没有启动集群，那么程序是怎么得到结果的，应用名称又从何而来呢？

图 15-7　Spark 历史任务

通过源码可以看到，在执行 Python 程序时，Python 进程会和 JVM 进程通信，JVM 会自动创建一个 Spark configuration 对象，然后将默认的配置信息返回 Python 程序，如图 15-8 所示。

```
2  # Read back our properties from the conf in case we loaded some of them from
3  # the classpath or an external config file
4  self.master = self._conf.get("spark.master")
5  self.appName = self._conf.get("spark.app.name")
6  self.sparkHome = self._conf.get("spark.home", None)
```

图 15-8　SparkContext 默认连接方式

> **温馨提示**
>
> 除了在 PyCharm 中编写程序外，Spark 还自带了一个脚本编程工具。
>
> 进入 Spark 安装目录，执行 ./bin/pyspark 命令，会启动一个 Shell 窗口。在该窗口中，已经创建好了 SparkContext 对象，可以直接使用。

15.2.2　读取外部数据源创建RDD

Spark 可以读取多种数据格式的文件作为数据源，如一个目录、文本文件、支持随机读写的压缩文件等。读取文件有一个要求，就是集群中的所有节点都能用同样的方式访问到该文件。这里演示如何读取本地文件和 HDFS 文件。

1．读取本地文件

调用 sc 对象的 textFile(" 文件路径 ") 方法，在设置路径的时候，需要在前面加上 "file：//" 表示从本地系统读取，如图 15-9 所示，否则默认从 HDFS 上读取。

```
2  from pyspark import SparkContext
3
4  sc = SparkContext()
5  rdd = sc.textFile("file:///usr/local/spark/README.md")
```

图 15-9　读取本地文件

2. 读取HDFS文件

读取 HDFS 文件是在生产环境中实际应用的创建 RDD 的方法。如图 15-10 所示，首先将 Spark 安装目录下的 README.md 文件上传到 HDFS，然后读取文件创建 RDD。

```
2  from pyspark import SparkContext
3
4  sc = SparkContext()
5  rdd = sc.textFile("/spark/files/README.md")
```

图 15-10　读取 HDFS 文件

15.2.3　使用数组创建RDD

使用 parallelize 函数可以将数组转换为 RDD。该函数的第一个参数是一个普通数组，数组中的数据可以是任意类型；第二个参数是 RDD 的分区，分区参数是可选的，如图 15-11 所示。

```
2  from pyspark import SparkContext
3
4  sc = SparkContext()
5  rdd = sc.parallelize([0, 1, 2, 3, 4, 6], 5)
6  print(rdd.getNumPartitions())
7  print(rdd.count())
```

图 15-11　通过数组创建 RDD

15.2.4　转换操作

通过 RDD 转换操作来创建新的 RDD。这里详细介绍几个在实际生产环境中常用的转换操作。

1. 使用map(func)转换数据

创建一个整型数组，将里面每一个数据乘以 2，如图 15-12 所示。首先调用 map 函数，生成新的 rdd2，由于 RDD 是分布式集合，若是需要在当前计算机节点上完整显示，需要调用 collect( ) 函数，将数据聚集到当前节点。调用 collect( ) 函数后，local_data 变量就变成了数组类型。对数组调用列表推导式，将每一个数据项打印到屏幕上。

```
2  #!/usr/bin/python
3  # -*- coding: UTF-8 -*-
4
5  from pyspark import SparkContext
6
7  sc = SparkContext()
8  rdd1 = sc.parallelize([0, 1, 2, 3, 4, 6])
9  rdd2 = rdd1.map(lambda x: x * 2)
10 local_data = rdd2.collect()
11 [print("当前元素是: ", item) for item in local_data]
```

图 15-12　调用 map 操作

如图 15-13 所示，输出执行 *2 后的数据项结果。

```
当前元素是：   0
当前元素是：   2
当前元素是：   4
当前元素是：   6
当前元素是：   8
当前元素是：   12
```

图 15-13　打印数据

2. 使用flatmap(func)转换数据

如图 15-14 所示，flatmap 会遍历数组中的每一个字符串，对每一个元素调用 split(" ") 方法，然后返回一个数组。

```python
2  # -*- coding: UTF-8 -*-
3
4  from pyspark import SparkContext
5
6  sc = SparkContext()
7  rdd1 = sc.parallelize(["lesson1 spark", "lesson2 hadoop", "lesson3 hive"])
8  rdd2 = rdd1.flatMap(lambda x: x.split(" "))
9  local_data = rdd2.collect()
10 [print("当前元素是: ", item) for item in local_data]
```

图 15-14　扁平化数据

flatmap 会将每一个数组中的元素取出并拼接成一个新的数组，如图 15-15 所示。

```
当前元素是：  lesson1
当前元素是：  spark
当前元素是：  lesson2
当前元素是：  hadoop
当前元素是：  lesson3
当前元素是：  hive
```

图 15-15　打印数据

3. 使用filter(func)过滤数据

如图 15-16 所示，filter 遍历数组，将每一个数据项与 3 比较，将比较结果为 True 的元素返回，形成列表。

```python
2  # -*- coding: UTF-8 -*-
3
4  from pyspark import SparkContext
5
6  sc = SparkContext()
7  rdd1 = sc.parallelize([0, 1, 2, 3, 4, 6])
8  rdd2 = rdd1.filter(lambda x: x > 3)
9  local_data = rdd2.collect()
10 [print("当前元素是: ", item) for item in local_data]
```

图 15-16　过滤数据

如图 15-17 所示，筛选出 >3 的数据，然后打印到屏幕。

```
当前元素是：  4
当前元素是：  6
```

图 15-17　打印数据

4. 使用groupByKey将数据分组

如图 15-18 所示，groupByKey 会将 key 的元素归并到一起，并将 key 对应的值组合成一个可迭代的对象。len 和 list 是 Python 的 API，len 用来求数组的长度，list 用来将迭代对象封装成集合。

331

```
2  # -*- coding: UTF-8 -*-
3
4  from pyspark import SparkContext
5
6  sc = SparkContext()
7  rdd1 = sc.parallelize([("a", 1), ("a", 1), ("a", 1), ("b", 1), ("b", 1), ("c", 1)])
8  list1 = rdd1.groupByKey().mapValues(len).collect()
9  [print("按key分组后的数据项：  ", item) for item in list1]
10 list2 = rdd1.groupByKey().mapValues(list).collect()
11 [print("每一个key对应的数据：", item) for item in list2]
```

图 15-18　按 key 分组

len 会计算出各 key 在数组中出现的次数，如 a 出现 3 次；list 会将相同的 key 的值拼接成一个数组，如图 15-19 所示。

```
按key分组后的数据项：   ('b', 2)
按key分组后的数据项：   ('c', 1)
按key分组后的数据项：   ('a', 3)
每一个key对应的数据：   ('b', [1, 1])
每一个key对应的数据：   ('c', [1])
每一个key对应的数据：   ('a', [1, 1, 1])
```

图 15-19　打印数据

5. 使用reduceByKey(func)进行聚合运算

在实际应用中，reduceByKey 一般和 map 配合使用。reduceByKey 的原理是，将 RDD 按 key 分组，取出每个组前两个数据项，将这两个项传入 func 函数进行运算并缓存结果，然后从同一个组中继续取出下一个数据项，并将该项和之前缓存的结果一起传入 func 函数，直到每一个组的每一个数据项都被访问到。具体用法如图 15-20 所示。

```
2  # -*- coding: UTF-8 -*-
3
4  from pyspark import SparkContext
5
6  sc = SparkContext()
7  rdd1 = sc.parallelize(["Spark", "Spark", "hadoop", "hadoop", "hadoop", "hive"])
8  rdd2 = rdd1.map(lambda x: (x, 1)).reduceByKey(lambda x, y: x + y).collect()
9  [print("当前元素是：  ", item) for item in rdd2]
```

图 15-20　map 和 reduceByKey

map 函数将每一个单词组装成元组 (x, 1) 样式。reduceByKey 首先将相同 key 进行分组，将每一个组内的 key 的值相加（调用 lambda x, y: x + y 方法），然后将 key 和对应的值组装成一个元组，最后将所有元组组合成一个数组，执行结果如图 15-21 所示。

```
当前元素是：   ('hadoop', 3)
当前元素是：   ('Spark', 2)
当前元素是：   ('hive', 1)
```

图 15-21　打印数据

6. 使用union合并RDD

union 会将两个 RDD 的数据项拼接在一起，并返回一个新的 RDD，如图 15-22 所示。

```
2  # -*- coding: UTF-8 -*-
3
4  from pyspark import SparkContext
5
6  sc = SparkContext()
7  rdd1 = sc.parallelize(["Spark", "hadoop", "hive"])
8  rdd2 = sc.parallelize(["Spark", "kafka", "hbase"])
9  rdd3 = rdd1.union(rdd2).collect()
10 print("合并结果：  ", rdd3)
```

图 15-22　合并数据

执行结果如图 15-23 所示。

合并结果：　['Spark', 'hadoop', 'hive', 'Spark', 'kafka', 'hbase']

图 15-23　打印数据

7. 使用distinct去除重复数据

由于 union 合并 RDD 后会有重复数据，在做大数据统计时，可能并不能反映事务的真实情况，因此需要去除重复数据。使用 distinct 可以去除重复数据，用法如图 15-24 所示。

```
2  # -*- coding: UTF-8 -*-
3
4  from pyspark import SparkContext
5
6  sc = SparkContext()
7  rdd1 = sc.parallelize(["Spark", "hadoop", "hive"])
8  rdd2 = sc.parallelize(["Spark", "kafka", "hbase"])
9  rdd3 = rdd1.union(rdd2).distinct().collect()
10 print("去除重复项结果：  ", rdd3)
```

图 15-24　去除重复数据

执行结果如图 15-25 所示。

去除重复项结果：　['hadoop', 'Spark', 'hive', 'hbase', 'kafka']

图 15-25　打印数据

15.2.5　行动操作

通过行动操作可以触发转换操作的执行。这里详细介绍几个在实际生产环境中常用的行动操作。

1. 使用count计算数据总数

使用 count 函数返回当前 RDD 元素个数，如图 15-26 所示。

```
2  # -*- coding: UTF-8 -*-
3
4  from pyspark import SparkContext
5
6  sc = SparkContext()
7  rdd = sc.parallelize(["Spark", "hadoop", "hive"])
8  result = rdd.first()
9  print("rdd元素个数", result)
```

图 15-26　统计个数

执行结果如图 15-27 所示。

rdd元素个数 3

图 15-27　打印数据

2. 使用first获取第一项

first 函数一般配合排序操作一起使用，用于取出 RDD 中的第 1 个元素，如图 15-28 所示。

```
2  # -*- coding: UTF-8 -*-
3
4  from pyspark import SparkContext
5
6  sc = SparkContext()
7  rdd = sc.parallelize([('a', 1), ('b', 2), ('c', 3), ('d', 4), ('e', 5)])
8  result = rdd.sortBy(lambda x: x[1], False).first()
9  print("当前元素是: ", result)
```

图 15-28 获取第 1 个元素

sortBy 是一个转换操作，第一个参数表示将元组中的第 1 个值用来做比较，第二个参数表示排序方式，False 是降序，执行结果如图 15-29 所示。

当前元素是: ('e', 5)

图 15-29 打印数据

3. 使用take(n)获取前*n*项

与 first 操作类似，排序后取出前 *n* 个元素，并以数组形式返回，如图 15-30 所示。

```
2  # -*- coding: UTF-8 -*-
3
4  from pyspark import SparkContext
5
6  sc = SparkContext()
7  rdd = sc.parallelize([('a', 1), ('b', 2), ('c', 3), ('d', 4), ('e', 5)])
8  result = rdd.sortBy(lambda x: x[1], False).take(3)
9  print("当前元素是: ", result)
```

图 15-30 获取前 *n* 个元素

执行结果如图 15-31 所示。

当前结果: [('e', 5), ('d', 4), ('c', 3)]

图 15-31 打印数据

4. reduce(func)

reduce 是一个简单的归并操作，一般与 map 配合使用。如图 15-32 所示，导入 Python 内置操作 add（两个数字求和），对 RDD 调用 map 函数取出数据项的数值，然后调用 reduce，并将 add 作为 reduce 的回调函数。

```
2  # -*- coding: UTF-8 -*-
3
4  from pyspark import SparkContext
5  from operator import add
6
7  sc = SparkContext()
8  rdd = sc.parallelize([('a', 1), ('b', 2), ('c', 3), ('d', 4), ('e', 5)])
9
10 result = rdd.map(lambda x: x[1]).reduce(add)
11 print("当前结果: ", result)
```

图 15-32 reduce 归并操作

执行结果如图 15-33 所示。

当前结果: 15

图 15-33 打印数据

5. foreach(func)

foreach 方法用于遍历 RDD，func 是指 foreach 的回调函数。在 RDD 对象上调用 foreach 方法时，会对 RDD 的每一个元素调用 func 函数，用法如图 15-34 所示。

```
2  # -*- coding: UTF-8 -*-
3
4  from pyspark import SparkContext
5
6  sc = SparkContext()
7  rdd = sc.parallelize([('a', 1), ('b', 2), ('c', 3), ('d', 4), ('e', 5)], 2)
8
9
10 def f(x):
11     print("当前数据项: ", x)
12
13
14 result = rdd.foreach(f)
```

图 15-34　循环操作

执行结果如图 15-35 所示。

```
[Stage 0:>                                            (0 + 4) / 4]当前数据项:  ('b', 2)
当前数据项:  ('d', 4)
当前数据项:  ('e', 5)
当前数据项:  ('c', 3)
当前数据项:  ('a', 1)
```

图 15-35　打印数据

6. foreachPartition(func)

foreachPartition 是针对每一个分区进行遍历。如图 15-36 所示，将数据集分了 2 个区。foreach-Partition 每一次调用 f 函数，都会将一个分区内的数据 (用 iterator 变量表示) 全部传入，对 iterator 调用 list 函数，可以取出具体数据。

```
2  # -*- coding: UTF-8 -*-
3
4  from pyspark import SparkContext
5
6  sc = SparkContext()
7  rdd = sc.parallelize([('a', 1), ('b', 2), ('c', 3), ('d', 4), ('e', 5)], 2)
8
9  def f(iterator):
10     print(list(iterator))
11
12 result = rdd.foreachPartition(f)
```

图 15-36　遍历分区操作

如图 15-37 所示，将每个分区内的数据以数组形式输出。

```
[('a', 1), ('b', 2)][('c', 3), ('d', 4), ('e', 5)]
```

图 15-37　打印数据

15.3　键值对RDD

Spark 的大部分 API 都支持单个数据项的 RDD，但是单个数据项的 RDD 在做统计等聚合操作时就不方便了。例如，统计单词计数，需要先用 map 将 RDD 转为键值对形式，然后进行 reduceByKey 操作。Spark 提供了一些 API，专门用于处理键值对形式的 RDD，键值对形式的 RDD 称为 Pair RDD，常用的操作如 groupByKey、reduceByKey 等。

15.3.1　读取外部文件创建Pair RDD

数据文件 a_seafood.txt 是一家海鲜专卖店的价格标签。文件数据如图 15-38 所示，第一列是商品名称，第二列是商品单价（单位 kg）。

将 a_seafood.txt 文件上传到 HDFS，通过调用 textFile 创建 RDD，然后调用 map 函数将名称和单价转换成键值对 RDD，如图 15-39 所示。第 10 行代码是将 rdd1 中的每一项切割成数组，然后将产品名和对应的价格返回，最后 RDD 中的每一项就是一个具有两个值的元组。

```
黑虎虾:139
扇贝:16.9
黄花鱼:49.9
鲈鱼:35.9
生蚝:59.8
罗非鱼:29.9
鲜贝:19.9
阿根廷红虾:148
海参:248
面包蟹:176.9
```

图 15-38　价格单

```
2  # -*- coding: UTF-8 -*-
3
4  from pyspark import SparkContext
5
6  sc = SparkContext()
7  rdd1 = sc.textFile("/bigdata/chapter/a_seafood.txt")
8
9  def func(item):
10     data = item.split(":")
11     return data[0], data[1]
12
13 rdd2 = rdd1.map(func)
14 result = rdd2.collect()
15
16 def f(item):
17     print("当前元素是: ", item)
18
19 [f(item) for item in result]
```

图 15-39　将 RDD 转换为 Pair RDD

执行结果如图 15-40 所示。

```
当前元素是:  ('黑虎虾', '139')
当前元素是:  ('扇贝', '16.9')
当前元素是:  ('黄花鱼', '49.9')
当前元素是:  ('鲈鱼', '35.9')
当前元素是:  ('生蚝', '59.8')
当前元素是:  ('罗非鱼', '29.9')
当前元素是:  ('鲜贝', '19.9')
当前元素是:  ('阿根廷红虾', '148')
当前元素是:  ('海参', '248')
当前元素是:  ('面包蟹', '176.9')
```

图 15-40　打印结果

15.3.2　使用数组创建Pair RDD

对数组调用 parallelize 操作，得到单值的 RDD。使用 flatMap 函数遍历 rdd2 的每一项，并将该项切割成数组，此后调用 map 将数组中的每项组合成元组，具体用法如图 15-41 所示。

```
 2 # -*- coding: UTF-8 -*-
 3
 4 from pyspark import SparkContext
 5
 6 sc = SparkContext()
 7 rdd1 = sc.parallelize(["黑虎虾,扇贝,黄花鱼,鲈鱼,罗非鱼,鲜贝,阿根廷红虾"])
 8
 9 rdd2 = rdd1.flatMap(lambda item: item.split(",")).map(lambda item: (item, 1))
10 result = rdd2.collect()
11
12
13 def f(item):
14     print("当前元素是: ", item)
15
16
17 [f(item) for item in result]
```

图 15-41　将数组转为 Pair RDD

执行结果如图 15-42 所示。

```
当前元素是:  ('黑虎虾', 1)
当前元素是:  ('扇贝', 1)
当前元素是:  ('黄花鱼', 1)
当前元素是:  ('鲈鱼', 1)
当前元素是:  ('罗非鱼', 1)
当前元素是:  ('鲜贝', 1)
当前元素是:  ('阿根廷红虾', 1)
```

图 15-42　打印结果

15.3.3　常用的键值对转换操作

将 RDD 调用 map 函数转为 Pair RDD 后，就可以调用以下方法了。

1. 获取keys和values

在 RDD 上调用 keys 和 values 操作，返回对应的 RDD，可以看出 keys 和 values 是转换操作。最后调用 collect 取得实际值，如图 15-43 所示。

```
 2 # -*- coding: UTF-8 -*-
 3
 4 from pyspark import SparkContext
 5
 6 sc = SparkContext()
 7 rdd1 = sc.parallelize(["黑虎虾,扇贝,黄花鱼,鲈鱼,罗非鱼,鲜贝,阿根廷红虾"])
 8 rdd2 = rdd1.flatMap(lambda item: item.split(",")).map(lambda item: (item, 1))
 9
10 print("当前key是: ", rdd2.keys().collect())
11 print("当前value是: ", rdd2.values().collect())
```

图 15-43　获取键和值

执行结果如图 15-44 所示。

```
当前key是:  ['黑虎虾', '扇贝', '黄花鱼', '鲈鱼', '罗非鱼', '鲜贝', '阿根廷红虾']
当前value是:  [1, 1, 1, 1, 1, 1, 1]
```

图 15-44　打印结果

2. 使用lookup进行查找

在 Pair RDD 上调用 lookup，可以取得对应键的值，如图 15-45 所示，获取罗非鱼的价格。

```
2  # -*- coding: UTF-8 -*-
3
4  from pyspark import SparkContext
5
6  sc = SparkContext()
7  rdd1 = sc.textFile("/bigdata/chapter/a_seafood.txt")
8
9  def func(item):
10     data = item.split(":")
11     return data[0], data[1]
12
13 rdd2 = rdd1.map(func)
14 result = rdd2.lookup("罗非鱼")
15 print("罗非鱼价格: ", result)
```

图 15-45　按 key 查询数据

执行结果如图 15-46 所示。

罗非鱼价格: ['29.9']

图 15-46　打印结果

3. 调用zip组合RDD

在单值 RDD 上调用 zip 操作，如图 15-47 所示，可以将两个 RDD 转为一个 Pair RDD。组合的前提条件是，两个 RDD 元素的个数和分区数相同。

```
2  # -*- coding: UTF-8 -*-
3
4  from pyspark import SparkContext
5
6  sc = SparkContext()
7  rdd1 = sc.parallelize([139, 16.9, 49.9, 35.9, 29.9], 3)
8  rdd2 = sc.parallelize(["黑虎虾", "扇贝", "黄花鱼", "鲈鱼", "罗非鱼"], 3)
9
10 result = rdd2.zip(rdd1).collect()
11 def f(item):
12     print("当前元素是: ", item)
13
14 [f(item) for item in result]
```

图 15-47　组合 RDD

执行结果如图 15-48 所示。

4. 使用join连接两个RDD

join 与 union 功能类似，都能将两个 RDD 合并在一起。
不同的是，join 会将 key 值去重，然后将对应的值拼接在
一起，调用方法如图 15-49 所示。

当前元素是: ('黑虎虾', 139)
当前元素是: ('扇贝', 16.9)
当前元素是: ('黄花鱼', 49.9)
当前元素是: ('鲈鱼', 35.9)
当前元素是: ('罗非鱼', 29.9)

图 15-48　打印结果

```
2  # -*- coding: UTF-8 -*-
3
4  from pyspark import SparkContext
5
6  sc = SparkContext()
7  rdd1 = sc.parallelize([("黑虎虾", 100), ("扇贝", 10.2), ("鲈鱼", 59.9)])
8  rdd2 = sc.parallelize([("黑虎虾", 139), ("扇贝", 16.9), ("鲈鱼", 35.9), ("罗非鱼", 29.9)])
9
10 result = rdd1.join(rdd2).collect()
11 print("join结果是: ", result)
```

图 15-49　连接 RDD

执行结果如图 15-50 所示。

join结果是: [('扇贝', (10.2, 16.9)), ('黑虎虾', (100, 139)), ('鲈鱼', (59.9, 35.9))]

图 15-50　打印结果

5. leftOutJoin与rightOutJoin

leftOutJoin 的功能与 rightOutJoin 的功能相似，不同的是，leftOutJoin 会将左边 RDD (rdd1) 中

的所有数据项返回，并将相同 key 的值拼接在一起，若是某个 key 不在右边的 RDD (rdd2) 中，则以 None 补齐。如图 15-51 所示，"海参"不在 rdd2 中，因此返回 None。

```
2  # -*- coding: UTF-8 -*-
3
4  from pyspark import SparkContext
5
6  sc = SparkContext()
7  rdd1 = sc.parallelize([("黑虎虾", 100), ("扇贝", 10.2), ("海参", 59.9)])
8  rdd2 = sc.parallelize([("黑虎虾", 139), ("扇贝", 16.9), ("鲈鱼", 35.9), ("罗非鱼", 29.9)])
9
10 result = rdd1.leftOuterJoin(rdd2).collect()
11 def f(item):
12     print("当前元素是: ", item)
13
14 [f(item) for item in result]
```

图 15-51　左连接 RDD

执行结果如图 15-52 所示。

rightOutJoin 与 leftOutJoin 效果相反。

```
当前元素是: ('扇贝', (10.2, 16.9))
当前元素是: ('海参', (59.9, None))
当前元素是: ('黑虎虾', (100, 139))
```

图 15-52　打印结果

6. fullOuterJoin

如图 15-53 所示，将两个 RDD 合并后一起返回，不存在于对方 RDD 中的数据用 None 补充。

```
2  # -*- coding: UTF-8 -*-
3
4  from pyspark import SparkContext
5
6  sc = SparkContext()
7  rdd1 = sc.parallelize([("黑虎虾", 100), ("扇贝", 10.2), ("海参", 59.9)])
8  rdd2 = sc.parallelize([("黑虎虾", 139), ("扇贝", 16.9), ("鲈鱼", 35.9), ("罗非鱼", 29.9)])
9
10 result = rdd1.fullOuterJoin(rdd2).collect()
11
12 def f(item):
13     print("当前元素是: ", item)
14
15 [f(item) for item in result]
```

图 15-53　全连接

执行结果如图 15-54 所示，"海参"不在 rdd2 中，因此从 rdd2 过来的数据用 None 补充，"鲈鱼"不在 rdd1 中，则将对应值也补充为 None。

```
当前元素是: ('罗非鱼', (None, 29.9))
当前元素是: ('扇贝', (10.2, 16.9))
当前元素是: ('海参', (59.9, None))
当前元素是: ('黑虎虾', (100, 139))
当前元素是: ('鲈鱼', (None, 35.9))
```

图 15-54　打印结果

7. combineByKey

combineByKey 是 Spark 中的一个高级功能，但是使用过程却相对复杂，它用于将相同键的数据进行聚合。combineByKey 有 3 个位置参数：createCombiner, mergeValue, mergeCombiners。

（1）createCombiner(V)：combineByKey 会遍历 RDD 中的数据项，在遍历过程中，首次遇到该项的 key，会对该 key 的值调用 createCombiner 函数。V 是该 key 对应的值，createCombiner 对该值进行计算后，返回一个新值 C。

（2）mergeValue(C,V)：对于非首次遇到的 key，会对 createCombiner 产生的值（C）和当前 key 的值（V）调用 mergeValue 函数。该函数在各分区中执行。

（3）mergeCombiners(C,C)：由于数据集是分区的，因此最终要调用 mergeCombiners 函数处理各分区调用 mergeValue 产生的值（C）。

如图 15-55 所示，to_list 将键对应的值转换为一个数组，比如第 1 次遍历，遇到"黑虎虾"时，就将对应的值"139"转换为一个数组。当第 2 次遍历到"黑虎虾"时，就将对应的值"100"添加到数组中。由于各个分区调用 mergeValue 产生的值都是数组，因此将两个数组合并后调用 extend 方法。对每一个不同 key 的数据项都进行以上操作。当把 RDD 中的所有项都遍历完成后，就将最终结果按各 key+[值列表] 的形式返回。

```python
# -*- coding: UTF-8 -*-

from pyspark import SparkContext

sc = SparkContext()

rdd = sc.parallelize([("黑虎虾", 139), ("黑虎虾", 100), ("扇贝", 16.9), ("扇贝", 10.2),
                      ("海参", 59.9), ("鲈鱼", 35.9), ("罗非鱼", 29.9)])

def to_list(a):
    return [a]

def append(a, b):
    a.append(b)
    return a

def extend(a, b):
    a.extend(b)
    return a

result = rdd.combineByKey(to_list, append, extend).collect()

def f(item):
    print("当前元素是: ", item)

[f(item) for item in result]
```

图 15-55　聚合

如图 15-56 所示，打印各 key 与对应值列表。

```
当前元素是: ('罗非鱼', [29.9])
当前元素是: ('黑虎虾', [139, 100])
当前元素是: ('扇贝', [16.9, 10.2])
当前元素是: ('海参', [59.9])
当前元素是: ('鲈鱼', [35.9])
```

图 15-56　打印结果

15.4　文件读写

以上实例的运行结果都是直接打印到屏幕上，然而生产环境中需要将计算结果输出到外部源，比如操作系统、HDFS、MySQL 或者 Kafka 等。这里简单介绍几种常用做法。

15.4.1　读取HDFS并保存到本地

如图 15-57 所示，读取 HDFS 上的"/spark/files/README.md"文件，计算每个单词出现的次数，然后调用行动操作 saveAsTextFile 将结果输出到本地系统。

```python
# -*- coding: UTF-8 -*-

from pyspark import SparkContext

sc = SparkContext()

rdd = sc.textFile("/spark/files/README.md")
rdd.flatMap(lambda line: line.split(" ")).map(lambda word: (word, 1)).reduceByKey(lambda x, y: x +
y).saveAsTextFile(
    "file:///usr/local/filter_rdd/result.txt")
```

图 15-57　将 RDD 保存到本地系统

打开 Winscp 软件，查看输出结果。如图 15-58 所示，由于 rdd 对象存在于两个分区，因此输出两个文件：part-00000 和 part-00001。

15.4.2　读取HDFS并保存到HDFS

在 HDFS 上创建目录 /spark/files/filter_rdd，将结果输出到此目录下，如图 15-59 所示。

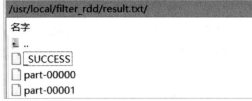

图 15-58　输出结果

```
2   # -*- coding: UTF-8 -*-
3
4   from pyspark import SparkContext
5
6   sc = SparkContext()
7
8   rdd = sc.textFile("/spark/files/README.md")
9   rdd.flatMap(lambda line: line.split(" ")).map(lambda word: (word, 1)).reduceByKey(lambda x, y: x +
    y).saveAsTextFile(
10      "/spark/files/filter_rdd/result.txt")
```

图 15-59　创建目录

在浏览器中打开 HDFS 管理页面（默认 9870 端口），如图 15-60 所示，在 filter_rdd 目录下可以看到计算结果。

Browse Directory

| | | /spark/files/filter_rdd/result.txt | | | | | Go! | | | |

	↓↑	Permission	↓↑	Owner	↓↑	Group	↓↑	Size	Last Modified	↓↑	Replication	↓↑	Block Size	↓↑	Name	↓↑
☐		-rw-r--r--		root		supergroup		0 B	Dec 18 22:30		1		128 MB		_SUCCESS	🗑
☐		-rw-r--r--		root		supergroup		2.44 KB	Dec 18 22:30		1		128 MB		part-00000	🗑
☐		-rw-r--r--		root		supergroup		2.36 KB	Dec 18 22:30		1		128 MB		part-00001	🗑

Showing 1 to 3 of 3 entries

Previous　1　Next

图 15-60　将结果输出到 HDFS

15.4.3　读取本地文件并保存到HDFS

很多时候需要用 Spark 读取本地文件，比如需要分析本地系统程序日志，具体用法如图 15-61 所示。分析完毕后也可以上传到 HDFS。

```
2   # -*- coding: UTF-8 -*-
3
4   from pyspark import SparkContext
5
6   sc = SparkContext()
7
8   rdd = sc.textFile("file:///usr/local/spark/README.md")
9   rdd.flatMap(lambda line: line.split(" ")).map(lambda word: (word, 1)).reduceByKey(lambda x, y: x +
    y).saveAsTextFile(
10      "/spark/files/filter_rdd/result.txt")
```

图 15-61　将本地计算结果输出到 HDFS

15.5 编程进阶

尽管 Spark 框架很强大，但是如果不能根据 Spark 的运行原理和数据特点做相应的调优，就无法充分利用机器的计算能力，这里介绍几种常用的调优方式。

15.5.1 分区

Spark RDD 是由一系列分区构成的，在集群环境中控制好分区，减少数据在网络上的传输，有助于提高性能。Spark 只能对 Pair RDD 进行分区，系统根据分区规则将相同键划分到同一个分区中，RDD 分区 ID 的范围是 0 到分区个数减去 1。

调用 partitionBy (self, numPartitions, partitionFunc=portable_hash) 方法可以设置 RDD 分区个数（numPartitions）和分区方式（partitionFunc）。默认分区函数是 portable_hash 函数，portable_hash 是 RDD 的一个内置的 API，其调用 Python 内建的 hash 函数获取一个 hash 值。

如图 15-62 所示，调用 partitionBy 设置数组的分区个数，然后调用 glom（glom 将各个分区的数据联合在一起），最后调用 collect，获得最终数据集。

```
# -*- coding: UTF-8 -*-

from pyspark import SparkContext

sc = SparkContext()

pairs = sc.parallelize([("黑虎虾", 139), ("扇贝", 16.9), ("鲈鱼", 35.9), ("罗非鱼", 29.9)])
sets = pairs.partitionBy(2).glom().collect()
print(sets)
```

图 15-62　获取分区后的数据

分区后的结果如图 15-63 所示，"黑虎虾"和"罗非鱼"落在了一个分区。

```
[[('黑虎虾', 139), ('罗非鱼', 29.9)], [('扇贝', 16.9), ('鲈鱼', 35.9)]]
```

图 15-63　打印结果

创建自定义分区器可以控制每个分区中的内容，如图 15-64 所示，将高品质的海鲜放入编号为 0 的分区。需要注意的是，自定义分区函数（也就是自定义分区器）返回的是分区编号，分区编号需要小于分区数。

```
# -*- coding: UTF-8 -*-

from pyspark import SparkContext

sc = SparkContext()

pairs = sc.parallelize([("高品质", "黑虎虾"), ("一般品质", "扇贝"), ("高品质", "鲈鱼"), ("一般品质",
"罗非鱼")])

def custom_partition(key):
    if key == "高品质":
        return 0
    else:
        return 1

sets = pairs.partitionBy(2, partitionFunc=custom_partition).glom().collect()
print(sets)
```

图 15-64　自定义分区

分区结果如图 15-65 所示，数据按不同的 key 落到了不同的分区。

```
[[('高品质', '黑虎虾'), ('高品质', '鲈鱼')], [('一般品质', '扇贝'), ('一般品质', '罗非鱼')]]
```

图 15-65　打印结果

有多个分区的 RDD, 分析任务完成后, 计算的输出结果会分布到多个文件, 但是在生产环境中, 多个数据结果并不方便查看。要解决此问题, 可以调用 Spark 内置的方法对 RDD 进行重分区。

1. coalesce

coalesce (self, numPartitions, shuffle=False) 参数可以将 RDD 进行重新分区, 默认使用 hash 的方式。第 1 个参数表示分区个数, 第 2 个参数表示是否进行 shuffle。当 shuffle=False 时, 要求重分区个数需要比原有分区个数小, 如果大于原有个数, 则分区数保持不变; 当 shuffle=True 时, 重分区个数可以是任意数值。coalesce 调用方式如图 15-66 所示。

```
2  # -*- coding: UTF-8 -*-
3
4  from pyspark import SparkContext
5
6  sc = SparkContext()
7
8  data = [("高品质", "黑虎虾"), ("一般品质", "扇贝"), ("高品质", "鲈鱼"), ("一般品质", "罗非鱼")]
9  sets1 = sc.parallelize(data, 4).glom().collect()
10 print(sets1)
11 sets2 = sc.parallelize(data, 4).coalesce(1).glom().collect()
12 print(sets2)
```

图 15-66　重分区

如图 15-67 所示, 第一排为 4 个分区, 第 2 排被重置为 1 个分区。

```
[[('高品质', '黑虎虾')], [('一般品质', '扇贝')], [('高品质', '鲈鱼')], [('一般品质', '罗非鱼')]]
[[('高品质', '黑虎虾'), ('一般品质', '扇贝'), ('高品质', '鲈鱼'), ('一般品质', '罗非鱼')]]
```

图 15-67　重分区数据对比

2. repartion

repartion 函数只有一个参数, 也能设置分区。查看源码, 如图 15-68 所示, repartion 底层调用了 coalesce 函数, 只是 shuffle 只会等于 True。

```
2  def repartition(self, numPartitions):
3      """
4      Return a new RDD that has exactly numPartitions partitions.
5
6      Can increase or decrease the level of parallelism in this RDD.
7      Internally, this uses a shuffle to redistribute data.
8      If you are decreasing the number of partitions in this RDD, consider
9      using `coalesce`, which can avoid performing a shuffle.
10
11     >>> rdd = sc.parallelize([1,2,3,4,5,6,7], 4)
12     >>> sorted(rdd.glom().collect())
13     [[1], [2, 3], [4, 5], [6, 7]]
14     >>> len(rdd.repartition(2).glom().collect())
15     2
16     >>> len(rdd.repartition(10).glom().collect())
17     10
18     """
19     return self.coalesce(numPartitions, shuffle=True)
```

图 15-68　repartion 源码

15.5.2　持久化

在一个应用中, 若是需要多次使用一个 RDD, 就需要将 RDD 进行序列化。由于 RDD 计算是惰性计算，每次调用行动操作，都会将 DAG 上参与的 RDD 涉及的操作都调用一次，因此会带来额外的性能消耗。

RDD 一般情况下由多个分区构成，各个分区可能分布在多个节点中，那么在持久化的时候，由参与计算 RDD 的节点各自持久化对应分区的计算结果。持久化后，再次使用该 RDD 时，各节点就取各自持久化的数据，不再对该分区进行重新计算。若是某个节点发生故障丢失了计算结果，那么 Spark 就对该分区重新进行计算，而不是重新计算整个 RDD。为了保证应用性能，可以设置双副本机制（就是持久化两个副本）。

RDD 持久化有两种方式：persist 和 cache。Spark 提供了不同存储级别的持久化方式。持久化方式如表 15-3 所示，需要注意的是，RDD 设置了存储级别后就不能再修改了。持久化后若是想手动解除，则对 RDD 调用 unpersist 方法即可。

对于 StorageLevel.MEMORY_ONLY 存储级别，若是内存不够，Spark 会将旧的缓存清掉，腾出空间存新的数据；若是腾出的空间仍然不够，则不会进行持久化。

表 15-3　持久化方式

存储级别	描述
StorageLevel.DISK_ONLY	数据只存储到磁盘上
StorageLevel.DISK_ONLY_2	与 DISK_ONLY 类似，并保留 2 个副本
StorageLevel.MEMORY_ONLY	数据只存储到内存中
StorageLevel.MEMORY_ONLY_2	与 MEMORY_ONLY 类似，并保留 2 个副本
StorageLevel.MEMORY_AND_DISK	数据先存到内存中，内存放不下就溢写到磁盘
StorageLevel.MEMORY_AND_DISK_2	与 MEMORY_AND_DISK 类似，保留 2 个副本
StorageLevel.OFF_HEAP	利用 Java API 实现内存管理

两种方法具体使用方式如下。

1. persist

如图 15-69 所示，直接对 RDD 调用 persist 方法并设置存储级别。

```
# -*- coding: UTF-8 -*-

from pyspark import SparkContext, StorageLevel

sc = SparkContext()

data = [1, 2, 3, 4, 5, 6]


def show(item):
    print("当前元素", item)
    return item * 2


rdd = sc.parallelize(data, 4).map(lambda x: show(x))
rdd.persist(StorageLevel.MEMORY_ONLY)
print("获取最小值: ", rdd.min())
print("获取最大值: ", rdd.max())
```

图 15-69　persist 持久化

图 15-70 是调用了持久化操作的执行结果，图 15-71 是未调用持久化操作的执行结果。对比两个图可以看到，RDD 持久化后，map 的计算只会调用一次，就不再重复计算了。

图 15-70 持久化后的运算

图 15-71 未持久化的运算

2. cache

该函数只有一个参数，也能进行持久化。查看源码，如图 15-72 所示，cache 底层调用了 persist 函数，只是存储级别是 StorageLevel.MEMORY_ONLY。

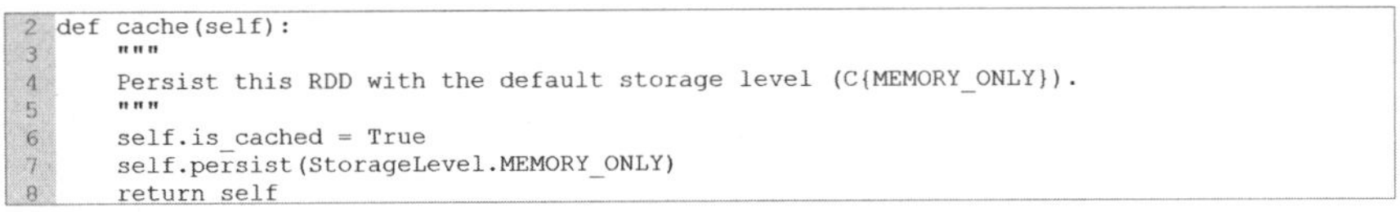

```
2   def cache(self):
3       """
4       Persist this RDD with the default storage level (C{MEMORY_ONLY}).
5       """
6       self.is_cached = True
7       self.persist(StorageLevel.MEMORY_ONLY)
8       return self
```

图 15-72 cache 函数的定义

15.5.3 共享变量

Spark 是一个并行计算框架，函数中的变量是存储在执行计算任务的节点上的。有时需要在不同节点或者并行任务中共享一个变量，因此 Spark 提供了两种类型的数据共享方式：广播变量和累加器。广播变量只是将数据通知到各个节点，是一个只读变量；累加器则支持在不同节点进行累加或者计数。

1. 广播变量

Spark 应用根据 DAG 划分阶段，每个阶段及各阶段内的并行任务，通过使用公共数据就可以使用广播变量。广播变量是在各个节点缓存一个数据，而不是为各节点的任务生成一个副本，各节点的多个 Task 可以共享这个数据。

调用 broadcast 方法创建一个广播变量，然后在集群中并行，执行 map 时通过变量名

.value 属性获取对应的值。如图 15-73 所示，将变量与 RDD 的数据项组合返回一个元组。

```
2  # -*- coding: UTF-8 -*-
3
4  from pyspark import SparkContext, StorageLevel
5
6  sc = SparkContext()
7
8  list1 = [2]
9  broadcast = sc.broadcast(list1)
10
11 list2 = [4, 5, 6]
12
13
14 def f(item):
15     broadcast_value = broadcast.value
16     return item, broadcast_value[0]
17
18
19 data = sc.parallelize(list2, 4).map(lambda x: f(x)).collect()
20
21 [print("当前元素是: ", item) for item in data]
```

图 15-73　广播变量

执行结果如图 15-74 所示。

图 15-74　打印数据

2. 累加器

累加器主要用来记录事件次数或者对数值型数据求和等。如图 15-75 所示，用 0 初始化累加器，在每一次循环时调用累加器的 add 方法，实现当前值和初始值相加，这里使用累加器记录循环的次数。

```
2  # -*- coding: UTF-8 -*-
3
4  from pyspark import SparkContext
5
6  sc = SparkContext()
7
8  list = [1, 2, 3, 4, 5, 6]
9
10 accumulator = sc.accumulator(0)
11
12
13 def f(item):
14     accumulator.add(1)
15     print("当前元素是: ", item)
16
17
18 data = sc.parallelize(list, 4).foreach(lambda item: f(item))
19 print("循环次数: ", accumulator.value)
```

图 15-75　累加器

执行结果如图 15-76 所示。

```
[Stage 0:>                                      (0 + 4) / 4]当前元素是: 2
当前元素是: 3
当前元素是: 4
当前元素是: 1
当前元素是: 5
当前元素是: 6
循环次数: 6
```

图 15-76　打印数据

15.6 新手问答

问题1：如何将JSON数据转换为Pair RDD？

答：读取 JSON 文件并创建一个 RDD，通过 map 操作对每一个数据项调用 split(":") 得到一个数组，如 array，然后将第 0 个元素作为 key，第 1 个元素作为值，以元组形式返回，具体如图 15-77 所示。

```
2  # -*- coding: UTF-8 -*-
3
4  from pyspark import SparkContext
5
6  sc = SparkContext()
7
8  rdd=sc.textFile("/spark/bigdata/a.json")
9  def f(line):
10     array=line.split(":")
11     return array[0],array[1]
12
13 rdd.map(lambda line:f(line))
```

图 15-77　转换 JSON 文件

问题2：简述检查点机制。

答：检查点是 Spark 的一个高级功能，用于对关键 RDD 建立快照。若是 DAG 依赖链比较长，某个节点出现故障，就需要从头到尾计算一次。当然，通过持久化技术可以将中间结果缓存到对应节点上，但是若该节点不可用，就仍然需要重算。检查点机制就是将缓存结果存储到一个高可用的系统中，如 HDFS。

checkpoint 是一个转换操作，调用行动操作 sum 后，才会将数据存储到 HDFS 上，存储结果的目录由 sc 调用 setCheckpointDir 设置。rdd 对象调用 checkpoint 操作后，之前的依赖关系就不复存在，后续操作将会从检查点获取数据。需要注意的是，如图 15-78 所示，调用 sum 时会调用 map 函数，此时 sum 触发 checkpoint 会去再调用一次 map 函数，因此建议在调用 checkpoint 之前调用一次 cache，避免重复计算。

```
2  # -*- coding: UTF-8 -*-
3
4  from pyspark import SparkContext
5
6  sc = SparkContext()
7  sc.setCheckpointDir("/spark/checkpoint")
8  rdd1 = sc.parallelize([1, 2, 3, 4, 5, 6])
9  rdd2 = rdd1.map(lambda x: x * 2)
10 rdd2.cache()
11 rdd2.checkpoint()
12 rdd2.sum()
```

图 15-78　检查点

问题3：广播变量和全局变量的区别是什么？

答：广播变量会在各节点缓存数据，而全局变量会随着 Task 一起封送到各个执行器节点，每个任务会有一份该变量，若是全局变量数据较大，则存在内存溢出，使用广播变量可以降低内存消耗。

15.7 实训：统计海鲜销售情况

图 15-79 和图 15-80 是门店 a、b 某天的海鲜销量。第一列是商品名称，第二列是销量（单位：kg）。现在需要统计两家门店的总销量、平均销量和各商品的销量排名。

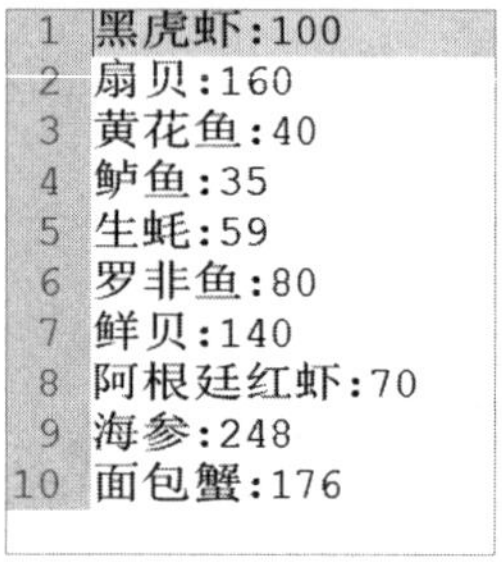

1	黑虎虾:100
2	扇贝:160
3	黄花鱼:40
4	鲈鱼:35
5	生蚝:59
6	罗非鱼:80
7	鲜贝:140
8	阿根廷红虾:70
9	海参:248
10	面包蟹:176

图 15-79　门店 a 的销量

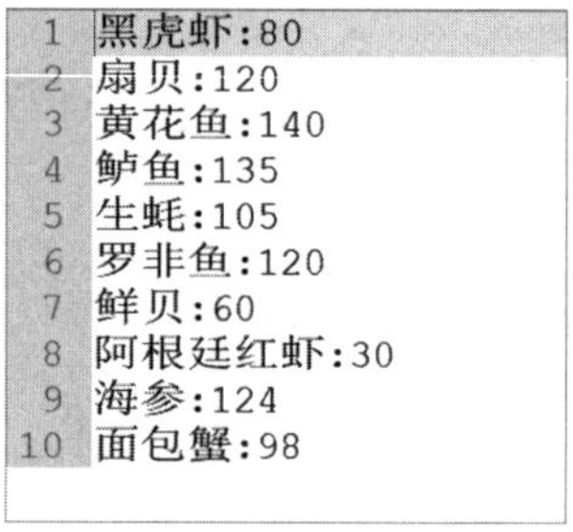

1	黑虎虾:80
2	扇贝:120
3	黄花鱼:140
4	鲈鱼:135
5	生蚝:105
6	罗非鱼:120
7	鲜贝:60
8	阿根廷红虾:30
9	海参:124
10	面包蟹:98

图 15-80　门店 b 的销量

1. 实现思路

首先将数据文档上传到 HDFS，使用 Spark 读取两个文档，分别创建 RDD，然后将两个 RDD 合并成一个，最后调用分组、连接等 API 完成统计任务。

准备数据，使用如下命令将随书源码中本章目录下的 a_seafood.txt 和 b_seafood.txt 文件上传到 HDFS。

```
hdfs dfs -put /bigdata/code/a_seal.txt /bigdata/chapter
hdfs dfs -put /bigdata/code/b_seal.txt /bigdata/chapter
```

2. 编程实现

步骤 01：统计各商品总销量。

读取两个文件并创建 RDD，使用 union 将两个 RDD 的数据合并到一个 RDD 中，然后调用 map 将其转换成 Pair RDD，最后调用 reduceByKey 归并各个数据。具体操作如图 15-81 所示。

```
2  # -*- coding: UTF-8 -*-
3
4  from pyspark import SparkContext
5
6  sc = SparkContext()
7  a_rdd = sc.textFile("/bigdata/chapter/a_seal.txt")
8  b_rdd = sc.textFile("/bigdata/chapter/b_seal.txt")
9  union_rdd = a_rdd.union(b_rdd)
10
11 def f(item):
12     tmp = item.split(":")
13     return tmp[0], int(tmp[1])
14
15 map_rdd = union_rdd.map(f)
16 result = map_rdd.reduceByKey(lambda x, y: x + y).collect()
17 [print("当前元素是: ", item) for item in result]
```

图 15-81　统计总销量

执行结果如图 15-82 所示。

```
当前元素是:  ('罗非鱼', 200)
当前元素是:  ('黑虎虾', 180)
当前元素是:  ('黄花鱼', 180)
当前元素是:  ('面包蟹', 274)
当前元素是:  ('扇贝', 280)
当前元素是:  ('鲈鱼', 170)
当前元素是:  ('生蚝', 164)
当前元素是:  ('鲜贝', 200)
当前元素是:  ('阿根廷红虾', 100)
当前元素是:  ('海参', 372)
```

图 15-82　总销量

步骤 02：统计平均销量。

如图 15-83 所示，为避免 map 重复计算，首先将其持久化。之后创建 create_combiner（转换函数），将首次遇到的 key 的值转换为（值，1）的形式返回。如第 21 行代码，其含义是构造这个值出现的次数。因为 create_combiner 是首次遇到 key 值，因此设置初始值为 1，值使用 v 表示。然后创建 merge_value 函数，v 是第二次遇到的这个 key 的值，将第一次的（值，1）与第二次遇到的值相加，即 c[0] + v，并将次数也加 1，即 c[1] + 1。同样将它们按键值对形式返回，即 return c[0] + v, c[1] + 1。由于有多个分区参与运算，因此最后需要将各分区结果进行合并，调用 merge_combiners 方法，按值 + 值，次数 + 次数的形式进行组合，最后返回的数据格式是：[key，[汇总后的值，出现的总次数]]。最后调用 map 方法求出平均值。

```
2  # -*- coding: UTF-8 -*-
3  from pyspark import SparkContext
4
5  sc = SparkContext()
6  a_rdd = sc.textFile("/bigdata/chapter/a_seal.txt")
7  b_rdd = sc.textFile("/bigdata/chapter/b_seal.txt")
8  union_rdd = a_rdd.union(b_rdd)
9
10
11 def f(item):
12     tmp = item.split(":")
13     return tmp[0], int(tmp[1])
14
15
16 map_rdd = union_rdd.map(f)
17 map_rdd.cache()
18
19
20 def create_combiner(v):
21     return v, 1
```

图 15-83　两店平均销量（1）

```
24  def merge_value(c, v):
25      return c[0] + v, c[1] + 1
26
27
28  def merge_combiners(c1, c2):
29      return c1[0] + c2[0], c1[1] + c2[1]
30
31
32  rdd = map_rdd.combineByKey(create_combiner, merge_value, merge_combiners)
33  result = rdd.map(lambda x: (x[0], x[1][0] / x[1][1])).collect()
34
35
36  def f(item):
37      print("当前元素是: ", item)
38
39
40  [f(item) for item in result]
```

图 15-83　两店平均销量（2）

执行结果如图 15-84 所示。

步骤 03：统计销量排名。

使用 join 操作，将两个点的数据合并，然后将各 key 对应的值进行求和，之后调用 sortBy 进行排序，如图 15-85 所示。

```
当前元素是: ('罗非鱼', 100.0)
当前元素是: ('黑虎虾', 90.0)
当前元素是: ('黄花鱼', 90.0)
当前元素是: ('面包蟹', 137.0)
当前元素是: ('扇贝', 140.0)
当前元素是: ('鲈鱼', 85.0)
当前元素是: ('生蚝', 82.0)
当前元素是: ('鲜贝', 100.0)
当前元素是: ('阿根廷红虾', 50.0)
当前元素是: ('海参', 186.0)
```

图 15-84　打印结果

```
2   # -*- coding: UTF-8 -*-
3   from pyspark import SparkContext
4
5   sc = SparkContext()
6   a_rdd = sc.textFile("/bigdata/chapter/a_seal.txt")
7   b_rdd = sc.textFile("/bigdata/chapter/b_seal.txt")
8   def f1(item):
9       tmp = item.split(":")
10      return tmp[0], int(tmp[1])
11
12  a_map_rdd = a_rdd.map(f1)
13  b_map_rdd = b_rdd.map(f1)
14  join_rdd = a_map_rdd.join(b_map_rdd)
15
16  def f2(item):
17      return item[0], sum(item[1])
18
19  result = join_rdd.map(f2).sortBy(lambda x: x[1], False).collect()
20  [print(item) for item in result]
```

图 15-85　统计销量排名

执行结果如图 15-86 所示。

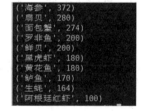

```
('海参', 372)
('扇贝', 280)
('面包蟹', 274)
('罗非鱼', 200)
('鲜贝', 200)
('黑虎虾', 180)
('黄花鱼', 180)
('鲈鱼', 170)
('生蚝', 164)
('阿根廷红虾', 100)
```

图 15-86　打印结果

本章小结

本章主要介绍了 Spark 核心对象 RDD 的原理以及相关的依赖关系，用实例介绍了 RDD 和 Pair RDD 的常用编程操作，还用实例介绍了如何将计算结果保存到文件。在编程进阶部分，介绍了 Spark 应用调优，掌握这部分知识，能解决生产环境中的许多关键性能问题。

第16章

Spark SQL编程

本章导读

　　本章主要介绍Spark SQL的原理、配置方式与基本使用方法；介绍使用Spark SQL读写文件，利用MySQL、Hive等外部数据源创建DataFrame对象；介绍DataFrame对象上的常用API；最后介绍计算结果的存储方式。掌握本章内容，可以利用Spark实现对结构化数据的分析。

知识要点

通过对本章内容的学习，读者能掌握以下内容。

- ● Spark SQL的体系结构
- ● Spark SQL CLI的配置与使用
- ● DataFrame如何创建和操作
- ● 用Spark SQL操作外部数据源

16.1 Spark SQL概述

Spark SQL 是 Spark 处理结构化数据的一个组件。与基本的 Spark RDD 不同，Spark SQL 接口为 Spark 提供了有关数据结构和正在执行的计算的更多信息。在 Spark 引擎内部，Spark SQL 可以使用这些信息来进行更多的优化。

16.1.1 Spark SQL简介

在介绍 Spark SQL 之前，需要简单了解 Hive 和 Shark。

要处理存储到 Hadoop 上的结构化数据，需要继承 Hadoop 提供的类（Mapper/Reducer），并实现其中的抽象方法（map/reduce），之后再到 main 函数中创建 job 实例。这个过程要求用户必须了解 Mapper/Reducer 的执行原理和 job 的创建方式。Hive 提供的接口可以让用户通过编写 HiveQL（一种与 SQL 相似的语法）语句来操作结构化数据并自动生成 map/reduce 任务，这就降低了用户的使用难度。

Spark SQL 的前身是 Shark。Shark 为了能够兼容 Hive，重用了 Hive 的词法解析、生成执行计划等底层实现。换句话说就是，Hive 将 HiveQL 语句翻译成了 map/reduce 任务，Shark 利用 Hive 的底层技术，将 HiveQL 语句翻译成了 Spark 任务。

由于 Shark 严重依赖 Hive，导致其与 Spark 的其他模块集成不便，因此 Spark 团队开发了 Spark SQL。

Spark SQL 是一个分布式的查询引擎，提供了一个统一的针对结构化数据的编程模型 Data-Frame。

引入 DataFrame 之前，用 Python 操作 RDD 普遍比用 Scala 操作 RDD 速度慢，这源于 Python 和 JVM 的通信消耗。Spark SQL 的核心组件是 Catalyst 优化器，优化器将 SQL 和 DataFrame 查询做了优化，因此一般情况下，用 Python 操作 DataFrame 和用 Scala 操作 DataFrame，在性能上没有什么差别。

DataFrame 本质上是一个分布式的 Row 类型对象集合。DataFrame 具有与 RDD 操作类似的大量 API，同时还做了扩展。Spark SQL 通过调用 SQL 方法直接执行 SQL 语句并读取结构化数据来创建 DataFrame，然后通过 DataFrame 上的 API 来进行数据转换、查询等操作。操作完毕后可以将执行结果存储到外部数据源，比如存储到文件、MySQL、HDFS 等。

Spark 将数据转换为 RDD，其中的每一行数据实际上都是一个字符串，没有具体的结构信息。DataFrame 的每一行都是一个 Row 类型的对象，该对象具有名称、数据类型、是否为空等属性。同时，Spark 还知道一个 Row 具有哪些列。

DataFrame 的数据转换操作也是采用了惰性计算，在遇到行动操作时才会实际执行。这些转换同样会生成 DAG，Spark 将 DAG 翻译成物理执行计划，生成 Task 后交给执行器进行处理。与 RDD 的 DAG 执行流程是一样的。

16.1.2　Spark SQL特点

Spark SQL 作为 Spark 处理结构化数据的一个模块，具有以下特点。

1. 集成度高

如图 16-1 所示，在 Spark 程序中可以直接使用 SQL 语句查询结构化数据，同时还支持 Python、Java、Scala 和 R 语言。

2. 统一数据访问

Spark SQL 以相同方式连接各数据源。DataFrames 和 SQL 提供了访问各种数据源的常用方法，包括 Hive、Avro、Parquet、ORC、JSON 和 JDBC。用户甚至可以同时通过多个数据源来构造 DataFrame，并将多个 DataFrame 合并在一起。如图 16-2 所示，在使用中仅需修改数据源地址即可。

```
results = spark.sql(
  "SELECT * FROM people")
names = results.map(lambda p: p.name)
```

```
spark.read.json("s3n://...")
  .registerTempTable("json")
results = spark.sql(
  """SELECT *
    FROM people
    JOIN json ...""")
```

图 16-1　spark.sql　　　　　　　　　　图 16-2　spark.sql 数据源

3. 支持Hive

如图 16-3 所示，Spark SQL 支持 HiveQL 语法和 Hive SerDes（序列化与反序列化），以及 UDF（用户自定义函数），允许用户访问现有的 Hive 仓库。

4. 提供标准连接

如图 16-4 所示，Spark SQL 为商业智能工具提供了具有行业标准的 JDBC 和 ODBC 连接。

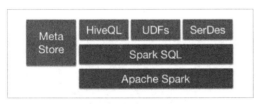
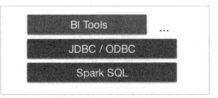

图 16-3　集成 Hive　　　　　　　　　　图 16-4　标准连接

16.1.3　Spark SQL CLI工具

Spark SQL CLI 是一个可以执行 HiveQL 的命令行工具，通过该工具直接编写 SQL 语句就能生成 Spark 应用。利用该工具可以访问 Hive 的数据库、表和 UDF。只要会写 SQL，就能进行复杂的大数据分析。对于擅长编写 SQL 的数据分析师来说，这是一个极有用的工具。

Spark SQL CLI 可以直接运行，不必安装 Hive。直接运行会在 Spark 安装目录下的 bin 目录下创建 Hive 元数据库 (metastore_db)。但是这种方式仅用于实验和调试，因为使用这种方式创建的数据库没有存放到 HDFS 上，并不能发挥集群分布式存储的威力。在生产环境中，Hive 是基于 Hadoop 独立部署，然后再使用 Spark SQL CLI 操作 Hive 的。

接下来介绍如何部署 Hive 环境，以及如何使用 Spark SQL CLI 工具来访问 Hive。

1. 安装MySQL

Hive 的元数据一般使用两个数据库进行存储，一个是 Derby，另一个是 MySQL。鉴于后续章节会使用 MySQL 作为数据源，所以这里基于 MySQL 进行安装。

步骤01：输入以下命令，下载 MySQL 仓库源文件。

```
wget http://dev.mysql.com/get/mysql57-community-
release-el7-8.noarch.rpm
```

步骤02：安装 MySQL 源。

```
yum localinstall mysql57-community-release-el7-8.noarch.rpm
```

步骤03：检查 MySQL 源是否安装成功。

```
yum repolist enabled | grep "mysql.*-community.*"
```

正常情况下结果如图 16-5 所示，显示 MySQL 源列表。

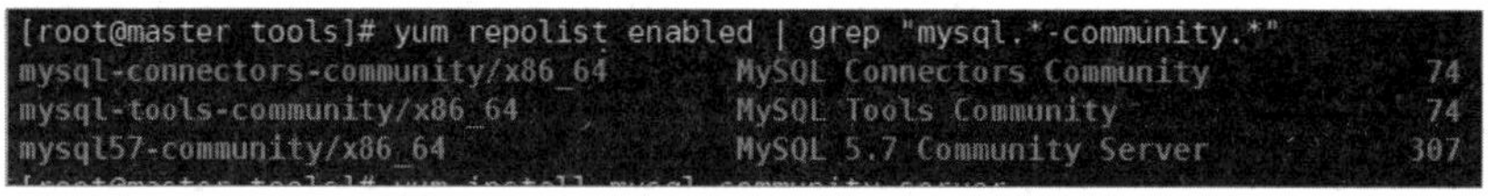

图 16-5　MySQL 源

步骤04：安装 MySQL 服务器。

```
yum install mysql-community-server
```

步骤05：启动 MySQL 服务，并设置开机启动。

```
systemctl start mysqld
systemctl enable mysqld
systemctl daemon-reload
```

步骤06：查看 MySQL 状态。

```
systemctl status mysqld
```

MySQL 运行状态如图 16-6 所示。

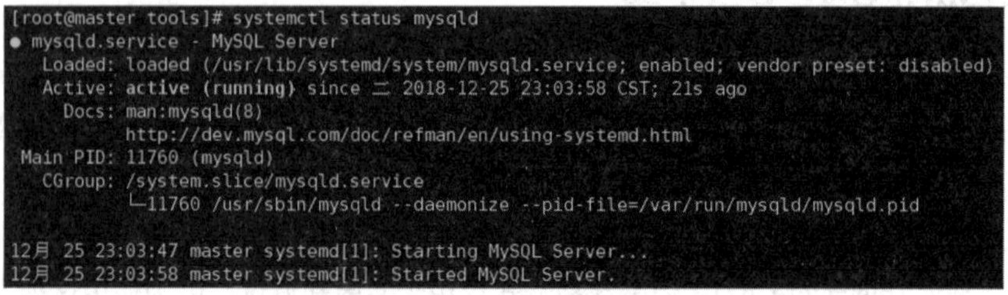

图 16-6　MySQL 运行状态

步骤 07：首次登录需要修改临时密码，执行以下命令查看密码。

```
grep 'temporary password' /var/log/mysqld.log
```

如图 16-7 所示，行尾是 root 用户默认密码。

```
[root@master tools]# grep 'temporary password' /var/log/mysqld.log
2018-12-25T15:03:52.253627Z 1 [Note] A temporary password is generated for root@localhost: qp,BDk!el3Dx
```

图 16-7　查看临时密码

步骤 08：登录 MySQL。

```
mysql -u root -p
```

随后输入第 7 步查看的密码。

步骤 09：修改密码并刷新权限。

```
set password for 'root'@'localhost'=password('qAz@=123!');
flush privileges;
```

温馨提示

　　此例中的"qAz@=123!"为修改后的密码。需要注意的是，MySQL 安装后有默认的密码验证方式，方式不同，密码的复杂度也不同，读者需按自身 MySQL 的配置情况进行修改。

2．安装 Hive

从官网下载最新版本：apache-hive-3.1.1-bin.tar.gz，将其上传到 Linux 服务器。

步骤 01：安装 Hive。

```
tar -zxvf apache-hive-3.1.1-bin.tar.gz -C /usr/local
```

步骤 02：重命名 Hive 目录。

```
mv /usr/local/apache-hive-3.1.1-bin hive
```

步骤 03：添加 Hive 环境变量，打开 vi 编辑器。

```
vi ~/.bashrc
```

添加内容如图 16-8 所示。

```
export HIVE_HOME=/usr/local/hive
export PATH=$HADOOP_HOME/bin:$SPARK_HOME/bin:$HIVE_HOME/bin:$JAVA_HOME/bin:$PATH
```

图 16-8　Hive 环境变量

步骤 04：退出 vi，执行 source 命令使修改生效。

```
source ~/.bashrc
```

步骤 05：修改 Hive 配置文件，在安装目录下执行如下命令。

```
mv ./conf/hive-default.xml.template ./conf/hive-site.xml
```

步骤 06：打开 hive-site.xml 文件，将 configuration 节点的内容修改如下。

```xml
<configuration>
  <property>
   <name>javax.jdo.option.ConnectionURL</name>
   <value>jdbc:mysql://localhost:3306/hive</value>
  </property>
  <property>
   <name>javax.jdo.option.ConnectionUserName</name>
   <value>root</value>
  </property>
  <property>
   <name>javax.jdo.option.ConnectionPassword</name>
   <value>qAz@=123!</value>
  </property>
  <property>
   <name>javax.jdo.option.ConnectionDriverName</name>
   <value>com.mysql.jdbc.Driver</value>
  </property>
   <property>
   <name>hive.metastore.schema.verification</name>
   <value>false</value>
  </property>
</configuration>
```

节点说明如下。

（1）javax.jdo.option.ConnectionURL：MySQL 的地址。

（2）javax.jdo.option.ConnectionUserName：登录 MySQL 的账户。

（3）javax.jdo.option.ConnectionPassword：登录 MySQL 的账户密码。

（4）javax.jdo.option.ConnectionDriverName：驱动程序的名称。

（5）hive.metastore.schema.verification：需要关闭 schema 信息验证，否则无法初始化 Session-HiveMetaStoreClient，从而导致 Hive 不能正常运行。

步骤 07：将 hive-env.sh. template 文件重命名为 hive-env.sh，并在文件底部添加如下变量。

```
export JAVA_HOME=/usr/lib/jvm/java-1.8.0-openjdk-1.8.0.191.b12-1.
el7_6.x86_64
export HADOOP_HOME=/usr/local/hadoop/
export HIVE_HOME=/usr/local/hive
export HIVE_CONF_DIR=$HIVE_HOME/conf
export HIVE_AUX_JARS_PATH=$HIVE_HOME/lib/*
```

变量说明如下。

（1）JAVA_HOME：Java 安装目录。

（2）HADOOP_HOME：Hadoop 安装目录。

（3）HIVE_HOME：Hive 安装目录。

（4）HIVE_CONF_DIR：Hive 配置文件目录。

（5）HIVE_AUX_JARS_PATH=：Hive 的 Jar 包（包含驱动程序）目录。

步骤 08：下载连接 MySQL 的驱动 mysql-connector-java-5.1.45-bin.jar，将文件复制到 HIVE_AUX_JARS_PATH 指定的目录。

步骤 09：使用如下命令初始化 Hive 数据库。

```
schematool -dbType mysql -initSchema
```

图 16-9 所示为 Hive 默认的数据库表。

图 16-9　Hive 数据库表

至此，Hive 安装完毕。

步骤 10：输入 hive 命令，启动 hive 客户端工具。

```
hive
```

在屏幕底部即可输入 HiveQL 命令，如图 16-10 所示。

```
Hive Session ID = 9d61bf1a-8788-453c-acc6-1d49a2502103
Hive-on-MR is deprecated in Hive 2 and may not be avail
hive>
```

图 16-10　Hive 客户端工具

步骤 11：在工具中输入 HiveQL 指令，创建数据库。

```
create database sparktest;
show databases;
```

执行结果如图 16-11 所示。

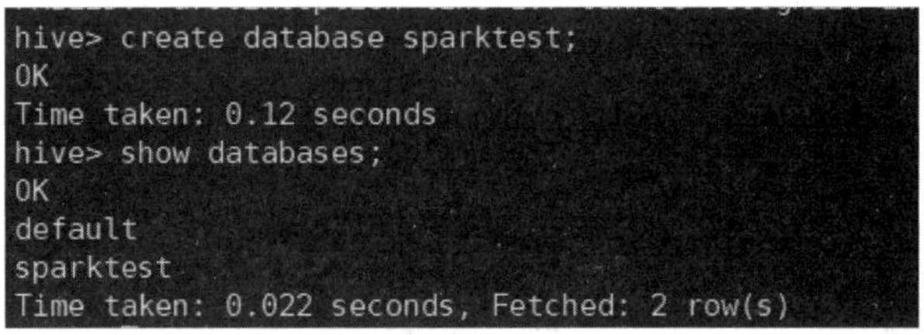

```
hive> create database sparktest;
OK
Time taken: 0.12 seconds
hive> show databases;
OK
default
sparktest
Time taken: 0.022 seconds, Fetched: 2 row(s)
```

图 16-11　Hive 数据库

3. 配置CLI

CLI 工具要和 Hive 建立联系，还需进行以下配置。

步骤 01：使用以下命令，将 hive-site.xml 文件复制到 Spark 的 conf 目录下。

```
cp /usr/local/hive/conf/hive-site.xml /usr/local/spark/conf
```

步骤 02：将 MySQL 驱动程序复制到 Spark 的 lib 目录下。

```
cp $HIVE_HOME/lib/mysql-connector-java-5.1.45-bin.jar /usr/local/
spark/jars
```

步骤 03：修改 spark-env.sh 文件，配置 Hive 信息，在文件顶部添加如下内容。

```
export HIVE_CONF_DIR=$HIVE_HOME/conf
export SPARK_CLASSPATH=$HIVE_HOME/lib/mysql-
connector-java-5.1.45-bin.jar
export CLASSPATH=$CLASSPATH:/usr/local/hive/lib
```

步骤 04：为避免 CLI 工具输出的日志信息过多，需要调整日志输出级别。重命名日志配置文件。

```
cd $SPARK_HOME/conf
mv log4j.properties.template log4j.properties
```

步骤 05：将 rootCategory 设置如下。

```
log4j.rootCategory=WARN, console
```

4. 使用CLI访问Hive

一切准备就绪后，就可以使用 CLI 了。

步骤 01：进入 Spark bin 目录，启动 CLI。

```
cd $SPARK_HOME/bin
```

```
./spark-sql
```

步骤 02：输入以下命令，查看 Hive 数据库。

```
show databases;
```

Hive 数据库列表如图 16-12 所示。

```
spark-sql> show databases;
default
sparktest
Time taken: 2.732 seconds, Fetched 2 row(s)
```

图 16-12　使用 Spark 查看 Hive 数据库

步骤 03：在 sparktest 数据库中创建表。

```
use sparktest;
create table people(name string,age int)ROW FORMAT DELIMITED FIELDS
TERMINATED BY ',' STORED AS TEXTFILE;
```

创建结果如图 16-13 所示。

```
spark-sql> show tables;
sparktest        people    false
Time taken: 0.043 seconds, Fetched 1 row(s)
```

图 16-13　使用 HiveQL 语句创建表

步骤 04：在 Spark 安装目录下的 examples\src\main\resources 中找到 people.txt 文件，上传到 HDFS。使用 load 命令将其导入 Hive 数据库。

```
load data inpath '/bigdata/testdata/people.txt' into table people;
```

步骤 05：查询数据。

```
select *from people;
```

查询结果如图 16-14 所示。

```
spark-sql> select *from people;
Michael 29
Andy    30
Justin  19
Time taken: 0.166 seconds, Fetched 3 row(s)
```

图 16-14　查询数据

温馨提示

使用 load data 方式导入 Hive 数据之后，Hive 会自动将原始数据移动到自己管理的数据仓库中。本例中，people.txt 文件移动到了 /user/hive/warehouse/sparktest.db/people 目录下。/user/hive/warehouse 是 Hive 默认的数据仓库路径。

16.2 创建DataFrame对象

16.1 节介绍了使用 CLI 工具来访问结构化数据。那么在程序中该如何访问结构化数据呢？

Spark 2.0 之前的版本提供了两个对象来访问结构化数据：SQLContext 和 HiveContext。SQLContext 只支持 SQL 语法解析，HiveContext 从 SQLContext 继承而来，可以同时支持 SQL 和 HiveQL。在 Spark 2.0 之后，新的对象 SparkSession 包含了 HiveContext 和 SQLContext 的功能，因此在本章及后续章节将使用 SparkSession 处理数据。

在程序中调用 SparkSession 方法返回的数据类型是 DataFrame。DataFrame 由 SchemaRDD 发展而来，从 Spark 1.3 之后改名为 DataFrame。SchemaRDD 直接继承了 RDD，而 DataFrame 具备了 RDD 的大多数功能。在 Spark 中操作结构化数据，其实就是操作 DataFrame 对象。

Spark 支持从多种数据源、用不同数据格式来创建 DataFrame 对象，下面介绍常用的操作方法。

16.2.1 读取文本文件

Spark 支持读取多种结构化的文本文件，如 parquet、json 等。

1. 读取parquet文件

parquet 是列式存储的一种文件类型，与语言、平台无关，是大数据开发中常用的数据存储类型。在 Spark 安装目录的 examples\src\main\resources 路径下，可以找到 users.parquet 示例文件，将此文件上传到 HDFS。

使用 SparkSession 加载数据，如图 16-15 所示。在第 3 行导入 SparkSession 对象，第 5 行创建 spark 实例。在创建过程中同样可以指定集群地址、执行器所需资源等信息，与创建 SparkContext 实例方式类似。

```
2  # -*- coding: UTF-8 -*-
3  from pyspark.sql import SparkSession
4
5  spark = SparkSession.builder.getOrCreate()
6
7  df = spark.read.load("/bigdata/testdata/users.parquet")
8  print("df的类型:", type(df))
9  df.show()
```

图 16-15　使用 SparkSession 创建 DataFrame

第 8、9 行分别输出 df 的数据类型和实际数据，执行结果如图 16-16 所示。

```
df的类型: <class 'pyspark.sql.dataframe.DataFrame'>
+------+--------------+----------------+
|  name|favorite_color|favorite_numbers|
+------+--------------+----------------+
|Alyssa|          null| [3, 9, 15, 20]|
|   Ben|           red|              []|
+------+--------------+----------------+
```

图 16-16　打印数据

2. 读取json文件

将 examples\src\main\resources 目录下的 people.json 文件上传到 HDFS。仍然使用 SparkSession 读取，如图 16-17 所示。要注意的是，需要指定读取的格式。

```
# -*- coding: UTF-8 -*-
from pyspark.sql import SparkSession

spark = SparkSession.builder.getOrCreate()

df = spark.read.format("json").load("/bigdata/testdata/people.json", format="json")
print("读取json格式，df的类型:", type(df))
df.show()
```

图 16-17　读取 json

执行结果如图 16-18 所示，将 json 数据转为 DataFrame 类型并输出数据。

```
读取json格式, df的类型: <class 'pyspark.sql.dataframe.DataFrame'>
+----+-------+
| age|   name|
+----+-------+
|null|Michael|
|  30|   Andy|
|  19| Justin|
+----+-------+
```

图 16-18　打印数据

16.2.2　读取MySQL

在实际生产环境中，大多数应用都是将数据存放到 MySQL 中的，Spark 提供了读取 MySQL 数据来创建 DataFrame 的功能。

1. 创建数据源

16.1.3 小节已经配置好了 MySQL，同时已经将 MySQL 驱动复制到了 Spark 的 jars 目录下。接下来在 MySQL 数据库中创建表，然后插入数据。

步骤 01：使用如下命令创建数据库表。

```
create table people(name VARCHAR(100),age int);
```

步骤 02：插入数据。

```
insert into people(name,age) values ('Michael',29);
insert into people(name,age) values ('Andy',20);
insert into people(name,age) values ('Justin',15);
```

2. 读取数据

调用 SparkSession 的 read 方法返回一个 DataFrameReader，然后调用 DataFrameReader 的 load 方法返回一个 DataFrame。如图 16-19 所示，在 options 字典中指定 MySQL 数据库地址信息，“dbtable”是要查询的表名，在第 13 行传入 options 参数并调用 load 即可生成 DataFrame 对象。

```
# -*- coding: UTF-8 -*-
from pyspark.sql import SparkSession

spark = SparkSession.builder.getOrCreate()
options = {
    "url": "jdbc:mysql://192.168.239.138:3306/sparktest?useSSL=false",
    "driver": "com.mysql.jdbc.Driver",
    "dbtable": "people",
    "user": "root",
    "password": "qAz@=123!"
}
df = spark.read.format("jdbc").options(**options).load()
print("读取mysql数据，df的类型:", type(df))
df.show()
```

图 16-19　读取 MySQL 数据

执行结果如图 16-20 所示。

```
读取mysql数据，df的类型: <class 'pyspark.sql.dataframe.DataFrame'>
+-------+---+
|   name|age|
+-------+---+
|Michael| 29|
|   Andy| 20|
| Justin| 15|
+-------+---+
```

图 16-20　打印数据

16.2.3　读取Hive

如图 16-21 所示，首先对 SparkSession 调用 enableHiveSupport 方法，启动对 Hive 的支持，然后就可以调用 spark.sql 方法传入 HiveQL 语句了。

```
# -*- coding: UTF-8 -*-
from pyspark.sql import SparkSession

spark = SparkSession.builder.enableHiveSupport().getOrCreate()
spark.sql("use sparktest")
df = spark.sql("select *from people")
print("读取hive数据，df的类型:", type(df))
df.show()
```

图 16-21　读取 Hive

执行结果如图 16-22 所示，从 Hive 中获取数据并输出。

```
读取hive数据，df的类型: <class 'pyspark.sql.dataframe.DataFrame'>
+-------+---+
|   name|age|
+-------+---+
|Michael| 29|
|   Andy| 30|
| Justin| 19|
+-------+---+
```

图 16-22　打印数据

16.2.4　将RDD转换为DataFrame

Spark 提供了两种方式将 RDD 转换为 DataFrame。一种是调用 toDF 方法，利用反射机制自动推断数据类型来构造 schema（结构化信息）；另一种是使用 StructType 提前构造好 schema。

1. 利用反射机制推断RDD模式

将 people.txt 上传至 HDFS，使用 SparkContext 构造 RDD，然后调用 toDF 创建 DataFrame，如图 16-23 所示。

```
# -*- coding: UTF-8 -*-
from pyspark.sql import SparkSession
from pyspark.sql.types import Row

spark = SparkSession.builder.getOrCreate()

def f(item):
    people = {'name': item[0], 'age': item[1]}
    return people

df = spark.sparkContext.textFile("/bigdata/testdata/people.txt").\
        map(lambda line: line.split(',')).map(lambda x: Row(**f(x))).toDF()
print("将RDD转换为DataFrame，转换后df的类型:", type(df))
df.show()
```

图 16-23　利用反射机制转换 DataFrame

执行结果如图 16-24 所示。

```
将RDD转换为DataFrame，转换后df的类型: <class 'pyspark.sql.dataframe.DataFrame'>
+---+-------+
|age|   name|
+---+-------+
| 29|Michael|
| 30|   Andy|
| 19| Justin|
+---+-------+
```

图 16-24　打印数据

2. 构造Schema应用到现有的RDD上

如图 16-25 所示，在第 9 行构造 schema。StructType 表示 DataFrame 一个 Row 的结构类型，StructField 表示 Row 中列的类型。一个 Row 存在一到多个列，因此 StructType 需要用数组来构造。

在第 14 行构造 Row 对象的时候，同时也在给 Row 填充数据，需要注意哪一个是“name”，哪一个是“age”，这个顺序需要和 Schema 中列的构造顺序保持一致。

在第 15 行将 Schema 信息应用到第 12 行创建的 RDD 上，就能生成 DataFrame 了。

```
2  # -*- coding: UTF-8 -*-
3  from pyspark.sql import SparkSession
4  from pyspark.sql.types import Row, StructType, \
5      StructField, StringType, IntegerType
6
7  spark = SparkSession.builder.getOrCreate()
8
9  schema = StructType([StructField("name", StringType(), True),
10                      StructField("age", IntegerType(), True)])
11
12 rdd = spark.sparkContext.textFile("/bigdata/testdata/people.txt").\
13     map(lambda line: line.split(',')).map(
14     lambda item: Row(item[0], int(item[1])))
15 df = spark.createDataFrame(rdd, schema)
16 print("将RDD转换为DataFrame，转换后df的类型:", type(df))
17 df.show()
```

图 16-25　构造 Schema 创建 DataFrame

执行结果如图 16-26 所示。

```
将RDD转换为DataFrame, 转换后df的类型: <class 'pyspark.sql.dataframe.DataFrame'>
+-------+---+
|   name|age|
+-------+---+
|Michael| 29|
|   Andy| 30|
| Justin| 19|
+-------+---+
```

图 16-26　打印数据

16.3　DataFrame常用API

DataFrame 提供了几类常用的 API：显示 Schema 信息和实际数据；从 DataFrame 中获取指定范围的数据；对 DataFrame 中的数据进行分组、排序、聚合运算等。除了在 DataFrame 实例上调用 API 外，还可以将 DataFrame 注册成临时表，使用 SQL 语句进行查询。

16.3.1　显示数据

DataFrame 创建好后，可以查看列的名称、数据类型和具体内容。

1. 输出Schema信息

访问 DataFrame 对象的 printSchema 属性即可输出 Schema 信息，如图 16-27 所示。

```
# -*- coding: UTF-8 -*-
from pyspark.sql import SparkSession

spark = SparkSession.builder.getOrCreate()

data = [{'name': 'Alice', 'age': 1}]
df = spark.createDataFrame(data)
print(df.printSchema)
```

图 16-27　显示 Schema

执行结果如图 16-28 所示。

```
<bound method DataFrame.printSchema of DataFrame[age: bigint, name: string]>
```

图 16-28　打印数据

2. 调用show显示数据

在 16.2 节的示例中，多次调用了 show 方法。show 方法是一个行动操作，用来将 DataFrame 的数据输出到屏幕上，该方法具有 3 个参数，如图 16-29 所示。其中，*n* 默认为 20，表示在屏幕上默认输出前 20 行数据；truncate 默认为 True，表示 DataFrame 中字符长度超过 20 的部分将被截断，同时，截断后的数据的后 3 个字符用 "." 代替；vertical 默认为 False，表示是否垂直显示。

```
2  @since(1.3)
3  def show(self, n=20, truncate=True, vertical=False):
4      if isinstance(truncate, bool) and truncate:
5          print(self._jdf.showString(n, 20, vertical))
6      else:
7          print(self._jdf.showString(n, int(truncate), vertical))
```

图 16-29　show 方法定义

如图 16-30 所示，设置一个超长字符串并把 vertical 设置为 True。

```
2  # -*- coding: UTF-8 -*-
3  from pyspark.sql import SparkSession
4
5  spark = SparkSession.builder.getOrCreate()
6
7  data = [{'name': 'AliceAAAAAAAAAAAAAAAAAAAAAAAAAAAAAAAA', 'age': 1}, {'name': 'Bob', 'age': 3}]
8  df = spark.createDataFrame(data)
9  print(df.show(vertical=True))
```

图 16-30　show 参数设置

执行结果如图 16-31 所示，字符太长用 "." 代替，并将 Row 垂直排列。

```
-RECORD 0--------------------
 age  | 1
 name | AliceAAAAAAAAAAAA...
-RECORD 1--------------------
 age  | 3
 name | Bob
```

图 16-31　打印数据

16.3.2　查询数据

DataFrame 提供了查询、筛选等不同场景下的 API。这里介绍在实际生产环境中几个常用的
操作。

1．collect

与 RDD 一样，collect 操作能将分布式的 Row 收集到当前节点，并将 DataFrame 转换成 List 类
型返回。具体用法如图 16-32 所示。

```
2  # -*- coding: UTF-8 -*-
3  from pyspark.sql import SparkSession
4
5  spark = SparkSession.builder.getOrCreate()
6
7  data = [{'name': 'Alice', 'age': 1}, {'name': 'Bob', 'age': 3}, {'name': 'Li', 'age': 10}]
8  df = spark.createDataFrame(data)
9  data_list = df.collect()
10
11 [print("当前元素是", item) for item in data_list]
```

图 16-32　collect 数据

执行结果如图 16-33 所示。

```
当前元素是 Row(age=1, name='Alice')
当前元素是 Row(age=3, name='Bob')
当前元素是 Row(age=10, name='Li')
```

图 16-33　打印数据

2. limit，take，head，first

limit(n) 是一个惰性操作，返回集合中的前 *n* 行，具体使用如图 16-34 所示。

```
# -*- coding: UTF-8 -*-
from pyspark.sql import SparkSession

spark = SparkSession.builder.getOrCreate()

data = [{'name': 'Alice', 'age': 1}, {'name': 'Bob', 'age': 3}, {'name': 'Li', 'age': 10}]
df = spark.createDataFrame(data)
data_list = df.limit(2)
data_list.show()
```

图 16-34　返回指定行

执行结果如图 16-35 所示。

如图 16-36 所示，take 方法底层也是调用了 limit 方法，与 limit 不同的是，take 多调了一次 collect，因此 take 返回的结果集是 list 类型。

图 16-35　打印数据

```
@since(1.3)
def take(self, num):
    """Returns the first ``num`` rows as a :class:`list` of :class:`Row`.

    >>> df.take(2)
    [Row(age=2, name=u'Alice'), Row(age=5, name=u'Bob')]
    """
    return self.limit(num).collect()
```

图 16-36　take 方法定义

head(n) 方法实际调用了 take(n)，head(n) 不设置 *n* 值默认就是 1，head 底层调用了 take 方法。first 其实调用了 head 的默认实现。这 4 个方法的功能几乎是一样的，为了方便用户使用，分别传递了不同的默认值。

3. filter 和 where

filter 是一个惰性操作，与 RDD 中的 filter 不一样的是，DataFrame 中的 filter 参数是一个字符串，而 RDD 中的 filter 是 lambda 表达式，具体用法如图 16-37 所示。注意，字段名不要加单引号，多个条件使用"and"连接。

```
# -*- coding: UTF-8 -*-
from pyspark.sql import SparkSession

spark = SparkSession.builder.getOrCreate()

data = [{'name': 'Alice', 'age': 1}, {'name': 'Bob', 'age': 3}, {'name': 'Li', 'age': 10}]
df = spark.createDataFrame(data)
tmp_list = df.filter("'name' = 'Alice' and 'age' = 1").collect()

[print("当前元素是:", item) for item in tmp_list]
```

图 16-37　指定过滤条件

执行结果如图 16-38 所示。

```
当前元素是: Row(age=1, name='Alice')
```

图 16-38　打印数据

where 也是实际生产环境中常用的方法，如图 16-39 所示，where 其实是 filter 的别名。

```
2  where = copy_func(
3      filter,
4      sinceversion=1.3,
5      doc=":func:`where` is an alias for :func:`filter`.")
```

图 16-39　where 方法

4. select

select 方法是一个惰性操作，可以选取 DataFrame 中的指定列，如图 16-40 所示。

```
2  # -*- coding: UTF-8 -*-
3  from pyspark.sql import SparkSession
4
5  spark = SparkSession.builder.getOrCreate()
6
7  data = [{'name': 'Alice', 'age': 1}, {'name': 'Bob', 'age': 3}, {'name': 'Li', 'age': 10}]
8  df = spark.createDataFrame(data)
9  tmp_list = df.select('name').collect()
10
11 [print("当前元素是:", item) for item in tmp_list]
```

图 16-40　选取指定列

执行结果如图 16-41 所示，可以看到新的数据中只有 1 列。

```
当前元素是: Row(name='Alice')
当前元素是: Row(name='Bob')
当前元素是: Row(name='Li')
```

图 16-41　打印数据

5. selectExpr

在实际应用中，在选择列的时候需要对列进行重命名或者其他的聚合运算，甚至调用自定义的外部函数来扩展 select 的功能，这时就需要使用 selectExpr。如图 16-42 所示，在 spark.udf 属性上注册一个自定义函数，名为"show_name"，目的是在 DataFrame 的"name"列上拼接字符串。在第 10 行代码中，将自定义的函数名称作为参数传递到 selectExpr。

```
2  # -*- coding: UTF-8 -*-
3  from pyspark.sql import SparkSession
4
5  spark = SparkSession.builder.getOrCreate()
6
7  data = [{'name': 'Alice', 'age': 1}, {'name': 'Bob', 'age': 3}, {'name': 'Li', 'age': 10}]
8  df = spark.createDataFrame(data)
9  spark.udf.register("show_name", lambda item: "姓名是: " + item)
10 tmp_list = df.selectExpr("show_name(name)", "age + 1").collect()
11
12 [print("当前元素是:", item) for item in tmp_list]
```

图 16-42　调用自定义函数

执行结果如图 16-43 所示。

```
当前元素是: Row(show_name(name)='姓名是: Alice', (age + 1)=2)
当前元素是: Row(show_name(name)='姓名是: Bob', (age + 1)=4)
当前元素是: Row(show_name(name)='姓名是: Li', (age + 1)=11)
```

图 16-43　打印数据

16.3.3 统计数据

DataFrame 除了基本的查询功能外，还提供了排序、合并、分组及分组后求最大值和平均值等高阶 API，专门用于数据统计分析。

1. sort

sort 既可以在字段名称上直接调用排序规则，也可以引入 Spark 的内置 API。如图 16-44 所示，第 10 和 11 行分别用不同方式对"age"列进行排序。

```
# -*- coding: UTF-8 -*-
from pyspark.sql import SparkSession
from pyspark.sql.functions import *
spark = SparkSession.builder.getOrCreate()

data = [{'name': 'Alice', 'age': 1}, {'name': 'Bob', 'age': 3}, {'name': 'Li', 'age': 10}]
df = spark.createDataFrame(data)

tmp_list = df.sort(df.age.desc()).collect()
tmp_list1 = df.sort(desc("age")).collect()
[print("当前元素是:", item) for item in tmp_list1]
```

图 16-44　DataFrame 排序

两种方式的输出结果是一样的，这里只输出一个结果，如图 16-45 所示。

```
当前元素是: Row(age=10, name='Li')
当前元素是: Row(age=3, name='Bob')
当前元素是: Row(age=1, name='Alice')
```

图 16-45　打印数据

2. join

join 操作可以连接两个具有相同列的 DataFrame，并将不同列的数据合并到同一行上，然后返回一个新的 DataFrame，常用于需要将多个表进行组合查询的场景。如图 16-46 所示，df1 是姓名与身高，df2 是姓名与年龄，使用 join 连接两个集合后，可以在一个集合中显示同一个人的身高和年龄。

```
# -*- coding: UTF-8 -*-
from pyspark.sql import SparkSession
spark = SparkSession.builder.getOrCreate()

data1 = [{'name': 'Tom', 'height': 80}, {'name': 'Bob', 'height': 85}]
data2 = [{'name': 'Tom', 'age': 4}, {'name': 'Bob', 'age': 5}]

df1 = spark.createDataFrame(data1)
df2 = spark.createDataFrame(data2)
tmp_list = df1.join(df2, 'name').collect()

[print("当前元素是:", item) for item in tmp_list]
```

图 16-46　合并 DataFrame

执行结果如图 16-47 所示。

```
当前元素是: Row(name='Tom', height=80, age=4)
当前元素是: Row(name='Bob', height=85, age=5)
```

图 16-47　打印数据

3. groupBy

该操作可以对 DataFrame 的某一到多个列进行分组，如图 16-48 所示，分组后可以调用内置 API，比如用 avg 求每门课程的平均成绩。除了 avg 外，还有 sum（求和）、max（求最大）等高阶函数。

```
# -*- coding: UTF-8 -*-
from pyspark.sql import SparkSession

spark = SparkSession.builder.getOrCreate()

data = [{'course': 'math', 'score': 80}, {'course': 'math', 'score': 98},
        {'course': 'english', 'score': 85}, {'course': 'english', 'score': 60}]

tmp_list = spark.createDataFrame(data).groupBy('course').avg().collect()
[print("当前元素是:", item) for item in tmp_list]
```

图 16-48　分区求平均

执行结果如图 16-49 所示。

```
当前元素是: Row(course='english', avg(score)=72.5)
当前元素是: Row(course='math', avg(score)=89.0)
```

图 16-49　打印数据

16.3.4　执行SQL语句

要执行 SQL 语句，需要先将 DataFrame 注册为临时表。如图 16-50 所示，求每门课程的最高成绩，在第 11 行直接传递 SQL 语句，其功能与调用 groupBy 一致。

```
# -*- coding: UTF-8 -*-
from pyspark.sql import SparkSession

spark = SparkSession.builder.getOrCreate()

data = [{'course': 'math', 'score': 80}, {'course': 'math', 'score': 98},
        {'course': 'english', 'score': 85}, {'course': 'english', 'score': 60}]

course_list = spark.createDataFrame(data).registerTempTable("course_list")
tmp_list = spark.sql("select course,max(score) from course_list group by course").collect()
[print("当前元素是:", item) for item in tmp_list]
```

图 16-50　注册临时表

执行结果如图 16-51 所示。

```
当前元素是: Row(course='english', max(score)=85)
当前元素是: Row(course='math', max(score)=98)
```

图 16-51　打印数据

> **温馨提示**
> 在迭代计算过程中，同样需要对 DataFrame 进行持久化操作，DataFrame 具有与 RDD 同名的用于持久化的 API。同样，访问 DataFrame 的 RDD 属性，也可以将数据进行分区。

16.4 保存DataFrame

对 DataFrame 进行操作和运算后，需要将计算结果或者整个 DataFrame 保存到外部源。Spark 提供了多种方法对 DataFrame 进行存储。下面介绍常用的操作方法。

16.4.1 保存到json文件

如图 16-52 所示，统计每个科目的总成绩，然后以 json 文件形式保存到 HDFS。其中，mode 参数有多种取值：overwrite 是指如果结果已经存在，则覆盖；append 是指追加到之前的输出结果上；ignore 是指如果结果已存在，则不执行输出；error 或者 errorifexists 是指如果结果存在，则抛出异常。

```python
# -*- coding: UTF-8 -*-
from pyspark.sql import SparkSession

spark = SparkSession.builder.getOrCreate()

data = [{'course': 'math', 'score': 80}, {'course': 'math', 'score': 98},
        {'course': 'english', 'score': 85}, {'course': 'english', 'score': 60}]

course_list = spark.createDataFrame(data).registerTempTable("course_list")
df = spark.sql("select course,sum(score) from course_list group by course")
hdfs_path = '/bigdata/testdata/course_score'
df.write.json(hdfs_path, mode='overwrite')
```

图 16-52 统计每个科目总成绩

以上程序执行完毕后，可以在 HDFS 中看到输出结果，如图 16-53 所示，输出的数据写入了 3 个分区文件中。

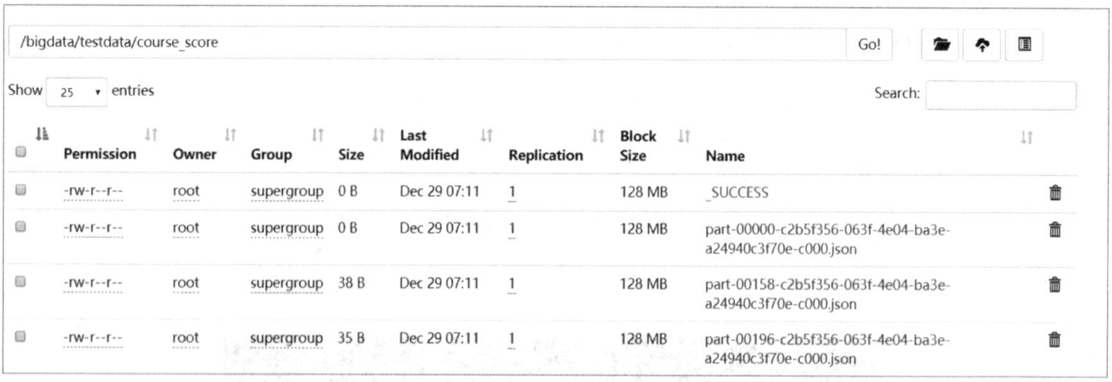

	Permission	Owner	Group	Size	Last Modified	Replication	Block Size	Name	
☐	-rw-r--r--	root	supergroup	0 B	Dec 29 07:11	1	128 MB	_SUCCESS	🗑
☐	-rw-r--r--	root	supergroup	0 B	Dec 29 07:11	1	128 MB	part-00000-c2b5f356-063f-4e04-ba3e-a24940c3f70e-c000.json	🗑
☐	-rw-r--r--	root	supergroup	38 B	Dec 29 07:11	1	128 MB	part-00158-c2b5f356-063f-4e04-ba3e-a24940c3f70e-c000.json	🗑
☐	-rw-r--r--	root	supergroup	35 B	Dec 29 07:11	1	128 MB	part-00196-c2b5f356-063f-4e04-ba3e-a24940c3f70e-c000.json	🗑

/bigdata/testdata/course_score — Show 25 entries — Search:

图 16-53 HDFS 结果列表

在 HDFS 结果列表中，可以看到第 3 和 4 行的数据大小分别是 38B 和 35B，说明文件里面有内容。在 Shell 窗口中查看该 json 文件，如图 16-54 所示，可以看到 json 格式的统计数据。

```
[root@master ~]# hdfs dfs -cat /bigdata/testdata/course_score/part-00158-c2b5f356-063f-4e04-ba3e-a24940c3f70e-c000.json
{"course":"english","sum(score)":145}
[root@master ~]# hdfs dfs -cat /bigdata/testdata/course_score/part-00196-c2b5f356-063f-4e04-ba3e-a24940c3f70e-c000.json
{"course":"math","sum(score)":178}
```

图 16-54　打印数据

16.4.2　保存到MySQL

将统计数据保存到关系型数据库是实际生产环境中的常见做法。如图 16-55 所示，将数据统计结果保存到 MySQL，前端开发人员就可以直接从 MySQL 中提取数据用于前端展示。在第 19 行代码中，table 是指数据库中的表名称，mode 的取值含义和保存到 json 的原则是一样的。需要注意的是，如果使用 overwrite 方式，则每次保存数据时，会将之前的表删除重建。

```
2  # -*- coding: UTF-8 -*-
3  from pyspark.sql import SparkSession
4
5  spark = SparkSession.builder.getOrCreate()
6
7  data = [{'course': 'math', 'score': 80}, {'course': 'math', 'score': 98},
8          {'course': 'english', 'score': 85}, {'course': 'english', 'score': 60}]
9
10 course_list = spark.createDataFrame(data).registerTempTable("course_list")
11 df = spark.sql("select course,sum(score) from course_list group by course")
12
13 properties = {
14     "driver": "com.mysql.jdbc.Driver",
15     "user": "root",
16     "password": "root"
17 }
18 df.write.jdbc("jdbc:mysql://localhost:3306/sparktest",
19                 table='course_list', mode='overwrite', properties=properties)
```

图 16-55　写入 MySQL 数据库

登录 MySQL，然后查询 course_list 表，结果如图 16-56 所示。

```
mysql> select *from course_list;
+---------+------------+
| course  | sum(score) |
+---------+------------+
| math    |        178 |
| english |        145 |
+---------+------------+
```

图 16-56　MySQL 表数据

16.4.3　保存到Hive

在统计结果数据量比较大的时候，就可以将数据存入 Hive 表（Hive 表只是一个逻辑表，具体数据还是存在 HDFS 上的）。

插入 Hive 前需要先创建好对应的表，使用如下命令创建 Hive 表。

```
create ta ble hive_score_avg(course string,score float);
```

如图 16-57 所示，首先需要启动 Hive 支持，然后将统计结果的 df 注册为临时表，最后调用

SQL 方法即可插入 Hive。

```
2  # -*- coding: UTF-8 -*-
3  from pyspark.sql import SparkSession
4
5  spark = SparkSession.builder.enableHiveSupport().getOrCreate()
6
7  data = [{'course': 'math', 'score': 80}, {'course': 'math', 'score': 98},
8          {'course': 'english', 'score': 85}, {'course': 'english', 'score': 60}]
9
10 course_list = spark.createDataFrame(data).registerTempTable("course_list")
11 df = spark.sql("select course,avg(score) from course_list group by course")
12 df.registerTempTable("score_avg")
13 spark.sql("use sparktest")
14
15 spark.sql("insert into hive_score_avg select * from score_avg")
```

图 16-57　插入 Hive

执行完毕后启动 spark-sql 工具，查询结果如图 16-58 所示。

```
spark-sql> select * from hive_score_avg;
english 72.5
math    89.0
Time taken: 1.041 seconds, Fetched 2 row(s)
```

图 16-58　打印数据

16.5　新手问答

问题1：SparkSession是什么？

答：在 Spark 2.0 之前，针对不同的操作场景，需要使用不同的连接对象。比如连接 Hive 需要使用 HiveContext，连接 MySQL 需要使用 SQLContext，普通操作需要创建 SparkConf 对象来实例化 SparkContext 对象等。在 Spark 2.0 之后，新的 SparkSession 是这些对象的一个组合，对不同环境可以统一使用 SparkSession。

问题2：Catalyst优化器的运行过程是什么？

答：SparkSQL 会将 SQL 语句和 DataFrame 上的操作交给 Catalyst 优化器。Catalyst 会将各种操作转换为未解决的逻辑计划，分析器将该逻辑计划进行优化后生成物理计划，物理计划再经过成本优化器进行优化后生成执行代码。

问题3：如何判断DataFrame上的操作是转换操作还是行动操作？

答：在 DataFrame 调用各种 API 的时候，如果返回的类型仍然是 DataFrame，则为转换操作，同 RDD 一样，转换操作是惰性的；如果返回的类型是列表等具体值，则为行动操作。

问题4：简述临时表和全局临时表是什么。

答：DataFrame 提供了 3 个创建临时表的 API，分别是 registerTempTable、createOrReplace TempView 和 createGlobalTempView。registerTempTable 和 createOrReplaceTempView 用于创建当前会话的临时表，registerTempTable 在底层调用了 createOrReplaceTempView 实现。在 Spark 2.0 之后，推荐使用 createOrReplaceTempView。createGlobalTempView 用于创建不同会话间都可以访问的临时表。

具体用法如图 16-59 所示。

```
# -*- coding: UTF-8 -*-
from pyspark.sql import SparkSession

spark = SparkSession.builder.enableHiveSupport().getOrCreate()

data = [{'course': 'math', 'score': 80}, {'course': 'math', 'score': 98},
        {'course': 'english', 'score': 85}, {'course': 'english', 'score': 60}]

course_list = spark.createDataFrame(data).registerTempTable("course_list")
df = spark.sql("select course,avg(score) from course_list group by course")
df.createGlobalTempView("score_avg")
spark.sql("SELECT * FROM global_temp.score_avg").show()
spark.newSession().sql("SELECT * FROM global_temp.score_avg").show()
```

图 16-59　创建全局临时表

16.6　实训：统计手机销售情况

图 16-60 和图 16-61 所示为某手机销售公司在"双 11"当天的销售数据。该数据存储在 MySQL 数据库中，表 tb_jd 是在京东平台上的销售数据，如图 16-60 所示。tb_taobao 是在淘宝平台上的销售数据，如图 16-61 所示。各列的含义是：brand 是手机品牌；sales 是当天销量；price 是当天销售单价。该公司领导需要知道销售情况，提出如下问题：（1）各品牌手机的销售情况；（2）各品牌手机的销量排名如何。

brand	sales	price
三星	1800	2799
Apple iPhone X	4047	6499
荣耀9i	3380	1199
OPPO R17	8722	2799
小米8	13400	2299
荣耀 V10	7780	2799
华为 Mate 20	6690	4999
小米Play	7780	1099
诺基亚 X7	2966	1699
努比亚	1228	3199

图 16-60　tb_jd

brand	sales	price
三星	3216	2799
Apple iPhone X	5580	6499
荣耀9i	4278	1199
OPPO R17	6113	2799
小米8	9227	2299
荣耀 V10	6433	2799
华为 Mate 20	7223	4999
小米Play	8916	1099

图 16-61　tb_taobao

1. 实现思路

在 MySQL 中创建数据库，执行随书源码中本章目录下的 tb_ jd.sql 和 tb_taobao.sql 语句，创建数据表并插入数据源。使用 Spark 读取 MySQL 中两张表的数据并创建 DataFrame，然后调用 Data Frame 对象上的连接、排序等 API 完成统计任务。

2. 编程实现

（1）汇总各品牌的销售情况。

根据两张表的数据分别创建 DataFrame，然后将两个 DataFrame 连接在一起，如图 16-62 所示。对比两张表的数据，"努比亚"在京东有售，在淘宝没有。对于这种情况，在编写 join 的时候，就需要设置参数"how"，表示如何将两个表连接在一起。在示例中，京东数据覆盖淘宝数据，京东 DataFrame 在左边，为了能全部显示，就需要将"how"设置为"left"。

```
# -*- coding: UTF-8 -*-
from pyspark.sql import SparkSession

spark = SparkSession.builder.getOrCreate()
options = {"url": "jdbc:mysql://localhost:3306/sparktest?useSSL=false",
           "driver": "com.mysql.jdbc.Driver",
           "user": "root", "password": "root"}

options["dbtable"] = "tb_jd"
jd_df = spark.read.format("jdbc").options(**options).load()

options["dbtable"] = "tb_taobao"
taobao_df = spark.read.format("jdbc").options(**options).load()

all_data_df = jd_df.join(taobao_df, on="brand", how="left")
all_data_df.show()
```

图 16-62　汇总销售数据

执行结果如图 16-63 所示。

图 16-63　打印数据

（2）计算各品牌的销量排名。

通过 SQL 语句将两张表通过 union 连接在一起，就能将所有数据汇合成一张表，再交由 Spark 引擎加载即可。为了显示排名，在 total_performance_df 上针对字段调用排序方法，具体如图 16-64 所示。

```
2   # -*- coding: UTF-8 -*-
3   from pyspark.sql import SparkSession
4
5   spark = SparkSession.builder.getOrCreate()
6   options = {"url": "jdbc:mysql://localhost:3306/sparktest?useSSL=false",
7              "driver": "com.mysql.jdbc.Driver",
8              "user": "root", "password": "qAz@=123!"}
9
10  sql = '''
11  (SELECT brand, cast(sum(performance) as signed) sumperformance    FROM (
12          SELECT brand, (sales * price) performance FROM tb_jd
13          UNION
14          SELECT brand, (sales * price) performance FROM tb_taobao
15      ) alldata
16  GROUP BY brand) total_performance
17  '''
18  options["dbtable"] = sql
19  total_performance_df = spark.read.format("jdbc").options(**options).load()
20  total_performance_df.orderBy(total_performance_df.sumperformance.desc()).show()
```

图 16-64　统计销量排名

执行结果如图 16-65 所示。

图 16-65　打印数据

本章小结

本章主要介绍了如何利用 Spark SQL CLI 工具操作 MySQL 和 Hive，如何利用 SparkSession 创建 DataFrame 对象及 DataFrame 对象上各种常见的操作，以及如何将 RDD 转换成 DataFrame，最后介绍了如何将 DataFrame 执行结果保存到外部设备，比如保存到 json 文件、MySQL 和 Hive。

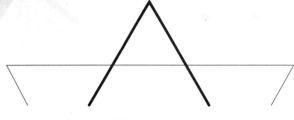

第17章
Spark流式计算编程

本章导读

　　本章主要介绍流计算的概念和应用背景，常见的流式计算框架，不同类型的流数据源，Spark的离散化流式处理和新的结构化流式处理技术。掌握本章内容，可以实现大数据计算下的实时分析。

知识要点

　　通过对本章内容的学习，读者能掌握以下内容。

● 流计算的产生背景

● 常见的流计算框架

● 基本流数据源和高级流数据源的配置与使用

● 离散化流的设计思想和编程流程

● 结构化流的设计思想和编程流程

17.1　流计算简介

目前在业界，流计算是一种非常流行的大数据处理技术。比如在某个网站上浏览了电子产品信息，很快就能收到同类商品的推荐；大量用户浏览了今天的某些社会新闻，很快就能看到今天的新闻热度排行榜。这些信息都是对源源不断的反映用户行为的数据进行实时计算的结果。

17.1.1　流式处理背景

一般数据大体分两类：静态数据和动态数据。静态数据一般使用批处理技术，动态数据一般使用流式处理技术。

1. 静态数据

静态数据是指应用程序产生和收集起来的存储在数据库、操作系统或 HDFS 上的，一段时间或长时间内不变的数据。例如，用户在 2019 年 1 月到 2019 年 6 月这段时间内的通话记录；传感器收集到的半年内的气温数据；消费者 2018 年全年的购物信息等。静态数据主要用来反映事物的历史情况和变化情况。

2. 动态数据

动态数据是相对静态数据来说的。在一个系统中，随着时间的推移，会不断产生新的数据，称为动态数据。例如，系统的运行日志；用户在电商网站上下的订单和把商品放入购物车这个动作；股票市场的交易数据等。动态数据主要用来反映事物的实时变化情况，强调实时性。

3. 流式处理的必要性

在生产环境中，这两类数据一般都会分开存储。动态数据进入系统，由其他程序进行清洗、转换，根据指定的模型存入数据仓库，之后仓库内的数据就保持现状，短时间内不再改变，沉淀为静态数据。当要进行数据分析的时候，就从仓库内获取。这种事先将数据准备好，然后再统一处理的方式称为批处理技术。动态数据进入系统，需要进行即时处理，还来不及沉淀就需要分析出结果的，就是流式数据。一边生成数据，一边进行处理的技术称为流式处理技术。

既然利用传统技术同样能够完成数据处理，那么为什么又要发展流式处理技术呢？

大多数行业都存在这么一种情况：随着时间的流逝，数据的价值越来越低。例如，地震预警，若是地震已经发生了，结果才计算出来，那么之前采集的数据则完全无效；股票交易，股票价格实时变化，若是投资者没有迅速做出相应调整，则可能面临巨额损失；新闻资讯，若是资讯不能快速传播，民众不能及时获取信息，新闻也就失去了意义。由于传统软件技术在大数据环境下不能迅速做出反应，因此研究面向实时数据的流式处理技术就极为重要。

17.1.2 常用流计算框架

在开源免费领域，有几个比较流行的流式处理框架，这里简单介绍。

1. Apache Storm

Apache Storm 是一个免费的开源分布式实时计算系统。主要用于实时分析、在线机器学习、连续计算、分布式 RPC、ETL 等。Storm 数据处理粒度很小，系统接收到一条数据就处理一条数据；处理性能也非常高，一个节点每秒能处理超过一百万个数据项。

如图 17-1 所示，在 Storm 数据处理模型中，数据源持续不断地将数据传递到数据接收者那里，接收者收到数据后进行处理。处理完成后，接收者可以将数据继续转发到下一个环节，也可以直接将处理事务结束掉，并将处理结果存储到外部设备。

Storm 是一个纯粹的流处理框架，不包含批处理。

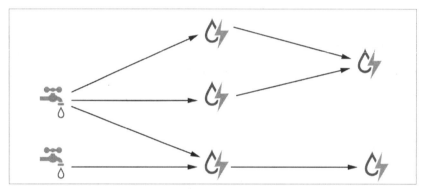

图 17-1　Storm 数据处理模型

2. Apache Flink

Apache Flink 是一个分布式大数据处理引擎，可对有限数据流和无限数据流进行有状态计算。如图 17-2 所示，Flink 可部署在各种集群环境，对各种大小的数据规模进行快速计算。

Flink 既包含流处理，又包含批处理，其批处理是建立在流处理之上的。

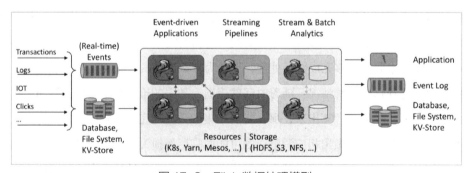

图 17-2　Flink 数据处理模型

3. Apache Spark Streaming

Apache Spark Streaming 是 Spark 的核心组件之一，实现了可扩展、高吞吐量、高容错性的流式处理框架。如图 17-3 所示，Streaming 支持多种数据源，如 Kafka、Flume、Kinesis 或 TCP 套接字等。

图 17-3　Streaming 数据源

Apache Spark Streaming 的工作原理如图 17-4 所示，Spark Streaming 接收实时输入的数据流并将数据分批处理，然后由 Spark 引擎处理，以批量生成最终结果流。

Spark 包含批处理，也包含流处理，其流处理是建立在微型的批处理之上的。

图 17-4　Apache Spark Streaming 数据处理模型

温馨提示

IBM、Yahoo、百度都开发了类似的流式处理框架，不同的业务场景有不同的具体应用，鉴于篇幅原因，这里就不再赘述。

17.2　Discretized Stream

Discretized Stream（DStream）：离散化流，是 Spark Streaming 内部对流式数据的一种表示，和 Spark 将数据集表示成为 RDD 一样。Spark Streaming 分两部分，一是 Discretized Stream，二是 Structured Streaming（结构化流）。本节重点介绍 Discretized Stream（DStream）的应用。

17.2.1　快速入门

DStream 是 Spark Streaming 提供的基本抽象，它表示连续的数据流。DStream 的来源可以是 Spark 接收到的输入数据流，也可以是对输入的流式数据进行流处理后生成的处理数据流。在 Spark 内部，DStream 是由一系列连续的 RDD 构成的，DStream 中的每个 RDD 都包含来自特定时间间隔的数据，如图 17-5 所示。图中，在 0~1 秒这个时间段内，Spark Streaming 将收集到的数据转换成一个在时间 1 这个点的 RDD。由于数据源在不断产生数据，Spark Streaming 就会持续接收到数据，此时又将第 1~2 秒时间段的数据转换成在时间 2 这个点的 RDD。Spark Streaming 将接收到的数据每隔 1 秒进行切分，生成的连续 RDD 合起来构成 DStream。

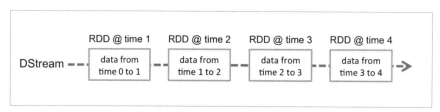

图 17-5　DStream 的构成

1. 入门示例

为了能更明确地体会其中含义，先运行一个示例程序。该程序演示了如何读取网络流来统计词频。

步骤 01：使用 netcat 工具监听端口，在窗口中执行以下命令。

```
nc -lk 9999
```

步骤 02：新打开一个窗口，转到 Spark 安装目录，执行以下命令，启动 Spark 集群。

```
cd $SPARK_HOME/
./sbin/start-all.sh
```

步骤 03：在这个新窗口中执行以下命令，运行 Spark 自带的流处理示例。

```
./bin/spark-submit examples/src/main/python/
streaming/network_wordcount.py
    localhost 9999
```

在此窗口中，可以看到屏幕上每隔 1 秒输出"Time：时间"，如图 17-6 所示，显示流计算程序的接收日志。

步骤 04：在 netcat 工具窗口中输入以下测试内容。

```
hello world
```

步骤 05：切换到新窗口，可以看到流处理程序的计算结果，如图 17-7 所示。

图 17-6　显示日志

图 17-7　流计算结果

> **温馨提示**
>
> 在执行 nc 命令时，程序提示 "bash: nc: command not found"，需要执行安装命令：yum install –y nc。nc 是一个通过 TCP 和 UDP 在网络中读写数据的工具。

2. 示例分析

构建流程序，首先需要导入 StreamingContext 模块，StreamingContext 对象是流程序的入口，如图 17-8 所示。

```
# -*- coding: UTF-8 -*-
import sys

from pyspark import SparkContext
from pyspark.streaming import StreamingContext

if __name__ == "__main__":

    sc = SparkContext(appName="PythonStreamingNetworkWordCount")
    ssc = StreamingContext(sc, 1)

    lines = ssc.socketTextStream(sys.argv[1], int(sys.argv[2]))
    counts = lines.flatMap(lambda line: line.split(" ")).\
    map(lambda word: (word, 1)).reduceByKey(lambda a, b: a + b)
    counts.pprint()

    ssc.start()
    ssc.awaitTermination()
```

图 17-8　流式处理程序

在第 11 行创建 StreamingContext 实例，设定流数据划分时间间隔为 1 秒，即在 netcat 窗口中可以不停歇地输入数据，StreamingContext 会将 1 秒内接收到的数据划分成 1 个 RDD。

netcat 窗口中指定了主机和监听端口为 9999，所以在提交 network_wordcount.py 任务的时候，也需要指定同样的信息。在第 13 行调用 ssc 的 socketTextStream 方法，将命令行中的主机和端口传入，Spark Streaming 以此建立连接。

需要注意的是，构成 DStream 的 RDD 对象是相互独立的。因此每隔 1 秒输入的内容即使有相同的，Spark Streaming 也只计算当前批次的数据。

在第 14 和 15 行设定了流式数据的处理过程：调用 RDD 上的方法以统计词频，之后调用 pprint() 方法将统计结果输出。这里只是指定了 Spark Streaming 需要完成的工作，实际上并没有执行计算。在第 18 行调用 start 方法后，才开始接收数据并执行第 14 和 15 行的操作。最后在第 19 行调用 awaitTermination 方法，等待计算终止。

实际上，任何应用于 DStream 上的操作都被转换为对底层 RDD 上的操作。在此示例中，flatMap 将 lines RDD 的每一行进行切割，然后调用 map 方法将其转换为键值对形式的 RDD，最后调用 reduceByKey 统计出当前 RDD 的词频，如图 17-9 所示。

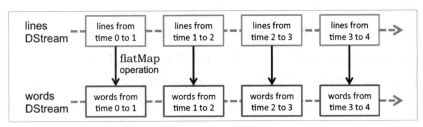

图 17-9　将行 RDD 转换为词 RDD

3. 示例总结

开发流式处理程序，完成 StreamingContext 对象的创建后，还需进行以下几步操作。

（1）定义 StreamingContext 的数据源。比如示例是使用 netcat 发送网络数据，那么 ssc 对象就应该调用 socketTextStream 方法，若是监控文件系统，就应该调用 textFileStream 方法。

（2）定义流式处理过程。

（3）调用 start 方法接收数据，并触发处理过程的执行。

（4）调用 awaitTermination 方法，等待处理完成。当需要手动停止计算的时候，可以调用 StreamingContext 对象上的 stop 方法。

开发过程中需要注意如下事项。

（1）当调用 start 启动流计算后，就不能修改或添加新的计算逻辑。

（2）当本次流计算停止后，不能重启。

（3）一个应用只能创建一个 StreamingContext 对象。

（4）当对 StreamingContext 调用 stop 后，也会停止运行在 jvm 上的 Spark 进程，从而导致 SparkContext 对象不可用。若是只需停止 StreamingContext，在调用 stop 时将 stopSparkContext 参数设置为 False 即可。

（5）若是在一个应用中需要创建多个 StreamingContext 对象，需要在 SparkContext 不停止的情况下，停止前一个 StreamingContext。

> **温馨提示**
>
> StreamingContext 时间间隔无法设置为毫秒，因此无法实现毫秒级的流式处理。

17.2.2　数据源

Spark Streaming 除了 17.2.1 小节的入门示例中的网络流外，还有文件流和队列流。

1. 文件流

文件流用于从与 HDFS API 兼容的任何文件系统上的文件中读取数据来创建流，具体使用过程如下。

步骤 01：使用如下命令，在 HDFS 上创建一个目录，用来存放原始数据。

```
hdfs dfs -mkdir -p /bigdata/streaming/
```

步骤 02：在 PyCharm 中创建一个 py 文件，录入图 17-10 所示的内容。首先导入 Streaming-Context 模块，然后创建 StreamingContext 实例，传入参数 10 表示将每隔 10 秒的流数据转换为一个 RDD。第 11 行监控的是 HDFS 上的一个目录，Spark Streaming 读取的是文件数据，因此调用 textFileStream 方法。第 12 行即为流式程序处理数据的具体逻辑：统计词频。在第 16、17 行，启动 Spark Streaming 开始接收数据并执行计算。

```
2   # -*- coding: UTF-8 -*-
3
4   from pyspark import SparkContext
5   from pyspark.streaming import StreamingContext
6
7   if __name__ == "__main__":
8       sc = SparkContext(appName="HDFSFileStream")
9       ssc = StreamingContext(sc, 10)
10
11      lines = ssc.textFileStream("/bigdata/streaming")
12      counts = lines.flatMap(lambda line: line.split(" ")).\
13      map(lambda x: (x, 1)).reduceByKey(lambda a, b: a + b)
14      counts.pprint()
15
16      ssc.start()
17      ssc.awaitTermination()
```

图 17-10　创建文件流

步骤 03：将 py 文件上传至 Linux，使用如下命令提交应用。

```
python3 /bigdata/codes/filestream.py
```

如图 17-11 所示，屏幕上每隔 10 秒会输出一段日志，表示每隔 10 秒触发一次计算。

步骤 04：创建一个 txt 文件，填入以下内容。

```
hello hadoop
hello spark
hello hive hbase
hello hadoop spark
```

保持运行 Python 3 命令的窗口不关闭，在 Linux 系统上新打开一个终端，将新创建的文件上传到 HDFS 的 /bigdata/streaming/ 目录下。此时 Python 3 命令窗口中显示了对文本内容的计算结果，如图 17-12 所示。

可以看到整个文件内容被转换成了一个 RDD，经过调用 flatMap/map/reduceByKey 操作，计算出了每个单词的个数。

图 17-11　监控日志

图 17-12　打印数据

这里是先调用了 StreamingContext 对象的 start 方法，然后上传的文件。现在调换一下执行顺序，先上传文件，再提交应用。

步骤 05：按【Ctrl+z】组合键终止程序。

步骤 06：将文件内容修改如下，重命名，然后重新上传。

```
hello1 hadoop1
hello1 spark1
hello1 hive1 hbase1
hello1 hadoop1 spark1
```

如图 17-13 所示，等待一段时间后，屏幕上并没有显示新的数据计算结果。原因是 StreamingContext 需要调用 start 后才会去监控目标目录，跟入门示例中需要调用 start 才能获取流数据的机制是一样的。

```
-------------------------------------------
Time: 2019-01-02 12:56:10
-------------------------------------------

-------------------------------------------
Time: 2019-01-02 12:56:20
-------------------------------------------

-------------------------------------------
Time: 2019-01-02 12:56:30
-------------------------------------------

-------------------------------------------
Time: 2019-01-02 12:56:40
-------------------------------------------
```

图 17-13　打印数据

2. 队列流

一般情况下，需要确认流处理程序是否符合预期，可以使用 QueueStream 进行测试。如图 17-14 所示，在第 11 行创建一个流对象；第 13 行构造一个列表；第 16 行对 rdd_queue 进行 10 次追加数据的操作；第 18 行调用 queueStream 方法对 rdd_queue 列表进行监控；第 19 行将数组中的当前批次数据对 2 取模，并将其作为 key 值，构造成 (值，1) 的形式，然后调用 reduceByKey 计算出偶数和奇数的个数。

```
2  # -*- coding: UTF-8 -*-
3
4  import time
5
6  from pyspark import SparkContext
7  from pyspark.streaming import StreamingContext
8
9  if __name__ == "__main__":
10     sc = SparkContext(appName="QueueStream")
11     ssc = StreamingContext(sc, 10)
12
13     tmp_list = [j for j in range(1, 10)]
14     rdd_queue = []
15     for i in range(10):
16         rdd_queue += [ssc.sparkContext.parallelize(tmp_list)]
17
18     input_stream = ssc.queueStream(rdd_queue)
19     data = input_stream.map(lambda x: (x % 2, 1)).reduceByKey(lambda a, b: a + b)
20     data.pprint()
21
22     ssc.start()
23     ssc.awaitTermination()
```

图 17-14　创建队列流

执行结果如图 17-15 所示。这一示例不好理解的是第 16 行，既然是对 rdd_queue 累加，为什么每 10 秒计算出的结果是一样的呢？按常规思路，统计结果也应该是递增的。

实际情况是这样的：第 16 行每次执行 ssc.sparkContext.parallelize 时都会创建 1 个 RDD，因此 rdd_queue 中会存在 10 个 RDD。StreamingContext 每隔 10 秒从 input_stream (DStream 类型) 中取出 1 个 RDD 进行运算，由于每个 RDD 是相互独立的，每次对 2 取模的 *x* 变量值都是 1、2、3、4、5、6、7、8、9，因此计算结果始终是偶数有 4 个，奇数有 5 个。当队列中的 10 个 RDD 全部计算完毕后，流应用也不会停止，只是没有数据进行运算，屏幕只显示时间，不显示结果。

```
Time: 2019-01-02 13:19:40
-------------------------------------------
(0, 4)
(1, 5)

-------------------------------------------
Time: 2019-01-02 13:19:50
-------------------------------------------
(0, 4)
(1, 5)

-------------------------------------------
Time: 2019-01-02 13:20:00
-------------------------------------------
(0, 4)
(1, 5)

-------------------------------------------
Time: 2019-01-02 13:20:10
-------------------------------------------
(0, 4)
(1, 5)

-------------------------------------------
Time: 2019-01-02 13:20:20
-------------------------------------------
(0, 4)
(1, 5)
```

图 17-15　打印数据

17.3　**Structured Streaming**

Structured Streaming 是 Spark Streaming 处理引擎的全新升级版。在 Spark 2.2 版本之前，已经包含了 Structured Streaming 模块，因为是实验性质的，因此不推荐在生产环境使用，实际的流式处理普遍采用 Spark Streaming 模块。随着技术的发展，在 Spark 2.2 版本之后，Structured Streaming 模块已经得到改进，可以在生产环境中使用。

结构化流是一种基于 Spark SQL 引擎的可扩展和容错的流处理引擎，用户可以像处理静态数据一样处理流式数据。这一点可以类比来看：Spark 操作普通的 RDD，Spark SQL 操作 DataFrame（有结构的 RDD）；Spark Streaming 将对数据流的操作转换为对 RDD 的操作，Structured Streaming 将对数据流的操作转换为对 DataFrame 的操作。

与 Spark Streaming 类似，对结构化流的操作也是建立在微小的批数据之上的，由 Spark SQL 引擎执行这些操作，并在流数据持续到达时更新最终结果。

对结构化流的处理，比如做聚合运算、基于事件时间窗口的运算和流的连接操作等，都会被优化然后在 Spark SQL 引擎上执行。同时，这些操作还可以通过预写日志和设置检查点来做容错。

Structured Streaming 引擎将数据流作为一系列小批量作业处理，实现了低至 100 毫秒的端到端延迟和一次性容错保证。

简而言之，用户无须关注数据传输过程，Structured Streaming 已经提供了快速、可扩展、容错、端到端的流处理。在当前版本（Spark 2.4.0）中，更推荐使用 Structured Streaming。

17.3.1　快速入门

改进 17.2.1 小节的入门示例程序，使用 Structured Streaming 引擎来实现基于网络流的单词个数统计。

步骤 01：将 Spark Streaming 修改为 Structured Streaming。

如图 17-16 所示，第 4~6 行，导入必需的模块。在第 8 行创建一个 SparkSession 对象的实例，该实例是整个程序的入口。第 11 行指定要监听的主机和端口，调用 load 方法将接收到的流数据转换为一个 DataFrame 对象：lines。DataFrame 是具有 Schema 信息的，默认有一个名为 "value" 的列。然后在第 13~17 行，指定对 lines 的操作，将每一行的 "value" 列调用内置的 SQL 函数 split 和 explode：把每一个数据行分成多行，每行包含一个单词，并调用 alias 将新的列命名为 "word"。需要注意的是，这里只是指定了转换操作，并没有真正执行。在第 19 行将单词进行分组并计算每组单词个数，调用方式和普通的 DataFrame 方式一样。最后在第 20 行将输出模式设置为 "complete"，输出位置设置为 "console"，然后启动引擎，等待接收数据和执行具体的运算。

```
2   # -*- coding: UTF-8 -*-
3
4   from pyspark.sql import SparkSession
5   from pyspark.sql.functions import explode
6   from pyspark.sql.functions import split
7
8   spark = SparkSession.builder.appName("WordCount").getOrCreate()
9
10  lines = spark.readStream.format("socket").\
11  option("host", "localhost").option("port", 9999).load()
12
13  words = lines.select(
14      explode(
15          split(lines.value, " ")
16      ).alias("word")
17  )
18
19  wordCounts = words.groupBy("word").count()
20  query = wordCounts.writeStream.outputMode("complete").format("console").start()
21  query.awaitTermination()
```

图 17-16　结构化流统计词频

步骤 02：在 linux 上使用 nc 工具发送数据。

```
nc -lk 9999
```

步骤 03：在新窗口中使用如下命令，提交应用。

```
python3 /bigdata/codes/structured_network_wordcount.py
```

如图 17-17 所示，在没有数据的情况下，程序执行结果。

步骤 04：在 nc 窗口中输入如下内容。

```
hello world
```

再回到 Python 3 命令窗口，显示单词统计结果，如图 17-18 所示。

图 17-17　打印数据

图 17-18　打印数据

示例总结：结构化流与离散化流的编程步骤基本一致，在编写处理过程时可以直接调用 DataFrame 上的 API。结构化流最大的好处在于，它是运行在性能更好的 Spark SQL 引擎上的。

17.3.2　编程模型

结构化流的核心思想是将实时数据流视为连续追加的表，这个表称为"无界表"。Spark 将流式计算过程视为静态表上的标准批处理查询，将新加入表中的数据作为一个增量查询执行。

1. 基本概念

将接收输入数据流的对象视为"输入表"，即"无界表"，新收到的流数据会被当成一个新的数据行追加到无界表。如图 17-19 所示，"Data stream"是输入流，流中新收到数据就相当于在无界表中新添加了一行。

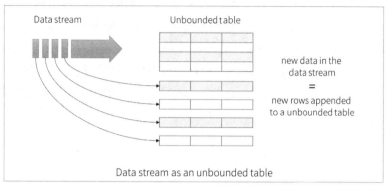

图 17-19　无界表

对无界表的查询将生成"结果表"。例如，每隔 1 秒有新的数据加入无界表，Spark 就会对新的数据项进行增量运算并更新结果表。当计算完毕后，就可以将结果表输出到外部设备。如图 17-20 所示，无界表每隔 1 秒收到一次数据，同时触发一次计算并更新结果表，然后将结果表输出。

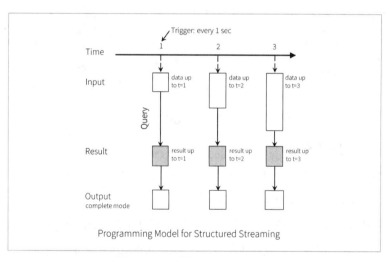

图 17-20　结构化流编程模型

Spark 提供了多种输出模式。

（1）Complete Mode（完整输出模式）。每次更新后的结果表会被全部输出，即本次更新触发了输出操作，这次的输出结果会带上上一次的计算结果。至于如何将本次和上一次的数据联合起来，以及具体的存储过程是什么，并不需要用户考虑。

（2）Append Mode（追加输出模式）。自上次触发后，只有结果表中有新的行加入时，才会写入外部存储器。这仅适用于结果表中的现有行不会被更改的查询。

（3）Update Mode（更新输出模式）。仅将自上次触发后在结果表中有更新的行写入外部存储。这与"Complete Mode"的不同之处在于，此模式仅输出自上次触发后已更改的行。如果查询中不包含聚合，则它等同于"Append Mode"。

17.3.1 小节的示例的计算过程如图 17-21 所示。第 1 行是使用 nc 工具发出消息，第 2 行的 time 是时间线。nc 在时间点 1 发送消息"cat dog dog dog"，Spark 同时从网络流中将该数据取回并添加到无界表中，计算完成后更新到结果表，然后使用"Complete Mode"输出。在时间点 2，nc 发送消息"owl cat"，Spark 继续取回数据并追加到无界表，注意本次计算是基于时间 1 的结果和接收到的新数据进行的，上一次计算完毕后原始数据会被丢弃，计算过程是本次的"owl 1，cat 1"+上一次的"cat 1，dog 3"，得到"owl 1，cat 2，dog 3"。往后的执行逻辑以此类推。

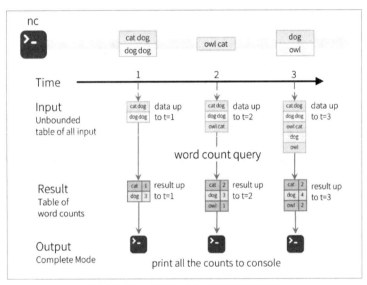

图 17-21　快速入门示例的计算过程

2. 事件时间聚合和延迟数据处理

Structured Streaming 模型中有两种时间：一是 Spark 接收到数据的时间，二是该数据实际产生的时间。Structured Streaming 可以根据数据的事件时间进行聚合。

事件时间是数据本身的产生时间，某些应用场景希望基于此时间进行运算。例如，物联网设备生成的数据，用户可能希望使用生成数据的时间，而不是 Spark 接收到数据的时间。Spark 收到事件数据后，将其追加到无界表，使其成为其中的一行，事件时间自然成为行中的列值，这样就能够很方便地实现基于事件时间的聚合运算。

Structured Streaming 将事件时间作为预期，那么晚于预期收到的数据就是延迟数据，延迟数据可以保留，也可以丢弃。延迟数据并不影响 Spark 处理之前数据的聚合。在 Spark 2.1 版本之后，该模型支持水印，允许用户指定延迟数据的阈值（延迟时间），并允许引擎清理之前数据聚合的状态。

3. 语义容错

端到端的一次性语义是结构化流的关键目标之一。为实现这一目标，Spark 设计了结构化流数据源、接收器和执行引擎，以可靠地跟踪流数据处理的确切进度，最终实现通过重新启动或重新处理来应对各类故障。

　　假设每个流数据源都具有偏移量（类似于 Kafka 偏移），这个偏移量用来记录流数据的读取位置。执行引擎使用检查点和预写日志来记录每个触发器中正在处理的数据的偏移范围，同时接收器的执行逻辑设计为幂等。结合使用可重放的源和幂等接收器，结构化流可以确保在任何故障下都能做到端到端完全一次的语义。

温馨提示

在分布式环境中传递消息，有三种传递语义。

（1）至少传递一次。在 17.3.1 小节的示例中，nc 传递消息给 Spark，若要确保 Spark 将消息正确处理了，就需要 Spark 给 nc 发送一个反馈消息。在生产环境中，nc 和 Spark 可能并不在同一个节点上，此时若是 Spark 端发生故障，没有发送反馈消息，或者由于网络延迟，导致 nc 在预计时间内没有收到反馈消息，nc 就会重复发送消息，直到确定 Spark 正确处理为止。这种方式虽能保证系统可用，但是 Spark 收到的数据会有冗余。

（2）最多传递一次。为了避免接收端重复收到消息，比如银行系统收到转账请求，一般发送端会采用最多传递一次的方式，以避免重复转账。这种方式不能保证系统可用，但是能避免接收端数据冗余。

（3）完全一次。这是消息传递的理想状态，发送端传递一次消息，接收端收到就正常发送反馈消息，并且发送端能正常收到反馈消息。

简单来说，Spark 结构化流处理引擎配合跟踪流数据读取位置源，可以实现完全一次的消息传递语义。

17.3.3　流式DataFrame源

　　从 Spark 2.0 开始，DataFrame 可以表示静态的、有界的数据，也可以表示流式的、无界的数据。创建结构化流式的 DataFrame 与创建静态的 DataFrame 类似，都是使用 SparkSession 作为入口点，并可以对流式 DataFrame 应用与静态 DataFrame 相同的操作。

　　流式 DataFrame 可以通过以下几种数据源来创建。

1. 文件流源

　　读取目录中写入的文件作为数据流，支持的文件格式为 text、csv、json、orc、parquet。基于文件的数据源需要用户手动指定 Schema 信息。

2. Kafka源

　　从 Kafka 读取数据，兼容 Kafka 0.10.0 及更高版本。

3. 网络流源

　　监听 Socket 读取网络数据，具体参见本节快速入门示例。需要注意的是，这种数据源仅用于测试，因为 Spark 对网络流源不提供端到端的容错保证。

4. Rate源

以每秒指定的行数生成数据，每个输出行包含 timestamp 和值。这种源也仅用于测试。

17.3.4 集成Kafka和窗口聚合

用户可以对流式 DataFrame 应用各种操作。从无类型的 SQL 的操作（如 select、where、groupBy）到类型化的 RDD 操作（如 map、filter、flatMap）。

为了让示例更贴近实际生产环境，本节主要使用 Kafka 作为数据源。

1. 安装Kafka

从网上下载 kafka_2.11-2.1.0.tgz 上传到 Linux 系统。

步骤 01：使用如下命令解压，并重命名。

```
tar -zxf /bigdata/tools/kafka_2.11-2.1.0.tgz -C /usr/local
mv kafka_2.11-2.1.0 kafka
```

步骤 02：启动 ZooKeeper 服务。如图 17-22 所示，ZooKeeper 默认绑定 2181 端口。

```
cd /usr/local/kafka
./bin/zookeeper-server-start.sh config/zookeeper.properties
```

```
[2019-01-04 22:40:45,998] INFO Using org.apache.zookeeper.server.NIOServerCnxnFactory as server connection factory (org
[2019-01-04 22:40:46,006] INFO binding to port 0.0.0.0/0.0.0.0:2181 (org.apache.zookeeper.server.NIOServerCnxnFactory)
```

图 17-22 启动 ZooKeeper

步骤 03：重新打开一个窗口，启动 Kafka 服务器。正常启动如图 17-23 所示。

```
cd /usr/local/kafka
./bin/kafka-server-start.sh config/server.properties
```

```
[2019-01-04 22:48:23,426] INFO Kafka commitId = 809be928f1ae004e (org.apache.kafka.common.utils.AppInfoParser)
[2019-01-04 22:48:23,427] INFO [KafkaServer id=0] started (kafka.server.KafkaServer)
```

图 17-23 启动 Kafka

步骤 04：重新打开一个窗口，用来创建主题。

```
cd /usr/local/kafka
./bin/kafka-topics.sh --create --zookeeper localhost:2181
--replication-factor 1 --partitions 1 --topic bigdata
```

使用如下命令查看主题列表。

```
./bin/kafka-topics.sh --list --zookeeper localhost:2181
```

正常创建如图 17-24 所示。

```
[root@ef1c20f82a3f kafka]# ./bin/kafka-topics.sh --list --zookeeper localhost:2181
bigdata
```

图 17-24　主题列表

步骤 05：在当前窗口执行以下命令，启动生产者创建消息。9092 是 Kafka 服务器默认监听端口。

```
./bin/kafka-console-producer.sh --broker-list localhost:9092 --topic
bigdata
```

步骤 06：重新打开一个窗口，启动消费者接收消息。

```
cd /usr/local/kafka
./bin/kafka-console-consumer.sh --bootstrap-server localhost:9092
--topic bigdata --from-beginning
```

步骤 07：在生产者窗口创建消息，如图 17-25 所示。

```
[root@ef1c20f82a3f kafka]# ./bin/kafka-console-producer.sh --broker-list localhost:9092 --topic bigdata
>hello world
```

图 17-25　生产者发送消息

然后切换到消费者窗口，查看是否接收到了消息，正常收到如图 17-26 所示。

```
[root@ef1c20f82a3f kafka]# ./bin/kafka-console-consumer.sh --bootstrap-server localhost:9092 --topic bigdata --from-beginning
hello world
```

图 17-26　消费者收到消息

经过以上步骤，屏幕上没有输出错误信息，表明 Kafka 环境正常。以上打开的 4 个窗口分别启动了 5 个程序，它们之间的关系如图 17-27 所示。

图 17-27　各程序之间的关系

2. Spark集成Kafka

从网上下载 Spark 连接 Kafka 的驱动包 spark-sql-kafka-0-10_2.11-2.4.0.jar，并上传至 Linux 系统。

步骤 01：将该包复制到 Spark jars 目录下。

```
cd /usr/local/spark/jars
mkdir kafka
cp /bigdata/tools/spark-sql-kafka-0-10_2.11-2.4.0.jar ./kafka/
```

步骤 02：修改 spark-env.sh，添加驱动包路径和 Kafka 包路径。

```
export SPARK_DIST_CLASSPATH=$(/usr/local/hadoop/bin/hadoop
classpath):/usr/local/spark/jars/kafka/*:/usr/local/kafka/libs/*
```

至此，Spark 连接 Kafka 的基本环境就配置完毕了。

3. 获取Kafka数据

图 17-28 所示为从 Kafka 中取得数据，然后对数据进行词频统计。在第 14 行指定 spark 读取的流数据源为 "kafka"。在第 15 行调用 option 函数指定 kafka 服务器的地址。在第 16 行指定要处理的消息主题并提取消息。

```
3   import sys
4
5   from pyspark.sql import SparkSession
6   from pyspark.sql.functions import explode
7   from pyspark.sql.functions import split
8
9   if __name__ == "__main__":
10      bootstrapServers = "localhost:9092"
11      subscribeType = "subscribe"
12      topics = "bigdata"
13      spark = SparkSession.builder.appName("FromKafka").getOrCreate()
14      lines = spark.readStream.format("kafka").\
15          option("kafka.bootstrap.servers", bootstrapServers). \
16          option(subscribeType, topics).load().selectExpr("CAST(value AS STRING)")
17      words = lines.select(explode(split(lines.value, ',')).alias('word'))
18      wordCounts = words.groupBy('word').count()
19      query = wordCounts.writeStream.outputMode('complete').format('console').start()
20      query.awaitTermination()
```

图 17-28　读取 Kafka

程序编写完毕后继续按以下步骤执行。

步骤 01：将本示例代码上传到 Linux，在之前的消费者窗口中按【Ctrl+z】组合键停止消费者程序，然后提交 Spark 应用。

```
./bin/spark-submit
examples/src/main/python/sql/streaming/
structured_kafka_wordcount.py
```

步骤 02：回到生产者窗口中，输入以下内容。

```
hello world
```

切换到 Spark 应用窗口，可以看到流数据计算结果。如图 17-29 所示。

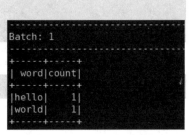

图 17-29　Kafla 流数据

> **温馨提示**
>
> 在实际应用中，各类生成数据的程序充当生产者，Spark 应用充当消费者。

4. 窗口操作

使用结构化流式传输时，滑动事件时间窗口上的聚合非常简单，并且与分组聚合非常相似。在分组聚合中，用户需要指定分组的列名，然后按列名进行聚合计数。在基于窗口聚合的情况下，将事件时间作为聚合条件然后求得聚合值。

前面基于自然批次更新了单词计数，接下来按时间窗口进行单词计数。

例如，计算 10 分钟内的单词，每 5 分钟更新一次结果表。10 分钟窗口是指 12:00-12:10、12:05-12:15、12:10-12:20 等时间段内收到的单词数量。如图 17-30 所示，第 1 行是无界表收到的数据，第 3 行是结果表，每隔 5 分钟触发一次更新。

一个实际情况是，在 12:07 这个时间点收到的单词，会同时在 12:00-12:10 和 12:05-12:15 这两个窗口中进行计数，因此 Spark 在结果表中维持了两个时间段的聚合值。从图中还可以看出，每次触发更新结果表的事件，Spark 都会将当期状态记录下来作为下一次计算的中间表。

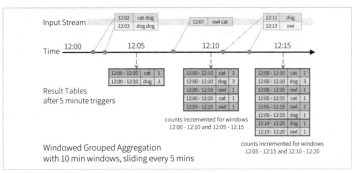

图 17-30　时间窗口计算

对于窗口聚合，需要配合使用 groupBy( ) 和 window( ) 操作来实现，完整代码如图 17-31 所示。其中第 15 行是设置时间窗口大小，第 16 行是设置滑动窗口大小，第 29 行调用内置的 window 函数进行聚合。

```python
2  import sys
3
4  from pyspark.sql import SparkSession
5  from pyspark.sql.functions import explode
6  from pyspark.sql.functions import split
7  from pyspark.sql.functions import window
8
9  if __name__ == "__main__":
10     bootstrapServers = "localhost:9092"
11     subscribeType = "subscribe"
12     topics = "bigdata"
13     windowSize = 10
14     slideSize = 5
15     windowDuration = '{} seconds'.format(windowSize)
16     slideDuration = '{} seconds'.format(slideSize)
17
18     spark = SparkSession.builder.appName("KafkaWordCount").getOrCreate()
19
20     lines = spark.readStream.format("kafka").\
21         option("kafka.bootstrap.servers", bootstrapServers) \
22         .option(subscribeType, topics).option('includeTimestamp', 'true').load()
```

图 17-31　时间窗口聚合（1）

```
24    words = lines.select(
25        explode(split(lines.value, ' ')).alias('word'),
26        lines.timestamp
27    )
28    windowedCounts = words.groupBy(
29        window(words.timestamp, windowDuration, slideDuration),
30        words.word
31    ).count()
32
33    query = windowedCounts.writeStream.outputMode('complete').format('console').start()
34    query.awaitTermination()
```

图 17-31　时间窗口聚合（2）

执行结果如图 17-32 所示。

```
+-------------------+----+-----+
|             window|word|count|
+-------------------+----+-----+
|[2019-01-05 03:54..| dog|    3|
|[2019-01-05 03:54..| cat|    1|
|[2019-01-05 03:54..| cat|    1|
|[2019-01-05 03:54..| dog|    3|
```

图 17-32　根据时间窗口聚合的数据

> **温馨提示**
>
> 为尽快查看计算结果，在程序中将时间设置为秒。需要注意两个时间点：示例中 10 表示时间窗口大小，5 表示滑动窗口大小，滑动窗口应小于时间窗口。

5. 延迟数据

划分时间窗口的计算中还有一种情况，就是数据晚于一个时间窗口到达，但是又是在该时间窗口内生成的数据。例如，Spark 在 12:11 接收到在 12:04 生成的数据，那么 Spark 应更新 12:00-12:10 的窗口技术，而不是 12:10- 12:20，如图 17-33 所示，12:04 的数据自然更新到最旧的窗口聚合。

结构化流可以长时间维持部分聚合的中间状态，以便后期数据可以正确更新旧窗口的聚合。

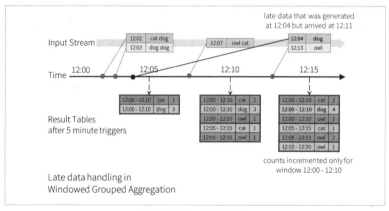

图 17-33　延迟数据

6. 水印

若是流式计算运行数天，那么系统必须限制它在内存中累积的中间状态的数量。这意味着系统需要知道何时可以从内存状态中删除旧聚合，并不再接收该聚合的延迟数据。为了实现这一点，在 Spark 2.1 中引入了水印，如图 17-34 所示，演示了水印的用法。

```
2  import sys
3
4  from pyspark.sql import SparkSession
5  from pyspark.sql.functions import explode
6  from pyspark.sql.functions import split
7  from pyspark.sql.functions import window
8
9  if __name__ == "__main__":
10     bootstrapServers = "localhost:9092"
11     subscribeType = "subscribe"
12     topics = "bigdata"
13     windowSize = 10
14     slideSize = 5
15     windowDuration = '{} seconds'.format(windowSize)
16     slideDuration = '{} seconds'.format(slideSize)
17
18     spark = SparkSession.builder.appName("KafkaWordCount").getOrCreate()
19     lines = spark.readStream.format("kafka").\
20         option("kafka.bootstrap.servers", bootstrapServers) \
21         .option(subscribeType, topics).option('includeTimestamp', 'true').load()
22     words = lines.select(
23         explode(split(lines.value, ' ')).alias('word'),
24         lines.timestamp
25     )
26     windowedCounts = words.withWatermark("timestamp", "10 seconds").groupBy(
27         window(words.timestamp, windowDuration, slideDuration),
28         words.word
29     ).count()
30     query = windowedCounts.writeStream.outputMode('update').format('console').start()
31     query.awaitTermination()
```

图 17-34　设置水印

水印机制使得引擎能够自动跟踪数据中的当前事件时间并尝试相应地清理旧状态。用户可以通过指定事件时间列来设置水印，同时也可以根据事件时间预估数据的延迟时间，来定义一个阈值。对于从时间 T 开始的特定窗口，引擎将保持中间状态并允许延迟数据更新状态直到超过阈值。换句话说，阈值内的延迟数据将被聚合，但是晚于阈值的数据将被丢弃。

17.3.5　查询输出

Spark 提供了多种流输出，比如前面示例中的"console"，既可以输出到 HDFS 作为文件存储，也可以输出到内存，还可以输出到 Kafka。这里基于图 17-31 所示代码，演示最常用的两种输出。为避免其他代码干扰，移除其中第 20~27 行逻辑。

1. 输出到文件

将 writeStream 修改为以下内容。

```
query = lines.writeStream.format("json").
option("checkpointLocation",
  "/struct_streaming/checkpoint").option("path","/struct_streaming/
output").start()
```

然后在 HDFS 上创建以下两个目录。

（1）检查点目录："/struct_streaming/checkpoint"。

（2）存储目录："/struct_streaming/output"。

执行示例程序，然后到 HDFS 中查看输出结果，如图 17-35 所示。

	Permission	Owner	Group	Size	Last Modified	Replication	Block Size	Name	
☐	drwxr-xr-x	root	supergroup	0 B	Jan 05 12:45	0	0 B	_spark_metadata	🗑
☐	-rw-r--r--	root	supergroup	774 B	Jan 05 12:43	1	128 MB	part-00000-11a8f845-065a-4a2b-ac51-647147bd39a8-c000.snappy.parquet	🗑
☐	-rw-r--r--	root	supergroup	1.85 KB	Jan 05 12:44	1	128 MB	part-00000-335bc8d3-1eae-45be-86be-04c6cae155ea-c000.snappy.parquet	🗑
☐	-rw-r--r--	root	supergroup	134 B	Jan 05 12:45	1	128 MB	part-00000-b7122e1e-91b4-4f87-aff3-d74c105d7788-c000.json	🗑

图 17-35　输出到 HDFS

2. 输出到Kafka

将 writeStream 修改为以下内容。

```
query = lines.writeStream.format("kafka").
option("checkpointLocation",
  "/struct_streaming/checkpoint").option("kafka.bootstrap.
servers",bootstrapServers).option("topic", "update").start()
```

然后按以下步骤执行。

步骤 01：使用如下命令创建一个新主题"update"。

```
./bin/kafka-topics.sh --create --zookeeper localhost:2181
--replication-factor 1 --partitions 1 --topic update
```

步骤 02：启动一个消费者，该消费使用新主题"update"。

```
./bin/kafka-console-consumer.sh --bootstrap-server localhost:9092
--topic update --from-beginning
```

步骤 03：提交应用。

步骤 04：在生产者窗口输入以下内容。

```
cat dog dog dog
```

执行结果如图 17-36 所示，左边是生产者发出的消息，由于修改后的程序不包含其他逻辑，在新的消费者窗口中将原始数据输出。

图 17-36　显示结果

17.4　新手问答

问题1：离散化流的有状态操作和无状态操作是指什么？

答：在离散化流中，每个批次的数据是独立的，后一个不依赖前一个。所以在做 RDD 转换操作的时候，默认是无状态操作。当转换需要依赖前一个 RDD 的时候，就需要做有状态操作。有状态操作一般是基于时间窗口进行的。

问题2：结构化流是有状态的还是无状态的？

答：根据结构化流编写运算模型，每次有新的数据到达 Spark 时，数据都是增量修改的，增量是指基于上一次的计算结果进行增量，因此结构化流是有状态的。

问题3：结构化流有几种输出模式，分别有什么用？

答：结构化流有 3 种输出模式，分别是 Append、Complete、Update。对于 slect、map、where操作使用 Append，Append 是默认输出模式，每次执行计算时，有新的数据加入才会输出；对于groupby 聚合操作使用 Complete，每次执行计算都将结果表完整输出；只有结果表中自上次计算后有更新的行，才用 Update。由于实际情况中数据统计业务较多，因此一般使用 Append 和 Complete。

问题4：是否可以将master指定为local[1]？

答：不可以。因为 Spark 执行器是一个长期运行的任务，需要一个核心 CPU 来单独运行。将master 设置为 local[1] 会导致有线程来接收数据，但是没有线程来处理数据。

17.5　实训：实时统计贷款金额

图 17-37 所示为某外企客户贷款金额数据，第一列是客户名称，第二列是客户贷款金额。营销部为了实时掌握客户贷款信息，现要求研发人员开发一个系统，录入一到多条数据就能立即计算出每个客户的总贷款金额。

```
Emma,35000
Sophia,40000
Joyce,56000
Lucy,72000
Jennifer,22000
Marian,91000
Loren,38000
Lorraine,42000
Emma,22000
Jennifer,41000
Emma,45000
Loren,66000
```

图 17-37　客户贷款数据

1. 实现思路

在生产者窗口将数据录入，利用结构化流处理技术进行处理。由于该技术可以维持不同批次数据的状态，因此直接在该编程对象上对用户分组求和即可。

2. 编程实现

如图 17-38 所示，该示例中最关键的部分是第 22 到 24 行。由于 Spark 收到的数据是无界表中的一个列 value，因此需要对该列调用 split，把一个列分为两个列。将第一列重命名为"name"，第二列重命名为"amount"。在第 27 行就可以调用 DataFrame 的分组求和的 API，得到各客户的贷款总金额。完整代码可参见随书源码第 17 章的"17-38 示例代码"。

```python
import sys

from pyspark.sql import SparkSession
from pyspark.sql.functions import split

if __name__ == "__main__":
    if len(sys.argv) != 4:
        print("""
        Usage: structured_kafka_wordcount.py <bootstrap-servers> <subscribe-type> <topics>
        """, file=sys.stderr)
        exit(-1)

    bootstrapServers = sys.argv[1]
    subscribeType = sys.argv[2]
    topics = sys.argv[3]
    spark = SparkSession.builder.appName("SumAmount").getOrCreate()
    lines = spark.readStream.format("kafka").\
        option("kafka.bootstrap.servers", bootstrapServers) \
        .option(subscribeType, topics).load().selectExpr("CAST(value AS STRING)")

    def split_vla(val):
        tmp = split(val, ":")
        return tmp[0].alias("name"), tmp[1].cast("float").alias("amount")

    words = lines.select(split_vla(lines.value))
    wordCounts = words.groupBy("name").sum("amount")
    query = wordCounts.writeStream.outputMode('complete').format('console').start()
    query.awaitTermination()
```

图 17-38　实时计算贷款金额

在生产者窗口中将数据录入，验证计算逻辑。验证结果如图 17-39 所示。

本章小结

本章主要介绍了 Spark 的离散化和结构化流式计算，在 Spark 2.2 版本后推荐使用结构化流。离散化流逻辑简单，比较容易入门。结构化流使开发更容易，但逻辑相对较复杂。因此先了解离散化流有助于后续的学习。Kafka+Spark 流式处理在行业非常流行，建议读者掌握其原理。

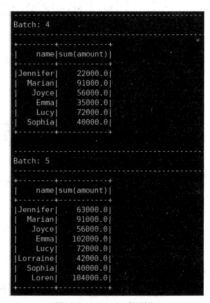

图 17-39　打印数据

第 **5** 篇

项目实战篇

通过实践可以锻炼技能和巩固知识。本篇将结合前面章节介绍的内容，围绕三个项目展开讲解。

第一个项目，通过爬取电商网站"百度糯米"，分析商品销售数据。

第二个项目，通过爬取旅游门户网站"途牛"，分析旅游数据。

第三个项目，通过爬取房产交易门户网站"安居客"，分析交易数据。

每一个项目分三部分：目标分析、数据采集与清洗、数据分析与可视化。数据采集使用 Scrapy，数据存储使用HDFS，数据分析使用Spark，数据可视化使用Matplotlib。

本篇整合了多个组件的使用，完整地重现了一个大数据分析流程。

第18章
分析电商网站销售数据

本章导读

百度糯米是一家团购网站。本章主要介绍如何从百度糯米站点上采集数据，分析消费最高的商家、口碑最好的商家、销量最好的商品以及售价最贵的商品分别是哪些。通过对数据的分析，可以为用户提供消费参考。

知识要点

通过对本章内容的学习，读者能掌握以下内容。

- 如何分析百度糯米网站
- 如何从百度糯米爬取数据
- 如何搭建自动化分布式爬虫
- 如何利用Spark分析百度糯米数据
- 如何利用Matplotlib对分析结果进行可视化

18.1 目标分析

随着人们生活节奏的加快，时间变得越来越宝贵。为了能快速锁定美食，在线订餐需求量越来越大。百度糯米是一个大型的、综合性的团购站点，为人们点餐、购票提供便利。在糯米平台上，提供在线预订的商家数不胜数，虽然为用户提供了便利，但用户为了选择到合适的商品，也会花费不少时间。

为此，本项目的目标是分析目标商圈中，商家评价、人均消费、商品单价、商品销量、商品评价等信息，让消费者对该商圈在售商品有一个整体的认识，在下单时更有针对性。

定义好目标后，接下来开始分析网页。

18.1.1 分析主页面

步骤 01：打开百度糯米网北京站点首页。

```
https://bj.nuomi.com/326
```

图 18-1 所示为各商家的 LOGO 和产品摘要，其中商家名称、位置、人均、评分就是待爬取的数据。

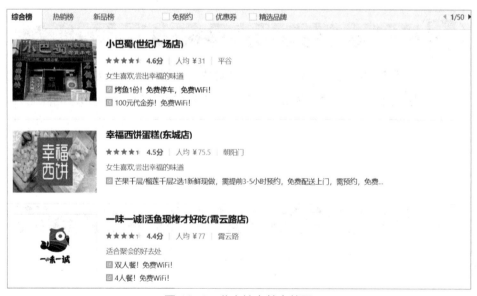

图 18-1 北京站点美食首页

步骤 02：检查 html 元素，其中 <ul class="shop-infoo-list-ul"> 就是数据实际存放的位置，如图 18-2 所示。因此，爬取本页数据只需解析 ul 中的内容即可。

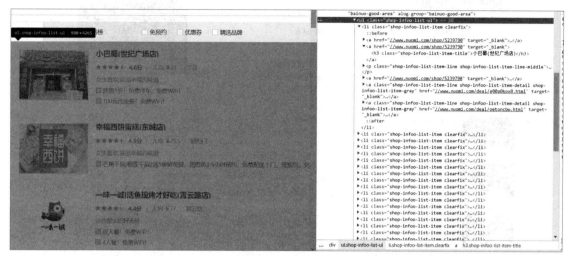

图 18-2 目标数据

步骤 03：由于每页只有 25 条商品信息，数据远远不够分析，因此要爬取更多数据。查看页面底部，如图 18-3 所示，数据总共有 1250 条，为把所有数据都采集下来，就需要观察分页链接的变化。

图 18-3 分页按钮

步骤 04：分别单击第 2、3、4 页按钮，其链接分别如下。

```
https://bj.nuomi.com/326-page2?#j-sort-bar
https://bj.nuomi.com/326-page3?#j-sort-bar
https://bj.nuomi.com/326-page4?#j-sort-bar
```

可以看到，变化的仅仅是 page 后面的编号。分析至此，已经可以通过编程获取所有列表页面。

18.1.2 分析商家商品列表

步骤 01：单击主页面上的商家名称，会跳转到商家详情页面。该商家提供的商品列表显示在页面中部，如图 18-4 所示。这里还无法获取每一个商品的具体得分信息，继续检查 html 元素。

图 18-4　商品列表

步骤 02：如图 18-5 所示，获取每一个商品名称所在的链接。

```
<ahref="//www.nuomi.com/deal/g00p0kpx0.html?s=b3c6f2de32adc95572993e
255ea687c5" target="_blank" mon="element=30503428&amp;position=0&amp;s=
b3c6f2de32adc95572993e255ea687c5" data-item-st="b3c6f2de32adc95572993e2
55ea687c5"> 小巴蜀 </a>
```

除了 "element=*********" 外，其余代码都是相同的。因此可以确定，element 对应的值就是该商品的 ID。

图 18-5　分析商品列表

18.1.3　分析商品详情页面

步骤 01：单击商品名称链接，跳转到商品详情页，如图 18-6 所示，可以看到有多少人团购、商品的评分、有多少条评论等信息。

图 18-6　商品详情页

步骤 02：把页面继续往下拉，如图 18-7 所示，可以看到评论的详细信息，比如好评有 13 条，中评有 2 条，没有差评。

图 18-7　评论详情

依据上述分析，就确定了待采集数据的位置。

18.2　数据采集

完成页面分析后就需要将采集到的数据进行存储。为提高采集效率，本节采用 scrapy_redis 构建分布式爬虫进行采集。

18.2.1　模型设计

根据业务可知，需要建立两个模型。一是商家信息，二是商品信息，一个商家会提供一到多条商品信息。根据上一节的分析，商家和商品信息建模如图 18-8 所示。

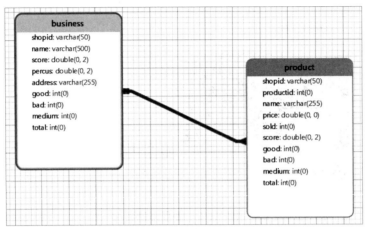

图 18-8　数据模型

各字段含义如表 18-1 所示。

表 18-1　模型字段含义

商家（business) 字段含义		商品 (product) 字段含义	
shopid	商家编号	shopid	商家编号
name	商家名称	productid	商品编号
score	商家评分	name	商品名称
percus	人均消费	price	商品单价
address	地址	sold	商品销量
good	好评个数	score	商品评分
bad	差评个数	good	好评个数
medium	中评个数	bad	差评个数
total	总评论个数	medium	中评个数
—	—	total	总评论个数

18.2.2　架构设计

设计良好的架构除了能提高运行效率外，还有助于系统的部署和维护，本次爬虫项目的系统架构如图 18-9 所示。其中一个爬虫单独获取所有商家的 URL 并存入 Redis 服务器，然后其他多个爬虫从服务器获取商家 URL，开始爬取商家详情。此时，这些爬虫会获取到商品的链接，对新链接继续发送请求，爬取商品详情页面。每一个环节由单独的爬虫负责，这样做可以尽可能使代码易于维护。

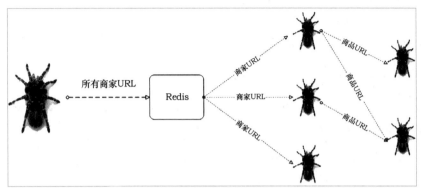

图 18-9　爬虫框架架构

18.2.3　采集数据

采集数据爬虫主要由三部分构成，一是爬取所有商家 URL，二是爬取商家评分、地址等，三是爬取商家提供的商品信息。

1. 爬取起始页

如图 18-10 所示，将待爬取站点的起始页 URL 放入 redis 数据库。Python 要连接 Redis 数据库，首先需要导入 redis 包，如图中第 7 行所示。然后在第 9 行创建一个连接池对象，在第 10 行创建连接对象，在第 11 行通过调用 set 方法将输入的数据插入 Redis 数据库。set 方法的第一个参数是 key，第二个参数是对应的值，类似于 Python 的字典。因此在第 12 行调用 get 方法，传入 key 就可以取得值了。

```
2  """
3  查看糯米北京站主页，每页显示25个商家，因此可以使用
4  总条数/25得到总页数。本脚本就是构造所有的商家页面链接
5  并放入redis
6  """
7  import redis
8
9  pool = redis.ConnectionPool(host="127.0.0.1", password='')
10 r = redis.Redis(connection_pool=pool)
11 r.set("nuomi:start_urls", "https://bj.nuomi.com/326")
12 print(r.get("nuomi:start_urls").decode('utf8'))
```

图 18-10　初始化

2. 爬取商家信息链接

如图 18-11 所示，创建糯米网商家爬虫 NuomibusinessSpider。经过 18.1.1 小节的分析，商家列表是需要分页爬取的。因此，在构造函数中构造分页链接，然后将每一页的商家链接全部获取，存入 Redis。

```
2  import scrapy
3
4  from nuomi.items import BusinessItem
5
6  class NuomibusinessSpider(scrapy.Spider):
7      name = 'nuomibusiness'
8      allowed_domains = ['bj.nuomi.com/326']
9
10     start_urls = ['http://bj.nuomi.com/326/']
11
12     def __init__(self):
13         total_item = 1250
14         page_count = int(total_item / 25) + 1
15         for i in range(2, page_count):
16             self.start_urls.append("https://bj.nuomi.com/326-page{0}?#j-sort-bar".format(i))
17
18     def parse(self, response):
19         li_list = response.xpath("//ul[@class='shop-infoo-list-ul']/li")
20         for li in li_list:
21             business_url = li.xpath("./a[@href][1]")[0].attrib["href"][2:]
22             item = BusinessItem()
23             item["url"] = "https://" + business_url
24             yield item
```

图 18-11　爬取商家信息

爬取数据后，通过管道将其插入 Redis，如图 18-12 所示。

```
2  class InsertStartUrls(object):
3      @staticmethod
4      def process_item(item):
5          if item is not None:
6              redis_obj.lpush(BUSINESS_URL_REDIS_KEY, item["url"])
```

图 18-12　商家信息处理管道

3. 爬取商家和商品详细信息

如图 18-13 所示，爬取商家详细信息和商品详细信息。为了能从 Redis 数据库中获取数据，Scrapy 爬虫类需要从 BusinessdetailSpider 继承，同时还需要定义 redis_key 字段。创建 get_item 方法的目的是为 Scrapy 的实体（item）对象设置初始值，创建 parse_product_detail 方法是为了获取商品详细信息，parse 方法是 Scrapy 的回调，可以在其中提取商家信息。

```
2  import re
3
4  import scrapy
5  from scrapy_redis.spiders import RedisCrawlSpider
6
7  from nuomi.config import BUSINESS_URL_REDIS_KEY
8  from nuomi.items import BusinessDetailItem, ProductDetailItem
9
10
11 class BusinessdetailSpider(RedisCrawlSpider):
12     name = 'businessdetail'
13     allowed_domains = ['bj.nuomi.com/326']
14     redis_key = BUSINESS_URL_REDIS_KEY
15
16     def get_item(self):
17         # 获取商家详情对象所有字段
18         item = BusinessDetailItem()
19         for i in item.fields:
20             item[i] = ""
21         return item
```

图 18-13　爬取商家和商品详情（1）

```python
23    def parse_product_detail(self, response):
24        # 获取商品详情对象所有字段
25        detail_item = ProductDetailItem()
26        for i in detail_item.fields:
27            detail_item[i] = ""
28
29        # 解析商品信息----开始
30        detail_item["shopid"] = response.meta["shopid"]
31        detail_item["productid"] = response.xpath("//div[@class='p-item-info']").attrib["mon"].split("=")[1]
32        detail_item["name"] = response.xpath("//div[@class='p-item-info']/div/h2/text()").extract_first()
33        price = \
          response.xpath("//div[@class='p-item-info']/div/div[@class='item-title']/span/text()").extract_first()
34        try:
35            detail_item["price"] = re.findall(r"\d+\.?\d*", price)[0]
36        except Exception as e:
37            detail_item["price"] = ""
38
39        detail_item["sold"] = \
          response.xpath("//li[@class='item-bought']/div/div/div/span/text()").extract_first()
40        if len(response.xpath(
41
                "//li[@id='j-ugc-grade']/div[@class='sl-wrap']/div[@class='sl-wrap-cnt']/div[@class='no-comment']"
                )) > 0:
42            detail_item["score"] = ""
43        else:
44            detail_item["score"] = response.xpath(
45                "//li[@id='j-ugc-grade']/div[@class='ugc-star
                clearfix']/div[@class='us-grade']/text()").extract_first()
46
47        detail_item["total"] = response.xpath(
48
                "//div[@mon='area=comment&element_type=filter']/ul[@id='j-level-filter']/li[1]/a/span/span/text()").e
                xtract_first()
49
50        detail_item["good"] = response.xpath(
51
                "//div[@mon='area=comment&element_type=filter']/ul[@id='j-level-filter']/li[2]/a/span/span/text()").e
                xtract_first()
52
53        detail_item["bad"] = response.xpath(
54
                "//div[@mon='area=comment&element_type=filter']/ul[@id='j-level-filter']/li[4]/a/span/span/text()").e
                xtract_first()
55
56        detail_item["medium"] = response.xpath(
57
                "//div[@mon='area=comment&element_type=filter']/ul[@id='j-level-filter']/li[3]/a/span/span/text()").e
                xtract_first()
58
59        # 解析商品信息----结束
60        yield detail_item
61
62    def parse(self, response):
63
64        item = self.get_item()
65
66        try:
67            # 解析商家信息----开始
68            item["shopid"] = response.url.split("/")[-1]
69            item["name"] = response.xpath("//div[@class='shop-box']/h2/text()").extract_first().strip()
70            item["score"] = response.xpath(
71                "//div[@class='shop-box']/p[@class='shop-info']/span[@class='score']/text()").extract_first()
72            item["score"] = "" if item["score"] is None else item["score"]
73
74            item["percus"] = response.xpath(
75
                    "//div[@class='shop-box']/p[@class='shop-info']/span[@class='price']/strong/text()").extract_firs
                    t()[1:]
76            item["percus"] = "" if item["percus"] is None else item["percus"]
77
78            item["address"] = response.xpath(
79                "//ul[@class='shop-list']/li[1]/p[@class='bd
                detail-shop-address']/span/text()").extract_first().strip()
80            item["address"] = "" if item["address"] is None else item["address"]
81
82            item["total"] = response.xpath(
83
                    "//div[@mon='area=comment&element_type=filter']/ul[@id='j-level-filter']/li[1]/a/span/span/text()
                    ").extract_first()
84            item["total"] = "" if item["total"] is None else item["total"]
85
86            item["good"] = response.xpath(
87
                    "//div[@mon='area=comment&element_type=filter']/ul[@id='j-level-filter']/li[2]/a/span/span/text()
                    ").extract_first()
88            item["good"] = "" if item["good"] is None else item["good"]
89
90            item["bad"] = response.xpath(
91
                    "//div[@mon='area=comment&element_type=filter']/ul[@id='j-level-filter']/li[4]/a/span/span/text()
                    ").extract_first()
92            item["bad"] = "" if item["bad"] is None else item["bad"]
```

图 18-13　爬取商家和商品详情（2）

```
93
94            item["medium"] = response.xpath(
95
                  "//div[@mon='area=comment&element_type=filter']/ul[@id='j-level-filter']/li[3]/a/span/span/text()
                  ").extract_first()
96            item["medium"] = "" if item["medium"] is None else item["medium"]
97
98            item["hasproduct"] = len(response.xpath("//div[@class='shop-current']/div[@class='col-wrap']")) > 0
99            item["hasproduct"] = "" if item["hasproduct"] is None else item["hasproduct"]
100
101            # 把获取到的新链接放入redis
102            div_col_wrap_list = response.xpath("//div[@class='shop-current']/div[@class='col-wrap']")
103            # 解析商家信息----结束
104            yield item
105            for div in div_col_wrap_list:
106                product_link = "https:" + div.xpath(
107                      "//div[@class='shop-current']/div[@class='col-wrap']/div[@class='n-item col
                      col-1']/a").attrib[
108                      "href"]
109
110                # 开启新的请求爬取商品信息
111                yield scrapy.Request(url=product_link,
112                                     meta={"shopid": item["shopid"]},
113                                     callback=self.parse_product_detail,
114                                     dont_filter=True)
115
116        except Exception as e:
117            pass
```

图 18-13 爬取商家和商品详情（3）

信息获取完毕后仍然传入管道进行保存，图 18-14 所示为保存商家信息的管道。

```
2  class BusinessDetail(object):
3      @staticmethod
4      def process_item(item):
5          if item is not None:
6              with open("business_detail.txt", "a") as f:
7                  f.write(BusinessDetail.get_str(item) + "\n")
8
9      @staticmethod
10     def get_str(item):
11         return "{0},{1},{2},{3},{4},{5},{6},{7},{8},{9}".format(
12             item["shopid"], item["name"], item["score"], item["percus"], item["address"],
13             item["good"], item["bad"], item["medium"], item["total"], item["hasproduct"]
14         )
```

图 18-14 商家信息

图 18-15 所示为保存商品信息的管道。

```
17  class ProductDetail(object):
18      @staticmethod
19      def process_item(item):
20          if item is not None:
21              with open("product_detail.txt", "a") as f:
22                  f.write(ProductDetail.get_str(item) + "\n")
23
24      @staticmethod
25      def get_str(item):
26          return "{0},{1},{2},{3},{4},{5},{6},{7},{8},{9}".format(
27              item["shopid"], item["productid"], item["name"], item["price"], item["sold"], item["score"],
28              item["good"], item["bad"], item["medium"], item["total"]
29          )
```

图 18-15 商品信息

由于整个爬虫使用同一管道来处理不同的"分管道"，那么程序就要自动区分每一个管道对应的爬虫实体。如图 18-16 所示，通过判断传入管道的实体类型来调用合适的管道类。

```
32  class NuomiPipeline(object):
33      def process_item(self, item, spider):
34          if isinstance(item, BusinessItem):
35              InsertStartUrls.process_item(item)
36          elif isinstance(item, BusinessDetailItem):
37              BusinessDetail.process_item(item)
38          elif isinstance(item, ProductDetailItem):
39              ProductDetail.process_item(item)
```

图 18-16 管道流程控制

至此，爬虫开发结束，获取的商家信息如图 18-17 所示。

```
3  3357098,汇贤府(万寿路店),4.6,70,北京市海淀区万寿路西街6号,73,3,9,85,False
4  3352837,寿州大饭店,4.5,146,北京市海淀区北蜂窝8号,16,0,2,18,False
5  61705051,新云南皇冠假日酒店-菌品轩中餐厅,0.0,118,北京市朝阳区东北三环西坝河太阳拱桥东北角云南大厦4层,
6  3221399,职工之家游泳馆,0.0,87,北京市海淀区北京西城区真武庙路1号中国职工之家B座4层,,,,,False
7  2844035,茶物语(欢乐谷店),4.4,11,北京市朝阳区金蝉西路,25,3,2,30,True
8  4764452,紫苏·婚宴(朝阳公园店),0.0,131.5,北京市朝阳区朝阳公园西路8号八号公馆西门东边第一家,,,,,False
9  5809620,重庆十八梯老火锅,4.6,91.5,北京市海淀区罗庄东路10号（蓟门里北路）,21,2,1,24,True
10 8708894,轩舍茶艺棋牌,5.0,99.5,北京市朝阳区朝阳北路公园1872国际公寓商务楼中远物流1楼,1,0,0,1,True
11 10583992,老船舱(蒸汽海鲜东四店),0.0,225,北京市东城区东四北大街东四九条100号,,,,,True
12 2760948,盛铭邦茶楼(阜通西大街旗舰店),,4.8,100,北京市朝阳区望京阜通西大街18号楼2号楼09号底商(望京华联商
   ),6,0,0,6,False
13 10618168,咱家生态餐厅,4.5,65,北京市怀柔区红螺寺路红螺寺南1.5公里,12,2,1,15,True
14 4704079,秘辣(国美第一城店),3.9,109,北京市朝阳区青年路东里2号院9号楼一层13号(国美第一城餐饮街北端近国美
```

图 18-17　商家信息

商品信息如图 18-18 所示。

```
7  5741663,5964283,818元1-10人服务,818,5,,,None,None,None,None
8  10669067,8038597,五棵松饭店4到6人餐,464,18,,,None,None,None,None
9  4704079,30723868,秘辣一堆小龙虾,599,0,,,None,None,None,None
10 3167532,8344444,阳家私坊乐享6至7人餐,448,15,5,1,0,0,1
11 10618168,7830730,咱家生态餐厅8至10人餐,738,12,4,1,0,0,1
12 10583992,32587807,老船舱4人海鲜套餐,788,7,,,None,None,None,None
13 10920795,42045850,咖啡茶自助餐厅四人晚餐自助,1388,5,,,None,None,None,None
14 18074608,12185050,榴莲印象76元单人餐,68,0,,,None,None,None,None
15 18074608,12185050,榴莲印象76元单人餐,68,0,,,None,None,None,None
16 18074608,12185050,榴莲印象76元单人餐,68,0,,,None,None,None,None
17 11217573,11512618,五头牛羊汤坊代金券,26.7,31,5,2,0,0,2
18 41125202,38127089,嗨贝深海鱼锅,249,0,,,None,None,None,None
19 41125202,38127089,嗨贝深海鱼锅,249,0,,,None,None,None,None
20 17134366,36873985,鑫路自助铁板烧,258,0,,,None,None,None,None
21 62598168,35281886,徽满楼100元代金券,95,19,,,None,None,None,None
```

图 18-18　商品信息

温馨提示

商家随时都在上架和下架商品，因此采集的数据随时都可能发生变化。

由于爬虫代码量大，书中并未全部展示，完整示例代码见随书源码：糯米网爬虫.zip 文件。

18.3　数据分析

分布式计算的最佳实践是分布式存储，因此将采集到的数据先存储到 HDFS，然后再使用 Spark 进行分析。

18.3.1　将数据上传到HDFS

进入 CentOS 系统，使用如下命令在 Shell 中创建 HDFS 目录，用于存放数据文件。

```
hdfs dfs -mkdir /input
```

上传文件到 HDFS。

```
hdfs dfs -put /bigdata/datasets/business_detail.txt /input
hdfs dfs -put /bigdata/datasets/product_detail.txt /input
```

在 HDFS WebUI 页面查看上传状态，如图 18-19 所示。

	Permission	Owner	Group	Size	Last Modified	Replication	Block Size	Name	
	-rw-r--r--	root	supergroup	59.25 KB	Mar 11 18:37	1	128 MB	business_detail.txt	🗑
	-rw-r--r--	root	supergroup	53.4 KB	Mar 11 18:38	1	128 MB	product_detail.txt	🗑

/input   Go!

Show 25 entries   Search:

Showing 1 to 2 of 2 entries   Previous **1** Next

图 18-19　HDFS 中的文件

18.3.2　筛选口碑最好的十户商家

通过分析用户的评分信息来了解商家的口碑。如图 18-20 所示，首先通过商家信息来创建 RDD，然后选出商家名称和商家得分信息，并按得分进行排序，最后将 RDD 创建成数据帧并显示。

```
3  from pyspark.sql import SparkSession
4  from pyspark.sql.types import StructField, StringType, StructType
5
6  spark = SparkSession.builder.getOrCreate()
7  file = "hdfs://localhost:9000/input/business_detail.txt"
8  rdd = spark.sparkContext.textFile(file)
9
10
11 def convert_data(line):
12     lines = line.split(",")
13     # 返回的三个数据分别是：商户名称，评分
14     return lines[1], lines[2]
15
16
17 # 对数据去重然后排序
18 data = rdd.map(lambda line: convert_data(line)).distinct(). \
19     sortBy(lambda x: x[1], ascending=False).collect()
20
21 schemaString = "name score"
22 fields = [StructField(field_name, StringType(), True) for field_name in schemaString.split()]
23 schema = StructType(fields)
24 df = spark.createDataFrame(data, schema).limit(10)
25 df.show()
```

图 18-20　按口碑排序

执行结果如图 18-21 所示，可以看到排名前十的商户，评分都是满分。

18.3.3　筛选人均消费最高的十户商家

分析该商圈消费最高的商家和对应口碑，让消费者对这些高消费场所有具体的认识。如图 18-22 所示，创建 Spark 对象并从 HDFS 加载数据；选出商家名称、人

图 18-21　打印数据

均消费和客户评分，并按人均消费进行排序。

```python
3  from pyspark.sql import SparkSession
4  from pyspark.sql.types import StructField, StringType, StructType
5  spark = SparkSession.builder.getOrCreate()
6  file = "hdfs://localhost:9000/input/business_detail.txt"
7  rdd = spark.sparkContext.textFile(file)
8
9  def convert_data(line):
10     lines = line.split(",")
11     # 返回的三个数据分别是：商户名称，评分，人均消费
12     return lines[1], lines[2], float(lines[3])
13
14
15 # 对数据去重然后排序
16 data = rdd.map(lambda line: convert_data(line)).distinct(). \
17     sortBy(lambda x: x[2], ascending=False).collect()
18
19 # 将rdd构造成dataframe，并调用show方法显示
20 schemaString = "name score per_cusomer"
21
22 fields = [StructField(field_name, StringType(), True) for field_name in schemaString.split()]
23 schema = StructType(fields)
24 # 输出人均消费前十位的商家
25 df = spark.createDataFrame(data, schema).limit(10)
26 df.show()
```

图 18-22　筛选人均消费最高商家

执行结果如图 18-23 所示，可以看到人均消费最高的前十户商家，但很多商家的评分都不高，这说明人们还是在理性消费。

```
                  name|score|per_cusomer|
    太和农园饭店(西国贸店)|  0.0|      538.0|
        维肯国际电音俱乐部|  0.0|      468.0|
  咖啡茶自助餐厅(香格里拉店)|  4.5|      400.5|
        唐人婚宴(西三环店)|  0.0|      398.5|
              燕喜餐饮|  4.8|      328.0|
            行宫御茶坊|  4.8|      298.0|
谷斯·进口牛排海鲜体验馆(金源燕莎店)|  5.0|      269.0|
          阳光花园农庄基地|  0.0|      247.0|
              不二轟生|  4.3|      244.0|
              cakeboss|  0.0|      237.5|
```

图 18-23　打印数据

18.3.4　筛选卖得最好的十个商品

分析最畅销产品，能反映出用户的消费习惯。如图 18-24 所示，通过读取商品信息表，对商品销量进行排序。

```python
3  from pyspark.sql import SparkSession
4  from pyspark.sql.types import StructField, StringType, StructType
5
6  spark = SparkSession.builder.getOrCreate()
7  file = "hdfs://localhost:9000/input/product_detail.txt"
8  rdd = spark.sparkContext.textFile(file)
9
10 def convert_data(line):
11     lines = line.split(",")
12     # 返回的三个数据分别是：商品，单价，已售数量
13
14     if lines[3] is None or len(lines[3]) == 0:
15         price = 0
16     else:
17         price = float(lines[3])
```

图 18-24　商品销量排序（1）

413

```
18
19        if lines[4] is None or len(lines[4]) == 0:
20            sold = 0
21        else:
22            sold = int(lines[4])
23
24        return lines[2], price, sold
25
26  # 对数据去重然后排序
27  # 对数据去重然后排序
28  data = rdd.map(lambda line: convert_data(line)).distinct(). \
29          sortBy(lambda x: x[2], ascending=False).collect()
30
31  # 将rdd构造成dataframe，并调用show方法显示
32  schemaString = "name price sold"
33
34  fields = [StructField(field_name, StringType(), True) for field_name in schemaString.split()]
35  schema = StructType(fields)
36  # 输出销量前十的商品
37  df = spark.createDataFrame(data, schema).limit(10)
38  df.show()
```

图 18-24　商品销量排序（2）

执行结果如图 18-25 所示，可以看到销量前十的大部分商品都和食物有关，可以推测大多数人还是比较喜欢美食的。

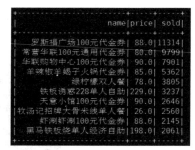

图 18-25　打印数据

18.3.5　筛选卖得最贵的十户商家

由于商家和商品信息是独立存储的，因此做数据分析时，需要将两个独立的 rdd 对象分别处理后再进行连接，如图 18-26 所示。

```
3  from pyspark.sql import SparkSession
4  from pyspark.sql.types import StructField, StringType, StructType
5
6  spark = SparkSession.builder.getOrCreate()
7
8  file1 = "hdfs://localhost:9000/input/business_detail.txt"
9  rdd1 = spark.sparkContext.textFile(file1)
10
11
12 def convert_business_data(line):
13     lines = line.split(",")
14     return lines[0], lines[1]
```

```
17 # 对商户信息进行处理
18 data1 = rdd1.map(lambda line: convert_business_data(line)).distinct()
19
20 file2 = "hdfs://localhost:9000/input/product_detail.txt"
21 rdd2 = spark.sparkContext.textFile(file2)
22
23
24 def convert_product_data(line):
25     lines = line.split(",")
26     if lines[3] is None or len(lines[3]) == 0:
27         price = 0
28     else:
29         price = float(lines[3])
30
31     return lines[0], (lines[2], price)
```

图 18-26　分析商品和商家数据（1）

```
# 对商品信息进行处理
data2 = rdd2.map(lambda line: convert_product_data(line)).distinct()


def convert_data(item):
    return item[0], item[1][0], item[1][1][0], item[1][1][1]


# 将商家和商品信息进行连接
data3 = data1.join(data2).map(lambda x: convert_data(x)).sortBy(lambda x: x[3], ascending=False)

# 将rdd构造成dataframe，并调用show方法显示
schemaString = "shop_id shop_name product_name price"

fields = [StructField(field_name, StringType(), True) for field_name in schemaString.split()]
schema = StructType(fields)
# 输出售价最高的十个商品和商家信息
df = spark.createDataFrame(data3, schema).limit(10)
df.show()
```

图 18-26 分析商品和商家数据（2）

执行结果如图 18-27 所示，可以看到越是高档的场所，商品越贵。

shop_id	shop_name	product_name	price
11208813	芬吉九茶会(建外SOHO店)	芬吉会议沙龙21至30人	3460.0
10920795	咖啡茶自助餐厅(香格里拉店)	咖啡茶自助餐厅四人晚餐自助	1388.0
74158138	维肯国际电音俱乐部	维肯精品套餐	1088.0
43400827	野谷生态科技园	野谷四合院住宿半日	1000.0
10838443	徽善源(永定路店)	徽善源6至8人餐	888.0
78762403	香茗缘茶馆	香茗缘11-12人服务	880.0
84836901	惠丰堂(唐家岭新城店)	惠丰堂商务十人套餐	876.0
5741663	亿香情灶台鱼	818元1-10人服务	818.0
32058020	肉啃肉生鲜户外烧烤半成品(酒仙桥店)	肉啃肉户外烧烤半成品食材	798.0
10583992	老船舱(蒸汽海鲜东四店)	老船舱4人海鲜套餐	788.0

图 18-27 打印数据

18.3.6 分析口碑和销量的关系

如图 18-28 所示，从商品数据集中取出商品评分和销量，为了能直观地反映两者之间的关系，需要使用 Matplotlib 进行可视化展示。

```
from pyspark.sql import SparkSession
from pyspark.sql.functions import monotonically_increasing_id
from pyspark.sql.types import StructField, StringType, StructType

spark = SparkSession.builder.getOrCreate()
file = "hdfs://localhost:9000/input/product_detail.txt"
rdd = spark.sparkContext.textFile(file)


def convert_data(line):
    lines = line.split(",")
    # 返回的三个数据分别是：销量，评分

    if lines[4] is None or len(lines[4]) == 0:
        sold = 0
    else:
        sold = int(lines[4])
```

图 18-28 将分析数据存入 MySQL 数据库（1）

```
21      if lines[5] is None or len(lines[5]) == 0:
22          score = 0
23      else:
24          score = float(lines[5])
25
26      return sold, score
27
28
29  # 对数据去重然后排序
30  data = rdd.map(lambda line: convert_data(line)).distinct()
31
32  # 将rdd构造成dataframe，并调用show方法显示
33  schemaString = "sold score"
34
35  fields = [StructField(field_name, StringType(), True) for field_name in schemaString.split()]
36  schema = StructType(fields)
37  df = spark.createDataFrame(data, schema)
38  df.withColumn("id", monotonically_increasing_id())
39  conn_param = {}
40  conn_param["user"] = "****"
41  conn_param["password"] = "****"
42  conn_param["driver"] = "com.mysql.jdbc.Driver"
43  df.write.jdbc("jdbc:mysql://localhost:3306/test", "product_info", "overwrite", conn_param)
```

图 18-28　将分析数据存入 MySQL 数据库（2）

使用 Pandas 从 MySQL 获取数据并使用 Matplotlib 绘制折线图，如图 18-29 所示。

```
2  import pandas as pd
3  from sqlalchemy import create_engine
4  import matplotlib.pyplot as plt
5
6  engine = create_engine("mysql+pymysql://****:****@localhost:3306/test", encoding="utf8")
7  sql = "SELECT MAX(sold)sold,MAX(score)score FROM `product_info` where score!=0 GROUP BY score ORDER BY score "
8  df = pd.read_sql(sql, engine)
9
10 plt.rcParams["font.sans-serif"] = ["SimHei"]
11 plt.plot(df["score"], df["sold"], color="r", marker="o")
12
13 plt.xlabel("用户评分")
14 plt.ylabel("销量")
15 plt.show()
```

图 18-29　获取分析结果

执行结果如图 18-30 所示，可以看到除去异常数据，口碑好的商品销量大部分也比较高，这也比较符合常识。

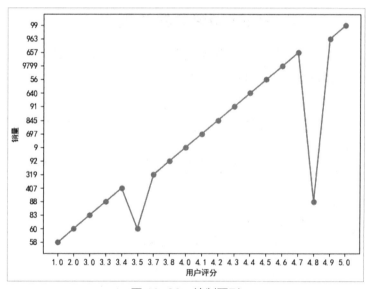

图 18-30　绘制图形

本章小结

本章以实战案例为依据，主要介绍了如何分析网页结构，如何搭建分布式爬虫获取网页数据，如何在一个请求中发起新的 HTTP 请求。还介绍了如何将爬取的数据存入 Redis，从而实现自动化爬虫。最后还介绍了如何利用 Spark 分析采集到的数据，并将分析结果进行可视化。

第19章
分析旅游网站数据

本章导读

　　途牛旅游网是一个休闲旅游预订平台，提供全国多个城市的旅游度假票务预订服务。本章主要介绍如何从途牛旅游门户网站上采集数据，分析"驴友"最喜欢去的地方，出行都有什么特点，偏向于哪一个季节去旅游，以此来推测哪里将是下一个会"火爆"的地方。还可以通过大数据分析，为"驴友"提供初步的出行参考。

知识要点

　　通过对本章内容的学习，读者能掌握以下内容。

- ◆ 如何分析途牛旅游网页面
- ◆ 如何从途牛旅游网爬取数据并存入MySQL
- ◆ 如何搭建分布式爬虫
- ◆ 如何利用Spark从MySQL读取数据并进行分析
- ◆ 如何将Spark数据帧转为Pandas数据帧

19.1 目标分析

现在经济发展越来越好，国民收入越来越高，人们可支配的资金和时间也逐渐增多。在基本生活需求得到满足后，人们开始追求生活质量的提升和精神的富足。

而增长见识、陶冶身心、锻炼身体的最好方式就是旅游度假。有调查显示，接近 67% 的人在时间允许的情况下选择出去旅游，旅行时间大部分在 3~6 天和 7~10 天。在旅游人数增长的背后，交通工具、出行方式、目的地也出现多样化。

本项目的目标是分析哪些地方是热门地区，以及人们旅游的特点和乐于出行的时段等。

定义好目标后，接下来开始分析网页。

19.1.1 分析主页面

步骤 01：打开途牛旅游网游记首页。

`http://trips.tuniu.com/`

图 19-1 所示为各"驴友"出行后撰写的游记。游记分三类：推荐游记、热门游记和最新发布。为了爬取尽量多的数据，这里选择爬取推荐游记的数据。

图 19-1　游记列表

步骤 02：通过观察途牛旅游网的各页面，发现待分析的数据存放在游记详情页。因此需要先爬取各游记详情页的链接，然后再抓取详细数据。

步骤 03：检查 html 元素，<a target="_blank" rel="nofollow" href="http://www.tuniu.com/trips/30501063"> 元素中的"href"属性就是详情页链接，如图 19-2 所示。

图 19-2　详情页链接

将页面继续往下拉，可以看到翻页按钮，如图 19-3 所示。

图 19-3　翻页按钮

步骤 04：通过单击翻页按钮，可以看到每次页面切换都发起了新的 Ajax 请求，因此可以通过该请求地址爬取到所有的游记数据。如下所示分别是前三页的数据地址。从这些地址可以看出，控制页数的参数是 page，最后一个 "_" 是一个时间戳。

```
/ajax-list?sortType=1&page=1&limit=10&_=1552399840388
/ajax-list?sortType=1&page=2&limit=10&_=1552399855989
/ajax-list?sortType=1&page=3&limit=10&_=1552399878508
```

步骤 05：复制第一页地址并在浏览器中打开，返回的数据如图 19-4 所示。

[{"id":30501063,"name":"#家庭出游季#【首发】三月的武汉，是一片樱花烂漫的世界","summary":"此篇游记是"ANNIEWD"在途牛发表的游记攻略，记录...nt":1,"commentCount":0,"imgId":0,"publishTime":"2019-03-11 12:35:39","picUrl":"https://dimg02.c-ctrip.com/images/100312000000ru2j32C51_R.uniucdn.fm/fb2/t1/G5/M00/7F/70/Cii-
orIndentiy":"00A979E370467530DFA079B337BE6949","bindOrder":null,"bindBanner":null,"bindSchedule":null,"hasLike":null},{"id":30501023,"n 多少 ；雪乡 ；游玩一定要趁当年的春节是否在阳历的一月底到二月初，如果当年春节较晚（二月中旬），那就最好不要选择这段时间 ；冰雪大世界是冬季去 ；哈尔滨 ；游玩的一个主要的项目，如果因为天气的因素而导致不能游玩，那会是很遗憾的一件事情。",
commentCount":0,"imgId":0,"publishTime":"2019-03-11 10:46:02","picUrl":"https://s.tuniu.net/pic1552267201984.jpg?imageView2/2/w/800/h/0"
slrsPSmlc_wFAACYG-
A34511C8B2E2740653540A48B798","bindOrder":null,"bindBanner":null,"bindSchedule":null,"hasLike":null},{"id":30501011,"name":"杭州春日郊游攻略，记录了旅游时的游记攻略，图片多多，真好玩。","stamp":4,"authorId":23925789,"viewCount":23390,"likeCount":2,"commentCount":0,"imgI J1n900iILuK3ABMXvePsVHcAAC5mwKDDOUAExfV905_w90_h90_c1_t0.jpg","authorIndentiy":"55CFB18572D423894909D853624C248E","bindOrder":null,"bin summary":"提到 ；瑞士 ；你第一个会想到什么？"","stamp":4,"authorId":84352314,"viewCount":85,"likeCount":0,"commentCount":0,"im geView2/2/w/800/h/0","authorName":"小甜游世界","authorHeadImg":"http://m.tuniucdn.com/fb2/t1/G5/M00/19/81/Cii-

图 19-4　Ajax 数据

步骤 06：结合图 19-2 和图 19-4 可以发现，一个详情页面的地址是由"http://www.tuniu.com/trips/"和每一页 Ajax 数据中的 id 拼凑而成的。

19.1.2　分析游记详情页面

打开一个游记详情页，如图 19-5 所示，其中左上角的"# 自助游""# 人文游"可以反映"驴友"出行的特点；右侧是本次游记的相关目的地。

如图 19-6 所示，通过抓取相关产品价格，来初步推断本次出行的大概消费。

图 19-5　详情页　　　　　　　　　　　　　　图 19-6　相关产品

实际上抓取这些数据并不简单，比如目的地的 HTML 位置如图 19-7 所示。

```
▶ <div class="col-main">…</div>
▼ <div class="col-sidebar">
  ▼ <div data-v-4f8e2395 class="side-floor">
    ▶ <div data-v-4f8e2395 class="side-topic">…</div>
    ▼ <div data-v-4f8e2395 class="side-main">
      ▼ <a data-v-4f8e2395 href="http://www.tuniu.com/g785108/guide-0-0/" m="点击_游记详情页_右侧_相关目的地_目的地_苏黎世_785108" class="poi-card">
        ▶ <div data-v-4f8e2395 class="poi-image">…</div>
          <div data-v-4f8e2395 class="poi-title">苏黎世</div>
      </a>
    </div>
  </div>
  ▶ <div data-v-061c3678 class="side-floor">…</div>
  ▶ <div data-v-546637ed class="side-floor">…</div>
  ▶ <div class="fix-sider" style="position: relative; top: 0px;">…</div>
  </div>
  ::after
</div>
▶ <div class="detail-fix-top" id="detailFixTop" style="display: none;">…</div>
</div>
<script type="text/javascript" src="http://img1.tuniucdn.com/mj/2019030801/global/fps.min.js"></script>
<!--topNavigator部分(第一栏)-->
```

图 19-7　目的地位置

但爬虫抓取到的页面并没有相关内容，这些数据是使用 JavaScript 脚本生成的。因此在爬取的时候需要配合使用 Selenium（用于自动化测试）工具，才能获得完整的 HTML 页面。

19.2　数据采集

完成页面分析后就需要将数据采集到数据库。为提高采集效率，本节采用 scrapy_redis 构建分布式爬虫进行采集。

19.2.1　模型设计

数据模型由三部分构成：一是游记链接存储模型，二是 Ajax 数据存储模型，三是最终的分析数据模型。游记链接仍然存储在高性能的 Redis 内存数据库中，方便 Scrapy 对链接去重和高效爬取；Ajax 数据只会用到其中的"id"数据，使用不频繁，因此可以存储到 MySQL 中；最终待分析数据建议存储到 HDFS。但这里为了演示 Spark 处理传统系统中的数据的过程，会把最终爬取的数据也存储到 MySQL。模型结构如图 19-8 所示。

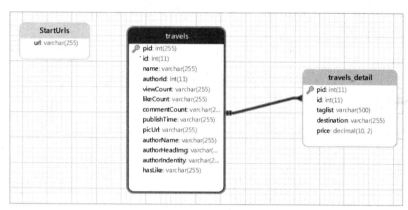

图 19-8　数据模型

19.2.2　架构设计

图 19-9 所示为本项目爬虫架构。

首先由一个初始化程序构造所有的游记列表 URL，并将其存入 Redis。然后由第一个爬虫获取这些链接并取出游记文章的相关信息，一方面存入 MySQL，另一方面构造游记详情页 URL 并存入 Redis。第二个爬虫从 Redis 获取详情 URL 并抓取游记详细数据，最终存入 MySQL。

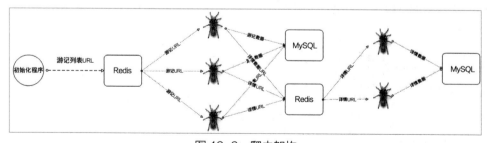

图 19-9　爬虫架构

19.2.3　采集数据

采集数据分三部分：初始化 URL，爬取游记和构造详情 URL，最后爬取详情数据。

1. 爬取起始页

观察游记页面翻页按钮部分，可以看到共有 1197 页。每一页链接类似，因此可以提前构造初始数据，如图 19-10 所示。

```
2  import redis
3  import time
4
5  pool = redis.ConnectionPool(host="127.0.0.1", password='')
6  r = redis.Redis(connection_pool=pool)
7  page_count = 1197
8  print("正在生成链接...")
9  for i in range(1, page_count):
10     timestamp = int(round(time.time() * 1000))
11     url = "http://trips.tuniu.com/travels/index/ajax-list?sortType=1&page={0}&limit=10&_={1}
       ".format(i, timestamp)
12     print(url)
13     r.rpush("tuniu:start_urls", url)
14
15 print("执行完毕！")
```

图 19-10 构造初始数据

2. 爬取游记列表信息

爬取游记列表信息如图 19-11 所示。

```
2  import json
3
4  from scrapy_redis.spiders import RedisCrawlSpider
5  from tuniutrips.items import TravelsItem
6  class TuniuSpider(RedisCrawlSpider):
7      name = "tuniu"
8      allowed_domains = ["trips.tuniu.com"]
9      redis_key = "tuniu:start_urls"
10
11     def parse(self, response):
12         # 将获取的数据转换为json对象
13         data = json.loads(response.text)
14         for row in data["data"]["rows"]:
15             item = TravelsItem()
16             # 通过反射的方式给item赋值
17             for k in row.keys():
18                 if k in item.fields:
19                     item[k] = row[k]
20
21             yield item
```

图 19-11 爬取游记列表

图 19-12 所示的是第一个爬虫对应的实体。

```
2  class TravelsItem(scrapy.Item):
3      # 游记文章ID
4      id = scrapy.Field()
5      # 游记标题名称
6      name = scrapy.Field()
7      # 游记作者ID
8      authorId = scrapy.Field()
9      # 浏览次数
10     viewCount = scrapy.Field()
11     # 喜欢次数
12     likeCount = scrapy.Field()
13     # 评论次数
14     commentCount = scrapy.Field()
15     # 发布时间
16     publishTime = scrapy.Field()
17     picUrl = scrapy.Field()
18     # 作者昵称
19     authorName = scrapy.Field()
20     authorHeadImg = scrapy.Field()
21     authorIndentity = scrapy.Field()
22     hasLike = scrapy.Field()
```

图 19-12 游记列表实体

如图 19-13 所示，通过管道将游记数据存入 MySQL 和 Redis。

```
 2  class Travels(object):
 3      @staticmethod
 4      def insert_db(item, pipeline_obj):
 5          sql = '''
 6              INSERT   travels(id,name,authorId,viewCount,likeCount,
 7              commentCount,publishTime,picUrl,authorName,
 8              authorHeadImg,authorIndentity,hasLike)
 9              VALUES('{}','{}','{}','{}','{}','{}','{}','{}','{}','{}','{}','{}')
10              '''.format(item["id"], item["name"], item["authorId"], item["viewCount"],
11                  item["likeCount"], item["commentCount"], item["publishTime"],
                    item["picUrl"],
12                  item["authorName"], item["authorHeadImg"], item["authorIndentity"],
                    item["hasLike"])
13          pipeline_obj.mysql_conn.query(sql)
14          pipeline_obj.mysql_conn.commit()
15
16      @staticmethod
17      def insert_redis(item, pipeline_obj):
18          detail_url = "http://www.tuniu.com/trips/" + str(item["id"])
19          pipeline_obj.redis_obj.rpush("tuniu:detail_urls", detail_url)
```

图 19-13　存入 MySQL 和 Redis

使用 Navicat 连接到 MySQL，可以看到采集到的游记数据，如图 19-14 所示。

pid	id	name	authorId	viewCount	likeCount	commentCount	publishTime	picUrl	authorName	authorHeadImg
8832	30502917	土耳其深度体验之旅！	64344515	149	0	0	2019-03-13 17:35:31	https://s.tuniu.net/pi	大头强小萌天	http://m.tuniucdn.c
8833	30502344	武功山徒步 | 感谢你吧	68005473	292	0	1	2019-03-13 14:16:53	https://p4-q.mafeng	青青禾	http://m.tuniucdn.c
8834	30502331	【途牛首发】叮咚！	-308055	294	0	1	2019-03-13 13:59:07	https://s.tuniu.net/pi	in老板	http://m.tuniucdn.c
8835	30502063	城隍之旅——邂逅卢日	40265782	4741	0	1	2019-03-12 22:39:32	https://b3-q.mafeng	衣鱼911	http://m.tuniucdn.c
8836	30502031	在西安重度跃雷的我,	70948872	362	0	0	2019-03-12 21:58:23	https://n3-q.mafeng	_5STARS	http://m.tuniucdn.c
8837	30501892	从广州出发，跟我游簪	44324662	5005	1	0	2019-03-12 17:04:03	https://s.tuniu.net/pi	开心菜菜	http://m.tuniucdn.c
8838	30501778	你说从哪儿出发，到这	18567098	255	1	0	2019-03-12 14:24:44	https://dimg08.c-ctr	都地瓜Cynthia	http://m.tuniucdn.c
8839	30501738	【缅甸】迷失在万千佛	14538608	198	0	0	2019-03-12 13:17:4C	http://m.tuniucdn.cc	太空精灵	http://m.tuniucdn.c
8840	30501512	【首发】山城重庆|爬汀	8439931	328	0	1	2019-03-12 11:42:45	https://dimg02.c-ctr	duck_ye	http://m.tuniucdn.c
8841	30501377	【首发】听说你要去台	58197937	2712	0	0	2019-03-12 01:49:35	https://tr-osdcp.qun	lemon赵少	http://m.tuniucdn.c
8842	30501351	新疆大环线二十二天自	58099600	394	1	1	2019-03-11 23:20:0€	http://m.tuniucdn.cc	青川甘大峡谷	http://m.tuniucdn.c
8843	30501243	【途牛首发】阳春三月	1047365	515	1	0	2019-03-11 20:07:09	https://p3.pstatp.co	陶子821	http://m.tuniucdn.c
8844	30501236	浮澜只要六元，还待	911831	190	0	0	2019-03-11 19:49:01	https://p3.pstatp.co	灵夕冰雪	http://m.tuniucdn.c
8845	30501188	爱恋结婚六周年 带性情	72437021	179	0	0	2019-03-11 17:31:02	https://s.tuniu.net/pi	ULOVE优爱乌克兰	http://m.tuniucdn.c
8846	30501168	深山秘汤，雪中富士、	62852599	193	0	0	2019-03-11 16:45:0€	https://p1-q.mafeng	橙子的小脓橙	http://m.tuniucdn.c

图 19-14　游记列表数据

3．爬取游记详细信息

由于游记页面比较特殊，因此需要用 Selenium 工具来下载网页，创建 SeleniumDownloadMiddleware.py 下载器，如图 19-15 所示。

```
 2  from selenium import webdriver
 3  from scrapy.http import HtmlResponse
 4  from logging import getLogger
 5  from selenium.webdriver.chrome.options import Options
 6  class SeleniumDownloadMiddleware(object):
 7      def __init__(self):
 8          self.logger = getLogger(__name__)
 9
10          options = Options()
11          options.add_argument("--headless")
12          options.add_argument("--no-sandbox")
13          # 禁用gpu
14          options.add_argument("--disable-gpu")
15          # 隐藏滚动条
16          options.add_argument("--hide-scrollbars")
17          # 禁止加载图片
18          options.add_argument("blink-settings=imagesEnabled=false")
19          # 配置谷歌无头浏览器
20          self.browser = \
            webdriver.Chrome(executable_path=r"D:\ProgramData\Anaconda3-pkgs\chromedriver.exe",
21                             options=options,
```

图 19-15　使用 Selenium 下载网页（1）

```
23    def __del__(self):
24        self.browser.close()
25
26    def process_request(self, request, spider):
27        if "ajax-list" in request.url:
28            return None
29        else:
30            self.browser.get(request.url)
31            return HtmlResponse(url=request.url, body=self.browser.page_source,
32                                request=request, encoding="utf-8", status=200)
33
34    def process_response(self, request, response, spider):
35        return response
36
37    @classmethod
38    def from_crawler(cls, crawler):
39        return cls()
```

图 19-15　使用 Selenium 下载网页（2）

Selenium 下载完网页后交由爬虫爬取内容，如图 19-16 所示。

```
2  import scrapy
3  from scrapy_redis.spiders import RedisCrawlSpider
4
5  from tuniutrips.items import TravelsDetailItem
6  class TuniudetailSpider(RedisCrawlSpider):
7      name = "tuniu_detail"
8      allowed_domains = ["trips.tuniu.com"]
9      redis_key = "tuniu:detail_urls"
10
11     def parse(self, response):
12         tag_list = response.xpath("//div[@class='tag-list clearfix']/div[@class='tag-item']/text()")
13         tags = []
14         for i in tag_list:
15             tags.append(i.root)
16
17         item = TravelsDetailItem()
18         item["taglist"] = ",".join(tags)
19         item["destination"] = response.xpath("//div[@class='poi-title']/text()").extract_first()
20         item["price"] = response.xpath(
21             "//div[@class='prd-info']/span[@class='price']/span[@class='big']/text()").extract_first()
22         item["id"] = response.url.split("/")[-1]
23         return item
```

图 19-16　爬取游记详情

如图 19-17 所示，通过管道将游记详情数据存入 MySQL。

```
22  class TravelsDetail(object):
23      @staticmethod
24      def insert_db(item, pipeline_obj):
25          sql = '''
26                  INSERT travels_detail(id,taglist,destination,price)VALUES('{}','{}','{}','{}')
27              '''.format(item["id"], item["taglist"], item["destination"], item["price"])
28          pipeline_obj.mysql_conn.query(sql)
29          pipeline_obj.mysql_conn.commit()
```

图 19-17　将游记详情存入 MySQL

采集的游记详情数据如图 19-18 所示。

> **温馨提示**
>
> Selenium 最初用于自动化测试网页，现已经发展成为一个功能丰富的爬虫框架，Selenium 配合 Scrapy 可以组建大型的自动化爬虫。使用如下命令安装。
>
> ```
> pip install selenium
> ```
>
> 由于爬虫代码量大，书中并未全部展示，完整示例代码见随书源码：途牛网爬虫.zip 文件。

pid	id	taglist	destination	price
5677	30199460	#特色表演,#美食,#客	桂林	50
5676	30199438	#自然奇观,#美食,#人	天台县	58
5675	30199364	#暑假,#自然奇观,#摄	贵阳	188
5674	30199324	#特色表演,#自然奇观,	桂林	50
5673	30199320	#人文游,#美食,#自助	黔灵山公园	400
5672	30199313	#自然奇观,#摄影,#自	桂林相公山	400
5671	30199282	#自然奇观,#自助游,#	福州	158
5669	30199637	#美食,#人文游,#小众,	成都	218
5668	30199633	#小众,#美食,#人文游,	南昌	268
5667	30199614	#小众,#人文游,#美食,	西湖	348
5666	30199613	#美食,#特色表演,#自	桂林	50
5665	30199601	#美食,#国庆,#自助游,	南昌	268
5664	30199589	#特色表演,#主题乐园,	横店影视城	185
5663	30199573	#美食,#人文游,#主题	重庆	328
5660	30199934	#特色表演,#自助游,#	桂林	50
5659	30199906	#自然奇观,#海岛,#自	澳大利亚	14999
5658	30199886	#小众,#自然奇观,#人	腾冲市	99

图 19-18　游记详情数据

19.3 数据分析

数据采集完毕后即可开展数据分析工作。本节将演示 Spark 读取 MySQL 数据并进行分析，将分析结果直接转为 Pandas，并与 Matplotlib 工具无缝对接，一次性完成数据可视化工作。

19.3.1 分析“驴友”普遍去了哪些地方

通过 Spark 读取 MySQL 游记详情表，分析 destination 列数据，可以查看最受“驴友”欢迎的地方。具体分析过程如图 19-19 所示。其中第 21 行，可以直接调用 toPandas 方法将 Spark 数据帧对象转为 Pandas 数据帧，从而方便绘图。

```
 2 # -*- coding:utf-8 -*-
 3 from pyspark.sql import SparkSession
 4 import matplotlib.pyplot as plt
 5
 6 # 指定MySQL的配置
 7 options = {
 8     "url": "jdbc:mysql://localhost:3306/sparktest?useSSL=true",
 9     "driver": "com.mysql.jdbc.Driver",
10     "dbtable": "(SELECT * from travels_detail where price!='None') t1",
11     "user": "root",
12     "password": "root"
13 }
14 spark = SparkSession.builder.getOrCreate()
15 # 加载MySQL数据
16 data = spark.read.format("jdbc").options(**options).load()
17
18 # 对目的地列进行分组，调用聚合函数count获取每个组的个数
19 df = data.groupby("destination").count().orderBy("count", ascending=False)
20 # 筛选游记中提到的前十个目的地，并将Spark数据帧转为Pandas数据帧
21 result_pdf = df.select("*").limit(10).toPandas()
22 # 设置matplotlib支持中文
23 plt.rcParams['font.family'] = ['sans-serif']
24 plt.rcParams['font.sans-serif'] = ['SimHei']
25 plt.bar(result_pdf["destination"], result_pdf["count"], width=0.8)
26
27 plt.legend()
28 plt.show()
```

图 19-19　分析目的地数据

如图 19-20 所示，可以看到本次采集的游记中，最受"驴友"欢迎的十个国家和地区。

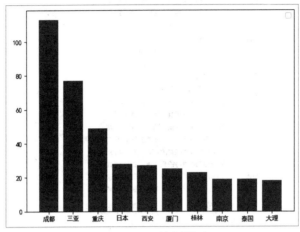

图 19-20　绘制图形

19.3.2　分析"驴友"出行特点

通过游记详情数据，分析 taglist（游记标签）列，可以查看"驴友"出行都有什么明显的特点。具体分析过程如图 19-21 所示。

```python
3  from pyspark.sql import SparkSession
4  import matplotlib.pyplot as plt
5
6  # 指定MySQL的配置
7  from pyspark.sql.types import StructField, StringType, StructType
8
9  options = {
10     "url": "jdbc:mysql://localhost:3306/sparktest?useSSL=true",
11     "driver": "com.mysql.jdbc.Driver",
12     "dbtable": "(SELECT taglist from travels_detail where taglist !='None') t1",
13     "user": "root",
14     "password": "root"
15 }
16 spark = SparkSession.builder.getOrCreate()
17 # 加载MySQL数据
18 data = spark.read.format("jdbc").options(**options).load()
19
20 # 将每一行的taglist转为列表
21 def convert_to_list(line):
22     tmp_list = line[0].replace("#", "").split(",")
23     datas = []
24     for i in tmp_list:
25         if len(i) > 0 and "牛" not in i:
26             datas.append((i, 1))
27     return datas
28
29
30 rdd = data.rdd.flatMap(lambda line: convert_to_list(line)).reduceByKey(lambda x, y: x + y)
31 schemaString = "tag count"
32 fields = [StructField(field_name, StringType(), True) for field_name in schemaString.split()]
33 schema = StructType(fields)
34 schema_data = spark.createDataFrame(rdd, schema).orderBy("count", ascending=False)
35
36 # 将数据转换为Pandas数据帧
37 result_pdf = schema_data.limit(5).toPandas()
38 # 设置matplotlib支持中文
39 plt.rcParams['font.family'] = ['sans-serif']
40 plt.rcParams['font.sans-serif'] = ['SimHei']
41 # colors=color, explode=explode,
42 plt.pie(result_pdf["count"], labels=result_pdf["tag"], shadow=True, autopct='%1.1f%%')
43 plt.legend()
44 plt.show()
```

图 19-21　分析出行组织方式

如图 19-22 所示，在"驴友"出行过程中，46.8% 的人选择了自助游，43.6% 的游记都与美食相关。

19.3.3　推测"驴友"都喜欢在哪个季节出行

通过游记数据，分析 publishTime（游记发布时间）列，可以大概推测"驴友"普遍出行的季节。具体分析过程如图 19-23 所示。其中第 35 行使用了一个新

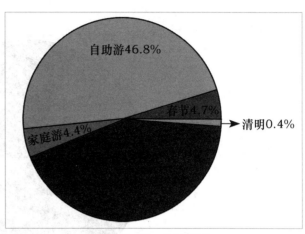

图 19-22　绘制图形

的迭代函数 foldByKey，作用是将 zeroValue 作为初始值，后续每个 key 所对应的值都与之相加，直到将所有 key 迭代完毕。foldByKey 与 groupBy 的区别是，前者使用了初始值参与计算。

```
3  from pyspark.sql import SparkSession
4  import matplotlib.pyplot as plt
5
6  # 指定MySQL的配置
7  from pyspark.sql.types import StructField, StringType, StructType
8
9  options = {
10     "url": "jdbc:mysql://localhost:3306/sparktest?useSSL=true",
11     "driver": "com.mysql.jdbc.Driver",
12     "dbtable": "(SELECT publishTime from travels) t1",
13     "user": "root",
14     "password": "root"
15 }
16 spark = SparkSession.builder.getOrCreate()
17 # 加载MySQL数据
18 data = spark.read.format("jdbc").options(**options).load()

21 # 将每一行的taglist转为列表
22 def convert_to_quarter(line):
23     val = line[0].split("-")
24     if val[1] in ["01", "02", "03"]:
25         return "春季", 1
26     elif val[1] in ["04", "05", "06"]:
27         return "夏季", 1
28     elif val[1] in ["07", "08", "09"]:
29         return "秋季", 1
30     elif val[1] in ["10", "11", "12"]:
31         return "冬季", 1
32
33
34 zeroValue = 0
35 rdd = data.rdd.map(lambda line: convert_to_quarter(line)).foldByKey(zeroValue, lambda v, x: v + x)
36 schemaString = "quarter count"
37 fields = [StructField(field_name, StringType(), True) for field_name in schemaString.split()]
38 schema = StructType(fields)
39 schema_data = spark.createDataFrame(rdd, schema).orderBy("count", ascending=False)

41 # 将数据转换为Pandas数据帧
42 result_pdf = schema_data.limit(5).toPandas()
43 # 设置matplotlib支持中文
44 plt.rcParams['font.family'] = ['sans-serif']
45 plt.rcParams['font.sans-serif'] = ['SimHei']
46 # colors=color, explode=explode,
47 plt.pie(result_pdf["count"], labels=result_pdf["quarter"], shadow=True, autopct='%1.1f%%')
48 plt.legend()
49 plt.show()
```

图 19-23　分析出行季节

执行结果如图 19-24 所示，可以看到整体上数据分布比较均匀。但可能由于夏季天气太热，因此这个季节出行的"驴友"相对较少。

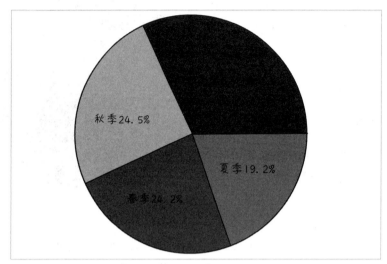

图 19-24　绘制图形

19.3.4　推测未来的热门景点

通过游记数据，分析 viewCount（浏览次数）列，可以反映用户对该地区感兴趣的程度。若是用户普遍关注某篇游记，该文章的浏览次数就会非常高，想去相关目的地的用户可能就会很多，因此可以推测该地区在未来可能会成为热门景点。

为实现这个功能，需要将游记列表和游记详情表联合查询，同时还需要将"viewCount"列进行类型转换，以方便后续排序，具体分析过程如图 19-25 所示。其中第 34 行表示筛选浏览次数大于 200000 的游记的相关景区。

```
3  from pyspark.sql import SparkSession
4  import matplotlib.pyplot as plt
5
6  # 指定MySQL的配置
7  from pyspark.sql.functions import udf
8  from pyspark.sql.types import StructField, StringType, StructType, LongType
9
10 options = {
11     "url": "jdbc:mysql://localhost:3306/sparktest?useSSL=true",
12     "driver": "com.mysql.jdbc.Driver",
13     "user": "root",
14     "password": "root"
15 }
16 spark = SparkSession.builder.getOrCreate()
17 # 加载MySQL数据
18 options["dbtable"] = "(SELECT id,destination,price from travels_detail)travels_detail"
19 data1 = spark.read.format("jdbc").options(**options).load()
20
21 options["dbtable"] = "(SELECT id,viewCount from travels)travels"
22 data2 = spark.read.format("jdbc").options(**options).load()
23
24 # 将viewCount类型（字符串类型）转为长整型（LongType），以方便在SQL语句中排序
25 data3 = data2.select("id", data2.viewCount.cast(LongType()).alias("count"))
```

图 19-25　推测热门景点（1）

```
27  # 进行join操作，将两个数据帧连接为一个数据帧
28  data4 = data1.join(data3, data1.id == data3.id)
29  # 将连接后的数据注册为临时表
30  data4.createOrReplaceTempView("travel")
31
32  # 使用SQL查询生成新的数据帧
33  data5 = spark.sql(
34      "SELECT destination,count,price FROM travel where destination!='None' and count>200000  order by
        count desc")
35
36  data5.show()
```

图 19-25 推测热门景点（2）

执行结果如图 19-26 所示，可以看到关注度最高的景点是"温岭长屿硐天"，该游记的浏览次数达 992244 次，其次是"增城白水寨"，关注度也有 702720 次。"price"列的数据是该地区推荐的旅游项目的报价，游客可以依据此报价来初步评估出行的花费。

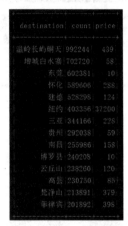

图 19-26 打印数据

本章小结

本章首先介绍了如何分析途牛旅游网的网页结构、数据加载方式。然后介绍了如何搭建自动化的分布式爬虫，利用 Selenium 框架来应对 Javascript 加载数据的问题，以及简单的反反爬虫技术。最后介绍了如何利用 Spark 从 MySQL 中加载数据构造数据帧，然后将 Spark 的数据帧转换为 Pandas 的数据帧来为 Matplotlib 提供数据，绘制图形。

第20章
分析在售二手房数据

本章导读

　　链家是国内房地产租售服务平台，专注于房地产租售信息服务。本章主要介绍如何从链家门户网站上采集数据，分析当前二手房的供应情况和市场行情，为购房者提供数据参考。

知识要点

通过对本章内容的学习，读者能掌握以下内容。

◆ 如何分析链家网站页面

◆ 如何从链家网站爬取数据并存到MongoDB数据库

◆ 如何搭建分布式爬虫

◆ 如何利用Spark从MongoDB读取数据并进行分析

◆ 如何利用Matplotlib对分析结果进行可视化

20.1　目标分析

在房地产行业，售购双方在很多情况下信息都不对称。随着互联网的发展，社会信息化程度提高，众多房地产门户网站正在构建售房者和购房者之间的沟通渠道，房产信息开始变得相对透明。

在几个主流门户网站上，展示了全国的二手房源信息。当购房者在浏览这些信息时，也会面临困扰。例如，购房者想了解哪些是地铁房，哪些区域容易买到房，是否容易买到新房，是否容易买到自己心仪的户型，这些内容直接在门户网站上是看不到的。

因此，本项目的目标就是筛选地铁房、分析各区域在售房、分析在售房户型、分析在售房房龄、分析在售房房源热度。通过这些维度的分析结果，为购房者提供参考。

定好目标后，接下来开始分析网页。

20.1.1　分析主页面

步骤 01：打开链家北京二手房首页。

```
https://bj.lianjia.com/ershoufang/pg1/
```

图 20-1 所示为链家北京二手房列表页。列表数据排序方式有五类：默认排序、最新发布、房屋总价、房屋单价、房屋面积。为了爬取尽量多的数据，这里选择爬取默认排序下的数据。

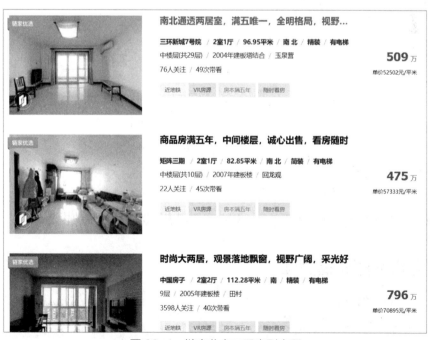

图 20-1　链家北京二手房列表页

步骤 02：观察链家网房源详细信息的各页面，可以看到详情页的 URL 与列表页上的对应标题的链接一致，如图 20-2 所示，其中 <a class="href"="https://bj.lianjia.com/ershoufang/101104081365.html > 元素中的 "href" 属性就是待抓取数据。

图 20-2　详情页链接

步骤 03：将页面继续往下拉，可以看到翻页按钮，如图 20-3 所示。

图 20-3　翻页按钮

通过单击翻页按钮，可以看到每次列表页面跳转的 URL 如下。

```
https://bj.lianjia.com/ershoufang/pg1/
https://bj.lianjia.com/ershoufang/pg2/
https://bj.lianjia.com/ershoufang/pg3/
```

其中 pg 后面的数字是几就代表第几页，因此房源列表页链接可以手动构造。

20.1.2　分析房源详情页面

步骤 01：打开房源详情页。

```
https://bj.lianjia.com/ershoufang/101104075390.html
```

如图 20-4 所示，其中房屋总价、每平米价、小区名称、所在区域和链家编号就是待采集数据。

509万
52502元/平米
首付及贷款情况请咨询经纪人
2室1厅
中楼层/共29层
南 北
平层/精装
96.95平米
2004年建/板塔结合
小区名称　三环新城7号院　地图
所在区域　丰台 玉泉营 三至四环　近10号线丰台站站
看房时间　提前预约随时可看
链家编号　101104075390 举报

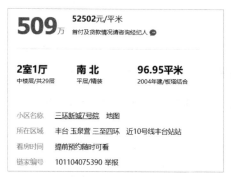

图 20-4　房源信息

步骤 02：继续下拉页面，可以看到房屋的其他信息，如图 20-5 所示。需要采集的就是房屋户型、建筑面积、套内面积、户型结构、挂牌时间、上次交易时间。

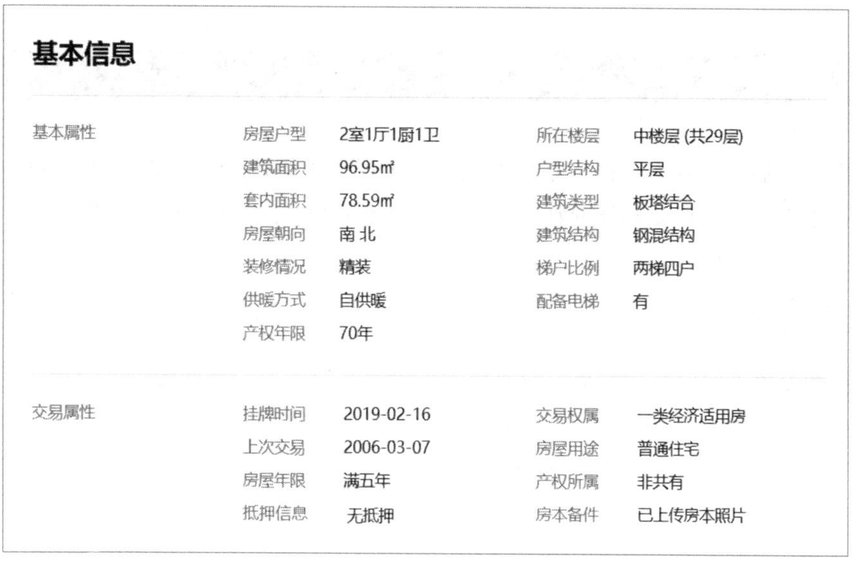

基本信息
基本属性
房屋户型　2室1厅1厨1卫
所在楼层　中楼层 (共29层)
建筑面积　96.95㎡
户型结构　平层
套内面积　78.59㎡
建筑类型　板塔结合
房屋朝向　南 北
建筑结构　钢混结构
装修情况　精装
梯户比例　两梯四户
供暖方式　自供暖
配备电梯　有
产权年限　70年
交易属性
挂牌时间　2019-02-16
交易权属　一类经济适用房
上次交易　2006-03-07
房屋用途　普通住宅
房屋年限　满五年
产权所属　非共有
抵押信息　无抵押
房本备件　已上传房本照片

图 20-5　房源基本信息

步骤 03：继续下拉页面，可以看到房源特色信息，如图 20-6 所示。其中房源标签是待采集数据。

房源特色
房源标签
地铁
VR房源
房本满五年
随时看房

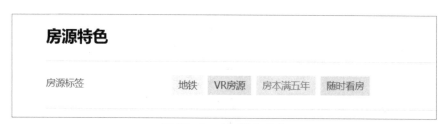

图 20-6　房源特色信息

步骤 04：继续下拉页面，到看房记录部分。这里通过采集最近 7 天带看次数，可以初步推测房源或所在小区的热度，如图 20-7 所示。

看房记录

带看时间	带看经纪人	本房总带看	咨询电话	近7天带看次数
2019-03-16	蔡恒	1次	4008891782转9201	**12**
2019-03-15	李佳桐	1次	4008893051转9638	
2019-03-15	张凌峰	1次	4008896072转5667	— 30日带看35次 —

图 20-7　看房记录

20.2　数据采集

完成页面分析后就需要将数据采集到数据库。为提高采集效率，本节采用 scrapy_redis 构建分布式爬虫进行采集；为提高数据分析效率，存储方面使用 MongoDB 分布式数据库。

20.2.1　模型设计

本项目的数据模型由两部分构成：一是链家房源主页链接，二是房源具体信息。房源主页链接存储在 Redis 内存数据库中，这是为了方便 Scrapy 对链接去重和高效爬取；最终待分析数据存储到了 MongoDB 分布式数据库，以提高 Spark 的分析速度。模型结构如图 20-8 所示。

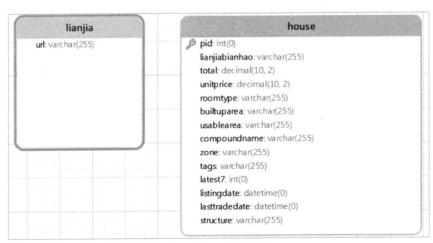

图 20-8　数据模型

20.2.2　架构设计

图 20-9 所示为本项目的爬虫架构。

首先由一个初始化程序构造所有的房源列表 URL，并将其存入 Redis。然后由第一个爬虫获取这些链接并爬取对应页面，取出其中的详情 URL，将详情 URL 继续存入 Redis。第二个爬虫从 Redis 获取详情 URL 并抓取房源详细数据，最终存入 MongoDB。

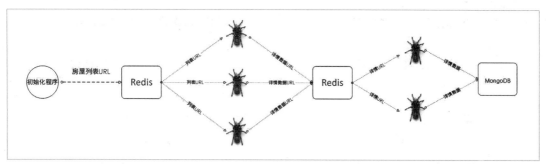

图 20-9　爬虫架构

20.2.3　安装MongoDB

从官网下载 MongoDB 数据库，开始安装。

步骤 01：双击安装程序，弹出欢迎页面，如图 20-10 所示，单击【Next】按钮。

步骤 02：在终端用户协议确认页面选中【Iaccept the terms in the License Agreement】复选框，如图 20-11 所示。然后单击【Next】按钮。

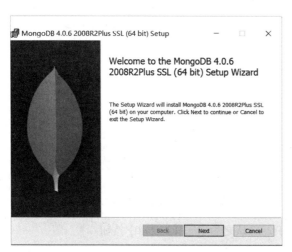

图 20-10　MongoDB 欢迎页

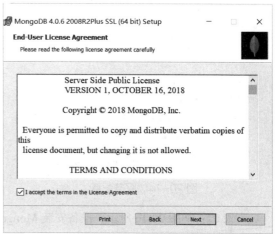

图 20-11　终端用户协议

步骤 03：如图 20-12 所示，选择安装类型。这里单击【Custom】按钮自定义安装。

步骤 04：在自定义安装页面，单击【Browse...】按钮选择安装路径，如图 20-13 所示。选择完毕后单击【Next】按钮。

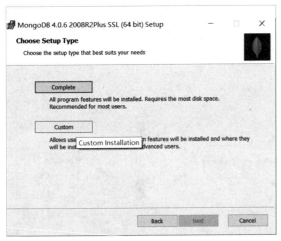

图 20-12　选择安装类型

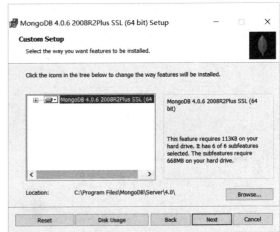

图 20-13　选择安装路径

步骤 05：在服务配置页面可以指定数据目录和日志目录，如图 20-14 所示。配置完毕后继续单击【Next】按钮。

步骤 06：如图 20-15 所示，在安装 Compass 页面，建议取消选中【Install MongoDB Compass】复选框，否则会导致安装很慢。然后单击【Next】按钮。

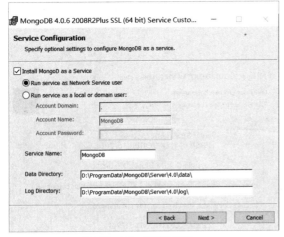

图 20-14　服务配置

图 20-15　安装 Compass 页面

步骤 07：如图 20-16 所示，准备安装 MongoDB。确认之后单击【Install】按钮。

步骤 08：如图 20-17 所示，等待安装完毕。

步骤 09：如图 20-18 所示，安装完毕后单击【Finish】按钮，关闭安装页面。

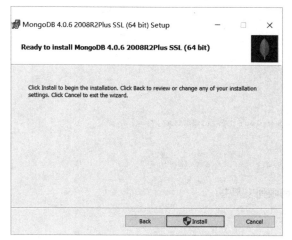

图 20-16　安装最后确认页面

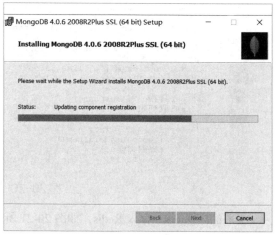

图 20-17　正在安装

至此，安装结束。

20.2.4　采集数据

采集数据分三部分：初始化房源列表 URL，爬取房源列表页和提取详情 URL，最后爬取详情数据。

1. 爬取起始页

如图 20-19 所示，构造房源列表页初始链接。

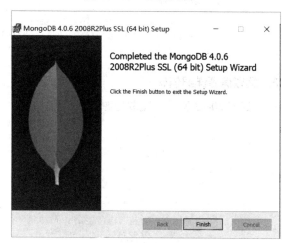

图 20-18　安装完成页面

```python
import redis

pool = redis.ConnectionPool(host="127.0.0.1", password='')
r = redis.Redis(connection_pool=pool)
page_count = 101
print("正在生成链接...")
for i in range(1, page_count):
    url = "https://bj.lianjia.com/ershoufang/pg{}/".format(i)
    r.rpush("lianjia:start_urls", url)

print("执行完毕！")
```

图 20-19　构造初始链接

2. 爬取房源列表信息

构造完列表页 URL 后就可以开始爬取网页了。如图 20-20 所示，爬取房源列表并提取房源详情 URL。

```
3   from scrapy_redis.spiders import RedisCrawlSpider
4
5   from realestate.items import LianJiaItem
6
7   class LianJiaSpider(RedisCrawlSpider):
8       name = "lianjia"
9       allowed_domains = ["bj.lianjia.com"]
10      redis_key = "lianjia:start_urls"
11
12      def parse(self, response):
13          #抓取列表
14          li_list = response.xpath("//li[@class='clear LOGCLICKDATA']")
15          for li in li_list:
16              item = LianJiaItem()
17              #提取详情url
18              item["url"] = li.xpath("./div/div/a[@href]").attrib["href"]
19              yield item
```

图 20-20 房源列表爬虫

提取的详情 URL 存入 Redis，如图 20-21 所示。

```
2   class LianJia(object):
3       @staticmethod
4       def insert_redis(pipeline, item):
5           pipeline.redis_obj.rpush("lianjia:detail_urls", item["url"])
```

图 20-21 存入 Redis

3. 爬取房源详细信息

如图 20-22 所示，爬取房源详情信息。

```
2   from scrapy_redis.spiders import RedisCrawlSpider
3   from realestate.items import LianJiaDetailItem
4
5   class LianJiaSpider(RedisCrawlSpider):
6       name = "lianjiadetail"
7       allowed_domains = ["bj.lianjia.com"]
8       redis_key = "lianjia:detail_urls"
9
10      def parse(self, response):
11          item = LianJiaDetailItem()
12          #提取房源概要
13          item["lianjiabianhao"] = response.xpath(
14              "//div[@class='overview']/div[@class='content']/div[@class='aroundInfo']
15              /div[@class='houseRecord']/span[@class='info']/text()").extract_first()
16          item["total"] = response.xpath(
17              "//div[@class='overview']/div[@class='content']/div[@class='price
                ']/span[@class='total']/text()").extract_first()
18          item["unitprice"] = response.xpath(
19              "//div[@class='overview']/div[@class='content']/div[@class='price
                ']/div[@class='text']/div[@class='unitPrice']/
20              span[@class='unitPriceValue']/text()").extract_first()
21          item["compoundname"] = response.xpath(
22              "//div[@class='overview']/div[@class='content']/
23              div[@class='aroundInfo']/div[@class='communityName']/a[@class='info
                ']/text()").extract_first()
24          item["zone"] = response.xpath(
25              "//div[@class='overview']/div[@class='content']/
26              div[@class='aroundInfo']/div[@class='areaName']/
27              span[@class='info']/a[1]/text()").extract_first()
28
29          #提取房源基本信息
30          li_list = response.xpath(
31              "//div[@class='introContent']/div[@class='base']
32              /div[@class='content']/ul/li/text()")
33          item["roomtype"] = li_list[0].root
34          item["builtuparea"] = li_list[2].root
35          item["structure"] = li_list[3].root
36          item["usablearea"] = li_list[4].root
```

图 20-22 爬取房源详情（1）

```
38    #提取房源交易时间
39    span_list = response.xpath(
40        "//div[@class='introContent']/div[@class='transaction']
41        /div[@class='content']/ul/li/span/text()")
42    item["listingdate"] = span_list[1].root
43    item["lasttradedate"] = span_list[5].root
44
45    #提取房源特色
46    a_list = response.xpath(
47        "//div[@class='introContent showbasemore']/div[@class='tags
         clear']/div[@class='content']/a/text()")
48    tag_list = []
49    for a in a_list:
50        tag_list.append(a.root)
51
52    item["tags"] = ",".join(tag_list)
53
54    #提取房源最近带看记录
55    item["latest7"] = response.xpath(
56        "//div[@id='record']/div[@class='panel']
57        /div[@class='count']/text()").extract_first()
58    yield item
```

图 20-22　爬取房源详情（2）

其中 LianJiaDetailItem 实体定义如图 20-23 所示。

```
2    class LianJiaDetailItem(scrapy.Item):
3        # 链家房产编号
4        lianjiabianhao = scrapy.Field()
5        # 总价
6        total = scrapy.Field()
7        # 平米价
8        unitprice = scrapy.Field()
9        # 小区名称
10       compoundname = scrapy.Field()
11       # 所在区域
12       zone = scrapy.Field()
13       # 户型
14       roomtype = scrapy.Field()
15       # 建筑面积
16       builtuparea = scrapy.Field()
17       # 房屋结构
18       structure = scrapy.Field()
19       # 套内面积
20       usablearea = scrapy.Field()
21       # 挂牌时间
22       listingdate = scrapy.Field()
23       # 上次交易时间
24       lasttradedate = scrapy.Field()
25       # 房源特色
26       tags = scrapy.Field()
27       # 最近7天带看次数
28       latest7 = scrapy.Field()
```

图 20-23　房源详情实体

爬虫提取数据后需要存入 MongoDB，因此需要在管道类中建立与 MongoDB 的连接，如图 20-24 所示。其中第 7 行表示使用 MangoDB 中的 test 数据库，第 8 行表示使用该库的 lianjiadetail 表。MongoDB 无须提前建表和字段，在执行插入时会判断是否有表，没有则自动创建。

```
2    class RealestatePipeline(object):
3
4        def __init__(self):
5            # 设置mongodb数据库连接
6            client = pymongo.MongoClient(host="localhost", port=27017)
7            self.db = client["test"]
8            self.coll = self.db["lianjiadetail"]
9
10           # 设置redis数据库连接
11           pool = redis.ConnectionPool(host="127.0.0.1", password='')
12           self.redis_obj = redis.Redis(connection_pool=pool)
```

图 20-24　初始化连接

然后将实体存入数据库，如图 20-25 所示。

```
2  class LianJiaDetail(object):
3      @staticmethod
4      def insert_mongo(pipeline, item):
5          # 将实体转为字典
6          document = dict(item)
7          # 将字典存入MongoDB
8          pipeline.coll.insert(document)
```

图 20-25　插入 MongoDB

> **温馨提示**
>
> 由于爬虫代码量大，书中并未全部展示，完整示例代码见随书源码：链家网爬虫.zip 文件。

20.3　数据分析

由于爬虫将数据存入 MongoDB 数据库中，因此本节将演示如何让 Spark 读取 MongoDB 数据并进行分析，同时还将介绍如何使用 Matplotlib 完成数据可视化工作。

20.3.1　给Spark配置MongoDB驱动

Spark 读取 MongoDB 需要配置相关驱动，从如下链接下载合适的驱动版本。

```
https://oss.sonatype.org/content/repositories/releases/org/mongodb/
mongodb-driver
    https://oss.sonatype.org/content/repositories/releases/org/mongodb/
mongodb-driver-core
    https://oss.sonatype.org/content/repositories/releases/org/mongodb/
bson
```

截至本书完稿时，最新的 Spark 版本是 Spark 2.4.0，MongoDB 是 MongoDB 4.0.6。因此驱动也是使用最新版本：

```
mongodb-driver-3.9.1.jar
mongodb-driver-core-3.9.1.jar
bson-3.9.1.jar
```

将下载好的 jar 包文件复制到 SPARK_HOME/ jars 目录下即可。

20.3.2　筛选靠近地铁的房源

靠近地铁意味着交通比较便利。

如图 20-26 所示，读取 MongoDB 中的 lianjiadetail 表数据并创建数据帧，然后筛选靠近地铁的房源，以及对应的小区名称、区域名称、房屋总价和平米单价。

```
2  from pyspark.sql import SparkSession
3
4  spark = SparkSession \
5      .builder \
6      .appName("linajia") \
7      .config("spark.mongodb.input.uri", "mongodb://127.0.0.1/test.lianjiadetail") \
8      .config("spark.mongodb.output.uri", "mongodb://127.0.0.1/test.lianjiadetail") \
9      .getOrCreate()
10
11 df = spark.read.format("com.mongodb.spark.sql.DefaultSource").load()
12
13 metro_house = df.filter(df.tags.like("%地铁%")).select(df["compoundname"],
14                         df["zone"], df["total"], df["unitprice"])
15 metro_house.show()
```

图 20-26　筛选离地铁近的房源

执行结果如图 20-27 所示。

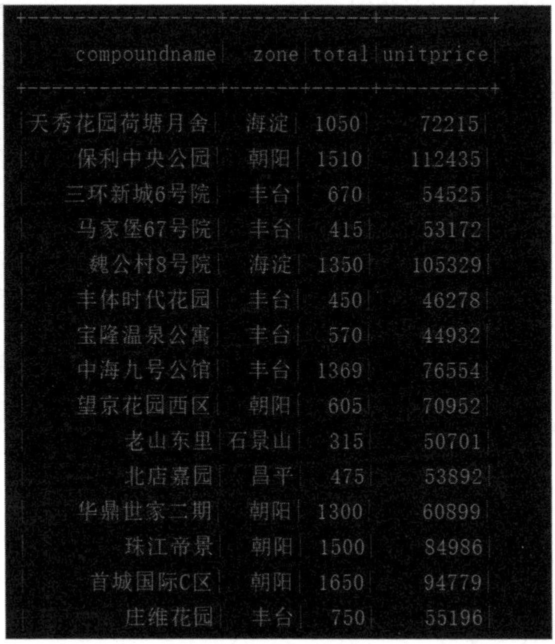

compoundname	zone	total	unitprice
天秀花园荷塘月舍	海淀	1050	72215
保利中央公园	朝阳	1510	112435
三环新城6号院	丰台	670	54525
马家堡67号院	丰台	415	53172
魏公村8号院	海淀	1350	105329
丰体时代花园	丰台	450	46278
宝隆温泉公寓	丰台	570	44932
中海九号公馆	丰台	1369	76554
望京花园西区	朝阳	605	70952
老山东里	石景山	315	50701
北店嘉园	昌平	475	53892
华鼎世家二期	朝阳	1300	60899
珠江帝景	朝阳	1500	84986
首城国际C区	朝阳	1650	94779
庄维花园	丰台	750	55196

图 20-27　打印数据

20.3.3　分析各区域在售房源占比

哪个区域的在售房多，就意味着这个区域房地产市场活跃，买了这个地区的房，未来也相对会比较好卖。

读取 MongoDB 数据，对 zone（区域）字段进行分组，并求得各组数量。然后将数据转为 Pandas 数据帧类型，使用 Matplotlib 进行展示。具体分析过程如图 20-28 所示。

```
2  from pyspark.sql import SparkSession
3  import matplotlib.pyplot as plt
4
5  spark = SparkSession \
6      .builder \
7      .appName("linajia") \
8      .config("spark.mongodb.input.uri", "mongodb://127.0.0.1/test.lianjiadetail") \
9      .config("spark.mongodb.output.uri", "mongodb://127.0.0.1/test.lianjiadetail") \
10     .getOrCreate()
11
12 # 读取lianjiadetail表数据并创建数据帧
13 df = spark.read.format("com.mongodb.spark.sql.DefaultSource").load()
14
15 df.createOrReplaceTempView("temp")
16
17 some_fruit = spark.sql("SELECT zone,count(1) as count FROM temp group by zone ")
18 result_pdf = some_fruit.toPandas()
19
20 # 将数据转换为Pandas数据帧
21 # 设置matplotlib支持中文
22 plt.rcParams['font.family'] = ['sans-serif']
23 plt.rcParams['font.sans-serif'] = ['SimHei']
24 plt.pie(result_pdf["count"], labels=result_pdf["zone"], shadow=True, autopct='%1.1f%%')
25 plt.legend()
26 plt.show()
```

图 20-28　分析区域在售房源

执行结果如图 20-29 所示，可以看到朝阳区在售房源占了总数的 27.7%，是出售二手房最多的区域。这也说明了越是发达的地区，房产交易越活跃。

20.3.4　分析在售房源的户型

分析市场各类户型供应量，可以推测是否容易买到心仪户型的房产。

读取 MongoDB 数据，对户型结构进行分组计算，可以得到每种户型的二手房在售数量，具体分析过程如图 20-30 所示。其中第 25 行用于设置 y 轴刻度，第 33 到 36 行用于控制 x 轴的显示。

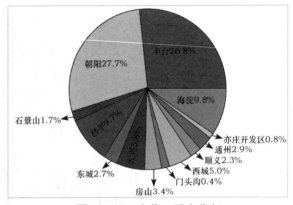

图 20-29　在售二手房分布

```
1  from pyspark.sql import SparkSession
2  import matplotlib.pyplot as plt
3
4  spark = SparkSession \
5      .builder \
6      .appName("linajia") \
7      .config("spark.mongodb.input.uri", "mongodb://127.0.0.1/test.lianjiadetail") \
8      .config("spark.mongodb.output.uri", "mongodb://127.0.0.1/test.lianjiadetail") \
9      .getOrCreate()
10
11 # 读取lianjiadetail表数据并创建数据帧
12 mongodb_df = spark.read.format("com.mongodb.spark.sql.DefaultSource").load()
13
14 mongodb_df.createOrReplaceTempView("temp")
15 mongodb_group_df = spark.sql("SELECT roomtype,count(1) as counter  FROM temp group by roomtype ")
16
17 df = mongodb_group_df.toPandas()
18 df.sort_values("counter", inplace=True, ascending=False)
19 df.reset_index(inplace=True)
20
21 plt.rcParams["font.family"] = ["sans-serif"]
22 plt.rcParams["font.sans-serif"] = ["SimHei"]
```

图 20-30　分析房源类型（1）

```
24 fig, ax = plt.subplots(figsize=(16, 10), dpi=80)
25 ax.vlines(x=df.index, ymin=0, ymax=df.counter, color="firebrick", alpha=0.7, linewidth=2)
26 ax.scatter(x=df.index, y=df.counter, s=75, color="firebrick", alpha=0.7)
27
28 ax.set_title("在售房源户型", fontdict={"size": 22})
29 ax.set_ylabel("在售数量")
30 ax.set_xticks(df.index)
31 ax.set_xticklabels(df.roomtype, rotation=60,
32                    fontdict={"horizontalalignment": "right", "size": 12})
33 for row in df.itertuples():
34     ax.text(row.Index, row.counter + .5, s=round(row.counter, 2),
35             horizontalalignment="center", verticalalignment="bottom",
36             fontsize=14)
37
38 plt.show()
```

图 20-30　分析房源类型（2）

　　执行结果如图 20-31 所示，可以看到，两室一厅一卫的房源最多，是市场主流，相对好卖，也相对好买。

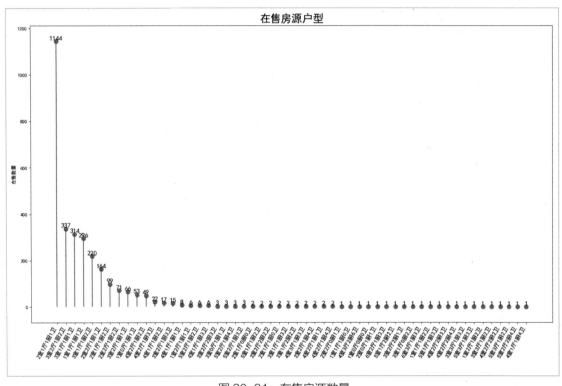

图 20-31　在售房源数量

20.3.5　分析房龄和平米单价的关系

　　商品房产权一般只有 70 年，因此买房时就需要考虑房龄。

　　读取 MongoDB 数据，用当前时间减去首次交易时间，可以大概推算出房龄。然后将房龄和平米单价存入 MongoDB，如图 20-32 所示。

```
2  import datetime
3  import math
4
5  from pyspark.sql import SparkSession
6
7  spark = SparkSession \
8      .builder \
9      .appName("linajia") \
10     .config("spark.mongodb.input.uri", "mongodb://127.0.0.1/test.lianjiadetail") \
11     .config("spark.mongodb.output.uri", "mongodb://127.0.0.1/test.lianjiadetail") \
12     .getOrCreate()
13
14 # 加载原始数据创建数据帧
15 mongodb_df = spark.read.format("com.mongodb.spark.sql.DefaultSource").load()
16
17 # 创建自定义函数，计算房龄
18 def get_cur_time(lasttradedate):
19     days = (datetime.datetime.now() - lasttradedate).days
20     year = days / 365
21     return math.ceil(year)
```

```
23 # 注册自定义函数
24 spark.udf.register("get_cur_time", get_cur_time)
25 # 创建临时表
26 mongodb_df.createOrReplaceTempView("temp")
27
28 mongodb_house_age_df = spark.\
29     sql("select get_cur_time(lasttradedate) as years,unitprice from temp")
30 # 将房龄和平米单价存入MangoDB
31 mongodb_house_age_df.write.format("com.mongodb.spark.sql.DefaultSource"). \
32     mode("append").option("database", "house").option("collection", "house_age").save()
```

图 20-32　写入 MongoDB

数据持久化完毕后，利用 Pandas 直接读取 MongoDB 数据创建数据帧，之后再将数据进行可视化，如图 20-33 所示。

```
2  import pandas as pd
3  from pymongo import MongoClient
4  import matplotlib.pyplot as plt
5
6  if __name__ == "__main__":
7      uri = "mongodb://127.0.0.1:27017"
8      con = MongoClient(uri, connect=False)
9      db = con["house"]
10     collection = db["house_age"]
11     cursor = collection.find()
12     df = pd.DataFrame(list(cursor))
13     # 对年份分组，获取每一年的平均单价。此时返回序列
14     max_grouped = df["unitprice"].groupby(df["years"]).mean()
15     # 给新列添加列名。此时返回数据帧
16     new_df = max_grouped.reset_index(name="maxunitprice")
17     # 将years列类型转为int，方便排序
18     new_df["years"] = new_df["years"].astype(int)
19     # 对数据重新排序
20     new_df.sort_values("years", inplace=True)
21     plt.rcParams["font.family"] = ["sans-serif"]
22     plt.rcParams["font.sans-serif"] = ["SimHei"]
23     plt.plot(new_df["years"],new_df["maxunitprice"],"r--")
24     plt.show()
```

图 20-33　分析房龄和房价

执行结果如图 20-34 所示，可以看到，随着房龄的上升，房价整体上会存在一定降幅。

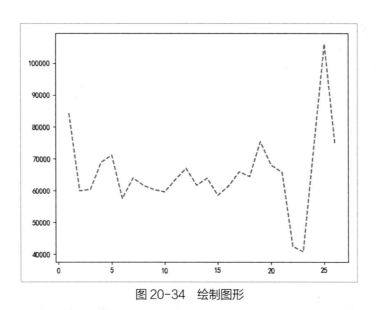

图 20-34　绘制图形

20.3.6　分析在售房源小区的热度

汇总小区所有房源最近 7 天带看次数，来推断该小区的热度。

读取 MongoDB 数据，对 compoundname（小区名称）分组，求得 latest7（最近 7 天带看次数）的总次数，然后使用柱状图进行展示，具体如图 20-35 所示。

```
2  import datetime
3  import math
4
5  from pyspark.sql import SparkSession
6
7  spark = SparkSession \
8      .builder \
9      .appName("linajia") \
10     .config("spark.mongodb.input.uri", "mongodb://127.0.0.1/test.lianjiadetail") \
11     .config("spark.mongodb.output.uri", "mongodb://127.0.0.1/test.lianjiadetail") \
12     .getOrCreate()
13
14 # 加载原始数据创建数据帧
15 mongodb_df = spark.read.format("com.mongodb.spark.sql.DefaultSource").load()
16
17 mongodb_df.createOrReplaceTempView("temp")
18 mongodb_compoundname_count_df = spark.sql(
19     "select compoundname,sum(latest7) as counter from temp group by compoundname")
20
21 #再次注册一个临时表，用于排序
22 mongodb_compoundname_count_df.createOrReplaceTempView("temp1")
23 mongodb_compoundname_sort_df = spark.sql(
24     "select compoundname,counter from temp1 order by counter desc limit 10")
```

图 20-35　分析数据小区热度（1）

```
26  #将spark数据帧转为pandas数据帧
27  df = mongodb_compoundname_sort_df.toPandas()
28  import matplotlib.pyplot as plt
29
30  plt.rcParams["font.sans-serif"] = ["SimHei"]
31
32  names = df["compoundname"]
33  counter = df["counter"]
34
35  #设置柱状条颜色、宽度
36  bar = plt.bar(range(10), height=counter, width=0.3, alpha=0.8, color="red")
37
38  #设置x坐标轴刻度和旋转角度
39  plt.xticks([i + 0.15 for i in range(10)], names, rotation=60)
40  plt.xlabel("小区名称")
41  plt.ylabel("带看次数")
```

```
43  for ba in bar:
44      height = ba.get_height()
45      plt.text(ba.get_x() + ba.get_width() / 2, height + 1, str(height),
46      ha="center", va="bottom")
47
48  plt.show()
```

图 20-35　分析数据小区热度（2）

执行结果如图 20-36 所示，为了显示效果，这里仅筛选出了最热的前 10 个小区。

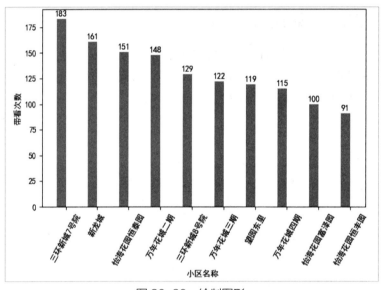

图 20-36　绘制图形

本章小结

本章首先介绍了链家网的门户站点的网页结构、数据加载方式；随后介绍了如何搭建自动化分布式爬虫以及 MongoDB 的安装方式；然后介绍了如何采集链家网数据，存入 Redis 和 MongoDB 数据库；最后介绍了如何给 Spark 配置 MongoDB 驱动，以及从 MongoDB 中获取数据进行分析，最终使用 Matplotlib 进行数据可视化。

附录：Python常见面试题精选

1. 基础知识（7题）

题01：Python 中的不可变数据类型和可变数据类型是什么意思？

题02：请简述 Python 中 is 和 == 的区别。

题03：请简述 function(*args, **kwargs) 中的 *args, **kwargs 分别是什么意思？

题04：请简述面向对象中的 __new__ 和 __init__ 的区别。

题05：Python 子类在继承自多个父类时，如多个父类有同名方法，子类将继承自哪个方法？

题06：请简述在 Python 中如何避免死锁。

题07：什么是排序算法的稳定性？常见的排序算法如冒泡排序、快速排序、归并排序、堆排序、Shell 排序、二叉树排序等的时间、空间复杂度和稳定性如何？

2. 字符串与数字（7题）

题08：s = "hfkfdlsahfgdiuanvzx"，试对 s 去重并按字母顺序排列输出 "adfghiklnsuvxz"。

```
s = "add"
t = "apple"
```

题09：试判定给定的字符串 s 和 t 是否满足 s 中的所有字符都可以替换为 t 中的所有字符。

题10：使用 Lambda 表达式实现将 IPv4 的地址转换为 int 型整数。

题11：罗马数字使用字母表示特定的数字，试编写函数 romanToInt( )，输入罗马数字字符串，输出对应的阿拉伯数字。

题12：试编写函数 isParenthesesValid( )，确定输入的只包含字符 "（" "）" "{" "}" "[" 和 "]" 的字符串是否有效。注意括号必须以正确的顺序关闭。

题13：编写函数输出 count-and-say 序列的第 *n* 项。

题14：不使用 sqrt 函数，试编写 squareRoot( ) 函数，输入一个正数，输出它的平方根的整数部分。

3. 正则表达式（4题）

题15：请写出匹配中国大陆手机号且结尾不是 4 和 7 的正则表达式。

题16：请写出以下代码的运行结果。

```
import re
str = ' <div class="nam"> 中国 </div> '
res = re.findall(r ' <div class=".*">(.*?)</div> ' ,str)
print(res)
```

题17：请写出以下代码的运行结果。

```
import re

match = re.compile( ' www\....? ' ).match("www.baidu.com")
if match:
    print(match.group())
```

```
else:
    print("NO MATCH")
```

题 18：请写出以下代码的运行结果。

```
import re

example = "<div>test1</div><div>test2</div>"
Result = re.compile("<div>.*").search(example)
print("Result = %s" % Result.group())
```

4. 列表、字典、元组、数组、矩阵（9题）

题 19：使用递推式将矩阵转换为一维向量。

题 20：写出以下代码的运行结果。

```
def testFun():
    temp = [lambda x : i*x for i in range(5)]
    return temp
for everyLambda in testFun():
    print (everyLambda(3))
```

题 21：编写 Python 程序，打印星号金字塔。

题 22：获取数组的支配点。

题 23：将函数按照执行效率高低排序。

题 24：以螺旋顺序返回以下矩阵的所有元素。

```
[[ 1, 2, 3 ],
 [ 4, 5, 6 ],
 [ 7, 8, 9 ]]
```

题 25：生成一个新的矩阵，并且将原矩阵的所有元素以与原矩阵相同的行遍历顺序填充进去，将该矩阵重新整形为一个不同大小的矩阵，但保留其原始数据。

题 26：查找矩阵中的第 k 个最小元素。

题 27：试编写函数 largestRectangleArea( )，求一幅柱状图中包含的最大矩形的面积。

5. 设计模式（3题）

题 28：使用 Python 语言实现单例模式。

题 29：使用 Python 语言实现工厂模式。

题 30：使用 Python 语言实现观察者模式。

6. 树、二叉树、图（5题）

题 31：使用 Python 编写实现二叉树前序遍历的函数 preorder(root, res=[ ])。

题 32：使用 Python 实现一个二分查找函数。

题 33：编写 Python 函数 maxDepth( )，实现获取二叉树 Root 的最大深度。

题 34：输入两棵二叉树 Root1、Root2，判断 Root2 是否是 Root1 的子结构（子树）。

题 35：判断数组是否是某棵二叉搜索树后序遍历的结果。

7. 文件操作（3题）

题36：计算 test.txt 中的大写字母数。注意，test.txt 为含有大写字母在内、内容任意的文本文件。

题37：补全缺失的代码。

题38：设计内存中的文件系统。

8. 网络编程（4题）

题39：请至少说出 3 条 TCP 和 UDP 协议的区别。

题40：请简述 Cookie 和 Session 的区别。

题41：请简述向服务器端发送请求时 GET 方式与 POST 方式的区别。

题42：使用 threading 组件编写支持多线程的 Socket 服务端。

9. 数据库编程（6题）

题43：简述数据库的第一、第二、第三范式的内容。

题44：根据以下数据表结构和数据编写 SQL 语句，查询平均成绩大于 80 的所有学生的学号、姓名和平均成绩。

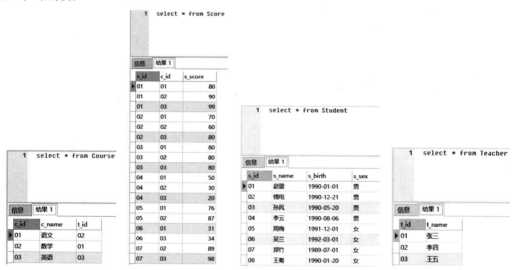

题45：按照 44 题所给条件，编写 SQL 语句查询没有学全所有课程的学生信息。

题46：按照 44 题所给条件，编写 SQL 语句查询所有课程第 2 名和第 3 名的学生信息及该课程成绩。

题47：按照 44 题所给条件，编写 SQL 语句查询所教课程有 2 人及以上不及格的教师、课程、学生信息及该课程成绩。

题48：按照 44 题所给条件，编写 SQL 语句生成每门课程的一分段表（课程 id、课程名称、分数、该课程的该分数人数、该课程累计人数）。

10. 图形图像与可视化（2题）

题49：绘制一个二次函数的图形，同时画出使用梯形法求积分时的各个梯形。

题50：将给定数据可视化并给出分析结论。

注：习题答案可扫描前言二维码获取。

主要参考文献

［1］［美］Holden Karau，［美］Andy Konwinski，［美］Patrick Wendell，［加］Matei Zaharia. Spark快速大数据分析. 北京：人民邮电出版社，2015.

［2］Tom White. Hadoop权威指南：大数据的存储与分析（第4版）. 北京：清华大学出版社，2017.

［3］［美］Wesley Chun. Python核心编程（第3版）. 北京：人民邮电出版社，2016.